"十三五"职业教育国家规划教材

纺织服装高等教育"十三五"部委级规划教材

纺纱工艺设计与实施

（2版）

FANGSHA GONGYI SHEJI YU SHISHI

刘梅城 主编

穆征 张曙光 陈和春 副主编

东华大学出版社

·上海·

内 容 提 要

本教材是"基于工作过程"课程改革理念开发的工学结合教材。

本书以典型纱线产品为载体,从五个难度和综合应用程度逐渐递进的纱线产品工艺设计情境出发,以典型纱线产品作为引导案例,比较全面地阐述普梳纱、精梳纱、混纺纱、新型纺纱和新型纱线的工艺设计思路和方法,将棉纺系统中的原料选配、工艺原理、工艺计算、质量控制、计划调度等内容紧密联系,由易至难,循序渐进,逐步提高,从注重工艺理论到注重工艺实践,实用性和针对性强,体现了高职教育的特色。

本教材主要作为高职高专纺织类专业教材,也可作为棉纺企业工程设计人员的参考资料及技术工人的培训教材。

图书在版编目(CIP)数据

纺纱工艺设计与实施 / 刘梅城主编.—2版.—上海:
东华大学出版社,2019.7
ISBN 978-7-5669-1604-4

Ⅰ.①纺… Ⅱ.①刘… Ⅲ.①纺纱工艺—工艺设计—高等职业教育—教材 Ⅳ.①TS104.2

中国版本图书馆 CIP 数据核字(2019)第 125379 号

责任编辑:张 静
封面设计:魏依东

出　　　　版:东华大学出版社(上海市延安西路 1882 号,200051)
本 社 网 址:http://dhupress.dhu.edu.cn
天猫旗舰店:http://dhdx.tmall.com
营 销 中 心:021-62193056　62373056　62379558
印　　　　刷:句容市排印厂印刷
开　　　　本:787 mm×1092 mm　1/16
印　　　　张:23
字　　　　数:574 千字
版　　　　次:2019 年 7 月第 2 版
印　　　　次:2024 年 1 月第 2 次印刷
书　　　　号:ISBN 978-7-5669-1604-4
定　　　　价:79.00 元

前　言

　　《纺纱工艺设计与实施》自 2011 年发行以来，受到广大师生和专业技术人员的好评。但是，近年来国内外纺纱技术发生了很大变化，智能化、自动化、连续化纺纱设备及在线检测技术在纺纱企业中得到大量应用，喷气涡流纺、高速转杯纺和环锭纺纱新技术等的应用也非常广泛。有鉴于此，本次修订补充部分内容，同时对原有的部分技术标准进行更新。

　　"纺纱工艺设计与实施"2015 年成为"现代纺织技术专业"国家教学资源库建设核心课程，2016 年成为江苏省在线开放课程，并在中国大学慕课（https://www.icourse163.org）、爱课程（http://www.icourses.cn/home）等网站建设了同名慕课（MOOC），实现了线上线下混合教学。可登陆该课程网站了解课程建设与教学情况。

　　"纺纱工艺设计与实施"是"基于工作过程"开发的一门工学结合课程，通过模拟工作过程的情境式学习，将专业知识的学习、操作技能的训练、职业素养的培养融为一体，充分体现了高等职业教育注重培养高素质、高技能复合型人才的特点。

　　本教材在教学内容选取和组织上，本着"以纱线产品统领纺纱流程，以产品的复杂性递进教学"的教学理念，设计了五个难度和综合应用程度逐渐递进的学习情境：1.普梳纱工艺设计（基础纱线产品）→2.精梳纱工艺设计（高档纱线产品）→3.混纺纱工艺设计（表现原料多样性和纱线产品丰富性）→4.新型纺纱和新型纱线设计（体现纺纱技术发展）→5.计划调度（多产品生产，建立全局统筹观念）。教学内容的选取及教学组织符合真实工作任务及其工作过程，由易至难，循序渐进，逐步提高，从注重工艺理论到注重工艺实践，操作实用性强，体现了高职教育的特色。

　　本教材既可供高职院校在校学生使用，也可以作为棉纺企业工程技术人员的参考资料及技术工人的培训教材。

　　本教材参编者都是在教学一线工作多年、教学经验丰富的双师型教师。同时，得到部分企业的大力支持，为本教材编写提供了丰富的纱线产品案例。本教材的编写分工：课程导入、学习情境 1 任务 1.1、1.2、1.3、1.5、1.6 由江苏工程职业技术学院穆征副教授、张冶副教授共同编写；学习情境 1 任务 1.4 由江苏工程职业技术学院刘梅城副教授编写；学习情境 1 任务 1.7、1.8 由江苏工程职业技术学院陈和春讲师编写；学习情境 2 由江苏工程职业技术学院张曙光教授编写；学习情境 3、4、5 由江苏工程职业技术学院刘梅城副教授编写。全书由刘梅城副教授负责整理统稿。

　　在本教材编写过程中,得到了南通纺织控股集团纺织染有限公司总经理陈忠、生产及设备主管严建高级工程师、工艺主管葛惠高级工程师,江苏大生集团高级工程师沈建宏、马晓辉,苏州坤润纺织科技有限公司开发部经理沈绒,新疆轻工职业技术学院周献珠(原新疆溢达纺织有限公司高级工程师)等企业和学校的一线实践专家的热心指导和技术支持。在此一并表示真诚的谢意。

　　由于编者水平有限,资料收集也不够全面,书中难免存在不足之处,恳请广大读者提出宝贵意见,以便今后不断改进与完善。

编　者

2019 年 5 月

FANGSHA
GONGYI SHEJI
YU SHISHI

目　录

课 程 介 绍

一、课程性质与定位

"现代纺织技术"专业主要面向纺织生产企业,培养从事纺织品生产、工艺设计、纺织设备维护、纺织生产运转管理、质量检验和控制以及生产计划调度等岗位工作的高素质技能型人才。

"纺纱工艺设计与实施"是"现代纺织技术专业"的一门专业核心课程。本课程主要培养"现代纺织技术"专业纺织工艺方向的学生从事纺纱原料选配、纺纱设备实际运用、纺纱工艺设计、生产计划调度、质量检验与控制等专业能力,以及培养学生的团队合作、沟通表达、工作责任心以及自主学习等综合素质和能力。

二、课程基本理念与设计思路

本课程的学习情境结合纱线产品的设计与实际生产过程,从生产的典型工作任务出发,贯穿学中做、做中学,将专业知识、操作技能、职业素养融为一体,体现"理论知识—产品案例引导化""课程教学—学习情境化""实践技能—角色模拟化""课程考核—过程性考核多元化"。通过完成五个逐渐递进的纱线产品的设计,学生不但能够掌握纺纱工艺设计与实施过程中的专业知识和专业技能,还能够培养学生的团队合作、沟通表达、工作责任心以及自主学习能力等综合素质。

三、培养目标

通过基于工作过程的情境式学习,重点培养学生的方法能力、社会能力以及专业能力。本课程的培养目标如表1。

表1 "纺纱工艺设计与实施"要求达到的培养目标

序号	能力	培养目标
1	方法能力	(1) 资料收集与整理能力 (2) 制定、实施工作计划的能力 (3) 工艺文件理解能力 (4) 检查、判断能力
2	社会能力	(1) 沟通能力及团队协作精神 (2) 分析问题、解决问题的能力 (3) 严谨认真的工作态度和社会责任心 (4) 质量意识、安全意识、环保意识 (5) 自主学习、自我培训能力

序号	能力		培养目标
3	专业能力	原料选配能力	(1) 能根据原料检验数据进行纺纱性能分析 (2) 能根据纱线要求及原料情况进行原料选配工作 (3) 能编制原料选配表
		纺纱工艺设计与实施能力	(1) 能根据具体纱线产品确定纺纱工艺流程 (2) 能运用纺纱工艺知识分析工艺和配置各机器工艺参数 (3) 会典型纺纱设备的主要工艺计算 (4) 能根据纱线产品订单安排生产调度
		质量控制能力	(1) 熟悉各生产工序的半制品质量控制内容与要求 (2) 会检测半制品质量并提交质量检测报告 (3) 会分析质量问题并提出改进措施

四、典型工作任务描述

课程名称(学习领域):纺纱工艺设计与实施
建议教学课时:144课时

对典型工作任务的描述:

　　工艺员接到生产任务单以后,对纱线品质要求以及产品用途和特点进行分析,在规定时间内以最经济的方式按照生产和客户要求完成纱线品种的设计。其典型工作任务包括:根据纱线的要求及原料情况进行原料选配工作,完成原料选配表编制;根据具体纱线产品确定纺纱工艺流程;配置上机工艺参数,完成上机工艺单设计;按照工艺单内容,进行上机工艺调试,完成工艺单的实施;工艺员要跟踪整个生产过程,对实施过程进行监督检查,对半成品、成品进行质量控制,对产品质量进行确认,对可能出现的半制品以及纱线质量问题进行分析,提出改进措施。

　　生产工艺设计员可以小组形式或独立展开工作,要求熟悉典型纺纱设备的技术特征,能熟练使用和查阅纺纱设备产品说明书和棉纺手册以及其他纺纱设备与工艺技术资料,能规范地制作原棉选配表、纺纱工艺单、质量检测报告、生产计划调配单,将已完成的工艺记录并存档,自觉遵守企业安全操作规程和ISO质量管理标准。

学习目标:

　　依据纱线开发和生产的实际过程,以纱线产品为载体,学生在教师指导下,借助《棉纺手册》和典型纺纱设备的产品说明书等专业技术资料,按照生产和客户要求在规定时间内完成纱线品种的设计并组织实施,制定原棉选配表、纺纱工艺设计表、生产计划调度表等,并对纺纱工艺流程中的典型设备(如梳棉机、并条机、粗纱机、细纱机)进行上机工艺调试和试生产;对所生产的半制品和纱线进行质量检测与分析,提出工艺改进措施;对已完成的任务进行记录、存档及评价和反馈,自觉维持安全和健康的工作环境。

　　学习完本课程后,学生的专业能力要求达到:

　　(1) 能根据纱线的要求及原料情况进行原料选配工作,编制原料选配表;

　　(2) 能根据具体纱线产品确定纺纱工艺流程;

　　(3) 能运用纺纱工艺知识分析工艺,并合理配置各机器工艺参数;

　　(4) 会计算典型纺纱设备的主要工艺,并能上机进行工艺调试;

　　(6) 能根据纱线产品订单安排生产,合理配置纺纱设备台数;

　　(7) 熟悉各生产工序的半制品质量控制内容与要求;

　　(9) 会分析可能出现的半制品和纱线的质量问题,提出工艺改进措施。

　　在完成工作任务的同时,着力培养学生的关键能力,包括:①资料收集与整理能力;②制定和实施工作计划的能力;③理解工艺文件的能力;④检查和判断能力;⑤沟通能力及团队协作精神;⑥自主学习、分析问题和解决问题的能力;⑦严谨认真的工作态度和社会责任心;⑧质量意识和安全意识。

五、学习情境划分与学时

"纺纱工艺设计与实施"学习情境划分与学时一览表

学习情境	学 习 内 容	学时	备注
1. 纯棉普梳环锭纱工艺设计	• 编制原料选配表 • 纺纱各工序(开清棉、梳棉、清梳联、并条、粗纱、细纱、后加工)的工艺设计要点(包括工艺原则、工艺影响因素分析及选择依据、工艺计算、专件选用等) • 半制品质量指标及其控制 • 普梳纱设计典型案例分析	80	第三学期完成
2. 纯棉精梳纱工艺设计	• 精梳纱特点及精梳纱工艺流程 • 精梳准备机械及其工艺参数配置 • 精梳机上机工艺参数配置 • 精梳条质量指标及其控制 • 精梳纱设计典型案例分析	16	
3. 混纺纱工艺设计	• 化纤原料选配及混合特点 • 棉与化纤混纺纱工艺流程 • 不同类型纤维条混合的混比及投料计算 • 棉与化纤混纺纱的工艺参数配置要点 • 涤／棉混纺纱设计典型案例分析	16	第四学期完成
4. 新型纺纱与新型纱线工艺设计	• 转杯纺纱机纺纱工艺设计 • 喷气涡流纺纱机纺纱工艺设计 • 新型纺纱技术应用(紧密纺、包芯纱、赛络纺纱、竹节纱、多通道纺纱等) • 典型产品案例分析	16	
5. 生产计划调度	• 纱线产品订单内容及其技术要求 • 纺部工艺流程和设备选型 • 纺部工艺参数的选择和机器配备 • 编制纺部设备配台表	16	
合　计		144	

注　144 课时可安排在两个学期进行。

六、教学参考书

1. 教学参考书

(1)《现代棉纺技术(第三版)》,张曙光主编,东华大学出版社,2017 年。

(2)《棉纺手册(第三版)》,中国纺织出版社,2004 年。

(3)《纺织工艺与设备(上册)》,任家智主编,中国纺织出版社,2004 年。

(4)《棉纺工艺学(第二版)》,顾菊英主编,中国纺织出版社,1998 年。

(5)《棉纺厂设计》,钱鸿彬主编,中国纺织出版社,2008 年。

(6)《纺织工艺设计与计算》,倪中秀主编,中国纺织出版社,2007 年。

(7)《新型纺纱(第二版)》,谢春萍、徐伯峻主编,中国纺织出版社,2009 年。

2. 专业网站

网　址	网站名
http：//www.texbook.cn	中国纺织图书网
http：//www.c-textilep.com	中国纺织出版社
http：//www.dhupress.dhu.edu.cn	东华大学出版社有限公司
http：//www.zgsxw.com/new.asp	中国纱线网
http：//www.texbbs.com	中国纺织网
http：//www.tteb.com	中国棉纺织信息网
http：//www.fzzx.com.cn	纺织在线
http：//chinasafetyonline.com/textileonline/index.asp	中国纺织在线
http：//www.ctmm.net	中国纺织机械市场
http：//www.ttmn.com	中国纺机网
http：//fsjx.ttmn.com/fsjx	中国纺纱机械网
http：//www.ctmgc.com.cn	中国纺机集团
http：//www.tradetextile.com/estore/0/homepage	纺织交易网
http：//www.tex528.com	中国纺织企业网

纺纱工艺设计与实施

课程导入

- 棉纺纱线产品分类和名称
- 棉纺纺纱工艺流程
- 棉纺各工序半制品名称
- 常用纱线品种代号及其含义

?

引导问题

要做好纱线产品的工艺设计和原料选配工作,首先要了解纱线的分类、标示代号、纱线产品的用途以及棉纺系统纺纱工艺流程。根据你对纱线产品的了解,你能回答下列问题吗?

1. 纱线按照粗细不同分为几类? 每一类的具体细度(tex 或英支)范围是多少?
2. 列举 3~5 种纱线产品,说明纱线代号及含义,并写出其纺纱加工工艺流程。
3. 你能根据面料实样分析出纱线的线密度吗?

一、棉纺纱线产品分类和名称

棉纺纱线产品的名称很多,通常可按使用的原料、纺纱方法、纺纱工艺、产品用途和纱线粗细不同进行分类,见表 0-1、表 0-2。

表 0-1 纱线产品分类和名称

分类依据	棉纺纱线产品的名称
原料不同	纯棉纱、纯化纤纱、棉与化纤混纺纱等
纺纱方法不同	环锭纺纱线、转杯纺纱线、喷气纺纱线等
纺纱工艺不同	普梳纱、精梳纱、包芯纱等
加捻方向不同	顺手纱(S捻)、反手纱(Z捻)
产品用途不同	机织用纱(经纱、纬纱)、针织用纱、起绒用纱、缝纫用纱等

表 0-2 棉纱按粗细不同分类

类别	细度	
	线密度	英制支数
特细特纱	10 tex 及以下	60^S 及以上
细特纱	11~20 tex	58^S~29^S
中特纱	21~30 tex	28^S~19^S
粗特纱	32 tex 及以上	18^S 及以下

二、棉纺纺纱工艺流程

把纺织纤维加工成纱的过程称为纺纱。纺纱过程是由所用原料的基本特性及成纱用途的要求决定的。纺纱工艺系统一般按照加工原料的不同可分为棉纺、毛纺、麻纺、绢纺等系统。

棉纺系统由于使用的原料不同、所加工的纱线品质要求不同、纺纱加工方法不同,因而其工艺流程有所不同,主要有环锭纺(普梳工艺、精梳工艺、混纺工艺、化纤纯纺工艺)、新型纺纱工艺等。

(一) 环锭纺工艺流程

1. 普梳工艺流程

普梳又称为粗梳系统,一般用于纺制质量要求一般的纱线,其工艺流程见图0-1。

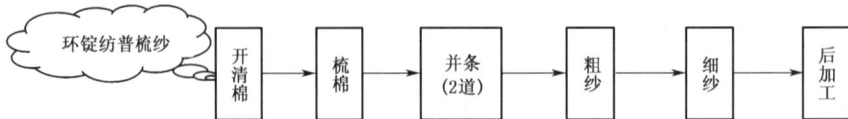

环锭纺普梳纱 → 开清棉 → 梳棉 → 并条(2道) → 粗纱 → 细纱 → 后加工

图0-1 普梳工艺流程

2. 精梳工艺流程

精梳主要用于纺制质量要求高或线密度较细的高档棉纱、特种工业用纱等,要求纱线结构均匀、强力高、毛羽少、光泽好,其工艺流程见图0-2。

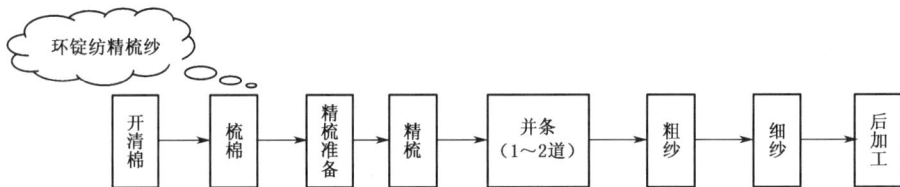

环锭纺精梳纱 → 开清棉 → 梳棉 → 精梳准备 → 精梳 → 并条(1~2道) → 粗纱 → 细纱 → 后加工

图0-2 精梳纺纱系统

3. 棉与化纤混纺(如涤／棉T／C65／35棉经过精梳的混纺纱加工流程)

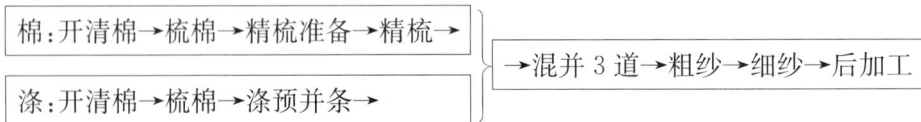

棉:开清棉→梳棉→精梳准备→精梳→

涤:开清棉→梳棉→涤预并条→

→混并3道→粗纱→细纱→后加工

注:根据产品的销售方式和包装方式的不同,有不同的后加工工序,包括络筒、并纱、捻线、摇纱、成包等。

(二) 新型纺纱工艺流程

新型纺纱如转杯纺、喷气纺、涡流纺、摩擦纺等,采用的是棉条直接成纱的技术,省略了粗纱工序,故工艺流程缩短,产量大幅度提高。

转杯纺工艺流程:开清棉 → 梳棉 → 2道并条 → 转杯纺纱 → (络筒)

三、棉纺各工序的半制品名称及定量单位(见表 0-3)

表 0-3　棉纺生产线上各工序的半制品名称及定量单位

序号	工序名称			半制品名称	定量单位	干定量 $G_干$ 与线密度 N_t 的关系
1	开清棉	开清棉		棉卷或筵棉	g / m	$G_干 = N_t / [1\,000(1 + W_k)]$
2	前纺	梳棉		生条	g / (5 m)	$G_干 = N_t / [200(1 + W_k)]$
3		精梳准备		小卷	g / m	$G_干 = N_t / [1\,000(1 + W_k)]$
4		精梳		精梳条	g / (5 m)	$G_干 = N_t / [200(1 + W_k)]$
5		并条	头道	半熟条	g / (5 m)	$G_干 = N_t / [200(1 + W_k)]$
			末道	熟条	g / (5 m)	$G_干 = N_t / [200(1 + W_k)]$
6		粗纱		粗纱	g / (10 m)	$G_干 = N_t / [100(1 + W_k)]$
7	后纺	细纱		细纱	g / (100 m)	$G_干 = N_t / [10(1 + W_k)]$
8	后加工	络筒		筒子纱	g / (100 m)	$G_干 = N_t / [10(1 + W_k)]$

注　W_k 为公定回潮率(%);N_t 为各工序半制品线密度(tex);$G_干$ 为各工序半制品干定量。

四、常用纱线品种代号及含义

纱线品种代号由原料代号、混纺比、纺纱方法代号、用途代号及线密度组成,见表 0-4。

表 0-4　纱线品种代号和名称

类别	品种	代号	举例
不同用途	经纱线	T	28 T, 14×2 T
	纬纱线	W	28 W, 14×2 T
	针织用纱	K	10 K, J 7×2 K
	起绒纱	Q	96 Q
不同纺纱方法	绞纱线	R	R 28, R 14×2
	筒子纱线	D	D 20 K, D 14×2
	精梳纱	J	J 10 W, J 7×2 T
	烧毛纱	G	G 10×2
	经电子清纱器纱线	E	E 28
	气流纺纱线	OE	OE 60
不同原料	涤 / 棉混纺纱线	T / C	T / C 65 / 35 J13, T / C 60 / 40 14.5×2 W
	涤 / 黏混纺纱线	T / R	T / R 60 / 40 18.5
	棉 / 维混纺纱线	C / V	C / V 55 / 45 18.5×2
	棉 / 腈混纺纱线	C / A	C / A 70 / 30 19.5

续　表

类别	品种	代号	举例
不同原料	棉／氨包芯纱	C／S	C／S 93／7 J 13[44.4 dtex(40 D)] K
	低比例棉／涤混纺纱线	C. V. C.	C. V. C. C／T 70／30 J 13 K
	维／黏混纺纱线	V／R	V／R 50／50 18
	有光黏胶纱线	RB	RB 19.5 T
	无光黏胶纱线	RD	RD 19.5 W
不同原料	腈纶纱线	A	A 18.5 K
	氯纶纱线	L	L 16 T
	纯棉纱	C	CD 14 T

注　① 纱线品种代号的一般表示顺序为：原料代号、混纺比、纺纱方法、线密度、用途代号。
　　② 混纺纱标注的混纺比为干重混纺比。混纺纱线的命名，按原料混纺比的大小依次排列，比例多的在前；如果比例相同，则按天然纤维、合成纤维、再生纤维的顺序排列。混纺所用原料之间用"／"隔开。
　　③ 常用纺纱方法代号：J(精梳加工)、OE(转杯纺纱)、D(筒子纱线)、R(绞纱线)等。
　　④ 常用用途代号：T(经纱)、W(纬纱)、K(针织用纱)、Q(起绒用纱)。

• 纱线品种代号及含义举例

（1）T／C 65／35 D J 13 K：涤／棉混纺，混纺比为 65／35，棉经过精梳加工的 13 tex 针织用筒子纱。

（2）C J 14.5 K：纯棉精梳，14.5 tex 针织用纱。

（3）C D 18.5 T：纯棉普梳，18.5 tex 机织用经纱(筒子纱)。

（4）OE 36：气流纺 36 tex 纱。

（5）C／S 93／7 J 13[44.4 dtex(40 D)] K：棉与氨纶混纺，混纺比为 93/7，棉的线密度为 13 tex；氨纶长丝的规格为 44.4 dtex(40 D)，针织用精梳棉氨纶包芯本色纱。

课后 >>>
自测

1. 根据表 0-5 中的纱线品种名称，写出对应的纱线标示代号，并写出品种 1，4，8 的纺纱工艺流程。

表 0-5　填写纱线标示代号

品种序号	纱线品种名称	纱线标示代号 (纱线线密度用 tex 表示)
1	纯棉普梳 30^S 筒子纱，机织用经纱	
2	纯棉普梳 20^S 筒子纱，机织用纬纱	
3	纯棉普梳 40^S／2 筒子线，机织用经线	
4	纯棉精梳 40^S 筒子纱，针织用纱	
5	纯棉精梳 60^S 绞纱，机织用经纱	

品种序号	纱线品种名称	纱线标示代号 （纱线线密度用 tex 表示）
6	纯棉精梳 45^S 筒子纱,机织用纬纱	
7	纯棉精梳 32^S 筒子纱,针织用纱	
8	涤／棉 70／30 精梳 45^S／2 混纺筒子线,机织用经线	
9	涤／黏 35／65 45^S／2 混纺绞纱线,机织用经线	
10	黏／腈 50／50 32^S 混纺筒子纱,针织用纱	

品种 1:<u>纯棉普梳 30^S 筒子纱,机织用经纱</u>　纺纱工艺流程为

_____

品种 4:<u>纯棉精梳 40^S 筒子纱,针织用纱</u>　纺纱工艺流程为

_____

品种 8:<u>涤／棉 70／30 精梳 45^S／2 混纺筒子线,机织用经线</u>　纺纱工艺流程为

_____

2. 根据表 0-6 中的纱线标示代号,写出对应的纱线产品名称。

表 0-6　填写纱线产品名称

品种序号	纱线标示代号	纱线产品名称
1	C D 18.5 T	
2	C D 27.8 W	
3	C OE 36 Q	
4	C J D 14.6 K	
5	C J D 7.3 ×2 T	
6	T／R 55／45 D 18.5 K	
7	C／T 80／20 D J 13×2 T	
8	C／A 50／50 14.5×2 T	
9	C／S 95／5 19.5[40 D]K	
10	C.V.C.C／T 80／30 9.7 K	

3. 将棉纺各工序的半制品名称及定量单位填入下表。

纺
纱
工
艺
设
计
与
实
施

表 0-7　填写棉纺各工序的半制品名称及定量单位

序号	工序名称			半制品名称	定量单位
1	开清棉	开清棉			
2	纺	梳棉			
3		精梳准备			
4		精梳			
5		并条	头道		
			末道		
6		粗纱			
7	后纺	细纱			
8	后加工	络筒			

学习情境 **1**

纯棉普梳环锭纱工艺设计

任务描述

　　纯棉普梳环锭纱是最基本的纱线品种,按照普梳环锭纺生产工艺流程组织生产。当工艺员接到纱线产品生产任务单以后,要对纱线品质要求以及产品用途和特点进行分析,在规定时间内完成普梳环锭纺纱线的纺纱工艺设计。本学习情境需要完成的【典型工作任务】如下:

　　1. 根据纱线的要求及原料情况进行原料选配工作,完成原料选配表编制。

　　2. 根据普梳环锭纺纱线产品确定纺纱工艺流程。

　　3. 配置各工序上机工艺参数,完成上机工艺单设计。

　　4. 按照工艺单内容,进行各工序上机工艺调试,完成工艺单的实施。

　　5. 对半成品、成品进行质量控制,对产品质量进行确认,对可能出现的半制品以及纱线质量问题进行分析,提出改进措施。

11

学习目标

　　• 能根据具体纱线产品的要求和原料情况进行原料选配工作,编制原料选配表

　　• 能根据具体纱线产品,正确选择纺纱工艺流程

　　• 能合理设计和配置纺纱各工序(开清棉、梳棉、并条、粗纱、细纱、后加工)的工艺参数

　　• 会典型纺纱设备的主要工艺计算,并能上机进行工艺调试

　　• 熟悉各生产工序的半制品质量控制内容与要求

　　• 会分析可能出现的半制品和纱线的质量问题,提出工艺改进措施

任务分解

　　本学习情境按照【普梳环锭纺纱生产工艺流程】,进行各工序生产工艺设计和上机实施,包含7个工作任务,每个任务都要完成一个工序完整的工艺设计和实施,最后形成一个完整的普梳纱工艺设计方案,任务分解见表1-1-1。

表 1-1-1　普梳环锭纱任务分解

工作任务	提交成果
1.1　原料选配	原棉选配方案
1.2　开清棉工艺设计	开清棉工艺方案
1.3　梳棉工艺设计	梳棉工艺方案
1.4　并条工艺设计	并条工艺方案
1.5　粗纱工艺设计	粗纱工艺方案
1.6　细纱工艺设计	细纱工艺方案
1.7　后加工工艺设计	络筒工艺方案

形成完整的普梳纱工艺设计方案

纺纱工艺设计与实施

任务 1.1　原料选配

任务描述 >>>

　　配棉技术员接到纱线品种生产任务单以后,对纱线品质要求以及原料情况进行分析,在规定时间内以最经济的方式完成原料选配工作,完成原料选配表编制。

学习目标 >>>

- 能对原料检验数据进行纺纱性能分析
- 能根据纱线的要求及原料情况进行原料选配工作
- 能编制原料选配表

提交成果 >>>

■ 根据具体纱线产品实例,制定配棉方案

▶ 分析该纱线产品的品种特点和用途

▶ 分析原料,说明配棉特点及配棉主体性能指标范围

▶ 编制配棉表并计算配棉平均性能指标

▶ 普梳环锭纺纱线产品生产任务单见表 1-1-2

12

表 1-1-2　普梳环锭纺纱线产品生产任务单

品种序号	纱线品种	技术要求	月生产量(吨)
1	纯棉普梳 42^S/2 股线(筒子线,机织用经纱)		30
2	纯棉普梳 40^S 纱(筒子纱,针织用纱)		60
3	纯棉普梳 32^S 纱(筒子纱,针织用纱)		40
4	纯棉普梳 30^S 纱(筒子纱,针织用纱)	质量要求达到 GB/T 398—2008 优等	50
5	纯棉普梳 24^S 纱(筒子纱,机织用经纱)		20
6	纯棉普梳 20^S 纱(筒子纱,机织用纬纱)		30
7	纯棉普梳 18^S 纱(筒子纱,起绒用纱)		40
8	纯棉普梳 16^S 纱(筒子纱,机织用经纱)		35

知识准备

>>>配棉

学习内容

1.1.1　配棉的目的、依据和方法

1.1.2　配棉案例分析

▶▶ 1.1.1　配棉的目的、依据和方法

一、什么是配棉

所谓配棉,就是将原棉搭配使用的技术。即根据成纱质量要求,结合原棉特点制定出混合棉的各种成分及混用比例的最佳方案,并按产品分类定期编制出配棉排队表。

做好配棉工作,不仅能增进生产效能,保证和提高成纱产量、质量,而且对成纱成本有显著影响。配棉要从经济效益出发,控制原棉单价和吨纱用棉量。

二、配棉的目的

1. 合理使用原棉,满足纱线质量要求

① 纱线线密度(特数)和用途不同,对使用原棉的质量要求也不一样,应选用与之相适应的原棉。

② 合理利用各种原棉的不同性能,按比例搭配成混合棉,以发挥各自的特点,取长补短,使得混合棉的性能基本上能满足不同纱线的质量要求。

2. 保持生产和成纱质量相对稳定

① 保持原棉性质的相对稳定是纺纱生产和质量稳定的一个重要条件。如果采用单一唛头纺纱,当一批原棉用完后,必须调换另一批原棉来接替使用(称接批)。这样,次数频繁、大幅度地调换原料,势必造成生产和成纱质量的波动。

② 如果采用多种原料搭配使用,只要配合得当,就能保持混合棉性质的相对稳定,从而使生产过程及成纱质量也可保持相对稳定。

3. 节约用棉,降低成本

① 配棉要从经济效益出发,控制配棉单价和吨纱用棉量,力求节约用棉,降低成本。

② 短中夹长,粗中夹细,回花、再用棉以一定比例回用或降级使用。

> **重要提示**
>
> 做好配棉工作,应努力做到以下三点:
> (1)稳定:力求混合棉质量长期稳定,以保证生产稳定。
> (2)合理:在配棉工作中,不搞过头的质量要求,也不片面地追求节约。
> (3)正确:指配棉表中的成分与上机成分相符,做到配棉成分上机正确。

三、配棉依据

> • 根据成纱品种和用途选配原棉
> • 根据纱线的质量考核项目选用原棉

1. 根据成纱品种和用途选配原棉

棉纺厂是多品种生产。从规格上说,有粗特纱、中特纱、细特纱和特细特纱;从加工方法上说,有普梳纱和精梳纱、单纱和股线;就用途而言,有经纱和纬纱、针织用纱、起绒纱以及特种用纱等。

纱线品种不同,其质量要求也不一样,配棉时应分别考虑。不同纱线产品对原棉性质的要求见表1-1-3。

表1-1-3 不同纱线产品对原棉性质的要求

纱线类别		对原棉主要性质要求
成纱线密度	细特、特细特纱	细特和特细特棉纱,要求成纱强度高,外观疵点少,条干均匀度好。配棉时应选用色泽洁白、品级高、纤维细、长度长、杂质和有害疵点少以及含短绒较少的原棉,一般不混用再用棉
	中特、粗特纱	中粗特纱的质量要求较低,所用的纤维可以适当短粗些,同时可混用一些再用棉及低级棉
纺纱加工方法	精梳纱	精梳纱一般用于高档产品,应选用色泽好、长度较长、整齐度略次、线密度适中、强度较高的原棉
	普梳纱	普梳纱选用含短绒较少的原棉,对提高成纱强度有利,纺细特纱时尤为显著
	单纱与股线	单纱经合股加捻后成为股线,质量比相同线密度的单纱有所改善,配棉时可选择色泽略次、长度一般、强度中等、未成熟纤维和疵点稍多、轧花质量稍差的原棉。纺同线密度的股线,配棉对原棉的要求相对于单纱略低
成纱用途	经纱	经纱的结构要求紧密结实、弹性好、强度高、毛羽少。配棉时可选择色泽略次、纤维较细长、强度较高、成熟度适中、整齐度较好的原棉
	纬纱	纬纱对强度的要求不高,宜选用色泽好、含杂较少、长度略短、线密度略高、强度稍差的原棉
	针织用纱	针织用纱对纱线条干、细节、疵点、棉结的要求很高,配棉时对成纱强度、条干、疵点各方面都要照顾到。所以,应选择色泽乳白有丝光、细长、整齐度好、成熟正常、短绒率低、未成熟纤维和疵点少、轧花良好的原棉
	起绒用纱	纤维粗而短,可混用部分低级棉或精梳落棉
染色加工方法	染色	浅色布用的原棉要求色泽较好、含杂较少、成熟正常。染质量较高的深色布,对纤维的吸色要求高,故成熟度要好,以防染色不匀
	漂白	漂白布和一般染色布所用的原棉可稍次,但漂白布用的原棉忌带油污麻丝等异性纤维
	印花	由于印花布可以掩盖一部分外观疵点,对棉结、杂质、条干的要求不高

2. 根据纱线的质量考核项目选用原棉

┌─────────────────────────────┐
│ **原棉性质重要术语** │
└─────────────────────────────┘

长度指标: 手扯长度; 主体长度; 品质长度; 整齐度指标(基数、均匀度); 短绒率。

线密度指标: 分特(dtex); 公制支数。

强度指标: 断裂强度(cN/tex); 断裂长度(km)。

马克隆值: A(3.7~4.2); B(B1 为 3.5~3.6, B2 为 4.3~4.9); C(C1 为 3.4 及以下, C2 为 5.0 及以上)。

成熟度指标: 成熟度系数; 成熟度比。

原棉有害疵点: 索丝; 棉结; 软籽表皮和带纤维籽屑; 等。

异性纤维: 非棉纤维(如丙纶丝、塑料绳、毛发、麻丝、有色纤维等)。

查阅国标GB/T 398 —2008 对纱线质量考核项目的规定

① 单纱强力变异系数(单强 CV 值)
② 百米质量变异系数
③ 单纱断裂强度、百米质量偏差
④ 条干均匀度(黑板条干、条干均匀度变异系数)
⑤ 一克内棉结粒数、一克内棉结杂质粒数
⑥ 十万米纱疵

与纺纱工艺和成纱质量密切相关的棉纤维性能有长度、线密度、马克隆值、成熟度、强度、含水和含杂、异纤等。原棉性质对成纱质量的影响程度见表 1-1-4。

表 1-1-4　原棉性质对成纱质量的影响程度

原棉性质	单纱强力 CV 值及强度	百米质量 CV 值及偏差	条干 CV 值	成纱结杂
品级	★	★	★	★
长度	★	☆	★	□
细度	★	☆	★	■
成熟度	★	☆	★	★
单纤维强力	★	■	□	□
含杂疵率	★	☆	★	★
回潮率	■	☆	■	★
短绒率	■	☆	★	□
产地及品种	☆	★	■	☆

注　★表示有很大影响,☆表示有较大影响,■表示有一定的影响,□表示影响不大。

(1) 棉纤维长度、整齐度、短绒率→影响成纱强力、条干均匀度、毛羽

棉纤维的长度在 23~33 mm(细绒棉)和 33~45 mm(长绒棉)范围内,它是决定纺纱细度和工艺参数的重要依据。当其他条件不变时,纤维越长,成纱中纤维之间的接触面积越大,抱合力越高,纱的强度越高。特别当纤维的长度长而且整齐度好时,纱的强度、均匀度较

好,纱的表面光洁,毛羽少。

纺细特纱时,应选用较长纤维,以增加纤维间的接触面积及抱合力。当成纱细度一定时,纤维长则可提高成纱强度;当成纱细度和强度要求一定时,纤维长则可采用较小的捻系数,这有利于提高细纱机的单产。原棉中纤维长度是不等的,当整齐度差或短绒率高时(指长度在 16 mm 以下的纤维含量百分比),若短绒率超过 12%,对成纱强度及条干均匀度都有害。

就工艺参数而言,梳棉机给棉板的工作面长度以及罗拉和胶辊的直径都应与纤维长度相适应。牵伸装置的罗拉中心距是由棉纤维的品质长度决定的。

细绒棉多用于纺制中细特纱,长绒棉多用于纺制特种纱线或高档织物用纱,粗特纱以及某些低档织物用纱则可用粗绒棉或低级细绒棉及回花、下脚。

(2)棉纤维线密度→影响成纱强度、条干均匀度

细绒棉的线密度为 1.54~2.00 dtex(6500~5000 公支),长绒棉的线密度为 1.25~1.54 dtex(8000~6500 公支)。它也是决定棉纱可纺细度的重要依据。纺细特纱时,应选用较细的纤维,以保证成纱截面内的纤维根数。当成纱细度一定时,若棉纤维的成熟度正常,纤维细则能提高成纱强度,改善条干均匀度;但选用成熟度差的过细纤维时,在开松和梳理过程中容易产生棉结,反而会降低成纱强度及条干均匀度。

(3)棉纤维马克隆值→影响成纱强度、条干均匀度、染色性能

马克隆值是反映棉纤维细度与成熟度的综合指标,是棉纤维重要的内在质量指标之一,它与成纱质量和纺纱工艺都有密切的关系。

棉纤维的马克隆值分为 A、B、C 三级。A 级:3.7~4.2,品质最好;B 级:3.5~3.6(B1)和 4.3~4.9(B2),为马克隆值标准级;C 级:3.4 及以下(C1)和 5.0 及以上(C2),品质较差(过细或过粗)。马克隆值越大,表示棉纤维越粗,成熟度越高。

马克隆值适中,如 A 级,品质最好,此时棉纤维线密度适中,成熟度良好,能经受机械打击,易清除杂质,成纱条干均匀,外观光洁,疵点少,强力高,可纺性最好。但马克隆值过高,成纱品质会下降。因为纤维较粗时,成纱截面内的纤维根数减少;同时,过成熟纤维的天然转曲减少,纤维间的抱合力差,纤维的可纺性变差,造成成纱强力、条干等指标恶化。而马克隆值过低的棉纤维,往往成熟度差,纤维强力低,弹性、韧性差,在纺纱加工过程中,纤维易损伤,短绒、棉结增加,易产生有害疵点,染色性能差。

另据乌斯特公司的经验,造成布面横档疵点的原因中,70%是由于配棉成分中纤维的成熟度、Mic 值(马克隆值)、反射度 Rd(色泽指标)的差异大造成的。纤维的成熟度不同,其染色性能就不同,布面上就反映为色差。Mic 值与纤维成熟度密切相关,所以配棉时要着重控制 Mic 值的差异。

(4)棉纤维成熟度→影响成纱强度、条干均匀度、疵点、染色性能

棉纤维成熟度影响棉纤维的强度、细度、天然转曲、含水以及光泽和弹性,对加工工艺和成纱质量的影响很大。棉纤维的成熟度系数是根据棉纤维的中腔腔宽与胞壁厚度的比值而定出的相应数值。成熟度系数愈大,表示棉纤维愈成熟。

一般,正常成熟的细绒棉其平均成熟度系数为 1.50~2.00。成熟度系数为 1.70~1.80 时,其纺纱工艺和成纱质量都比较理想。成熟度系数在 0.75 及以下的纤维称为未成熟纤维。当使用成熟度差(成熟度系数在 1.00 以下)的原棉时,纺纱过程中纤维易受损伤而形成

棉结,成纱强度低,条干差,杂疵也难清除,其织物染深色时,布面会出现白星。但成熟度系数过高时,纤维转曲少、抱合差,对成纱强度不利。

AFIS仪测试指标即成熟度比(Mat Rat)是指纤维胞壁厚度对0.577的标准胞壁增厚度之比。当成熟度比超过1.00时,说明纤维非常成熟;为0.86~1.00时,说明成熟正常;低于0.85时,说明纤维未成熟。未成熟纤维百分率(IFC)是指一批纤维中未成熟纤维占纤维总根数的百分率。当未成熟纤维百分率(IFC)大于14%时,就有可能出现染色问题。

(5)棉纤维强度→影响成纱强度

细绒棉的单纤维强力约为3.5~4.5 cN,断裂强度一般为22~32 cN/tex。一般粗纤维的强力高,细纤维的强力低。但纤维强力不仅取决于纤维的粗细,而且与棉花类别、品种等有关。例如,长绒棉纤维的线密度很低,强力却不比细绒棉低。长绒棉的单纤维强力一般为4~6 cN,比同等粗细的细绒棉高出很多。长绒棉的断裂强度一般为35~45 cN/tex。

棉纤维在不同的回潮率下,其强度和断裂伸长率不同。一般情况下,回潮率较大时,强度较高,断裂伸长率较大。此外,较成熟的棉纤维的拉伸恢复弹性、压缩恢复弹性、耐疲劳性能等也较好。

(6)棉纤维的回潮率与含杂→影响成纱强度、条干、疵点、染色性能

棉纤维具有良好的吸湿能力。我国原棉的回潮率一般为7%~13%,原棉回潮率的高低会影响重量和用棉量的计算及纺纱工艺。回潮率太高的原棉在清梳过程中易产生棉束和棉结,不易开松除杂,降低除杂效率;回潮率太低则会产生静电现象,在加工过程中飞花多,梳理和牵伸时容易产生静电现象而缠绕针布、罗拉和胶辊等部件。低级棉的回潮率一般较高,对成纱结杂粒数的影响较大。

原棉中含有的枝叶、铃壳、棉籽、不孕籽、籽棉以及泥砂等非纤维性物质称为杂质,含有的棉结、索丝、软籽表皮、带纤维籽屑等纤维性物质称为有害疵点,后者在纺纱过程中不易除去,对成纱质量的危害性大,严重影响布面外观并易造成布面染色疵点。

国标 GB 1103—2007 规定皮辊棉的标准含杂率为3.0%,锯齿棉的标准含杂率为2.5%。

(7)"三丝"(异纤)→ 对成纱质量、断头和织物染色质量的危害很大

异性纤维是棉花中混杂的化学纤维、动物纤维和非棉性纤维等杂物的统称,如丙纶丝、塑料绳、毛发、麻丝、有色纤维等。异性纤维混入棉花中,不但在纺纱加工过程中难以清除,而且会在除杂工序中被拉断或分梳成更短、更细的纤维,形成大量纤维状细小疵点。纺纱时,这些疵点极易造成细纱断头,降低工作效率。织布染色后,布面会出现各种色点,严重影响布面外观质量。尤其是白布类织物,对棉纱的异性纤维最敏感,将影响产品的内销及出口,甚至会遭受国内外企业的索赔或退货,给棉纺企业造成巨大损失。

四、配棉的方法【分类排队法】

重要术语　分类　排队　主体成分　队数与混用百分比　原棉性能差异控制　回花　再用棉

(一)原棉的分类

1. 什么是分类

所谓分类,就是根据原棉的特性和纱线的不同要求,把适合纺制某类纱的原棉划为一

类,组成该种纱线的混合棉。生产品种多时,可分若干类。

2. 分类时应注意的问题

(1) 根据纱线品种和用途对原棉进行分类　纺制质量等级相同并处在一定线密度范围的纱线可选用大体相同的配棉质量,构成一个配棉类别。原棉分类时,应先安排细特和特细特纱,后安排中、粗特纱;先安排重点产品,后安排一般或低档产品。

(2) 原棉资源　分类时要考虑原棉产地、数量、质量、到棉趋势和棉季变动,并结合考虑各种原棉的库存量,做到瞻前顾后,留有余地。

(3) 气候条件　严冬干燥季节,为使挡车工操作方便,需适当提高成纱强度。梅雨季节,可在混合棉中适当混用成熟度好、棉结、杂质较少的原棉,使成纱质量稳定。

(4) 原棉性质差异　每一个配棉类别的配棉成分范围由配棉质量指标及差异确定。一般地讲,接批棉间的性质差异越小越好。混合棉中允许一部分原棉的性质差异略大一些,如"短中加长""粗中加细"的配棉方法,有利于改善成纱条干和成纱强度。

(5) 原棉质量　要综合考虑原棉产地、品级、长度、包装、水分、杂质、轧花方法、工艺性能、试纺质量、含糖、可纺性等。

(二) 原棉的排队

1. 什么是排队

排队就是在分类的基础上将同一类原棉排成几个队,把地区、性质相近的排在一个队内,当一个批号的原棉用完后,用同一个队中的另一个批号的原棉接替上去,使混合棉的性质无显著变化,达到稳定生产和保证成纱质量的目的。

2. 排队时应考虑的因素

(1) 主体成分　为了保证生产过程和成纱质量的相对稳定,在配棉成分中应有意识地安排某几个批号的某些性质接近的原棉作为主体,一般以地区为主体,也有的以长度或线密度为主体。主体原棉在配棉成分中应占70%左右。在具体工作中,当难以用一种性质相近的原棉为主体时,可以采用某项性质,以某几批原棉为主体,但要注意同一性质不要出现双峰。

(2) 队数与混用百分比　队数与混用百分比有直接关系。队数多,混用百分比小;队数少,则混用百分比大。但队数过多,车间管理工作不便,又易造成混棉不匀,影响成纱质量;而队数过少,由于混用百分比过大,原棉接批时容易造成混合棉性质有较大差异。目前,配棉队数一般为5～10队。

队数多少要考虑总用棉量、原棉产区、品种和质量以及产品的质量和要求。总用棉量大、棉花产地来源广、质量性能差异大、棉种复杂时,队数宜多。

队数确定后,可根据原棉质量情况及成纱质量要求确定各种原棉的混用百分比。为了减少成纱质量的波动,最大混用百分比一般为25%左右。若先后接替的原棉的主要性质差异过大,则混用百分比应控制在10%以内。

(3) 抽调接替　接替时应注意使混合棉的质量少变、慢变、勤调的原则,注意取长补短、分段增减、交叉抵补的方法,从而保持相对稳定。抽调接替的方法为分段增减和交叉抵补。

① 分段增减　分段增减就是把一次接批的成分分成两次或多次接批。例如,配棉成分为25%的某一个批号的原棉即将用完,需要由另一个批号的原棉来接替,但这两个批号的

原棉性质差异较大,如采取一次接批,就会造成混合棉性质的突变,对生产不利。在这种情况下,可以考虑采用分段增减法来完成接批,即在前一个批号的原棉还没有用完前,先将后一个批号的原棉换用 10%,等前一个批号用完后,再将后一个批号的原棉成分增加到 25%。根据原棉情况,也可分多段完成。

② 交叉抵补 在接批时某队中接批的原棉的某些性质较差,为了弥补,可在另一队原棉中选择一批在这些指标上较好的原棉同时接批,使混合棉的质量平均水平保持不变。此外,应掌握同一天内接批的原棉批数一般不超过两批,以百分比计,则不宜超过 25%。

此外,配棉接批时要注意原棉中"异性纤维"的情况;回花、再用棉要均衡使用,要根据产品的质量要求和最终用途决定使用比例,一般以不超过 5% 为最好,对染色要求高的品种要少用或不用。

(三)原棉性质差异控制

为了保证生产中配棉成分的稳定,避免棉花质量明显波动,关键是控制好原棉性质差异。在正常情况下,原棉性质差异控制范围见表 1-1-5。

想一想,要保证生产中配棉成分的稳定,关键是控制好原棉性质差异

原棉性质差异控制范围

表 1-1-5 原棉性质差异建议控制范围

控制内容	混合棉中队与队原棉性质差异	接批原棉性质差异	混合棉平均性质差异
产地	—	相同或接近	地区变动≤25%(针织纱≤15%)
品级	1~2 级	1 级	0.3 级
长度(mm)	2.0~4.0	2.0	0.2~0.3
马克隆值	0.5	0.3	0.1
含杂率	1.0%~2.0%	1.0%以下,疵点接近	0.5%以下
线密度(dtex)	0.07~0.09	0.12~0.13	0.02~0.06

(四)回花和再用棉的使用

1. 回花

纺纱生产过程中的回花包括回卷、回条、粗纱头、皮辊花、细纱断头吸棉等,可以与混合棉混用。但回花遭受的重复打击多,易产生棉结,而且回花的短绒率高,因此混用量不宜超过 5%。

回花一般本支回用。对质量有特殊要求的特细特纱、混纺纱等,规定部分回花不能回用,但可以降级使用或利用回花专纺。

2. 再用棉

再用棉包括开清棉机的车肚花(俗称统破籽)以及梳棉机的车肚花、斩刀花和抄针花与

纺纱工艺设计与实施

精梳机的落棉等。再用棉的含杂率和短绒率都较高，一般经预处理后降级混用，常混于中特纱、粗特纱、副牌纱或废纺中使用。精梳落棉在粗特纱中可混用 5%～20%，中特纱中可混用 1%～5%。

（五）分类排队程序

从原棉进厂一直到配棉使用的程序，用分类排队工作程序图表示（图 1-1-1）。

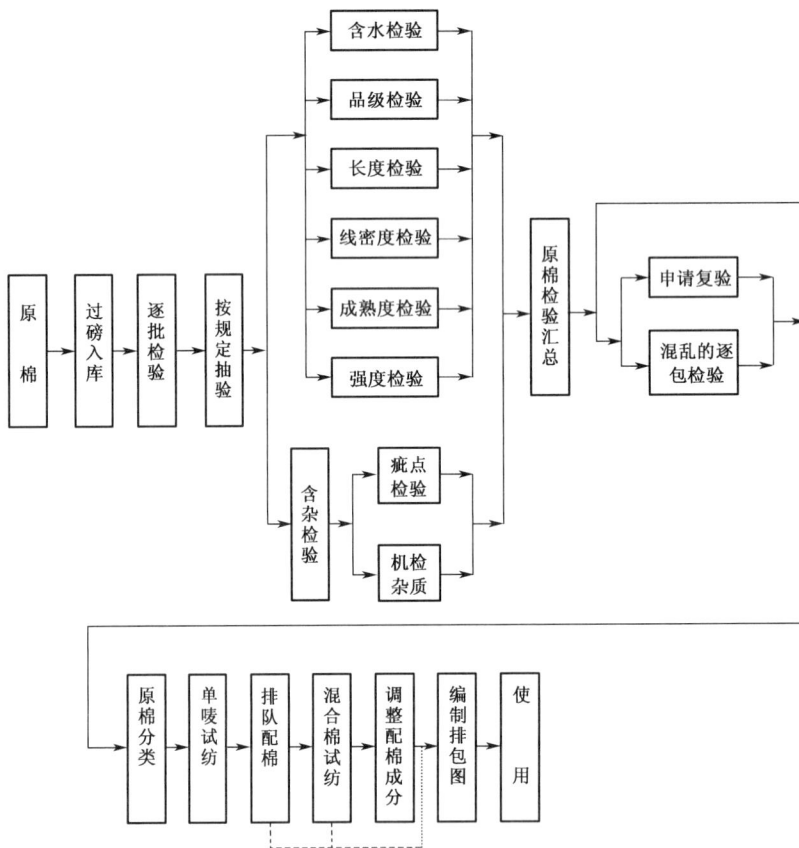

图 1-1-1　分类排队工作程序图

▶▶▶ *1.1.2*　　　　配棉案例分析

一、常规产品配棉方案(表 1-1-6)

表 1-1-6　常规产品配棉方案

配棉类别		主要品种	平均品级	最低品级	平均手扯长度 (mm)	长度差异 (mm)
特细特 （4～ 10 tex）	特	6 tex 以下精梳纱、高速缝纫线、特种用纱等	长绒棉	—	35 以上	—
	甲	6～10 tex 精梳纱、精梳全线府绸、精梳全线卡其、高档薄织物、高档手帕、高档针织品、绣花线	长绒棉或 细绒棉 1.2～1.8	2	31～33	—

配棉类别		主要品种	平均品级	最低品级	平均手扯长度（mm）	长度差异（mm）
细特（11～20 tex）	特	11～12 tex 精梳纱、精梳府绸、精梳横贡、高密度织物、提花织物、高档汗衫、涤/棉混纺	1.5～2.0	3	30±1	2
	甲	府绸、半线府绸、半线直贡、羽绸、色织被单、丝光平绒、割绒、汗衫、棉毛衫、染色要求高的产品	2.1～2.6	3	30±1	2
	乙	平布、麻纱、斜纹、直贡、半线织物（平布、哔叽、华达呢、卡其）的经纱、细帆布、漂白布、染色布	2.3～2.8	3	29±1	2
中特（21～32 tex）	甲	府绸、纱罗、灯芯绒棉纱、割绒、织布起绒、针织起绒、汗衫、棉毛衫、薄型卫生衫、深色布轧光等	2.3～2.8	4	28±1	4
	乙	平布、斜纹、哔叽、华达呢、卡其、直贡、半线织物的纬纱及色织、被单、中帆布、鞋布、无色布等	2.5～3.0	4	28±1	4
	丙	色纱、漂白布、印花布、劳动布、蚊帐布、夹里布	3.0～3.5	5	27±1	4
粗特（32 tex 以上）	甲	高档粗平布、府绸、半线织物的纬纱、被单布、绒布深色布、针织起绒布等	2.6～3.1	5	26±1	4
	乙	平布、斜纹、哔叽、华达呢、卡其、直贡、印花布	3.0～3.8	5	26±1	4
	丙	工作服、粉袋布、底布、粗平布、毛巾、劳动手套	4.1～4.8	5	26±1	6
低档产品		家俱布、窗帘布、装饰布、绒布、帆布、粗布、绒毯等	—	6	—	6

二、引导案例

工作任务：制定纯棉普梳 27.8 tex 机织用经纱的配棉方案

纱线品种代号：C 27.8 tex T

```
┌─────────────────────────────┐
│      制定配棉方案步骤            │
│  1. 分析纱线的品种特点及其用途    │
│  2. 分析原料，确定配棉主体性能指标 │
│  3. 制定配棉表                  │
└─────────────────────────────┘
```

1. 分析纱线的品种特点及其用途

C 27.8 tex T 为纯棉普梳中特纱，用途为机织用经纱，主要用于织造平布、斜纹、卡其工作服等。因此，对原棉的总体性能要求不高。该纱属于中档大面积产品，要求减少成纱质量波动。

2. 分析原料，确定配棉主体性能指标

① 该纱为纯棉普梳中特纱，按中特纱乙类配棉，为降低成本，选用了一定比例的 429 低级棉，比例为 20%，虽然线密度差异较大，但粗中夹细，有利于提高成纱强力。

② 因该纱属于中档产品，考虑产棉地区相对比较集中，因而选用队数为 5 队。

③ 以长度为主体，配用原棉主要以手扯长度 29 mm 为主。

④ 配用 20% 的 429 低级棉以及一定比例的回花与再用棉，以降低用棉成本。

表1-1-7
27.8 tex 机织用

纺纱工艺设计与实施

22

产地	等级	成分(%)	包数	用棉进度　（以虚线表示）																	
				11月								12月										
				19日	23日	24日	25日	26日	27日	28日	30日	1日	2日	3日	4日	5日	6日	7日	8日	9日	10日	11日	12日
湖北孝感	329	20	203	--																			
湖北黄陂	329		215																				
湖北孝感	329	23	164	--																			
湖北孝感	329		59																				
湖北孝感	429	20	66	---------------------------------------																			
湖北孝感	429		56									---------------------------------------										
湖北黄陂	429		58																-------------------				
河南商丘	227	22	500	--																			
河南商丘	327	15	495	--																			

平均长度(mm)	上期	28.40	各项指标逐日平均		技术品级	2.51				2.51				2.61			
					技术长度(mm)	28.51				28.47				28.71			
					含杂率(%)	2.26				2.18				2.46			
					回潮率(%)	8.1				8.06				7.98			
	本期	28.26		百克粒数	未熟籽	307				339				351			
					破籽	69				65				73			
平均品级	上期	2.58			不孕籽												
					带纤维籽屑	370				338				458			
					不带纤维籽屑	769				889				769			
					合计粒数	1 515				1 631				1 651			
	本期	2.98			成熟度	1.76				1.77				1.76			
					未熟棉率(%)	25.02				24.23				23.67			
混棉差价率(%)	上期	121.12			强力(cN)	4.14				4.16				4.03			
					线密度[dtex(公支)]	1.79 5 592				1.80 5 555				1.79 5 588			
					右半部长度(mm)	29.83				30.19				30.41			
	本期	119.07			主体长度(mm)	27.11				27.48				27.67			
					短绒率(%)	11.97				11.47				12.20			
					基数(%)	39.53				38.81				37.53			

配棉实例

经纱　配棉排队表

百克粒数										技术品级	技术长度(mm)	含杂率(%)	回潮率(%)	物理特性						
13日	14日	15日	16日	18日	未熟籽	破籽	带纤维籽屑	不带纤维籽屑	总计粒数					成熟度	强力(cN)	线密度[dtex(公支)]	右半部长度(mm)	主体长度(mm)	短绒率(%)	基数(%)
					290	40	200	760	1 290	2.25	2858	2.2	8.8	1.79	4.15	1.77 5 661	30.16	27.91	10.74	41.32
					250	180	190	750	1 370	2.5	2793	2.2	8.2	1.75	4.02	1.73 5 785	29.43	26.30	13..92	35.18
					320	70	320	1 080	1 790	2.5	2870	2.1	8.0	1.76	4.10	1.77 5 655	30.62	27.78	10.14	39.12
					540	160	700	1 000	2 400	2.5	2920	2.9	8.0	1.75	4.02	1.77 5 650	29.32	26.86	13.20	43.01
					280	160	400	900	1 740	3.25	2850	3.3	8.5	1.75	4.03	1.70 5 871	28.02	25.21	14.15	41.78
					440	140	240	1 500	2 320	3.25	2828	2.9	8.3	1.79	4.15	1.76 5 686	29.83	27.06	11..63	38.14
					500	180	840	900	2 420	3.75	2950	4.3	7.9	1.73	3.51	1.71 5 851	30.94	28.01	15.30	31.74
					293	47	460	453	1 253	1.75	2858	1.7	7.6	1.74	4.04	1.84 5 440	29.86	26.85	12.83	36.28
					365	15	500	595	1 475	3.0	2800	2.0	7.5	1.77	4.47	1.90 5251	30.55	27.96	12.23	39.55

2.61	2.66
28.80	28.67
2.64	2.64
7.98	7.98
402	394
94	122
545	543
750	748
1 791	1 807
1.76	1.75
25.10	25.17
4.01	3.98
1.79 5 587	1.78 5 612
30.11	29.96
27.46	27.14
12.90	13.54
38.42	37.19

说明：（1）本配棉表为月度配棉表。

（2）产地搭配：湖北 63%，河南 37%。

（3）本配棉表中选用的原棉，每包质量为 80~100 kg（小包）。

排包图如下：

备注：

（1）回花：▭；再用棉 ○；回花与再用棉打包后回用，并嵌入其中；上包时注意削高嵌缝，低包松高，平面看齐。

（2）圆盘抓棉机一般堆放棉包质量 2 000 kg，可排小包 20~24 包（80~100 kg/包），大包 8~10 包（200~227 kg/包）。

⑤ 配棉主要性能指标掌握范围

平均品级：2.5～3.0；平均长度：28 mm±1 mm；平均成熟度系数：1.5～1.7。

3．制定配棉表（表 1-1-7）

提示

混合体性能指标的计算

配棉时的混合棉和化纤配料时的混合料称混合体，混合体的各项性能指标以混合体中各原料的性能指标及其质量百分比加权平均计算，参见下式：

$$X = X_1A_1 + X_2A_2 + X_3A_3 + \cdots + X_nA_n = \sum_{i=1}^{n} X_iA_i$$

式中：X——混合体的某项性能指标；

　　　X_i——第 i 种纤维的某项性能指标；

　　　A_i——第 i 种纤维的混用质量百分率。

例：本例配棉的平均技术品级＝2.25×20％＋2.50×23％＋3.25×20％＋

　　　　　　　　　　　1.75×22％＋3.00×15％＝2.51

24

任务 >>> 实施

工作 任务

某棉纺厂生产若干纯棉普梳环锭纱纱线品种，请以配棉技术员角色，根据给定纱线品种（表 1-1-8），模拟配棉，制定配棉方案，并计算混合棉的平均性能指标。

表 1-1-8　纱线品种实例表

品种序号	纱线品种	分组序号
1	纯棉普梳 42^S/2 股线（筒子线，机织用经纱）	1
2	纯棉普梳 40^S 纱（筒子纱，针织用纱）	2
3	纯棉普梳 32^S 纱（筒子纱，针织用纱）	3
4	纯棉普梳 30^S 纱（筒子纱，针织用纱）	4
5	纯棉普梳 24^S 纱（筒子纱，机织用经纱）	5
6	纯棉普梳 20^S 纱（筒子纱，机织用纬纱）	6
7	纯棉普梳 18^S 纱（筒子纱，起绒用纱）	7
8	纯棉普梳 16^S（筒子纱，机织用经纱）	8

工作准备

资料准备：

(1) 原棉资料(模拟原棉库)

(2) 查阅《棉纺手册(第三版)》P1～10 和 P66～72

(3) 上网搜索或到棉纺企业收集原棉选配案例

工作要求（以小组合作方式完成工作任务）

(1) 制定小组工作计划

(2) 制定配棉方案

▶ 分析该纱线产品的品种特点和用途

▶ 分析原料并说明配棉特点及其配棉主体性能指标范围

▶ 编制配棉表并计算配棉平均性能指标

提交成果

(1) 根据分组设计的纱线产品实例,提交该纱线的配棉方案工作报告

(2) 制作 PPT 和 Word 电子文档,对你的配棉方案进行答辩

 答辩内容……

① 该纱线产品的品种特点和用途
② 配棉特点
③ 配棉方案
④ 生产过程中如何保证成纱质量稳定

25

课后 >>>
自测

一、名词解释

　　(1) 配棉　　　　(2) 主体成分　　　(3) 分类　　　　(4) 排队

　　(5) 回花　　　　(6) 再用棉　　　(7) 原棉有害疵点

二、选择题(A、B、C、D 四个答案中只有一个是正确答案)

　　1. 纱线代号中,经过精梳加工的纱线,其纺纱加工方法代号用(　　)。

　　　　(A) J　　　　　(B) C　　　　　(C) OE　　　　(D) 以上都不是

　　2. 纱线代号中,如加工的是黏胶纤维,其原料代号用(　　)。

　　　　(A) T　　　　　(B) C　　　　　(C) R　　　　(D) A

　　3. 纱线代号中,如加工的是腈纶纤维,其原料代号用(　　)。

　　　　(A) T　　　　　(B) C　　　　　(C) R　　　　(D) A

　　4. 纱线代号中,如加工的是涤纶纤维,其原料代号用(　　)。

　　　　(A) T　　　　　(B) C　　　　　(C) R　　　　(D) A

　　5. 纱线代号中,如加工的纱线是针织用纱,其纱线用途代号用(　　)。

　　　　　(A) T　　　　　　　(B) W　　　　　(C) K　　　　　(D) Q

　　6. 纱线代号中,如加工的纱线是转杯纺纱,其纺纱加工代号用(　　　)。

　　　　(A) J　　　　　　　(B) OE　　　　　(C) K　　　　　(D) Q

　　7. 为了减少混合棉成分的波动,混合棉中最大混合比例一般为(　　　)。

　　　　(A) 10%左右　　　(B) 20%左右　　(C) 25%左右　　(D) 35%左右

　　8. 配棉时,混合棉中的混合队数一般为(　　　)。

　　　　(A) 3～5 队　　　　(B) 5～10 队　　(C) 10～15 队　　(D) 15 队以上

　　9. 股线配棉的要求与同线密度单纱配棉的要求相比,一般(　　　)。

　　　　(A) 股线的要求高于单纱的要求　　　　(B) 股线的要求低于单纱的要求

　　　　(C) 两者相同　　　　　　　　　　　(D) 以上答案都不正确

　　10. 配棉排队时,当原棉质量差异过大而产品色泽等要求较高时,队数宜为(　　　)。

　　　　(A) 7～10 队　　　(B) 5～6 队　　　(C) 3～4 队　　　(D) 11～12 队

三、判断题(正确的打√,错误的打×)

　　1. 棉纺厂一般采用单一唛头纺纱。　　　　　　　　　　　　　　　(　　)

　　2. 原棉的性质与棉花的生长条件、品种、产地有关,而与其他条件无关。(　　)

　　3. 纬纱配棉时应选择纤维较细长、强力较高、成熟度适中、整齐度较好的原棉。

　　　　　　　　　　　　　　　　　　　　　　　　　　　　　　　(　　)

　　4. 浅色布用纱,由于染色浅,可以混用成熟度较低的原棉。　　　　　(　　)

　　5. 回花因为性能与混合棉接近,因此可以任意回用。　　　　　　　(　　)

　　6. 再用棉只能经过处理后降支回用或用于副牌纱。　　　　　　　　(　　)

　　7. 成熟度系数愈高的棉纤维,纺纱时其成纱强力愈高。　　　　　　(　　)

　　8. 马克隆值越大的棉纤维,可纺性越好。　　　　　　　　　　　　(　　)

　　9. 原棉主体成分通常以成熟度为主体。　　　　　　　　　　　　　(　　)

　　10. 如果接批的原棉的主要性能差异较大,过渡比例不要超过 10%。　(　　)

四、简答题

　　1. 试述原棉的性能与纺纱质量的对应关系。

　　2. 试述针织用纱对原棉的选配要求。

　　3. 对成纱质量影响大的配棉指标主要有哪些?

　　4. 如何保证生产过程中配棉成分的稳定?

　　5. 分类排队时应注意哪些问题?

　　6. 说明配棉时原棉的差异控制范围。

　　7. 何为回花、再用棉? 生产过程中如何使用?

任务 1.2　开清棉工艺设计

任务描述 >>>

　　开清棉是纺纱的第一道生产工序,通过开清棉各单机的作用,逐步实现对原棉的开松、除杂、混合、均匀的加工要求。开清棉工艺设计内容主要是对抓棉机、混棉机、开棉机、给棉机、清棉机等主要设备的工艺参数进行合理配置。

学习目标 >>>

- 能进行开清棉工艺流程的配置
- 能合理配置开清棉各单机的主要工艺参数
- 会分析影响开清棉开松、除杂、混合及均匀作用的主要工艺因素
- 会进行成卷机主要工艺参数和产量的计算
- 会分析棉卷的质量控制指标

提交成果 >>>

■ 开清棉工艺设计报告

知识准备

>>> 开清棉工艺设计

学习内容

| 1.2.1　开清棉工序概述 |
| 1.2.2　开清棉工艺设计要点 |
| 1.2.3　开清棉引导案例分析 |
| 1.2.4　开清棉质量指标及控制 |

▶▶▶ *1.2.1*　开清棉工序概述

一、开清棉工序的任务

　　开清棉是棉纺工艺过程的第一道工序。原棉或化纤都是以紧压成包的形式进入纺纱厂的,原棉中还含有较多的杂质和疵点。因此,开清棉工序的主要任务是:

　　(1) 开松　通过开清棉联合机中各单机的角钉、打手的撕扯和打击作用,将棉包或化纤包中压紧的块状纤维松解成小棉束,为除杂和混合创造条件。

　　(2) 除杂　在开松的同时去除原棉中 $50\%\sim60\%$ 的杂质,尤其是棉籽、籽棉、不孕籽、砂土等大杂。

（3）混合 将各种原料按配棉比例充分混合。

（4）均匀成卷 制成一定规格（即一定长度和质量，结构良好，外形正确）的棉卷或化纤卷，以满足搬运和梳棉机的加工需要。在采用清梳联合机的情况下，则不需成卷，而是直接输出棉流到梳棉机的储棉箱中。

以上各项任务是相互关连的。但首要任务是开松原料，原料松解得愈好，除杂与混合的效果就愈好。在开松过程中，应尽量减少纤维的损伤、杂质的碎裂和可纺纤维的下落。

二、开清棉机械的类型

在开清棉工序中，为完成开松、除杂、混合、均匀成卷四大作用，开清棉联合机由各种作用的单机组成，按机械的作用特点以及所处的前后位置可分为下列几种类型：

（1）抓棉机械 如自动抓棉机。可从许多棉包或化纤包中抓取棉块和化纤，喂给前面的机械。它具有扯松与混合的作用。

（2）棉箱机械 如自动混棉机、多仓混棉机、双棉箱给棉机等。这些机械都具有较大的棉箱和一定规格的角钉机件。输入的原料在箱内进行比较充分的混合，同时利用角钉把原料扯松，并尽量去除较大的杂质。

（3）开棉机械 如六辊筒开棉机、豪猪开棉机、轴流式开棉机等。它们的主要作用是利用打手机件对原料进行打击、撕扯，使原料进一步松解并去除杂质。

（4）清棉、成卷机械 如单打手成卷机。它的主要作用是以较细致的打手机件，使输入原料获得进一步的开松和除杂，用均棉机构及成卷机构制成比较均匀的棉卷或化纤卷。采用清梳联合机时，则输出均匀的棉流，供梳棉机加工使用。

（5）辅助机械 如凝棉器、配棉器、除金属装置、异纤清除器等。以上各类机械通过凝棉器和配棉器连接，组成开清棉联合机。

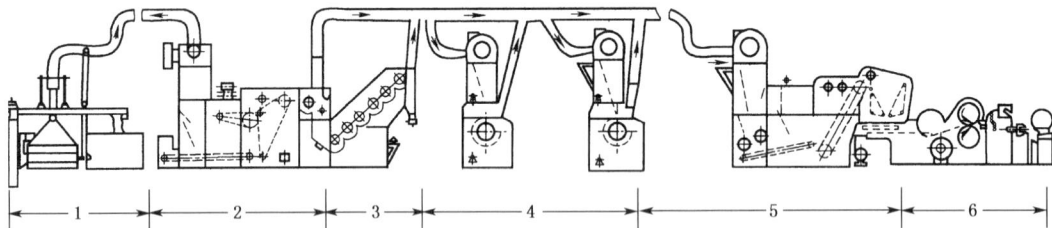

图 1-2-1 LA004 型开清棉联合机

1—A002D 型自动抓棉机 2—A006B 型自动混棉机 3—A034 型六辊筒开棉机
4—A036B 型豪猪开棉机 5—A092A 型双棉箱给棉机 6—A076A 型单打手成卷机

▶▶▶ **1.2.2** 开清棉工艺设计要点

一、开清棉工艺设计原则

工艺原则	多包取用、精细抓棉、混合充分、渐进开松、早落少碎、梳打适当、少伤纤维

28
纺纱工艺设计与实施

（1）抓棉机尽可能"多包取用、勤抓少抓"，以体现精细抓棉。

（2）原棉应混合均匀，混合越均匀，越有利于解决色差、色档问题以及提高成纱条干均匀度和降低单纱断裂强力变异系数。

（3）开松过程应遵循"渐进开松、早落少碎、梳打适当、少伤纤维"的原则。

（4）打手形式应根据加工原料的品种和性能决定，打手转速应根据原棉紧密度、原棉成熟度和含杂、打手的多少决定。

（5）棉箱机械的角钉帘子和均棉罗拉间的隔距应尽可能缩小，以提高扯松效果。开清棉机各尘棒间的隔距，按棉流自入口至出口由大渐小调节，其隔距大小随杂质形态和数量决定。

二、开清棉工艺流程的选择

1．选择开清棉流程需考虑的因素

选择开清棉工艺流程要综合考虑：①单机的性能和特点；②纺纱品种和质量要求；③原棉的性质，如含杂内容和数量、纤维长度、线密度、成熟度系数和包装密度等因素。

选定的开清棉流程的灵活性和适应性要广，要能适合加工不同品质的原棉或化纤，做到一机多用，应变性强。

2．开清点与混棉机械的设置

开清点是指对原料进行开松、除杂的主要打击部件。开清棉流程应配置适当个数的开清点，主要打手为轴流、豪猪、锯片、综合、梳针、锯齿等。每只打手作为一个开清点，多辊筒开棉机、混开棉机及多刺辊开棉机，每台也作为一个开清点。当原棉含杂和包装密度不同时，应考虑开清点的合理配置。根据原棉含杂情况不同，配置的开清点数可参见表1-2-1。

表 1-2-1　原料与开清点的关系

原棉含杂率（%）	2.0 以下	2.5～3.5	3.5～5.5	5.0 以上
开清点数（个）	1～2	2～3	3～4	5 或经预处理后混用

根据纺纱线密度的不同，选择开清点数一般为：粗特纱，3～4 个开清点；中特纱，2～3 个开清点；细特纱，1～2 个开清点。配置开清点时应考虑间道装置，以适应不同原料的加工要求。

要合理选用混棉机械，配置适当的棉箱只数，保证棉箱内存棉密度稳定。为使混合充分均匀，可选用多仓混棉机。在传统成卷开清棉流程中，还要合理调整摇板、摇栅、光电检测装置，保证供应稳定、运转率高、给棉均匀以及发挥天平调节机构或自调匀整装置的作用，使棉卷质量不匀率达到质量指标要求。

3．组合实例

（1）传统成卷工艺流程——纺棉流程

① FA002 型自动抓棉机×2 台（并联）→FA121 型除金属杂质装置→FA104A 型六辊筒开棉机（附 A045 型凝棉器）→FA022-6 型多仓混棉机→FA106 型豪猪式开棉机（附 A045 型凝棉器）→FA107 型豪猪式开棉机（附 A045 型凝棉器）→A062 型电气配棉器（2路）→［A092AST 型振动式双棉箱给棉机（附 A045 型凝棉器）→FA141 型单打手成卷机］×2 台

② FA002A 型自动抓棉机×2 台→TF30A 型重物分离器（附 FA051A 型凝棉器）→FA022-6 型多仓混棉机→FA106B 型豪猪式开棉机（附 A045B 型凝棉器）→A062-Ⅱ型电器

配棉器→[FA046A 型振动棉箱给棉机(附 A045B 型凝棉器)＋FA141A 型单打手成卷机]×2 台

③ FA002A 型自动抓棉机×2→A035E 型混开棉机(附 FA045B 型凝棉器)→FA106B 型豪猪式开棉机(附 A045B 型凝棉器)→A062-Ⅱ型电器配棉机→[FA046A 型振动棉箱给棉机(附 A045B 型凝棉器)＋FA141A 型单打手成卷机]×2 台

④ 郑州宏大纺机厂推荐流程:FA002A 型自动抓棉机×2 台→TF37 型手动两路配棉器(可选)→AMP3000 型金属及重杂物探除器→FA103A 型双轴流开棉机(附 FA051A 型凝棉器)→FA022-6 型多仓混棉机(附 TF27 型桥式吸铁)→FA106 型豪猪式开棉机(附 FA051A 型凝棉器)→FA135-Ⅱ型气动配棉器(2 路)→[FA046 型振动棉箱给棉机(附 FA051A 型凝棉器)→FA141A 型单打手成卷机]×2 台

注:(1) FA002A 型圆盘抓棉机可用 FA002B 型圆盘抓棉机或 FA006 型往复抓棉机代替;

(2) FA103A 型双轴流开棉机可用 FA113 型系列单轴流开棉机代替;

(3) 若原棉较好,FA103A 型双轴流开棉机、FA022-6 型多仓混棉机可用 FA018 型混开棉机代替;

(4) FA141A 型单打手成卷机可用 A076 型系列成卷机代替。

(2) 传统成卷工艺流程——纺化纤流程

① FA002 型自动抓棉机×2 台(并联)→FA121 型除金属杂质装置→FA022 型多仓混棉机→FA106A 型梳针辊筒开棉机(附 A045 型凝棉器)→A062 型电气配棉器(2 路)→[A092AST 型振动式双棉箱给棉机(附 A045 型凝棉器)→FA141 型单打手成卷机]×2 台

② FA002 型自动抓棉机×2 台(并联)→A006B 型自动混棉机(附 A045 型凝棉器)→FA106A 型梳针辊筒开棉机(附 A045 型凝棉器)→A062 型电气配棉器(2 路)→[A092AST 型振动式双棉箱给棉机(附 A045 型凝棉器)→FA141 型单打手成卷机]×2 台

(3) 清梳联流程　国内采用的清梳联中的开清棉设备是以往复式自动抓棉机、轴流式开棉机、多仓混棉机、锯齿辊筒清棉机等设备组成清棉流程,实现了"一抓、一开、一混、一清"4 台主机的基本组合,单机性能好、效率高,是连续给棉的短流程清棉联合机。

① 郑州宏大清梳联　FA006 型往复抓棉机(附 TF27 型桥式磁铁)→AMP2000 型火星、金属二合一探测器→TF30A 型重物分离器(附 FA051A 型凝棉器)→FA103 型双轴流开棉机→FA028 型六仓混棉机(附 TV425A 型输棉风机)→FA109 型三辊筒清棉机→FA151 型除微尘机→(FA177A 型喂棉箱＋FA221B 型梳棉机)(6～8 台)×2。

② 青岛宏大清梳联　FA009 型往复抓棉机→FT245F 型输棉风机→AMP2000 型金属、火星探除器→FT215A 型微尘分离器→FA124 型重物分离器→FT240F 型输棉风机→FA105A 型单轴流开棉机→FT225F 型输棉风机→FA029 型多仓混棉机→FT240F 型输棉风机→FT214 型桥式磁铁→FA179 型棉箱＋FA116 型主除杂机→FA156 型除微尘机→119AⅡP 型火星探除器→FT301B 型连续喂棉装置→FA178A 型配棉箱＋FT024 型自调匀整＋FA203A 型梳棉机×(6～8 台)。

三、开清棉各单机的主要技术特征和工艺参数配置

(一)抓棉机

【作用】其主要作用是按照确定的配棉成分和一定的比例抓取原料。原料经抓棉机械的打手抓取后以棉流的形式送入下一机台,具有初步的开松和混合作用。

【类型】圆盘抓棉机:A002D 型;FA002 系列。

往复抓棉机:FA006 型;FA009 型。

【抓棉机主要技术特征和工艺参数】圆盘抓棉机见表 1-2-2,往复式抓棉机见表 1-2-3。

表 1-2-2 国产圆盘自动抓棉机的主要技术特征

抓棉打手

项 目	A002D 型	FA002 型
产量[kg/(台·h)]	800	800
堆放棉包质量(kg)	2 000	4 000(2 台并联)
打手直径(mm)	385	385
打手刀片形式	锯齿刀片,抓取角 10°,刀尖角 60°,厚4 mm	
刀片排列方式	31 片组合,从里到外,刀片由稀到密分为 3 组	
★小车运转速度(r/min)	1.7, 2.3	0.59~2.96
★打手转速(r/min)	740	740
★刀片伸出肋条的距离(mm)	2.5~7.5	2.5~7.5
★打手每次下降的距离(mm)	2~6	2~6

注 ★表示主要配置的工艺参数。

表 1-2-3 几种往复式抓棉机的主要技术特征

1—压棉罗拉 2—抓棉打手
3—肋条 4—压棉罗拉
5—棉包

项 目	FA006型	FA006A型	FA006(B, C)型	FA009 型	
工作宽度(mm)	1 720	1 720	2 300	1 720	2 300
最高产量(kg/h)	1 000	1 000	1 500	1 000	1 500
单侧堆放棉包数	约50 包	约50 包	约80 包	约50 包	约80 包
工作高度(mm)	1 600	1 700	1 775	1 720	
打手形式	双打手,锯齿刀片			双打手,锯齿刀片	
打手直径(mm)	300	250		280	
★打手转速(r/min)	1 440			1 650	
★打手间歇下降距离(mm/次)	0.1~19.9,连续可调			0.1~20.0,连续可调	
★工作行走速度(m/min)	12	5~15,变频调速		2~16,可调	

抓棉机工艺配置分析(以圆盘抓棉机为例)

1. 影响抓棉机开松作用的主要工艺参数

(1)锯齿刀片伸出肋条的距离 此距离小,锯齿刀片插入棉层浅,抓取棉块的平均质量轻,开松效果好。一般为 1~6 mm,宜偏小掌握。

（2）抓棉打手的转速　转速高,作用强烈,有利于提高开松度,但对打手的动平衡要求高,抓棉小车的振动增大,易损伤纤维和刀片。一般为 740～900 r/min。

（3）抓棉小车间歇下降的距离　此距离大,抓棉机产量增加,开松效果降低。一般为 2～4 mm/次,宜偏小掌握。

（4）抓棉小车的运行速度　速度高,抓棉机产量高,单位时间内抓取的原料成分多,一般为 1.7～2.3 r/min。适当提高抓棉小车的运行速度,有利于提高抓棉机的运转率。

2.影响抓棉机混合作用的主要工艺因素

（1）合理编制排包图和上包操作

① 编制排包图时,对相同成分的棉包要做到"横向分散、纵向错开",避免同一成分重复抓取。

② 上包时应根据排包图上包,如棉包高低不平时,要做到"削高嵌缝、低包松高、平面看齐"。混用回花和再用棉时,也要纵向分散,由棉包夹紧或打包后使用。

（2）提高小车的运转率　为了达到混棉均匀的目的,抓棉机抓取的棉块要小,所以工艺配置上应做到"勤抓少抓",以提高抓棉机的运转率（90％以上）。

抓棉机工艺设计要点:勤抓少抓→精细抓棉

"勤抓"——适当提高抓棉小车的运行速度,抓棉机的运转率争取达到 90％以上。

"少抓"——打手刀片伸出肋条的距离小（1～3 mm）,打手刀片甚至可以缩入肋条内,采用负刀工艺;抓棉打手的间歇下降动程少（2～4 mm）。

工艺流程一定时,精细抓棉可提高开清棉全流程的开清效果,并有利于混合、除杂和均匀。

（二）混棉机

【作用】以混合为主,同时角钉部件和打手具有一定的扯松和除杂作用。

【类型】自动混棉机:A006B 型,FA016A 型。

多仓混棉机:FA022 型,FA025 型,FA028 型,FA029 型。

【几种典型混棉机的混合作用特点】

混合作用特点

① A006B 型、FA016A 型、A035 型混开棉机:横铺直取,多层混合

② FA022 型、FA028 型多仓混棉机:逐仓喂入,阶梯储棉,不同时输入,同步输出,多仓混合

③ FA025 型、FA029 型多仓混棉机:同时输入,六层并合,不同时输出,依靠路程差产生的时间差而实现时差混合

【几种典型混棉机的技术特征】A006B 型自动混棉机的主要技术特征见表 1-2-4,FA022 型多仓混棉机的技术特征见表 1-2-5,FA025 型多仓混棉机的技术特征见表 1-2-6。

A006B 型混棉机工艺配置分析

1. 影响混合作用的主要因素——棉层的铺层数

A006B 型自动混棉机的混合原理是"横铺直取,多层混合",混合效果由棉层的铺层数决定。影响混合作用的主要因素有摆斗的摆动速度和输棉帘的输送速度。

加快摆斗的摆动速度和减慢输棉帘的速度,均可增加铺放的层数,混合效果好。为了使棉箱内的多层棉堆外形不被破坏,便于角钉抓取全部配棉成分,在棉箱内的后侧装有混棉比斜板。当输棉帘的速度加快时,混棉比斜板的倾斜角也增大。倾斜角一般在 22.5°～40.0° 范围内调整。倾斜角过大,则影响棉箱中的存棉量。另外,棉箱内存棉量的波动要小,以保证均匀出棉。

2. 自动混棉机开松作用的影响因素分析

(1) 自动混棉机开松作用的部位

① 角钉帘对压棉帘与输棉帘夹持的棉层的加速抓取。

② 角钉帘与压棉帘间的撕扯。

③ 均棉罗拉与角钉帘间的撕扯。

④ 剥棉打手对角钉帘上棉块的剥取、打击和开松。

(2) 影响自动混棉机开松作用的主要因素

① 角钉帘与压棉帘的隔距 隔距小时,撕扯作用大,开松好,但产量降低。角钉帘与压棉帘的隔距一般为 40～80 mm。

② 角钉帘与均棉罗拉的隔距 隔距小时,撕扯作用大,开松好,而且出棉稳定,有利于均匀给棉。在保证前方供应的情况下,取隔距较小为宜。但隔距减小后,产量降低。角钉帘与均棉罗拉的隔距一般为 20～60 mm。

③ 角钉帘的速度 速度大时,产量高,但开松差。角钉帘的速度一般为 60 m/min、70 m/min、80 m/min、100 m/min 四档。

④ 均棉罗拉的转速 速度大时,产量低,但开松好,一般为 200 m/min。

实际生产中,在保证产量的前提下,适当加快均棉罗拉的转速或角钉帘的速度、缩小均棉罗拉与角钉帘的隔距,均有利于提高开松效果。

3. 影响自动混棉机除杂作用的主要因素

自动混棉机的除杂作用主要发生在两个部位:一是角钉帘下方的尘格,二是剥棉打手下的尘格。影响自动混棉机除杂作用的因素主要有以下几个:

(1) 尘棒间的隔距 尘棒间的隔距应大于棉籽的长直径,一般为 10～12 mm。适当增大此隔距,对提高落棉率和除杂效率有利。

(2) 剥棉打手和尘棒间的隔距 此隔距的大小对开松、除杂作用均有影响。随着棉块逐渐松解,其体积逐步增大,因而采用进口小、出口大的配置原则,一般进口为 8～15 mm,出口为 10～20 mm,可随加工需要进行调整。

(3) 剥棉打手的转速 打手转速的高低直接影响棉块的剥取和棉块对尘格的撞击作用,对开松和除杂均有影响。转速过高,会出现返花,而且因棉块在打手处遭受重复打击和过度打击,易形成索丝和棉团。剥棉打手的转速一般采用 400～500 r/min。

(4) 尘格包围角与出棉形式 采用上出棉时,尘棒包围角较大,由于棉流经剥棉打手输出形成急转弯,可利用惯性除去部分较大、较重的杂质,但同时需要增加出棉风力。采用下出棉(即与六辊筒开棉机联接)时,尘格包围角较小,对除杂作用略有影响。

A006B 型工艺配置要点

① 加快摆斗的摆动速度和减慢输棉帘的速度,均可增加铺层数,提高混合效果。
② 加快均棉罗拉的转速,缩小均棉罗拉与角钉帘间的隔距,提高开松效果。
③ 适当加快角钉帘的速度,保证一定产量。

表 1-2-4　A006B 型自动混棉机的主要技术特征

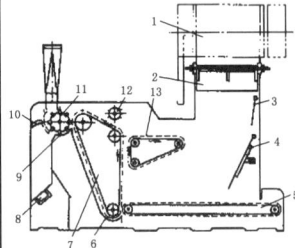

1—凝棉器　2—摆斗
3—摇栅　4—混棉比斜
5—输棉帘　6—尘棒
7—角钉帘　8—磁铁
9—尘格　10—间道隔板
11—剥棉打手　12—均棉罗拉
13—压棉帘

项目	技术特征	项目	技术特征	
产量[kg/(台·h)]	600~800	尘棒形式	扁钢尘棒	
机幅(mm)	1060	尘棒根数	19	
✪ 输棉帘线速度(m/min)	1.00,1.25,1.50,1.75	尘棒间隔距(mm)	10	
✪ 压棉帘线速度(m/min)	1.00,1.25,1.50,1.75	✪ 剥棉打手与尘棒间隔距(mm)	进口	10~15
✪ 角钉帘线速度(m/min)	60,70,80,100		出口	12~20
✪ 均棉罗拉转速(r/min)	200	✪ 压棉帘与角钉帘的隔距(mm)	60~80	
✪ 剥棉打手转速(r/min)	430	✪ 角钉帘与均棉罗拉的隔距(mm)	40~80	
剥棉打手直径(mm)	400	✪ 摆斗摆动次数(次/min)	19~25	
均棉罗拉直径(mm)	260	全机总功率(kW)	1.57	

FA022-6 型多仓混棉机工艺配置

FA022 型多仓混棉机的时差混合效果好,该机主要工艺调节参数有:给棉速度、换仓压力、光电管高度、风机速度。

(1)给棉速度　调节给棉速度,目的是为了保证给棉量。调节速度有三档:0.1 r/min、0.2 r/min、0.3 r/min。

(2)换仓压力　换仓压力小,换仓时间短,棉仓密度小,混合效果较差;换仓压力大,混合效果好,棉仓密度大,棉卷不匀率有所改善。一般,棉纤维约为 300 Pa,化纤约为 343 Pa。

(3)光电管高度　光电管的高低位置是影响多仓混棉机延时混合效果的主要因素,位置低时延时混合效果好,反之则差。调节时结合换仓压力同步进行。根据计算,在不出现空仓的情况下,光电管的最低高度为 1116 mm。光电管的位置应根据后方供料机台的产量进行调整,供料机台正常,光电管位置可低些,反之则高些。

(4)输棉风机速度　输棉风机速度决定着储棉量的气流压力和输出产量。速度高,输入的棉流速度快,适应于距离较长的输棉管道;速度低,输入的棉流速度慢,适应于距离较短的输棉管道。调节时根据实际效率高低而进行,输棉风机速度有三档:1200 r/min、1440 r/min、1728 r/min。

表 1-2-5 FA022 型多仓混棉机的技术特征

机型		FA022-6	FA022-8
产量[kg/(台·h)]		500	600
机幅(mm)		1400	
打手	形式	六翼齿形钢板	
	直径(mm)	420	
	✪ 转速(r/min)	260,330	
罗拉	形式	六翼钢板	
	直径(mm)	200	
	✪ 转速(r/min)	0.1,0.2,0.3	
输棉风机	直径(mm)	500	
	✪ 转速(r/min)	1200,1440,1728	
✪ 罗拉间隔距(mm)		30	
✪ 罗拉与打手间隔距(mm)		11	

表 1-2-6 FA025 型多仓混棉机的主要技术特征

项目	技术特征	项目	技术特征
产量[kg/(台·h)]	150~600	✪ 均棉罗拉与角钉帘的隔距(mm)	15~39
机幅(mm)	1200	✪ 剥棉罗拉与角钉帘的隔距(mm)	3~16
仓数	6	输棉风机风量(m³/s)	1.1
✪ 水平帘线速度(m/min)	0.23~0.79	配棉头可调角度	0.0°,−5.5°,+5.5°,+8.5°,+14.0°
✪ 角钉帘线速度(m/min)	60~100	功率(kW)	3.31

(三)开棉机

【作用】以开松、除杂为主,是主要的开清点。

【类型】
自由打击开棉:FA104 型六辊筒,FA105A 型、FA102 型、FA113 型单轴流开棉机,FA103A 型双轴流开棉机,A035 型系列混开棉机。
握持打击开棉:FA106 型豪猪开棉机,FA106A 型梳针辊筒,FA106B 型锯齿刀片。

【开棉机主要技术特征】FA104 型六辊筒开棉机的技术特征见表 1-2-7;A035E 型混开棉机的技术特征见表 1-2-8。

表 1-2-7　FA104 型六辊筒开棉机的技术特征

1—光电管　2—给棉罗拉
3—剥棉刀　4—角钉打手
5—尘格

项目	技术特征
产量[kg/(台·h)]	800
适合加工的原料	棉
辊筒形式及排列倾角	四排圆锥体角钉,向上倾斜 45°
辊筒直径(mm)	455
★ 辊筒转速(r/min)	第一档:448,492,545,572,632,698;第二档:均为 400;第三档:均为 492
尘棒形式及安装角	振动式扁钢尘棒,±15°
尘棒根数	第一、二、三组为 35 根;第四、五组为 39 根
✿ 尘棒隔距(mm)	第一、二、三组为 10 根;第四、五组为 8 根
★ 给棉罗拉转速(r/min)	5.40,4.95,4.50,4.05
★ 辊筒与尘棒的隔距(mm)	第一、二、三组为 8;第四、五组为 12
✿ 辊筒角钉与剥棉刀的隔距(mm)	以小为宜,一般为 1.5 mm 左右

表 1-2-8　A035E 型开棉机的主要技术特征

1—输棉帘
2—光电装置
3—压棉帘
4—均棉罗拉
5—角钉帘
6—刀片打手
7—豪猪打手
8—豪猪打手

项目		技术参数	项目		技术参数
产量[kg/(台·h)]		800	刀片打手转速(r/min)		430
机幅(mm)		1 060	小豪猪打手转速(r/min)		700,800,900
输棉帘线速度(m/min)		1.00,1.25,1.50,1.75	尘棒间隔距(mm)	角钉刀片打手	12~22
压棉帘线速度(m/min)		1.00,1.25,1.50,1.75		小豪猪打手(一)	第一组:12~22 第二组:10~20
角钉帘线速度(m/min)		60,70,80,100		小豪猪打手(二)	10~20
均棉罗拉	直径(mm)	260	压棉帘与角钉帘间隔距(mm)		60~80
	转速(r/min)	200	角钉帘与均棉罗拉间隔距(mm)		40~80
角钉打手	直径(mm)	400	摆斗摆动次数(次/min)		19~25
	转速(r/min)	400	小豪猪打手(一)与尘棒间隔距(mm)	进口	10~14
角钉帘与角钉打手间隔距(mm)		5		出口	13~17
角钉打手与尘棒间隔距(mm)	进口	10~15	小豪猪打手(二)与尘棒间隔距(mm)	进口	10~15
	出口	12~20		出口	15~20

FA106 型豪猪开棉机的技术特征见表 1-2-9,轴流开棉机的主要特点及技术特征见表1-2-10。

表 1-2-9 豪猪开棉机的技术特征

1—储棉箱
2—光电管
3—调节板
4—木罗拉
5—给棉罗拉
6—豪猪打手
7—尘格

机型			FA106	FA106A	FA106B	FA107	FA107A
产量[kg/(台·h)]			800	600	600	600	250
适合加工的原料			棉	化纤	棉	棉	化纤
打手	形式		圆盘矩形刀片	梳针辊筒	鼻形锯片	圆盘矩形刀片	三翼梳针
	直径(mm)		610	600	610	460	
	★转速(r/min)		480,540,600			720,800,900	
给棉罗拉	直径(mm)		76			70	
	★转速(r/min)		14~70			15.6~78	
	传动方式		单独电动机,无级变速器			无级变速器	
	★与打手的隔距(mm)		纺棉:6;纺化纤:11			—	
尘棒调节			机外手轮调节			一组三角形尘棒,机外手轮调节	
尘棒根数			63 根	49 根		23 根	
★尘棒间的隔距(mm)	进口一组		11~15(14 根)	弧形光板	11~15	5~10	
	中间两组		6~10(每组 17 根)				
	出口一组		4~7(15 根)				
★打手与尘棒间隔距(mm)	进口一组		10~14	15~19		—	
	中间两组		11~17	15~19			
	出口一组		14.5~18.5	19~23.5			

表 1-2-10　轴流开棉机的主要特点及技术特征

FA105A 型和 FA113 型单轴流开棉机

FA103 型双轴流开棉机(左图为横断面,右图为纵剖面)
1—进棉口　2—角钉滚筒　3—导向板　4—尘棒
5—导向板　6—排杂打手　7—出棉口

机型		FA105A	FA113	FA103	FA102C
制造厂商		青岛宏大纺机	郑州宏大纺机		金坛纺机
形式		单轴流	单轴流	双轴流	单轴流
最高产量[kg/(台·h)]		1000	1000	1000	1000
棉流喂入形式		切向一端喂入,另一端输出 6 圈	切向一端喂入,另一端输出 6 圈	轴向一侧喂入,另一侧输出	切向一端喂入,另一端输出 6 圈
角钉打手	个数/直径(mm)	1/750	1/750	2/605	1/750
	角钉形状	V 形	V 形	直形	V 形
	★速度(r/min)	480~800(变频)	480~960(变频)	第一打手:414 第二打手:424	480~800(变频)
尘棒	形状/组数	三角尘棒/4 组	三角尘棒/4 组	三角尘棒/2 组	三角尘棒/4 组
	调节方式	机外手柄	步进电机,在线调节	机外手柄	自动调节
隔距	★尘棒~尘棒隔距(mm)	6.26~10.29	5.00~10.00	5.00~10.00	5.50~11.50
	尘棒~打手隔距(mm)	—	15.00~23.00	15.00~23.00	—

开棉机工艺配置

开棉机的工艺参数应根据原棉性质和成纱质量要求合理配置,一方面要避免过度打击而造成对纤维的损伤和杂质碎裂,另一方面要防止可纺纤维下落而造成浪费。

1. FA104 型六辊筒开松除杂作用的主要工艺因素

(1)辊筒速度　一般六个辊筒的转速依次递增,相邻两辊筒的线速比为 1.0:1.1 左右。辊筒转速应根据原棉品级和纤维线密度而决定。辊筒速度增大,开松除杂效果好,但易损伤纤维和造成辊筒绕花或落白。

(2)辊筒与尘棒之间的隔距　隔距小时,除杂多。从第一至第六辊筒,辊筒与尘棒之间的隔距逐渐放大,以适应原棉因开松而体积增大的变化。一般第一、二、三辊筒与尘棒之间的隔距为 8 mm,第四、五辊筒与尘棒之间的隔距为 12 mm,第六辊筒与圆弧形托板的隔距为 18 mm。

(3)尘棒与尘棒之间的隔距　主要影响落杂空间。隔距大时落棉多,通过机外手轮改变尘棒的安装角而进行调节。

尘棒与尘棒之间的隔距配置为由大到小,一般第一、二、三辊筒的尘棒与尘棒之间的隔距为 10 mm,第四、五辊筒的尘棒与尘棒之间的隔距为 8 mm。

2. FA106 型豪猪开棉机的主要工艺参数配置要点

> ### FA106 型豪猪开棉机的主要工艺参数
>
> ① 豪猪打手速度:考虑开松除杂要求,同时尽可能减小对纤维的损伤。
> ② 给棉罗拉转速:结合产量和开松要求综合考虑。
> ③ 打手与给棉罗拉间的隔距:根据纤维长度和棉层厚度确定。
> ④ 打手与尘棒之间的隔距:按由小到大的规律配置。
> ⑤ 尘棒与尘棒之间的隔距:一般是从入口到出口为由大到小。
> ⑥ 打手与剥棉刀之间的隔距:为减少打手返花,宜偏小掌握。
> ⑦ 气流和落棉控制:合理配置打手和风扇速度,合理控制落杂区和进风方式。

(1) 豪猪打手速度 给棉量一定时,打手转速高,开松、除杂作用好。但速度过高时,杂质易碎裂,而且易落白花或出紧棉束,落棉含杂反而降低。打手转速一般采用 500～700 r/min。加工纤维长度长、含杂少或成熟度较差的原棉时,通常采用较低的打手转速。

(2) 给棉罗拉转速 由产量决定,产量低时,转速低,一般以 30～40 r/min 为宜。

(3) 打手与给棉罗拉间的隔距 此隔距较小时,开松作用较大,纤维易损伤。此隔距不经常变动,应根据纤维长度和棉层厚度而定。当加工纤维较长、喂入棉层较厚时,此隔距应放大。一般,加工化学短纤维时用 11 mm,加工棉纤维时用 6～8 mm。

(4) 打手与尘棒间的隔距 此隔距应按由小到大的规律配置,以适应棉块逐渐开松而其体积逐渐增大的变化。打手至尘棒间的隔距愈小,棉块受尘棒阻击的机会增多,故开松作用大,落棉增加;反之,此隔距大时,开松作用差,落棉减少。一般纺中特纱时,进口隔距采用 10～18.5 mm,出口隔距采用 16～20 mm。由于此隔距不易调节,在原棉性质变化不大时一般不调整。

(5) 尘棒与尘棒间的隔距 尘棒间隔距应根据原棉含杂多少、杂质性质和加工要求进行配置。一般情况下,尘棒间隔距的配置规律是从入口到出口为由大到小,这样有利于开松除杂,减少可纺纤维的损失。进口一组的尘棒间隔距为 11～15 mm,中间两组为 6～10 mm,出口一组为 4～7 mm。根据工艺要求,尘棒间的隔距可通过尘棒安装角在机外进行整组调节,尘棒间安装角减小,尘棒隔距增大,落棉增多。

(6) 打手与剥棉刀间的隔距 此隔距以小为宜(1.5～2 mm),过大时,打手易返花而造成束丝。

(7) 气流和落棉控制

① 合理配置打手和风扇速度 为保证前方机台凝棉器的尘笼表面的棉层分布均匀,棉流输送均匀,风机的速度应大于打手速度 10%～25%。风扇转速增大,从尘棒间补入的气流增强,落棉减少。打手转速增大,从尘棒间流出的气流增多,落棉增加,其中可纺纤维的含量增加,使落棉含杂率降低。

② 合理控制落杂区和进风方式 一般将豪猪开棉机的落杂区分为死箱与活箱两个落杂区,与外界隔绝的落棉箱称为"死箱",与外界连通的落棉箱称为"活箱",并开设前后进风

和侧进风。死箱以落杂为主,活箱以回收为主。

3. 轴流开棉机的主要工艺参数配置

轴流开棉机分单轴流开棉机(FA105A 型、FA102 型、FA113 型)和双轴流开棉机(FA103A 型)。

单轴流开棉机的工作特点是:①无握持开松,对纤维的损伤小;②V 形角钉富有弹性,开松柔和充分,除杂效率高,实现了大杂"早落少碎";③角钉打手的转速为 480～800 r/min,由变频电机传动,无级调速;④尘棒隔距可手动或自动调节,满足不同的工艺要求;⑤可供选择的间歇或连续式吸落棉装置;⑥特殊设计的结构,加强了微尘和短绒的排除。

双轴流开棉机的工作特点是:①原棉靠气流输送进入打手室,并由两个角钉辊筒对其进行自由打击,对纤维的损伤小;②棉流在沿打手的轴向做旋转运动的同时,籽棉等大杂沿打手的切线方向从尘棒间隙落下;③转动的排杂打手能把尘杂聚拢,由自动吸落棉系统吸走,并能稳定尘室内的压力。

轴流开棉机的主要工艺参数

① 角钉打手速度　FA105 型单轴流:480～800 r/min;FA103 型双轴流:第一打手为 414 r/min,第二打手为 424 r/min。

② 隔距　打手与尘棒间为 15～23 mm,尘棒与尘棒间为 6～10 mm。

③ 进棉口和出棉口的压力　单轴流,进棉口的静压不能过大,一般为 50～150 Pa,否则气流流速大,入口处的尘棒间易落白花;棉流出口处的静压不能过低,否则易使落棉箱内的落棉重新回收,一般为 -200～-50 Pa。

豪猪开棉机工艺配置案例分析

加工 C J 14.5 tex K 与 C 36 tex T 时 FA106 型豪猪开棉机的开松除杂工艺有何不同?

(1)原料特点

① C J 14.5 tex 针织用纱　配用原料特点:品级高,纤维细长,整齐度好,成熟正常,短绒率低,未成熟纤维和疵点少。

② C 36 tex 机织用纱　配用原料特点:品级低,纤维粗短,成熟度偏低,短绒率高,可混用一部分再用棉及低级棉。

(2)加工原则

正常原棉

原棉成熟正常,线密度适中,单纤维强力较高,有害疵点少

▶ 早落少碎
▶ 松打交替
▶ 以梳代打
▶ 充分发挥棉箱机械和开棉机的开松除杂作用

低级棉

低级棉的成熟度差,单纤维强力低,有害疵点多

▶ 多松、早落、多落
▶ 少打轻打
▶ 薄喂慢速
▶ 少返少滚
▶ 减少束丝和棉结

（3）工艺配置比较（见下表）

工艺参数配置	CJ 14.5 tex K	C 36 tex T
豪猪打手速度（r/min）	600	480
给棉罗拉转速（r/min）	40	35
打手～给棉罗拉间隔距（r/min）	6	6
打手～尘棒间隔距（mm） （入口至出口逐渐放大）	12，14，16，18	12，14，16，18
尘棒～尘棒间隔距（mm） （入口至出口逐渐减小）	12，10，8，6	14，12，10，8

（四）均匀给棉机

【作用】以均匀给棉为主，并具有一定的混合与扯松作用。

【型号】A092AST 型、FA046 型振动棉箱给棉机。

【给棉机主要技术特征】见表 1-2-11。

表 1-2-11　A092AST 型、FA046A 型振动棉箱给棉机的技术特征

1—输出罗拉
2—光电管
3—振动板
4—剥棉打手
5—角钉帘
6—均棉罗拉
7—中储棉箱
8—输棉帘
9—角钉罗拉
10—进棉箱

FA046型振动棉箱给棉机

项目	A092AST 型	FA046A 型
产量[kg/（台·h）]	250	250
✿角钉帘线速度（m/min）	50.0，60.0，70.0	46.5～75.6
✿输棉帘线速度（m/min）	10.4，12.6，14.5	10.0～16.3
剥棉打手直径（mm）	320	320
✿剥棉打手转速（r/min）	458	429
均棉罗拉直径（mm）	260	320
✿均棉罗拉转速（r/min）	335	272
✿角钉帘与均棉罗拉间隔距（mm）	0～40	0～40
振动板振动频率（次/min）	167	154，205，257
振幅（mm）	11	8～12
电动机总功率（kW）	1.52	2.94

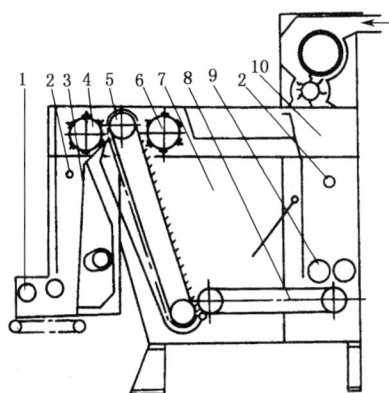

FA046A 型振动棉箱给棉机的主要工艺参数配置举例

① 角钉帘与均棉罗拉的隔距:0~40 mm,可调,越小越好。

② 角钉帘与剥棉打手的隔距:0~2 mm。

③ 振动棉箱适中,振动板振幅:12 mm。

④ 棉箱储棉量:在保证生产正常供应的情况下,棉箱储棉量以 2/3、1/2 为好,运转率尽可能达到 95% 以上。

⑤ 输棉帘线速度:14.6 m/min。

⑥ 角钉帘线速度:70 m/min。

⑦ 均棉罗拉转速:272 r/min。

⑧ 剥棉打手转速:429 r/min。

(五) 成卷机

【作用】继续开松、除杂作用,控制和提高棉层纵、横向的均匀度,制成一定规格的棉卷。

【型号】A076C 型、FA141 型。

【成卷机主要技术特征】见表1-2-12。

表1-2-12　单打手成卷机的主要技术特征

项目	A076C 型	FA141 型	项目	A076C 型	FA141 型
产量[kg/(台·h)]	250		风机形式	离心式	
成卷宽度(mm)	980	960	风机转速(r/min)	800~1200	1 100~1400
成卷质量(kg)	12~18	13~30	综合打手直径(mm)	406	
成卷长度(m)	30~43	30~80	综合打手转速(r/min)	900~1 000	
成卷时间(min)	3~6	3~10	尘棒形式	一组三角形尘棒	
棉卷罗拉直径(mm)	230		尘棒根数(根)	15	
棉卷罗拉转速(r/min)	10~15		尘棒间隔距(mm)	5~8,机外手轮调节	
压卷罗拉直径(mm)	155	184	打手与尘棒间隔距(mm)	进口8,出口18	
压卷罗拉转速(r/min)	—	13~16	天平罗拉直径(mm)	76	
导棉罗拉直径(mm)	70	80	天平罗拉转速(r/min)	9.0~22.6	
导棉罗拉转速(r/min)	—	28~34	棉卷定长控制	定长齿轮	YH401 记数器
尘笼直径(mm)	560	560	电动机总功率(kW)	8.0	11.1

FA141 型的开松除杂作用及主要工艺影响因素

① 综合打手速度　在一定范围内增加打手转速,可增加打击次数,提高开松除杂效果。但打手转速太高,易打碎杂质、损伤纤维以及落白花。一般打手转速为 900~1000r/min。加工的纤维长度长或成熟度较差时,宜采用较低转速。

② 打手与天平罗拉间隔距　由加工纤维的长度和棉层厚度决定,一般为 8.5~10.5 mm。

③ 打手与尘棒间隔距　此隔距从进口至出口逐渐增大,一般进口为 8~10 mm,出口为 16~18 mm。

④ 尘棒与尘棒间隔距　根据原棉的含杂内容和含杂量而定,一般为 5~8 mm。

▶▶▶ 1.2.3　　　　　　开清棉引导案例分析

┌───┐
│ 　　　　　　　开清棉工艺设计内容 　　　　　　　│
├───┤
│ ▶ 开松除杂工艺参数：各单机的打手速度，尘棒间隔距，打手～尘棒间隔距，前方凝棉 │
│ 　　器，风机速度 │
│ ▶ 混合工艺参数：自动抓棉机上包图，自动混棉机混合工艺参数，多仓混棉机混合工艺 │
│ 　　参数 │
│ ▶ 均匀工艺参数：各单机运转率，储棉箱棉量高度，天平调节装置工艺参数，自调匀整 │
│ 　　工艺参数 │
│ ▶ 成卷工艺参数：棉卷罗拉速度，棉卷定量，棉卷定长，棉卷加压等 │
└───┘

典型案例：27.8 tex 开清棉工艺设计（采用传统的成卷工艺）

设计步骤
▶ 分析原料特点和成纱质量要求
▶ 选择开清棉工艺流程
▶ 配置开清棉各单机的主要工艺参数
▶ 计算成卷规格和成卷机主要技术参数

1.分析原料特点和成纱质量要求

27.8 tex　本期配棉平均指标

品级	手扯长度（mm）	品质长度（mm）	线密度（dtex）	成熟度系数	强力（cN）	短绒率（%）	机检含杂率（%）	手检含杂（粒/g）
2.51	28.51	30.19	1.79	1.76	4.14	11.97	2.26	14.85

该纱为纯棉普梳中特纱，其配棉特点总体而言，原棉性能一般，成熟度、线密度、强力正常，为了降低成本，选用了一定比例的低级棉（429 的混用比例占 20%），含杂偏高，机检含杂率为 2.26%，有害疵点较多，线密度差异也偏大。

成纱质量上，要求达到国标（GB/T 398—2008）优级，条干 CV% 不超过 14.5%，单纱断裂强度变异系数不超过 8.5%，百米质量变异系数不超过 2.2%，平均单纱断裂强度不低于 16.4cN/tex，一克内棉结粒数不多于 30 粒，一克内结杂总粒数不多于 55 粒。

从本期配棉来讲，由于混用了部分低级棉，含杂和有害疵点偏多，因此要保证成纱质量达到要求，开清棉工序要求较高的除杂效果。为此，开清棉工艺原则上遵循"多包取用、精细抓棉、混合充分、渐进开松、早落少碎、梳打适当、少伤纤维，充分发挥棉箱机械以及开棉机的开松除杂作用"。

2.选择开清棉工艺流程

FA002A 型自动抓棉机×2 台→A035E 型混开棉机（附 FA045B 型凝棉器）→FA106B

型豪猪开棉机(附 A045B 型凝棉器)→A062-Ⅱ型电器配棉器→[FA046A 型振动棉箱给棉机(附 A045B 型凝棉器)+FA141A 型单打手成卷机]×2 台

该流程有三个开清点,即 A035E 型混开棉机、FA106B 型豪猪开棉机和 FA141A 型单打手成卷机,能够满足加工含杂率为 2.5％左右的原棉开松除杂的要求。

3. 配置开清棉各单机的主要工艺参数

(1) 各单机主要工艺参数选择依据

① 两台圆盘抓棉机采取并联方式,即两台圆盘抓棉机同时生产,这样可减少抓棉打手伸出肋条的距离(设为 2 mm),减少抓棉小车间歇下降的动程,实现多包取用、精细抓棉。

② A035E 型混开棉机,在满足产量的前提下,尽可能降低水平输棉帘速度,提高角钉帘线速度,以加大角钉之间的撕扯力,提高原棉的开松度和混合效果。刀片打手、豪猪打手下配置较大的尘棒隔距,创造棉籽、籽棉、大破籽等大杂早落和未碎先落、多落的条件,为后续设备进一步除杂打好基础。

③ FA106B 型开棉机,其打手处是主要开清点,不孕籽、带纤维破籽、尘屑、碎叶应在主要打手处排除,因此打手速度初定为 600 r/min,并适当放大尘棒与尘棒之间的隔距。

④ FA141 型清棉成卷机,适当加大风扇速度与综合打手速度的速比,提高风扇速度,放大尘棒与尘棒之间的隔距,可提高进一步排除细杂的能力。

(2) 各单机主要工艺参数配置　见表 1-2-16。

4. 计算棉卷规格和成卷机主要技术参数

FA141 型成卷机的传动系统如图 1-2-2。

(1) 棉卷定量设计　棉卷定量重,棉卷产量相应提高,但定量过重会影响原料的开松和除杂,造成棉卷含杂率高、开松度不够,使下工序中梳棉机的负担加重。棉卷定量轻,有利于开清棉流程的充分开松和除杂,减轻梳棉机的梳理负荷,稳定生条质量;但定量过轻将直接影响开清棉工序的产量,同时还会使棉卷中出现黏卷和破洞等不良情况。纺纯棉时常用的棉卷干定量配置范围见表 1-2-13。

表 1-2-13　棉卷定量配置范围

纺纱细度	棉卷干定量(g/m)	纺纱细度	棉卷干定量(g/m)
粗特 32 tex 及以上(18ᔆ 及以下)	420～450	细特 11～20tex(58ˢ～29ˢ)	360～390
中特 21～30 tex(28ˢ～19ˢ)	390～420	特细特 10tex 及以下(60s 及以上)	320～360

根据所纺纱线为 27.8 tex,棉卷设计干定量为:400 g/m;棉卷实际回潮率为 7.6％,则棉卷湿重为 $G_{湿}＝G_{干}×(1＋7.6\%)＝400×1.076＝430.4(g/m)$,棉卷线密度(特数)为 $N_t＝G_{干}×(1＋8.5\%)×1000＝400×1.085×1000＝434\ 000(tex)$。

(2) 棉卷长度设计　当棉卷线密度一定时,棉卷长度由整个棉卷的总重而选定,棉卷总重一般为 16～20 kg。如纺 27.8 tex 纱线,棉卷湿重为 430.4 m/g,棉卷净重设置为 16.50 kg,则棉卷实际长度＝棉卷净重×1000/棉卷湿重＝(16.50×1000)/430.4＝38.34(m),棉卷计算长度＝棉卷实际长度/(1＋棉卷伸长率)＝38.34/(1＋2.5％)＝37.40(m)。

注:一般情况下,棉卷伸长率为 1％～4％(棉)、-4％～-1％(化纤)。

(3) 棉卷重量设计　棉卷净重为 16.50 kg,棉卷扦重为 1.3 kg,则棉卷毛重(过磅质量)＝棉卷净重＋棉卷扦重＝16.50＋1.3＝17.80(kg),棉卷质量偏差为±200 g。

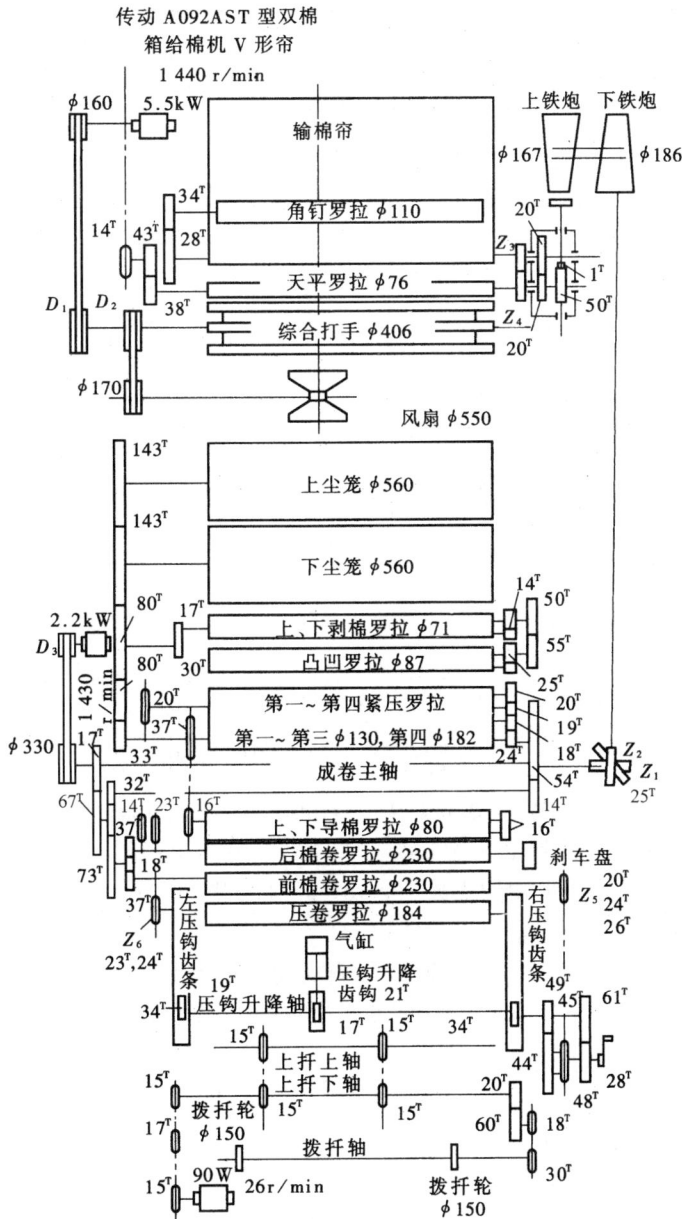

图 1-2-2 FA141 型成卷机传动图

（4）落卷时间设计 落卷时间 $= \dfrac{\text{棉卷计算长度}}{\text{棉卷罗拉线速度}} = \dfrac{\text{棉卷计算长度}}{(\pi \times D \times n_{\text{棉卷}})} =$

$$\dfrac{(37.4 \times 1000)}{(\pi \times 230 \times 13.34)} = 3.88(\text{min})$$

注：$n_{\text{棉卷}}$ 为棉卷罗拉转速（r/min）；D 为棉卷罗拉直径（mm），为 230 mm。

（5）速度设计与计算 在满足开松、除杂的前提下，应尽量避免因开松过度造成的纤维损伤及束丝等。开清棉流程中，开棉机、清棉打手的速度配置范围见表 1-2-14。

表 1-2-14　开棉机、清棉打手的速度配置范围

原料	开棉机打手转速(r/min)			清棉机打手转速(r/min)	
	豪猪	单轴流	双轴流	综合打手	三翼梳针
长绒棉	450～500	480～600	412,424	750～900	800～900
细绒棉	600～650	600～650		850～950	
低级棉	450～500	480～550		700～800	
化纤	480～550	480～550		700～800	

① 综合打手转速 n_1

$$n_1(\text{r/min}) = n \times \frac{D}{D_1} = 1440 \times \frac{160}{D_1} = \frac{230\,400}{D_1}$$

式中：n——电动机(5.5 kW)的转速(1440 r/min)；

　　　D——电动机皮带轮直径(160 mm)；

　　　D_1——打手皮带轮直径(230、250 mm)。

注：下划线"____"表示选中的参数值，下文同。

$$n_1 = \frac{230\,400}{D_1} = \frac{230\,400}{250} = 921.6(\text{r/min})$$

② 天平罗拉转速 n_2　设皮带位于铁炮的中央位置。

$$n_2 = n' \times \frac{D_3 \times Z_1 \times 186 \times 1 \times 20 \times Z_3}{330 \times Z_2 \times 167 \times 50 \times 20 \times Z_4} = 0.096\,5 \times \frac{D_3 \times Z_1 \times Z_3}{Z_2 \times Z_4}$$

$$= 0.096\,5 \times 130 \times \frac{25}{17} \times \frac{25}{26} = 17.74(\text{r/min})$$

式中：n'——电动机(2.2 kW)的转速(1430 r/min)；

　　　D_3——电动机变换皮带轮直径(100、110、120、130、140、150 mm)；

　　　Z_1/Z_2——牵伸变换齿轮的齿数(24/18、25/17、26/16)；

　　　Z_3/Z_4——牵伸变换齿轮的齿数(21/30、25/26)。

【说明】在成卷机中，天平罗拉的速度影响棉卷罗拉与天平罗拉之间的牵伸，其机械牵伸(棉卷罗拉至天平罗拉之间)(E)与牵伸变换齿轮的关系见表 1-2-15。

$$E = \frac{d_1}{d_2} \times \frac{Z_4 \times 20 \times 50 \times 167 \times Z_2 \times 17 \times 14 \times 18}{Z_3 \times 20 \times 1 \times 186 \times Z_1 \times 67 \times 73 \times 37} = 3.216\,2 \times \frac{Z_2 \times Z_4}{Z_1 \times Z_3}$$

式中：d_1——棉卷罗拉直径(230 mm)；

　　　d_2——天平罗拉直径(76 mm)。

表 1-2-15　牵伸变换齿轮齿数与 E 的关系

Z_4/Z_3	Z_2/Z_1		
	18/24	17/25	16/26
30/21	3.446	3.124	2.827
26/25	2.508	2.274	2.058

③ 棉卷罗拉转速 n_3

$$n_3 = n' \times \frac{D_3 \times 17 \times 14 \times 18}{330 \times 67 \times 73 \times 37} = 0.102\,6 \times D_3 = 0.102\,6 \times 130 = 13.34(\text{r/min})$$

棉卷罗拉转速范围为 10.26～15.39 r/min。

④ 风扇转速 n_4 风扇转速比打手速度快 $200\sim300$ r/min。

$$n_4 = n \times \frac{D}{D_1} \times \frac{D_2}{170} = 1440 \times \frac{160}{250} \times \frac{220}{170} = 1\,192.65(\text{r/min})$$

式中：D_2（即风扇变换皮带轮直径）有 200、<u>220</u>、240、250 mm。

（6）产量计算

① 理论产量

$$G_{\text{理}} = \frac{\pi d_3 n_3 \times 60 \times N_t}{1000 \times 1000 \times 1000} \times (1+\varepsilon) =$$

$$\frac{\pi \times 230 \times 13.34 \times 60 \times 434\,000}{1000 \times 1000 \times 1000} \times (1+2.5\%) = 257.14[\text{kg/(台·h)}]$$

或

$$G_{\text{理}} = \frac{\pi d_3 n_3 \times 60 \times g}{1000 \times 1000} \times (1+\varepsilon)$$

式中：$G_{\text{理}}$——理论产量[kg/（台·h）]；

N_t——棉卷线密度（tex）；

g——棉卷在公定回潮率时的定量（g/m）；

ε——棉卷伸长率（一般情况下，棉为 $1\%\sim4\%$，化纤为 $-4\%\sim-1\%$）。

② 定额产量（实际产量）   定额产量是考虑了时间损失所计算出来的产量。时间损失是指由落卷停车时间、小修理停车时间、故障停车时间等造成的损失，需通过测定而确定，一般用时间效率或有效时间系数表示。时间损失越多，时间效率越低。

$$G_{\text{定}} = G_{\text{理}} \times \text{时间效率} = 257.14 \times 90\% = 231.43[\text{kg/(台·h)}]$$

注：时间效率一般为 $85\%\sim90\%$，成卷机的时间效率取 90%。

表 1-2-16   开清棉工艺单

纱线品种：C 27.8 tex 机织用经纱

原料混用成分								
原棉	品级	手扯长度 （mm）	品质长度 （mm）	回潮率 （%）	线密度 （dtex）	成熟度 系数	机检含 杂率（%）	手检含杂 （粒/g）	短绒率 （%）
	2.51	28.51	30.19	7.6	1.79	1.76	2.26	14.85	11.97

开清棉工艺流程
FA002A 型自动抓棉机×2 台→A035E 混开棉机(附 FA045B 型凝棉器)→FA106B 型豪猪开棉机(附 A045B 型凝棉器)→A062-Ⅱ型电器配棉器→[FA046A 型振动棉箱给棉机(附 A045B 型凝棉器)+FA141A 型单打手成卷机]×2 台

上包图 1

说明：回花□，再用棉○；回花与再用棉打包后回用，并嵌入其中；上包时注意削高嵌缝，低包松高，平面看齐。

47

棉卷技术规格									
原料	机型	回潮率（%）	棉卷线密度(tex)	定量(g/m)		棉卷长度(m)		棉卷净重(kg)	落卷时间(min)
				湿重	干重	计算	实际		
纯棉	FA141	7.6	434 000	430.40	400.00	37.40	38.34	16.50	3.88

开清棉工艺								
抓棉机	原料	机型	主要隔距		主要速度		产量		
			刀片伸出肋条的距离(mm)	打手间歇下降量(mm/次)	打手转速(r/min)	抓棉小车行走速度(m/min)	kg/(台·h)	kg/(台·班)	kg/(台·天)
	棉	FA002	2	2	740	2.3	800		

机型:A035E 型　　　加工原料:原棉

主要隔距	主要速度
角钉帘～压棉帘(mm):60 角钉帘～均棉罗拉(mm):40 角钉帘～角钉打手隔距(mm):5 打手～尘棒间隔距: 　① 角钉(刀片)打手～尘棒(mm):进口12;出口16 　② 小豪猪打手(一)～尘棒(mm):进口14;出口17 　③ 小豪猪打手(二)～尘棒(mm):进口14;出口17 尘棒间隔距: 　① 角钉、刀片打手(mm):14 　② 小豪猪打手(一)(mm):进口14, 出口13 　③ 小豪猪打手(二)(mm):12	A035E 传动图及传动计算见《棉纺手册(第三版)》P159 输棉罗拉线速度(m/min):1.25 角钉帘线速度(m/min)=0.803×D_{m2}= 　　　　　　　　　0.803×106=85.11 均棉罗拉转速(r/min)=194.03 角钉打手 (r/min)=$\dfrac{443 \times 160}{170}$=416.9 刀片打手 (r/min)=$\dfrac{960 \times 120}{260}$=443.1 小豪猪打手(一)(r/min)=11 520/A=811.26 小豪猪打手(二)(r/min)=122 880/A=865.35 (注:A=142 mm)

机型:　FA046 型振动棉箱给棉机

主要隔距	主要速度
角钉帘～均棉罗拉(mm):20 角钉帘与剥棉打手隔距(mm):1 振动棉箱适中,振动板振幅(mm):12	输棉帘线速度(m/min):14.6 角钉帘线速度(m/min):70 均棉罗拉转速(r/min):272 剥棉打手转速(r/min):429

开棉机	原料	机型	主要隔距					主要速度		产量
			给棉罗拉～打手(mm)	打手～尘棒(mm)		尘棒～尘棒(mm)		给棉罗拉转速(r/min)	打手转速(r/min)	kg/(台·h)
				进口	出口	进口	中间	出口			
	棉	FA106 B	6	12	16	15	13, 11	9	35	600	800

清棉机	原料	机型	主要隔距				主要速度				定额产量
			天平罗拉～打手(mm)	打手～尘棒(mm)		尘棒～尘棒(mm)	天平罗拉转速(r/min)	风机转速(r/min)	综合打手转速(r/min)	棉卷罗拉转速(r/min)	kg/(台·h)
				进口	出口						
	棉	FA141	9.5	10	18	7	17.74	1 192.65	921.6	13.34	231.43

▶▶▶ **1.2.4** | **开清棉质量指标及控制**

一、棉卷质量参考指标

开清棉工序的质量检验项目有棉卷质量不匀率、棉卷质量差异、棉卷含杂率、棉卷伸长率、正卷率等(表 1-2-17)。此外,还要进行各机台的落棉试验,分析落杂情况,控制落棉数量,增加落杂,提高各单机除杂效率,减少可纺纤维的损失等。

表 1-2-17　棉卷质量检验项目和控制范围

检验项目	质量控制范围	试验周期
棉卷质量不匀率	棉及棉型黏纤,0.8%~1.2%	每品种每天 1 次,每周每台至少试验 1 次
	棉型化纤及中长化纤,0.9%~1.3%	
棉卷含杂率	按原棉性能质量要求制,一般为 0.9%~1.6%	分品种、分机台取样,每周至少试验 1 次
正卷率	>99%	
棉卷伸长率	棉 2.5%~3.5%;涤<1%	每品种每天 1 次,每周每台至少试验 1 次
棉卷回潮率	棉 7.0%~8.0%;涤 0.4%±0.1%	每班每品种 1 次
总除杂效率	按原棉性能质量要求制定,一般为 35%~65%	每月每套车 1 次
总落棉率	一般为原棉含杂率的 70%~110%	

二、棉卷品质检验

1. 棉卷质量差异

控制范围:±(1%~1.5%)×标准卷重。棉卷质量在此范围内称为正卷,超过此范围作为退卷处理。退卷率一般要求不超过 1%,即正卷率需在 99% 以上。

2. 棉卷均匀度、棉卷质量不匀率、棉卷伸长率测试

棉卷不匀分纵向不匀和横向不匀,生产过程中以控制纵向不匀为主。纵向不匀考核棉卷单位长度的质量差异,它直接影响生条质量不匀率和细纱的质量偏差。棉卷质量不匀率是指:以长度为 1 m 的棉卷为片段,称重后用平均差系数算出其不匀率。棉卷质量不匀率根据原料不同进行控制,一般棉纤维控制在 1% 以内,棉型化纤控制在 1.5% 以内,中长化纤控制在 1.8% 以内。

棉卷均匀度试验是在装有透视光源的棉卷均匀度试验机上进行的。均匀度试验机上的棉卷罗拉将试验棉卷退解,退解时透过棉层背后的灯光,观察棉层结构,记录棉层纵、横向有无破洞、云斑、边缘不齐以及厚度均匀情况。按每米长度自动切断称重,由检验工做好质量记录,最后用平均差系数公式计算棉卷质量不匀率。

实例:棉卷质量不匀试验数据见表 1-2-18。

表 1-2-18　棉卷质量不匀试验数据表

段次	每米质量(g)	段次	每米质量(g)	段次	每米质量(g)	段次	每米质量(g)	段次	每米质量(g)
1	451	8	440	15	448	22	445	29	455
2	448	9	442	16	443	23	444	30	450
3	447	10	443	17	443	24	442	31	445
4	446	11	435	18	444	25	441	32	450
5	447	12	443	19	445	26	443	33	446
6	441	13	439	20	443	27	450		
7	447	14	437	21	455	28	450		
棉卷总质量(g)	14 688	平均值以下的试验项数		19	实际长度(m)			34.47	
每米平均质量(g)	445.1	平均值以下的每米平均质量(g)		442	计算长度(m)			33.42	
平均值以下的总质量(g)	8 398	质量不匀率(%)				0.8	伸长率(%)		3.14

指标计算如下：

① 每米棉卷的平均质量 $= \dfrac{\sum 每米试验质量(g)}{试验总项数} = \dfrac{14\ 688}{33} = 445.1(g)$

② 每米棉卷的质量不匀率 $= \dfrac{2 \times (\overline{X} - \overline{x}_下) \times n_下}{N \times \overline{X}} \times 100\% =$

$\dfrac{2 \times (445.1 - 442) \times 19}{33 \times 445.1} \times 100\% = 0.8\%$

式中：$\overline{X}$——每米平均质量(g)；

$\overline{x}_下$——平均值以下的每米平均质量(g)；

$n_下$——平均值以下的试验项数；

N——试验总项数。

③ 棉卷伸长率 $= \dfrac{棉卷实际长度 - 计算长度}{棉卷计算长度} \times 100\% =$

$\dfrac{34.47 - 33.42}{33.42} \times 100\% = 3.14\%$

3. 棉卷含杂率

棉卷含杂率的测试目的：了解棉卷的含杂量；对照混棉成分中的原棉平均含杂率，可计算开清棉联合机的除杂效率，作为调整清棉、梳棉工艺参数的参考。

试验时称取试样 100 g，经原棉杂质分析机处理，使得纤维和杂质分离，由天平分别称取杂质质量和净棉质量，代入计算公式，求得棉卷含杂率：

$$棉卷含杂率 = \dfrac{试样所含杂质质量}{喂入试样质量} \times 100\%$$

例：喂入棉卷质量 100 g，经原棉杂质分析机处理后，测得杂质质量为 1.2 g，则：

纺纱工艺设计与实施

$$棉卷含杂率 = \frac{1.2}{100} \times 100\% = 1.2\%$$

棉卷含杂率应根据原棉含杂率合理制定,其参考指标范围见表 1-2-19。

表 1-2-19　棉卷含杂率指标范围

原棉含杂率(%)	1.5 以下	1.5~2.0	2.0~2.5	2.5~3.0	3.0~3.5	3.5~4.0	4.0 以上
棉卷含杂率(%)	0.9 以下	1~1.1	1.2~1.3	1.3~1.4	1.4~1.5	1.5~1.6	1.6 以上

4. 开清棉落棉试验

为了鉴定除杂效果,配合工艺参数的调整,需定期进行落棉试验与分析。表示除杂效果的指标有落棉率、落棉含杂率、落杂率、除杂效率和落棉含纤维率等。试验周期一般每月每套车一次。

(1)试验方法　试验前保证开清棉各单机的车肚掏空。试验开车后待加工到一定数量棉卷(一般不少于 10 个)时,即停止喂棉,但继续开车,将棉卷逐个称重,做好记录。停车,出清各机台落棉,并逐一称重,然后取样进行落棉分析。对各种唛头的原棉、棉卷,也分别取样。将落棉、原棉、棉卷试样处理后,进行分析和计算。

(2)指标计算

① 落棉率:反映落棉的数量。

$$落棉率 = \frac{落棉质量}{喂入原棉质量} \times 100\%$$

② 落棉含杂率:反映落棉的质量,用纤维杂质分离机将落棉中的杂质分离出来进行称重。

$$落棉含杂率 = \frac{落棉中杂质质量}{落棉质量} \times 100\%$$

③ 落杂率:反映落杂的数量,也称绝对落杂率。

$$落杂率 = \frac{落棉中杂质质量}{喂入原棉质量} \times 100\%$$

④ 除杂效率:反映去除杂质的效能,与落棉含杂率有关。

$$除杂效率 = \frac{落杂率}{原棉含杂率} \times 100\%$$

⑤ 落棉含纤维率:反映可纺纤维的损失量。

$$落棉含纤维率 = \frac{落棉中纤维质量}{落棉质量} \times 100\%$$

⑥ 单机除杂效率:反映开清棉流程中各单机的除杂效率。

$$单机除杂效率 = \frac{单机落杂率}{原棉含杂率} \times 100\%$$

⑦ 总除杂效率:反映开清棉工序中各机械总的除杂效能。

$$总除杂效率 = \frac{原棉含杂率 - 棉卷含杂率 \times 棉卷制成率}{原棉含杂率} \times 100\%$$

落棉试验案例分析

某厂纺 18.2 tex 机织用纱,其开清棉流程为:

FA002 型抓棉机 2 台→SFA035 型混开棉机(附 A045B 型凝棉器)→FA106 型豪猪开棉机(附 A045C 型凝棉器)→FA106B 型锯齿开棉机(附 A045C 型凝棉器)→SFA161 型振动棉箱给棉机 2 台(附 A045B 型凝棉器 2 台)→A076E 型单打手成卷机 2 台。

各凝棉器及 A076E 型的风扇回风通过地排送入 SFU011 板式滤尘器处理。做开清棉落棉试验,试验过程中收集落棉为:SFA035 车肚破籽,FA106 车肚破籽,FA106B 车肚破籽,A076E 车肚破籽,SFU011 除尘花和粉尘。试验测试数据及计算结果见表 1-2-20。

表 1-2-20 开清棉落棉测试数据与计算结果

品种	C 18.2 tex	温度(℃)		24	相对湿度(%)		57
喂入原棉含杂率(%)	1.936	棉卷质量(kg)			1 507.2		
棉卷含杂率(%)	1.29	回卷质量(kg)			304.9		
		落棉总质量(kg)			36.9		
喂入质量(kg)	=试验棉卷总质量+回卷质量+落棉总质量=1 507.2+304.9+36.9=1 849.0						
落棉项目	落棉质量(kg)	落棉率(%)	杂质质量(kg)	落棉含杂率(%)	落杂率(%)		除杂效率(%)
SFA035 型	18.9	1.022	4.022	21.28	0.217		11.21
FA106 型	4.0	0.216	1.394	34.85	0.075		3.87
FA106B 型	4.6	0.249	1.412	30.69	0.076		3.93
A076E(1♯)型	2.1	0.113	0.972	46.28	0.052		2.69
A076E(2♯)型	1.8	0.097	0.790	43.89	0.043		2.22
SFU011 型	5.5	0.297	3.868	70.33	0.209		10.80
合计	36.9	1.995	12.458	—	0.672		34.72
制成率	$= \dfrac{试验棉卷总质量+回卷质量}{喂入质量} \times 100\% = (\dfrac{1\,507.2+304.9}{1\,849.0}) \times 100\% = 98.0\%$						
总除杂效率	$= \dfrac{原棉含杂率 - 棉卷含杂率 \times 棉卷制成率}{原棉含杂率} \times 100\% =$ $\dfrac{1.936 - 1.29 \times 98.0\%}{1.936} \times 100\% = 34.7\%$						

注 表中制成棉卷质量、回卷质量都为折算成公定回潮率 8.5% 时的质量。

除杂效率分析

分析除杂效率的目的是改进工艺和机械状况。上例中,该厂要求棉卷含杂率控制在 1.1% 以内,而上述试验的棉卷含杂率为 1.29%,因此需要提高除杂效率。

首先分析 SFA035 型混开棉机,该机除杂效率一般为 30% 左右,而表 1-2-21 中仅为 11.21%,明显偏低。查该机工艺上车和机械状况,发现豪猪打手Ⅱ的下尘棒断了两根,通知车间修复后,落棉中的落白花量显著减少,该机落棉含杂率得到了提高。

再分析 FA106 型和 A076E 型,两机的除杂效率也较低。考虑到该厂原棉的平均含杂率为 1.97%,手检疵点中带纤维籽屑和僵片含量较多,因而将 A076E 型的打手下尘棒安装角由 30°调整为 20°,尘棒间隔距由 5.6 mm 增大为 7.9 mm,提高了该机的落棉率。

通过上述改进后,再进行试验,测得棉卷含杂率下降为 1.05%,总除杂效率由 34.7%提高到 45.76%,满足了质量控制的需要。

三、提高棉卷质量的技术措施

1. 提高棉卷正卷率和棉卷均匀度

(1) 加强车间温湿度管理,稳定回潮。对于回潮率过高的原料,必须干燥(采用曝晒、烘棉、松解后自然散发等方法)后再用;对于回潮率过低的原料,一般先给湿,放置 24 h 后再用。

纯棉卷的回潮率控制在 7.5%~8.5%,车间相对湿度控制在 55%~65%(夏季)或50%~60%(冬季)。

(2) 原料性质差异不能过大,配棉时,排队接替的原料性能(线密度、长度、马克隆值、回潮率、包装密度等)的差异要小。按棉包排列图上包,做好"横向分散、纵向错开""削高填平、低包松高、平面看齐"。回花和再用棉严格按混用比例使用,且打包后沿纵向放于中间均匀添缝。

(3) 调整好整套机组的定量供应,提高各单机的运转率。抓棉机、自动混棉机的运转率控制在 90%以上(化纤在 80%以上)。抓棉机"勤抓、少抓";棉箱角钉帘与均棉罗拉采用较小隔距;双棉箱给棉机的棉箱储棉量经常保持在 2/3,双棉箱的前棉箱采用振动棉箱,使棉纤维在箱内自由下落,对棉层横向密度均匀有利。棉箱内光电管或摇栅反应灵敏,当棉箱内的棉量充满或不足时,立即通知后方机台停止或及时喂给。

(4) 保证各类打手和尘棒处于良好状态,确保打手抓取和开松除杂作用。

(5) 保证天平调节装置的机械状态良好。在运转过程中,应根据棉卷的轻重、原棉和温湿度等的变化进行正确调整。

(6) 打手和尘笼的工作状态,对棉卷横向均匀度的影响较大。要求打手的开松作用好,风机速度配合恰当,尘笼吸风均匀,在吸棉过程中不产生涡流。一般风机速度比打手转速高10%~25%,上下尘笼表面的集棉比为 7:3。

(7) 清棉机采用自调匀整装置能有效地控制棉卷质量不匀率。

2. 控制棉卷含杂率,充分发挥各单机除杂效率

在整个纺纱过程中,除杂任务绝大部分由开清棉和梳棉两个工序负担,其他工序(络筒机有一定的除杂作用)的除杂作用很少。在清、梳两个工序中,清棉一般除大杂(棉籽、籽棉、不孕籽、破籽等),而一些细小、黏附性很强的杂质和短绒等,则可留给梳棉工序(带纤维籽屑、软籽表皮、短绒等)。

棉卷含杂率的控制,应视原棉含杂数量和内容而定。开清棉的除杂工艺原则有两条:① 不同原棉,不同处理;② 贯彻早落、少碎、多松、少打的原则。

(1) 不同原棉,不同处理

① 对含不孕籽较多的原棉,应充分发挥各类打手机械的作用,减少其在棉卷中的残留量。否则,经梳棉工序后会使生条杂质和短纤维增多。

② 对含软籽表皮和带纤维籽屑较多的原棉,应充分发挥梳针打手的作用,并对主要

打手(如豪猪、清棉机综合打手)采用较小的尘棒隔距以及少补风、全死箱等,以减少细杂回收。

③ 对正常原棉,由于成熟正常、线密度适中、单纤维强力较好、回潮率适中、有害疵点少,因此,开清棉一般采用多松早落、松打交替,充分发挥棉箱机械及开棉机的开松除杂作用。

④ 对低级棉,由于成熟度差、单纤维强力低、回潮率高、有害疵点多,因此,开清棉一般采用多松、早落多落、少打轻打、薄喂慢速、少返少滚、减少束丝和棉结的工艺。

(2) 早落少碎,防止原棉疵点及杂质碎裂粒数增加

在第一台棉箱剥棉打手下配置较大的尘棒隔距,创造棉籽、籽棉、大破籽等大杂早落和未碎先落、多落的条件。不孕籽、带纤维破籽、尘屑、碎叶应在主要打手处排除,但往往有少量带到棉卷中,由下一道工序即梳棉机的刺辊部分排除。带纤维籽屑、僵片、软籽表皮等,开棉机较难将其清除,一般在清棉机的梳针打手处排除一部分,余下部分应在梳棉机中排除。

要根据各单机的除杂特点和原棉含杂情况合理调整尘棒隔距和打手速度,使杂质尽量早落少碎。在排除杂质的同时,也要运用气流方法适当回收落下的可纺纤维,以节约用棉,减少可纺纤维的损失。

(3) 重视对清棉各单机的落棉含杂内容及棉卷结构的分析

对落棉含杂内容及棉卷结构的分析,是检验各机工艺是否正常的重要参考依据。如发现某一机台的落棉中有白花,则需要缩小尘棒间的隔距,适当加强回收。如在清棉机落棉中发现棉籽等大杂,表明六辊筒开棉机、自动混棉机的尘棒隔距过小,除杂作用应进一步提高。一般不允许棉卷中含有籽棉、棉籽等大杂。发现落棉中束丝较多时,应适当降低打手转速、加大打手与尘棒间的隔距。

(4) 减少棉结

棉结大多是由薄壁纤维凝聚成团而成,对纤维的摩擦越多,棉结的数量越多。减少棉结应从减小对纤维的摩擦着手。要求开清棉的主要部件和输棉通道清洁,包括角钉、帘子、刀片、尘棒、罗拉、尘笼、输棉管道等,保持无毛刺、无锈斑、不弯曲、不积棉蜡、灰尘等;凝棉器风机的吸风量充足,保证棉流运行通畅;提高棉箱机械均棉罗拉的剥棉效率,保证棉块出棉通顺,少返少滚。

3. 减少棉卷疵点

(1) 消除棉卷破洞   要求棉卷开松度正常,回花混合均匀,尘笼吸风量充足及左右风力均匀,棉卷定量不宜过轻,打手至天平罗拉的隔距不宜过大。

(2) 改善棉卷纵向不匀   原棉混合均匀,回花不能回用太多,棉箱机械要出棉均匀、储棉量稳定,输棉风力要求均匀充足,天平调节装置灵敏准确。

(3) 降低棉卷横向不匀   要求尘笼风力横向均匀,风力充足。

(4) 防止黏卷   原棉回潮率不能太高,回花、再用棉的回用量不宜过多;对棉层的打击不宜过多,防止纤维损伤、疲劳、相互粘连;安装防黏装置,采取防黏措施。

(5) 减少棉卷中束丝   对回潮率过高的原棉,混用前要进行去湿处理,棉箱机械要减少返花,棉层打击数不能过多,堵塞车内掏出的束丝不能回用,输棉管道要光洁,吸棉量要充足,棉流运行要畅通。

任务 实施

工作任务

某棉纺厂生产若干纯棉普梳环锭纱纱线品种,请以工艺员角色,根据给定纱线品种(见表1-1-8),制定开清棉工艺设计方案。

任务完成后提交开清棉工艺设计工作报告。

工作准备

资料准备:

(1) 查阅和参考《棉纺手册(第三版)》

重点参考

- 开清棉工艺配置原则:P216~221
- 开清棉工艺流程选择:P232~234
- 清梳联开清棉工艺配置:P222~225
- 传统成卷开清棉工艺参数配置:P225~232

(2) 上网搜索或到棉纺企业收集开清棉工艺设计案例

工作步骤与要求

(1) 制定小组工作计划

(2) 完成开清棉工艺设计方案

▶ 分析原料特点和成纱质量要求

▶ 选择开清棉工艺流程

▶ 配置开清棉各单机主要工艺参数(表1-2-21)(要求说明参数选择的依据)

▶ 计算棉卷规格和成卷机主要技术参数

▶ 完成开清棉工艺单设计

(3) 质量分析,若棉卷中含索丝太多,请分析原因

提交成果

(1) 根据分组设计的纱线产品实例,提交该纱线的开清棉工艺设计工作报告

(2) 制作 PPT 和 Word 电子文档,对你的开清棉工艺设计方案进行答辩

答辩内容……

① 该纱线的原料特点和成纱质量要求

② 开清棉流程及选择依据和特点

③ 开清棉各单机主要工艺参数配置及选择依据

④ 开清棉质量指标控制范围以及提高棉卷质量的主要技术措施

纺纱工艺设计与实施

55

表 1-2-21　开清棉工艺单

纱线品种：_____

原棉	品级	手扯长度(mm)	品质长度(mm)	回潮率(%)	线密度(dtex)	成熟度系数	含杂率(%)	手检含杂(粒/g)	短绒率(%)
原料混用成分									

开清棉工艺流程
上包图 1

棉卷技术规格								
原料	机型	回潮率(%)	棉卷线密度(tex)	定量(g/m) 湿重	定量(g/m) 干重	棉卷长度(m) 计算	棉卷长度(m) 实际	棉卷净重(kg) / 落卷时间(min)

开清棉工艺									
抓棉机	原料	机型	主要隔距 刀片伸出肋条的距离(mm)	主要隔距 打手间歇下降量(mm/次)	主要速度 打手转速(r/min)	主要速度 抓棉小车行走速度(m/min)	产量 kg/(台·h)	产量 kg/(台·班)	产量 kg/(台·天)

棉箱机械	机型：_____　加工原料：_____
	主要隔距 / 主要速度
	机型：_____　加工原料：_____

续　表

开棉机	原料	机型	主要隔距					主要速度		产量
			给棉罗拉～打手(mm)	打手～尘棒(mm)		尘棒～尘棒(mm)		给棉罗拉转速(r/min)	打手转速(r/min)	kg/(台·h)
				进口	出口	进口	中间	出口		

清棉机	原料	机型	主要隔距				主要速度				定额产量
			天平罗拉～打手(mm)	打手～尘棒(mm)		尘棒～尘棒(mm)	天平罗拉转速(r/min)	风机转速(r/min)	综合打手转速(r/min)	棉卷罗拉转速(r/min)	kg/(台·h)
				进口	出口						

课后 >>> 自测

一、名词解释

(1) 棉卷质量不匀率　(2) 正卷率　　(3) 落棉率　　(4) 落棉含杂率

(5) 落杂率　　(6) 除杂效率　(7) 自由打击开松　(8) 握持打击开松

二、选择题(A、B、C、D 四个答案中只有一个是正确答案)

57

1. 决定豪猪开棉机的豪猪打手与给棉罗拉之间隔距的主要因素是(　　)。
(A) 纤维长度　(B) 纤维线密度　(C) 棉层厚度　(D) 其他

2. 合理调整豪猪开棉机的尘棒间隔距,尘棒之间从进口到出口采用(　　)的隔距配置方法。
(A) 大→小→小　(B) 大→小→大　(C) 小→大→大　(D) 大→大→大

3. 开清棉工序中,打手和尘棒之间的隔距配置规律是(　　)。
(A) 逐渐放大　(B) 逐渐缩小　(C) 大→小→大　(D) 小→大→小

4. 在开清棉流程中,以开松除杂作用为主的设备是(　　)。
(A) 混棉机　(B) 抓棉机　(C) 开棉机　(D) 清棉机

5. 以下设备中,适合加工化纤的是(　　)。
(A) FA104A 型　(B) FA106 型　(C) FA106A 型　(D) FA107 型

6. 与加工棉纤维相比,加工化纤时,开清棉工序打手和尘棒之间的隔距配置是(　　)。
(A) 提高打手转速,减小尘棒之间的隔距　(B) 降低打手转速,增大尘棒之间的隔距
(C) 降低打手转速,减小尘棒之间的隔距　(D) 提高打手转速,增大尘棒之间的隔距

7. 清棉机天平调节装置的作用是(　　)。
(A) 调节棉层的纵向不匀　(B) 调节棉层的横向不匀
(C) 棉层的纵向不匀和横向不匀都能调节　(D) 以上答案都不对

8. 造成棉卷的横向不匀的主要原因是(　　)。
(A) 各棉箱的储棉量波动过大　(B) 天平调节装置作用不良
(C) 成卷机尘笼凝棉不均匀　(D) 以上答案都不对

9. 开清棉联合机组的开机顺序是(　　　)。

(A) 开凝棉器→开打手→开给棉罗拉,由前向后依次进行

(B) 开凝棉器→开打手→开给棉罗拉,由后向前依次进行

(C) 开给棉罗拉→开打手→开凝棉器,由前向后依次进行

(D) 开给棉罗拉→开打手→开凝棉器,由后向前依次进行

三、判断题(正确的打√,错误的打×)

1. 棉卷的横向不匀率一般控制在1%左右。　　　　　　　　　　　　　　(　　)

2. 自动混棉机的混合原理是利用时间差进行混合。　　　　　　　　　　(　　)

3. FA022型多仓混棉机的混合原理是同时喂入、不同时输出。　　　　　(　　)

4. 六辊筒开棉机只适用于加工棉纤维。　　　　　　　　　　　　　　　(　　)

5. 加工高含杂原棉时,豪猪开棉机的前后落杂箱都采用活箱的方式。　　(　　)

6. 正常工作时,天平调节装置中的铁炮皮带在铁炮的中部位置。　　　　(　　)

7. 开清棉联合机组的关机顺序为"关给棉罗拉→关打手→关凝棉器",由后依次向前。

　　　　　　　　　　　　　　　　　　　　　　　　　　　　　　　　　(　　)

8. 加工化纤时,开清棉流程中配置的开清点的数量比加工棉纤维时多。　(　　)

四、简答题

1. A006BS型自动混棉机内哪些部位具有开松和除杂作用? 影响开松除杂作用的主要因素有哪些?

2. 论述影响豪猪式开棉机的开松、除杂作用的主要因素。

3. 论述开清棉工序中提高棉卷均匀度的方法。

五、计算题

1. 加工棉卷,已知棉卷干定量为400 g/m,棉卷回潮率为8.5%,棉卷伸长率为3.5%,时间效率为0.88,棉卷罗拉的转速为12 r/min,棉卷罗拉直径为230 mm。求:① 单打手成卷机的理论产量;② 定额产量。

2. 根据下表所示的棉卷测试数据,计算棉卷质量不匀率、棉卷伸长率,并将计算结果填入此表。

棉卷质量不匀试验数据表

段次	每米质量(g)	段次	每米质量(g)	段次	每米质量(g)	段次	每米质量(g)	段次	每米质量(g)
1	462	8	457	15	450	22	457	29	447
2	460	9	455	16	458	23	448	30	447
3	457	10	454	17	454	24	457	31	457
4	463	11	457	18	448	25	457	32	445
5	456	12	458	19	460	26	459	33	445
6	445	13	449	20	452	27	467		
7	454	14	457	21	450	28	454		
棉卷总质量(g)		平均值以下的试验项数			实际长度(m)		34.87		
每米平均质量(g)		平均值以下的平均质量(g/m)			计算长度(m)		32.92		
平均值以下的总质量(g)		质量不匀率(%)			伸长率(%)				

任务 1.3　梳棉工艺设计

任务描述 >>>

　　梳棉是纺纱工艺流程中非常重要的生产工序。梳棉机的主要任务是对棉束进一步分梳、除杂、均匀混合及成条。由于棉束在梳棉机上被分离成单纤维的程度与成纱强度和成纱条干密切相关,在普梳系统中,梳棉后的工序不再有积极清除杂质疵点的作用,所以生条的含杂情况在很大程度上决定了细纱中棉结杂质的含量多少。

　　梳棉工艺设计就是要合理配置分梳、除杂工艺参数,合理选择梳理针布,提高梳棉机的分梳效能,控制生条短绒率,降低生条的棉结杂质。

学习目标 >>>

- 会分析影响梳棉机分梳、除杂作用的主要工艺因素
- 能合理配置梳棉机的主要工艺参数
- 能合理选配梳棉机的梳理部件针布
- 会进行梳棉机主要工艺参数和产量的计算
- 会分析梳棉生条的质量控制指标

提交成果 >>>

- ■ 梳棉工艺设计报告

知识准备

>>> 梳棉工艺设计

学习内容

> 1.3.1　梳棉工序概述
> 1.3.2　梳棉工艺分析
> 1.3.3　梳棉工艺设计要点
> 1.3.4　梳棉引导案例分析
> 1.3.5　生条质量指标及控制

▶▶▶ 1.3.1 梳棉工序概述

一、梳棉工序的任务

经过开清棉工序的加工,棉卷或棉流中的纤维多数呈松散的棉块、棉束状态,并含有1%左右的杂质,其中多数为较小的带纤维或黏附性较强的杂质和棉结。所以,必须将纤维束彻底松解成单纤维。同时,要继续清除残留在棉束中的细小杂质。伴随分梳和除杂工作,还应充分混合各配棉成分中的纤维,制成均匀的棉条,以满足下道工序加工的要求。因此,梳棉机的任务是:

(1)分梳 在少损伤纤维的前提下,对喂入棉层进行细致而彻底的分梳,使束纤维分离成单纤维状态。

(2)除杂 继续清除棉层中残留的杂质和疵点,如带纤维籽屑、破籽、不孕籽、软籽表皮、棉结以及短纤维和梳不开的纤维束与尘屑等。

(3)均匀混合 利用梳棉机针布梳理的"吸""放"功能,使纤维间充分混合,并使生条保持质量均匀。

(4)成条 制成一定线密度的均匀棉条(梳棉机制成的棉条,习惯上叫生条),并有规则地圈放在条筒内,供下道工序使用。

梳棉机上棉束被分离成单纤维的程度与成纱强度和成纱条干密切相关。在普梳系统中,梳棉后的工序不再有积极清除杂质、疵点的作用,所以生条中的含杂情况在很大程度上决定了细纱中棉结、杂质的含量。梳棉机的落棉率是普梳纺纱系统各单机中最高的,且落棉中含有一定数量的可纺纤维,直接关系到吨纱用棉量,因此需要合理控制。另外,细纱机每一万纱锭需配备的梳棉机台数(简称万锭配台)较多,日常保全、保养和看管所需劳动消耗多,设备维修费用也较高。

二、梳棉机的工艺流程

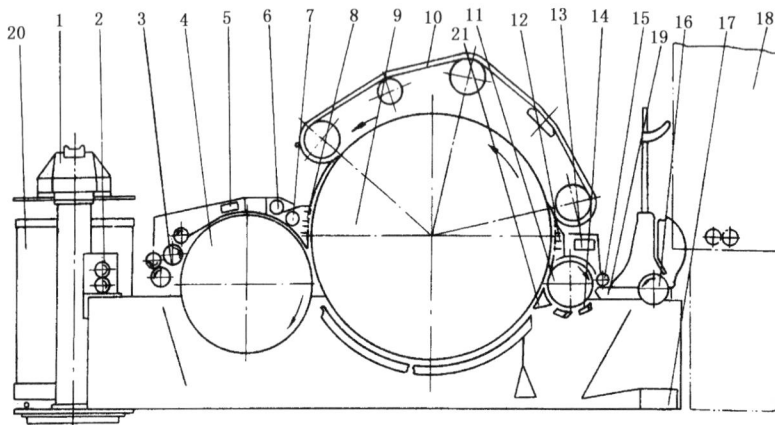

图 1-3-1 FA201 型梳棉机简图

1—圈条器 2—大压辊 3—剥棉罗拉 4—道夫 5—清洁辊吸点 6—盖板花吸点 7—三角区吸点
8—前固定盖板 9—锡林 10—盖板 11—刺辊 12—后固定盖板 13—刺辊罩吸点 14—刺辊分梳板
15—给棉罗拉 16—棉卷罗拉 17—车肚花吸点 18—喂棉箱 19—给棉板 20—条筒 21—三角小漏底

图 1-3-1 所示为 FA201 型梳棉机的工艺流程简图,由以下几个部分组成:

(1) 给棉和刺辊部分　棉卷置于棉卷罗拉 16 上,并借助其与棉卷罗拉间的摩擦而逐层退解(采用清梳联时,由机后喂棉箱 18 输出均匀棉层),沿给棉板 19 进入给棉罗拉 15 和给棉板之间,在紧握状态下向前喂给刺辊 11,使棉层接受开松与分梳。由刺辊分梳后的纤维随同刺辊向下,经过两块刺辊分梳板 14 的梳理、两把除尘刀的清除后(两把除尘刀分别装在两块分梳板的前部),经过三角小漏底 21,由锡林 9 剥取。杂质和短绒等在给棉板与第一除尘刀之间、第一分梳板与第二除尘刀之间以及第二分梳板与三角小漏底之间落下,成为后车肚落棉。

这个部分以刺辊的握持分梳为特点,是梳棉机的主要除杂区和第一分梳部分。

(2) 锡林、盖板和道夫部分　由锡林剥取的纤维随同锡林向上经过后固定盖板 12 的梳理后,进入锡林盖板工作区,锡林和盖板 10 的针齿对纤维进行细致的分梳。充塞到盖板针齿内的短绒、棉结、杂质和少量可纺纤维,在走出工作区后由盖板花吸点 6 吸走。随锡林走出工作区的纤维通过锡林与前固定盖板 8 的梳理后,进入锡林道夫工作区,其中一部分纤维凝聚在道夫 4 的表面,被道夫转移输出;另一部分纤维随锡林返回,与从刺辊针面剥取的纤维并合,重新进入锡林盖板工作区进行分梳。

这个部分是以锡林、盖板和道夫的细致分梳为特点,是梳棉机的第二分梳部分。

(3) 剥棉成条和圈条部分　道夫表面所凝聚的纤维层,被剥棉罗拉 3 剥取后形成棉网,经喇叭口制成棉条,由大压辊 2 输出,通过圈条器 1 将棉条有规则地圈放在条筒 20 内。这个部分也称梳棉机的输出部分。

(4) 吸尘系统　为使梳棉机能正常地高速生产,减少纱疵,改善劳动环境,在清洁辊、锡林道夫三角区、刺辊罩壳以及盖板花处设有吸尘罩,在刺辊下方的后车肚内设有吸棉漏斗。上述吸落棉装置和滤尘系统相连,简称吸尘系统。这是高产梳棉机的一个重要组成部分。

▶▶▶ 1.3.2　　梳棉工艺分析

一、梳棉机分梳作用及主要工艺影响因素

梳棉机的分梳作用是在少损伤纤维的前提下,对喂入棉层进行细致而彻底的分梳,使束纤维分离成单纤维状态。分梳主要发生在两个部位。一是以握持分梳为主的给棉刺辊部分,要求将棉层中 $70\%\sim80\%$ 的棉束被刺辊分解成单纤维状态;二是以自由分梳为主的锡林至盖板之间的分梳,这部分梳理的特点是:在锡林、盖板两个针面间,纤维和纤维束被反复转移和交替分梳,使纤维的两端都有机会受到梳理。随锡林走出盖板工作区的纤维层在向道夫转移之前,会再次受到前固定盖板的分梳,以进一步提高单纤维的伸直平行度,改善棉网的清晰度,提高成纱质量。

```
                                    ┌─────────────────────────────────────┐
                                    │ (1) 给棉罗拉与给棉板之间的给棉握持    │
                                    │ (2) 给棉板工作面长度与分梳工艺长度    │
                         给棉刺辊部分──握持分梳   (3) 刺辊转速            │
                        ╱           │ (4) 刺辊与给棉板间的隔距            │
              ┌──────┐ ╱            │ (5) 刺辊与分梳板间的隔距            │
              │分梳作用│              │ (6) 刺辊锯条规格                  │
              └──────┘ ╲            └─────────────────────────────────────┘
                        ╲
                         锡林、盖板自由分梳    ┌──────────────────────────────┐
                                    ╲        │ (1) 定期抄针(减小锡林针面负荷)  │
                                     ╲       │ (2) 高速高产(增加锡林速度)      │
                                              │ (3) 锡林与盖板之间的隔距(紧隔距、强分梳) │
                                              │ (4) 针布规格(采用新型锡林针布:浅齿、密齿、│
                                              │     小工作角)                │
                                              └──────────────────────────────┘
```

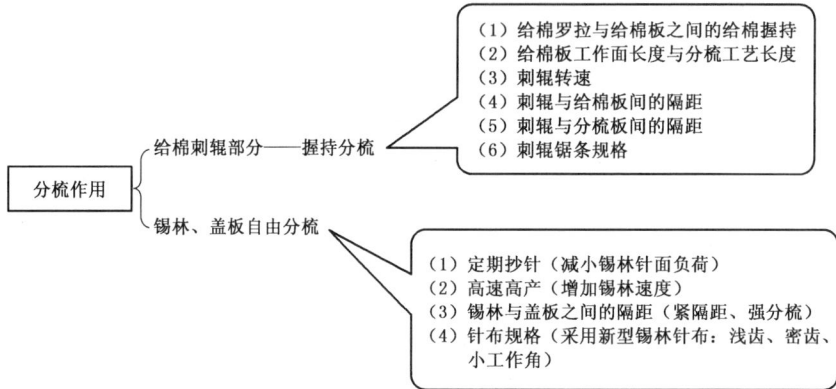

1. 刺辊部分的分梳工艺及主要影响因素

（1）给棉罗拉与给棉板之间的给棉握持　要求给棉罗拉与给棉板对喂入棉层握持牢靠、横向握持均匀且握持力适当，否则刺辊会较多地抓取未经充分分解的棉束，并造成横向不匀。影响给棉握持作用的主要因素有给棉罗拉加压、给棉罗拉与给棉板的隔距、给棉罗拉表面状态等。

① 给棉罗拉的加压　目前，给棉罗拉采用的是两端加压的方式。增大加压量，有利于增加对棉层的平均握持力，改善横向握持力分布的均匀性；但加压量过大，不仅罗拉挠度增加，而且用电量、机物料消耗增多。当给棉罗拉直径为 70 mm 时，加压量一般采用 34.22～55.90 N/cm。若给棉罗拉直径增加，其加压量可相应加大。

② 给棉罗拉与给棉板之间的隔距　为保证对棉层的有效握持，当棉层喂入后，给棉板与给棉罗拉之间的隔距自入口至出口逐渐缩小，使棉层逐渐被压缩而增强握持力，入口隔距为 0.30 mm(0.012 英寸)，出口隔距为 0.13 mm(0.005 英寸)。

③ 给棉罗拉表面状态　一般梳棉机(A186D/F/G 型、FA201 型)的给棉罗拉直径为 70 mm，表面为直齿沟槽形；而新型梳棉机(FA203 型、FA232 型、FA224 型等)的给棉罗拉直径为 100 mm，表面为滚花形(菱形)或包覆特殊规格的齿条(锯齿形)，不但握持力增加，而且握持钳口形成一个多点握持的弹性钳口。

（2）给棉板工作面长度与分梳工艺长度　给棉板工作面长度与分梳工艺长度如图 1-3-2 所示。

① 工作面长度　给棉板的整个斜面长度 L 称为工作面长度。

② 给棉板分梳工艺长度　刺辊与给棉板的隔距点 f 以上的一段工作面长度 L_1 与鼻尖宽度 L_0 之和称为给棉板分梳工艺长度 S(即 $S = L_0 + L_1$)。如分梳工艺长度缩短，始梳点位置升高，纤维被握持分梳的长度增加，刺辊的分梳作用增强，但纤维损伤加剧；如分梳工艺长度太长，则始梳点过低，纤维被握持分梳的长度较小，棉束质量百分

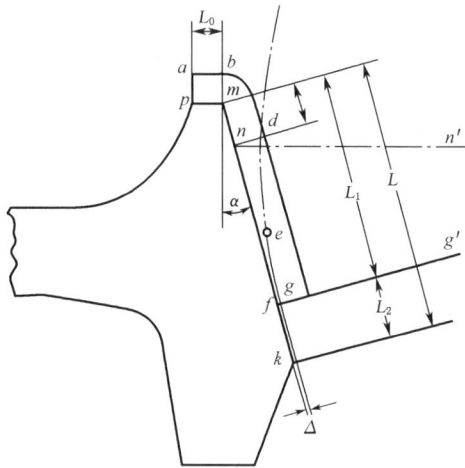

图 1-3-2　给棉板工作面长度与分梳工艺长度

率增加,分梳效果差。

由上述分析可知,分梳工艺长度小,对纤维的分梳作用强,分梳效果好,但对纤维的损伤严重。要根据下列三种情况,合理选择给棉板分梳工艺长度:

(a) 当分梳工艺长度>纤维的主体长度时,分梳效果差,纤维损伤少;

(b) 分梳工艺长度<纤维的主体长度时,分梳效果好,对纤维有损伤;

(c) 当分梳工艺长度≈纤维的主体长度时,分梳效果好,对纤维的损伤也小。

给棉板分梳工艺长度与刺辊的分梳效果有很大关系,为兼顾分梳和减少对纤维的损伤,一般选择给棉板分梳工艺长度和纤维的主体长度相适应,而给棉板分梳工艺长度又与给棉板的工作面长度有关,所以,必须根据不同的纤维长度来选择不同工作面长度的给棉板。实际生产中,若给棉板分梳工艺长度和纤维的主体长度不相适应,可采用垫高(增大分梳工艺长度)或刨低(缩短分梳工艺长度)给棉板底部的方法进行调整。给棉板规格的选用见表1-3-1。

表 1-3-1 给棉板规格的选用

给棉板工作面长度(mm)	给棉板分梳工艺长度(mm)	适纺纤维长度(棉纤维主体长度)(mm)
28	27~28	29 以下
30	29~30	29~31
32	31~32	原棉:33 以下;化纤:38
46	45~46	中长化纤:51~60

(3) 刺辊转速 刺辊转速较低时,在一定范围内增加刺辊转速,握持分梳作用增强,残留的棉束质量百分率降低;当刺辊转速较高时,提高刺辊转速,棉束减少的幅度不大,反而使纤维损伤增多,而且过快的刺辊转速会影响锡林与刺辊的速比,若速比太小,则刺辊上的纤维不易转移到锡林上。

刺辊转速一般为 900~1 100 r/min。加工的纤维长度较长时(如化纤),应采用较低的刺辊转速;加工的纤维长度较短时,可采用较高的刺辊转速。

(4) 刺辊与给棉板间的隔距 刺辊与给棉板间的隔距是梳棉机上重要的分梳隔距。当此隔距偏大时,棉层的底层得不到刺辊锯齿的直接分梳,而且各层纤维的平均受梳长度较短,因此分梳效果较差。在机械状态良好的条件下,此隔距以偏小掌握为宜,一般采用0.18~0.30 mm。在喂入棉层偏厚、给棉板工作面长度偏短或加工纤维的强度偏低的情况下,为了减少短绒,可适当放宽此隔距。

(5) 刺辊与分梳板间的隔距 A186G 型、FA201 型、FA203A 型、FA211B 型都采用分梳板,老机改造时也在刺辊下方加装了分梳板,以增加刺辊部分的预分梳作用。此隔距一般设置为 0.4~0.6 mm。

(6) 刺辊锯齿规格 在锯齿规格中,锯齿工作角 α、纵向齿距 P 和齿尖厚度对分梳作用的影响较大。锯齿工作角 α 小时,对纤维层的穿刺能力强,分梳效果好;但不易抛出杂质,对除杂不利。刺辊锯齿工作角 α 一般为 75°~85°,纺棉时用小些,纺化纤时选大些。齿密应与工作角相配合,兼顾分梳与除杂等因素,一般大工作角配大齿密,小工作角配小齿密。随着梳棉机产量的不断提高,刺辊锯齿向薄齿、高密发展,以便在不过多提高刺辊转速的情况下提高穿刺能力,保证分梳质量。

2. 锡林、盖板工作区的分梳工艺及主要影响因素

（1）定期抄针　随着运转时间的增加，锡林、盖板针齿的内层纤维量逐渐增加，削弱了针齿对纤维的握持、分梳和转移能力，纤维易浮在两针面之间，被搓擦成棉结。为了保证棉网质量，锡林和道夫需定期抄针，以清除沉入针隙的内层纤维（抄针花），恢复和改善针面的分梳效能，提高棉网质量。

（2）高产高速与棉网质量　梳棉机在原状态下提高产量时，会使锡林、盖板针齿单位面积内的纤维量增加，从而影响分梳作用，恶化棉网质量。因而在梳棉机产量提高以后，增加锡林的转速，使纤维所受的离心力大大提高，增加了纤维向道夫的转移能力，减少了锡林单位针面上的纤维量，增强了锡林、盖板针齿对纤维的握持、分梳和转移能力。所以说，加快锡林转速是提高产量、保证棉网质量的有效措施。

（3）锡林与盖板间的隔距　锡林与盖板间的隔距用 5 点隔距进行校正。在盖板工作区，从入口到出口，隔距一般配置为 0.25 mm、0.23 mm、0.20 mm、0.20 mm、0.23 mm（10英丝、9英丝、8英丝、8英丝、9英丝）。进口点的隔距大些，可减少纤维充塞，并符合纤维束逐步分解的要求；出口点位于盖板传动部分，盖板的上、下位置易走动，隔距也稍大。锡林和盖板间采用"紧隔距"，是充分发挥盖板工作区分梳效能的重要工艺措施。因为隔距缩小有如下作用：针齿刺入纤维层深，接触的纤维多；纤维被针齿握持、分梳的长度长，分梳力大；两针面间转移的纤维量多；浮于两针面间的纤维少，不易被搓成棉结。

因此，"紧隔距"可以得到"强分梳"。生产试验证明：隔距减小后，成纱棉结少、强度高，而且质量比较稳定。实现"紧隔距、强分梳"的工艺措施，必须在改善机械状态、严格保证针面平整度和针齿锋利的基础上，求"紧"求"准"。在针齿平整度较差、纺低级棉或纺化纤时，隔距应适当放大，约为 0.25 mm（0.01 英寸）。

（4）针布规格　锡林、盖板针布规格对纤维分梳和棉网质量也有很大影响。盖板要通过盖板花排除短绒与杂质，所以针齿较深且稀，以增加针齿容纤量。新型锡林金属针布的特点是浅齿、密齿、小工作角，以增加针齿的握持、分梳能力，同时避免纤维充塞针齿齿隙。总之，梳棉机的锡林、盖板、道夫针布必须配套使用，同时必须保持针齿的锋利、光洁、耐磨、平整，以保证两个针面之间良好的分梳、转移能力以及"紧隔距、强分梳"的工艺要求。

二、梳棉机除杂作用及其主要工艺影响因素

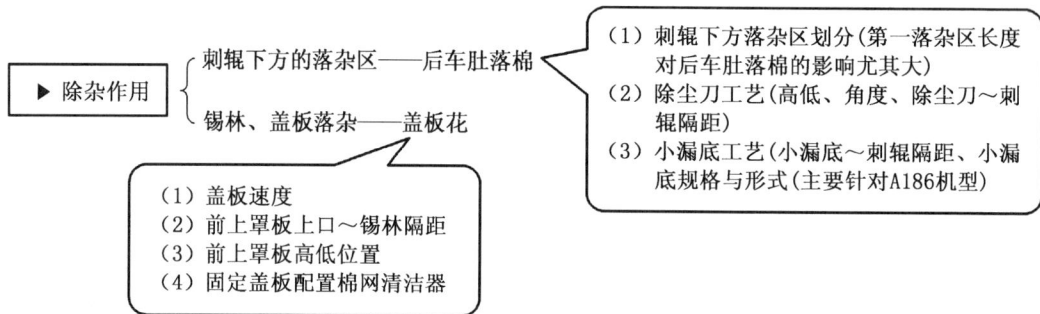

除杂作用
- 刺辊下方的落杂区——后车肚落棉
  - （1）刺辊下方落杂区划分（第一落杂区长度对后车肚落棉的影响尤其大）
  - （2）除尘刀工艺（高低、角度、除尘刀～刺辊隔距）
  - （3）小漏底工艺（小漏底～刺辊隔距、小漏底规格与形式（主要针对A186机型）
- 锡林、盖板落杂——盖板花
  - （1）盖板速度
  - （2）前上罩板上口～锡林隔距
  - （3）前上罩板高低位置
  - （4）固定盖板配置棉网清洁器

梳棉机的除杂主要发生在刺辊下方的落杂区（其落杂称为后车肚落棉），这部分以去除较大杂质为主；而锡林、盖板的落杂主要以盖板花体现，这部分主要去除黏附性强的细小杂质，如带纤维籽屑、软籽表皮和僵瓣，还有部分棉结、短绒等。

1. FA201 型梳棉机刺辊部分的落杂区划分和主要工艺影响因素

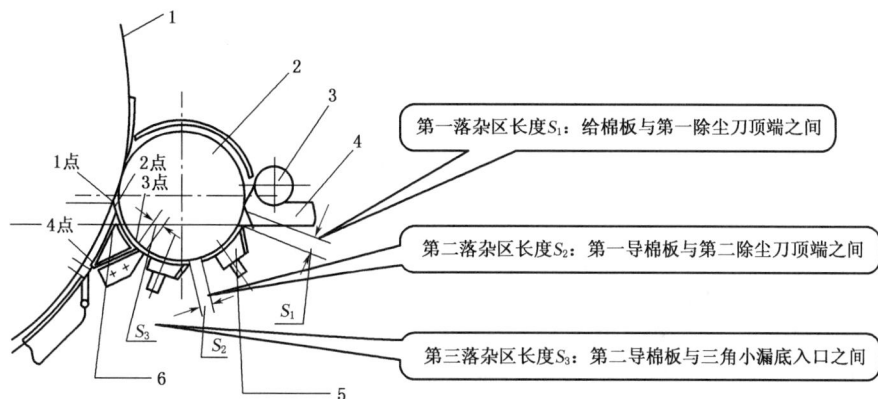

第一落杂区长度S_1：给棉板与第一除尘刀顶端之间

第二落杂区长度S_2：第一导棉板与第二除尘刀顶端之间

第三落杂区长度S_3：第二导棉板与三角小漏底入口之间

图 1-3-3　后车肚落杂区

1—锡林　2—刺辊　3—给棉罗拉　4—给棉板　5—刺辊分梳板　6—三角小漏底

FA201 型梳棉机刺辊部分的落杂区划分为三个，如图 1-3-3 所示。第一落杂区和第二落杂区为主要除杂区域。每个落杂区的长度可以通过调换不同厚度的除尘刀和不同弦长的导棉板以及调整除尘刀和导棉板的位置进行调整，以达到控制落棉的目的。但是，由于分梳开松后的单纤维或小棉束的运动容易受到气流的影响，若控制不当，易使落棉不正常，如后车肚落白花、落棉过多或过少、落杂太少、除尘刀和小漏底挂花等。该机刺辊部分的除杂作用主要有以下影响因素：

（1）刺辊速度　提高刺辊速度，有利于分解棉束、暴露杂质以及增加杂质的离心力。所以，刺辊速度在一定范围内增加，可以提高刺辊部分的除杂作用，但要注意保持锡林与刺辊间一定的速比关系，使刺辊上的纤维能够顺利转移到锡林上。

（2）落杂区分配　FA201 型梳棉机后车肚的落棉量，可根据喂入棉卷的含杂量及含杂内容进行合理调整。在配棉成分改变后，通过调整除尘刀、导棉板的规格，可调整第一落杂区长度 S_1 和第二落杂区长度 S_2。当原棉含杂量较高时，可适当增加第一落杂区和第二落杂区的长度；当含杂量较低时，可缩短两个落杂区的长度。第一落杂区长度的调节范围为 38～50 mm，第二落杂区长度的调节范围为 14～18 mm，第三落杂区长度固定为 10 mm。

（3）除尘刀、小漏底与刺辊间的隔距　除尘刀、小漏底与刺辊间的隔距缩小，切割的气流附面层厚度增加，车肚落棉量增加，有利于排除尘杂；但在附面层内层，纤维含量较高而杂质较少。若隔距过小，将使落棉中的可纺纤维含量增加，不利于节约用棉。一般，第一除尘刀与刺辊间的隔距为 0.38 mm，第二除尘刀与刺辊间的隔距为 0.3 mm，三角小漏底的入口隔距为 0.5 mm。

2. A186 系列梳棉机后车肚除杂工艺

A186 系列梳棉机后车肚由三个落杂区组成，如图 1-3-4 所示。第一落杂区：给棉板与刺辊隔距点至除尘刀与刺辊隔距点间的距离；第二落杂区：除尘刀与刺辊隔距点至小漏底入口间的距离；第三落杂区：小漏底入口至出口间的距离。若小漏底弦长不变，第一、第二落杂区长度随着除尘刀的位置高低而变化。

除尘刀工艺包括除尘刀的高低、安装角度及其与刺辊间的隔距。小漏底工艺包括小漏底与刺辊间的隔距、小漏底规格和形式。

（1）除尘刀工艺

① 除尘刀的高低　除尘刀的高低以机框水平面为基准，一般在±6 mm范围内调节。放低除尘刀，第一落杂区长度增加，第二落杂区长度缩短，使得第一落杂区的落棉增加，而第二落杂区的落棉减少，两者相抵后，后车肚的总落棉仍然增加。抬高除尘刀，则与上述情况相反。

② 除尘刀的安装角度　除尘刀的安装角是指刀背与水平面之间的夹角。A186C型梳棉机的除尘刀安装角调节范围为85°～100°。除尘刀安装角度小，刀背对附面层气流的阻力大，纤维

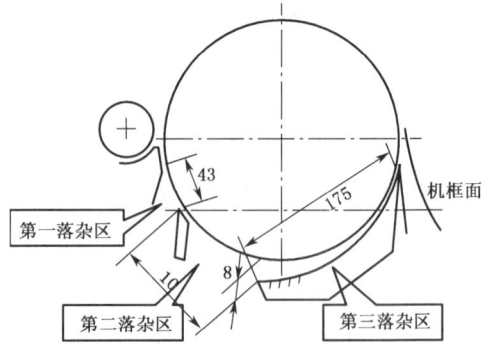

图 1-3-4　A186D型梳棉机后车肚三个落杂区的分布与长度

和杂质易落下，使后车肚落棉增加；除尘刀安装角度大，刀背对附面层气流的阻力小，而且纤维的回收作用增加，使后车肚落棉减少，但落棉含杂率有所提高。

③ 除尘刀与刺辊间的隔距　除尘刀与刺辊间的隔距缩小，除尘刀切割的附面层厚度增加，落棉增加。此隔距过小时，虽然落棉率增加，但附面层内层所含的纤维量较多而杂质较少，使落棉含杂率降低。

除尘刀工艺要根据喂入原料的含杂率和含杂内容进行合理调整，如棉卷含杂率高或含大杂较多时，应适当加大第一落杂区长度，故采用低刀工艺；反之，采用高刀工艺。经过长期的生产实践，普遍认为纺纯棉时，除尘刀应采用"低刀大角度"，对多落杂质和回收纤维均有良好的效果。

（2）小漏底工艺

① 小漏底与刺辊间的隔距　小漏底与刺辊间的隔距自入口至出口逐渐缩小，气流流动顺利，小漏底内的气压变化较平缓，使气流从尘棒间和网眼中缓和地排出，有利于排除尘杂和短绒。小漏底是否能够顺利地排除短绒和尘杂，取决于小漏底内气流静压的高低。如气流静压过高，网眼中排出的气流过急，常使网眼堵塞。

小漏底入口隔距一般采用4.7～9.5 mm。当入口隔距增大时，进入小漏底的气流量增加，从小漏底排出的气流、短绒和尘杂增多，但由于小漏底入口分割出去的附面层较薄，被挡落的短绒和尘杂减少，从而使后车肚总落棉率减少。当喂入棉层中含杂较多时，入口隔距应减小。

小漏底出口隔距一般采用0.4～1.6 mm。当出口隔距增大时，刺辊带出小漏底的气流流量增多，锡林、刺辊三角区的静压增高，使小漏底出口处的静压增高，有助于网眼部分排除短绒和尘杂。但出口隔距过大时，小漏底内部的静压增大，导致排出气流过急，易使网眼糊塞，同时会使小漏底入口处堆积纤维甚至挂花，造成纤维间断地被带入漏底或落入车肚，形成棉网云斑或车肚落白花。

收小大漏底出口隔距或适当放大后罩板入口隔距，均可有效降低三角区的静压和小漏底出口处的静压，可解决网眼糊塞问题。采用刺辊吸尘罩，可有效地降低锡林、刺辊三角区的静压，使小漏底出口隔距对三角区静压的影响减小，也是改善小漏底网眼糊塞的有效措施。

② 小漏底规格　小漏底弦长是影响落棉的主要因素之一，它直接影响给棉板与小漏底间的长度和第二落杂区长度。减少小漏底弦长，可增加第二落杂区长度，同时附面层增厚程

度增加,使更多的短绒和杂质在小漏底入口处被挡落。A186C 型梳棉机的小漏底弦长有 175.6 mm(纺纯棉)和 200 mm(纺化纤)两种规格,弦长为 175.6 mm 时,第一落杂区长度约为 35～50 mm,第二落杂区长度约为 89～114 mm。

③ 小漏底形式 小漏底的形式有尘棒网眼混合式、全网眼式和全尘棒式。其中,第一种(尘棒 1～4 根)用得较多,制造上虽不如全网眼式方便,但尘棒间隙大,可多落杂质;另外,要增加弦长时可焊接尘棒,不必调换小漏底。也有新机型采用全尘棒式,可减少小漏底变形和网眼的清扫工作。小漏底入口有圆口和尖口,尖口落棉稍多。A186C 型梳棉机的小漏底为尘棒网眼混合式,圆形网眼直径为 4 mm,小漏底入口采用尖口,尖口夹角为 45°。生产过程中,小漏底必须光洁、无锈斑或油污,否则易阻留纤维而产生挂花或糊塞。所以揩车、平车时应揩擦小漏底、清刷网眼,以保持其光滑和洁净。

3. 锡林和盖板部分的除杂作用及工艺

棉层经给棉和刺辊部分的作用后,残存的细小杂质和疵点在盖板工作区内经锡林、盖板的细致分梳后与纤维分离,随同盖板花和抄针花被清除出去。所以要提高棉网质量、降低成纱结杂,应提高盖板花率及其含杂率。

生产中可合理调整有关工艺参数,如前上罩板上口和锡林间的隔距、前上罩板的高低位置以及盖板速度等,从而达到合理控制盖板花率、提高盖板花含杂率和节约用棉的目的。但前两项的调节比较麻烦,现一般采用改变盖板速度的方法。

(1)盖板速度对除杂的影响 当盖板速度较快时,盖板在工作区停留的时间较短,每块盖板的盖板花量略有减少,盖板花的含杂率也略有降低,但单位时间内走出工作区的盖板根数增加,总的盖板花量和除杂效率反而有所增加。在加工不同原料时,其盖板速度可在 72.3～341.9 mm/min 范围内调整。

(2)前上罩板上口和锡林间的隔距对盖板花的影响 前上罩板上口和锡林间的隔距大小对盖板花量的影响很大,对长纤维进入盖板花的影响更为显著。当此隔距减小时,纤维被前上罩板压下,使纤维与锡林针齿的接触齿数增多,有利于锡林抓取纤维,使盖板花减少。反之,隔距增大则盖板花增加。所以,此隔距是调整盖板花量的主要工艺参数。在实际生产中,此隔距选用范围为 0.47～0.65 mm(0.019～0.026 英寸)。

(3)前上罩板高低位置对盖板花的影响 前上罩板高低位置对盖板花的影响也很明显。当前上罩板位置较高时,其效果和缩小前上罩板上口与锡林间的隔距相似,即使盖板花减少;反之,则盖板花增加。

▶▶▶ 1.3.3 梳棉机工艺设计要点

一、梳棉机工艺设计原则

1. 高产必须高速,充分发挥锡林部分的梳理作用

现代梳棉机通过提高锡林转速以及在刺辊、锡林部分附加分梳元件来保持高产时纤维良好的分梳度,提高成纱质量,从而进一步提高梳棉机产量。充分发挥锡林部分的梳理作用,选用适当的锡林速度,结合其他机件的速度搭配,以提高分梳和除杂性能。

2. 适当增加生条质量

高产梳棉机为适应单位时间内输出纤维量的增加,宜适当提高道夫转速及适当增加生条定量,但过重的生条定量不利于梳理、除杂和纤维转移。

3.采用较紧隔距

在针面状态良好的前提下,锡林与盖板间采用较紧的隔距,可提高分梳效能。尽可能减小锡林与道夫间的隔距,有利于纤维的转移和梳理。在锡林和刺辊间采用较大的速比和较小的隔距,可减少纤维返花和棉结的产生。

4.协调开松度、除杂效率、棉结增长率和短绒增长率的矛盾

纤维开松度差,则除杂效率低,短绒和棉结的增长率也低;提高开松度和除杂效率,短绒和棉结往往也呈增长趋势。要充分发挥刺辊部分的作用,注意给棉板工作面长度和除尘刀工艺配置,在保证一定开松度的前提下,尽可能减少纤维的损伤和断裂。

5.清梳、除杂合理分工

梳棉机上宜后车肚多落、抄斩花少落。根据原棉含杂内容和纤维长度,合理制定梳棉机后车肚工艺,充分发挥刺辊部分的预梳和除杂效能。

6.合理选择针布

选好、用好和管好针布,是改善梳理、减少结杂、提高质量的有力保证。要根据纤维的种类和特性、梳棉机的产量、纱的线密度等选用不同的新型高效能针布(如高产梳棉机针布、细特纱针布、低级棉针布、普通棉型针布、棉型化纤针布、中长化纤针布等),并注意锡林针布与盖板、道夫针布和刺辊锯条的配套。

二、梳棉机主要工艺参数配置

> **梳棉工艺设计内容**
>
> ▶ 生条定量、速度、隔距、针布规格、牵伸
> ▶ 梳理工艺参数:锡林速度、刺辊速度、盖板速度、梳理隔距、针布规格等
> ▶ 除杂工艺参数:刺辊速度、盖板速度、除杂隔距、针布规格等
> ▶ 输出成条工艺参数:道夫速度、棉网张力、剥棉隔距、生条定量

1.生条定量

生条定量与梳棉机产量和生条质量密切相关。纺细特纱时,一般选择较大的牵伸、较低的生条定量。生条定量低,有利于提高道夫转移率,有利于改善锡林和盖板间的分梳作用。对于品质要求高的纱线,在配备机台允许的情况下,可采用较低的定量。但若梳棉机为高速高产或使用金属针布及采用其他高产措施,不宜采用过轻的生条。

2.主要速度选择依据

(1)锡林转速　锡林的转速对全机分梳起主导作用,锡林转速高,分梳、转移能力强,有利于提高产品的质量。

① 增加锡林转速,能增加单位时间内作用于纤维的针尖数,纤维在锡林部分的分梳负荷降低,有利于提高分梳质量,同时纤维不易在针面搓转,从而减少棉结的形成。

② 锡林表面速度及离心力提高,其排杂能力加强。据测,锡林转速由 300 r/min 提高到 600 r/min,生条结杂减少 30%~50%。

(2)刺辊转速　刺辊转速直接影响梳棉机的预分梳程度及后车肚气流和落棉性能。

① 在一定范围内增加刺辊转速,预分梳作用增强,但刺辊转速增加过多会明显增加纤

维的损伤,使生条中的短绒百分率增大,后车肚气流控制和落棉控制也比较复杂。

②锡林与刺辊的表面线速比影响纤维自刺辊向锡林的转移,而不良的转移会产生棉结。纺棉时速比宜为 1.7～2.2 或以上,纺化纤时宜在 2.2 以上,纺中长化纤时应更高。

③确定锡林、刺辊转速时,还应考虑梳棉机的机械状态。

(3) 盖板线速度

①盖板线速度提高,则每块盖板带出分梳区的盖板花少,但单位时间内走出工作区的盖板根数多,盖板花的总量增加且含杂率降低,而除杂率稍有增加。

②在产量一定时,用较高的盖板线速度纺低级棉可改善棉网的质量,其成纱强力亦略有提高,但使用品质较好的原料时,对生条质量没有显著影响,不利于节约用棉。

③在一定范围内,盖板采用同样的速度,其排除短绒和杂质的数量随后车肚落棉情况而改变。后车肚落棉多,盖板排除短绒和杂质就少。

④生产时采用的盖板线速度是否恰当,可观察棉网的质量以及斩刀花的外形结构和含杂情况而进行判定。通常,盖板花中应只含有少量的束状纤维,两块盖板之间应很少有较长的搭桥纤维。

⑤纺化纤时,因原料中含有的疵点很少,盖板线速度应比纺棉时低很多。

⑥采用反转盖板,可以提高分梳效果,盖板的线速度范围是 80～320 mm/min,如纺棉时锡林转速为 450 r/min,盖板线速度采用 210 mm/min;而纺超细旦化纤时锡林转速为 360 r/min,盖板线速度为 140 mm/min。

(4) 道夫转速　道夫速度和生条定量是决定梳棉机生条质量和产量的重要参数。新型梳棉机由于其针布及各部分的机件性能良好,既能加重定量,又能以较高的道夫转速运转。在充分发挥其高速性能的同时,还应兼顾剥棉作用、棉网成条过程和圈条器的的运转情况,使各部分协调工作。高产梳棉机常采用加重生条定量和加大棉网张力牵伸的办法,完善剥取作用,出条速度相应地加快了。

3. 主要隔距选择

梳棉机涉及 30 多个隔距,隔距和梳棉机的分梳、转移、除杂作用有密切关系。梳棉机隔距及设定主要因素见表 1-3-2。

分梳隔距:刺辊～给棉板、刺辊～预分梳板、锡林～盖板、锡林～前后固定盖板、锡林～道夫。

转移隔距:刺辊～锡林、锡林～道夫、道夫～剥棉罗拉等。

除杂隔距:刺辊～除尘刀、小漏底、前上罩板上口～锡林。

表 1-3-2　梳棉机隔距及设定主要因素

机件部件		隔距	设定主要因素
		mm(英丝)	
给棉刺辊部分	给棉板～刺辊	0.20～0.25(8～10)	①刺辊对棉层的梳理作用随着隔距的减小而加剧,上、下棉层的分梳差异减小,但易损伤纤维 ②一般棉层厚、纤维长、强力差,应放大隔距,清梳联时隔距宜比棉卷大 ③纺棉且杂质较多时宜大,以防杂质碎裂(国外有用 1 mm) ④纺化纤时应比纺棉时大

纺纱工艺设计与实施

70

续　表

机件部件		隔距 mm(英丝)	设定主要因素
给棉刺辊部分	刺辊~除尘刀	0.25~0.30(10~12)	要除去纤维中大杂质、僵棉、不孕籽,隔距宜偏小掌握,纺重定量和化纤时以偏大为好
	刺辊~分梳板	分梳板:0.50~1.00(20~39) 短漏底:1.00~1.50(40~60)	① A186G 型、FA203A 型、FA211B 型都采用分梳板,老机改造也采用分梳板,对提高刺辊梳理度、改善筵棉上下层、纵横向的分梳差异有一定效果 ② 梳棉机产量低,该隔距可以小一些;产量高,该隔距可以稍大些 ③ 刺辊与分梳板间的隔距应与刺辊速度相适应,一般条件下,刺辊速度大,此隔距应大些;刺辊速度小,此隔距应小些
	刺辊~小漏底	入口:4.76~9.50 (3/16~3/8 英寸) 第四点:0.80~2.40 (1/32~3/32 英寸)	① 老式梳棉机大部分还采用网眼漏底,其弦长的长短和入口隔距的大小都影响落棉率和除杂效率,第四点隔距与落棉率和网眼堵塞的关系很大 ② 入口隔距大,落棉少,除杂低;反之,则落棉多,除杂高
	刺辊~锡林	0.12~0.20(5~8)	在两者偏心小、针面平整、运转平稳的条件下,隔距宜小,有利于纤维向锡林针面转移
锡林盖板部分	锡林~盖板	进口:0.19~0.27(7~11) 0.15~0.2(6~9) 0.15~0.22(6~9) 0.15~0.22(6~9) 出口:0.20~0.25(8~10)	① 锡林、盖板是主要分梳区,针布应锋利、平整度应好,特别要降低盖板根与根之间的差异 ② 有 4~5 个隔距点。近刺辊侧为从刺辊转移至锡林的纤维,首先进入盖板工作区(4~6 块)进行分梳,纤维量较多,隔距宜偏大;出口时隔距宜大一些;中间几点可略紧一些,以利于分梳
	锡林~后固定盖板	下:0.45~0.55(18~22) 中:0.40~0.45(16~18) 上:0.30~0.45(12~14)	① 锡林与后固定盖板起分梳作用,从刺辊转移到锡林的纤维束首先被抛向固定盖板,作用比较剧烈,隔距宜由大到小 ② 固定盖板中间宜加装除尘刀并采用吸风装置,以利于除去细杂、尘屑和短绒
	锡林~前固定盖板	0.20~0.25(8~10)	锡林与前固定盖板起精细分梳和整理分梳的作用,锡林上的纤维多处于单纤维状态,利于纤维伸直以及去除棉结、细小杂质和短绒,隔距以较小为宜
	锡林~大漏底	入口:6.40(1/4 英寸) 中:1.58(1/16 英寸) 出口:0.78(1/32 英寸)	① 入口不宜太小,在保证不积花的情况下,应偏大掌握 ② 出口不宜太小,否则影响小漏底气压而增加后落棉 ③ 两片接口要平整,隔距自入口起由大到小,保持大漏底的曲率
	锡林~后罩板	上口:0.48~0.56(19~22) 下口:0.50~0.78(20~31)	一般上口较下口略小,下口隔距应与大漏底出口相匹配,使气流畅通
	锡林~前上罩板	上口:0.43~0.81(17~33) 下口:0.79~1.08(31~43)	① 上口与盖板出口相适应,盖板顺转时隔距大小与盖板花量有较大关系,隔距小则盖板花量少,反之则多 ② 如果盖板花量太多,应上抬前上罩板 ③ 盖板反转时,上、下口隔距可掌握一致
	锡林~前下罩板	上口:0.79~1.09(31~43) 下口:0.43~0.66(17~26)	① 一般上口大,下口小。下口放大一些,有利于锡林上的纤维向道夫转移,但太大会造成棉网云斑和条干不匀 ② 纺化纤时下口隔距比纺棉时稍大
	锡林~道夫	0.10~0.15(4~6)	不论纺何种原料,一般要求隔距较小。隔距偏大,左右不一致,会影响纤维顺利转移,严重时出现云斑及棉结和抄斩棉增多

机件部件		隔距 mm(英丝)	设定主要因素
剥取部分	盖板～斩刀	0.48～1.08(19～43)	① 以能剥下盖板花为宜,隔距不宜偏紧,以免斩刀片碰伤盖板针布 ② 盖板反转时,清刷辊和盖板为"零"隔距,保持清刷辊与盖板不接触,以能刷下盖板花为度
	盖板～剥棉罗拉	0.20～0.50(8～20)	以剥下棉网为度,太松或太紧均可能剥不下来
	剥棉罗拉～上轧辊	0.50～1.00(20～40)	三罗拉剥棉时,以剥下棉网为度
	上轧辊～下轧辊	0.05～0.25(2～10)	不加压时,上、下轧辊表面最好不接触

注　1英丝=0.001英寸。

三、针布的选型与配套

1. 针布规格的标记方法

(1) 金属针布齿条型号的标记方法

金属针布现统称为梳理用齿条。梳理用齿条型号的标记方法按适纺纤维类别代号、被包卷的部件代号、齿总高、齿前角、齿距、基部厚度和基部横截面代号顺序组成。

① 适纺纤维代号　A—棉纺,B—精毛纺,N—粗毛纺,Z—苎麻纺,K—绢纺。

② 被包卷的部件代号　C—锡林,D—道夫,T—刺辊,S—剥棉辊,R—转移辊。

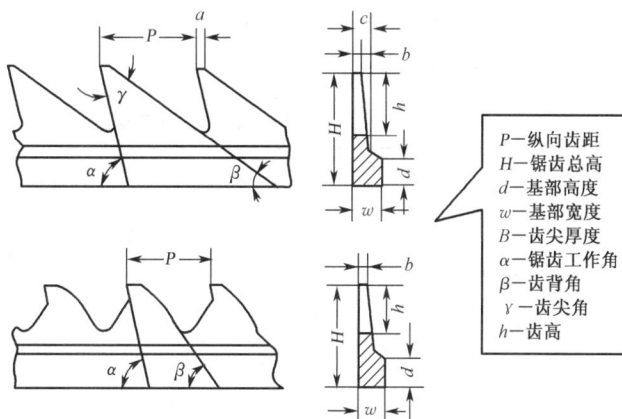

P—纵向齿距
H—锯齿总高
d—基部高度
w—基部宽度
B—齿尖厚度
α—锯齿工作角
β—齿背角
γ—齿尖角
h—齿高

图 1-3-5　金属针布的规格

例如　AC2815×01385：其中A　C　28　15×　013　85□

普通形不标,自锁式标E或V

表示：纺棉用锡林齿条

　齿总高H=2.8 mm

　齿前角=15°

　(工作角α=90°−15°=75°)

　纵向齿距P=1.3 mm

　基部宽度w=0.85 mm

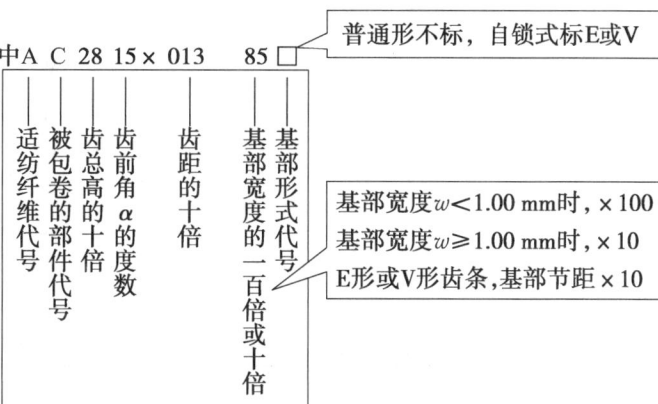

适纺纤维代号 — 被包卷的部件代号 — 齿总高的十倍 — 齿前角α的度数 — 齿距的十倍 — 基部宽度的一百倍或十倍 — 基部形式代号

基部宽度w<1.00 mm时,×100
基部宽度w≥1.00 mm时,×10
E形或V形齿条,基部节距×10

（2）盖板针布的标记方法

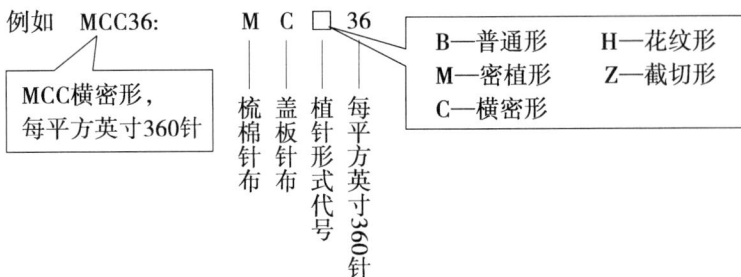

例如 MCC36：

MCC横密形，每平方英寸360针

MC□36

梳棉针布　盖板针布　植针形式代号　每平方英寸360针

B—普通形	H—花纹形
M—密植形	Z—截切形
C—横密形	

2. 针布的选型与配套

针布配套需考虑以下基本因素：

（1）被加工纤维的性质，如纤维的种类、长度、细度以及纤维的状态，纯纺或混纺。

（2）梳棉机的机型和各分梳件的速度。

（3）以锡林针布为核心，相应选配盖板、道夫、刺辊和附加分梳元件。

（4）纺纱要求，如所纺品种的线密度、用户要求。

（5）棉纺厂的工艺水平和管理水平。

纺纯棉纱金属针布配套示例见表1-3-3。

表 1-3-3　纺纯棉纱金属针布配套示例

产量(kg/h)	名称	纯棉		
		转杯纱	环锭纱	
			普梳纱	精梳纱
<15	锡林针布 道夫针布 刺辊齿条	AC2820×01365 AD4030×01890 AT5610×05611	AC2820×01365 AD4030×01890 AT5610×05611	AC2820×01365 AD4025×01890 AT5610×05611
15～25	锡林针布 道夫针布 刺辊齿条	AC2525×01360 AC2530×01550 AD4030×01890 AT5610×05611	AC2525×01360 AC2530×01550 AD4030×01890 AT5610×05611	AC2525×01550 AC2530×01550 AD4030×01890 AT5610×05611
25～40	锡林针布 道夫针布 刺辊齿条	AC2530×01550 AC2030×01550 AD4032×01890 AD5030×02190 AT5610×05611 AT5010×05032V	AC2530×01550 AC2030×01550 AD4032×01890 AD5030×02190 AT5610×05611 AT5010×05032V	AC2530×01550 AC2030×01550 AD4032×01890 AD4025×01890 AT5610×05611 AT5010×05032V
>40	锡林针布 道夫针布 刺辊齿条	AC2030×01550 AC1835×01540 AD5030×02190 AT5010×05032	AC2030×01550 AC2035×01540 AC2040×01540 AD5030×02190 AT5010×0503	

① 锡林针布选型　以"矮、浅、薄、密、尖、小"为六个基本要求，齿形为直齿形，并尽量选用耐磨材质。

② 道夫针布　以凝聚、转移为主，采用小角度（工作角为 65°→60°→58°）、深齿、齿隙大

纺纱工艺设计与实施

容量的设计。近年来齿形有了较大改进,如齿尖采用鹰嘴式、圆弧背,齿侧采用阶梯形、沟槽形。道夫针齿高度由 4.0 mm 重新趋向 4.5~5.0 mm,以加强凝聚转移功能。

③ 盖板针布　纺不同原料时有较大区别,如纺棉时采用弯脚植针式针布。盖板针布的密度也是重要参数,一般为 360~500 针/(25.4 mm)²。植针工作角一般为 75°,现随着锡林针布工作角减小而趋向于减小,72° 也广为采用。异形钢丝自"△"形改为双凸形、椭圆形的居多,经压磨侧磨将针尖磨成刀口形,对穿刺梳理有利。

④ 刺辊齿条　为加强刺辊的穿刺和转移以及提高除杂能力,刺辊锯齿向尖齿、薄齿和大工作角发展。工作角角度为 75°→80°→85°→90°。齿密应与工作角相配合,兼顾分梳与除杂等因素,一般大工作角配大齿密,小工作角配小齿密。纺棉时工作角偏小,纺化纤时宜大。对于高产梳棉机,刺辊等已逐渐采用自锁式齿条,避免损伤时影响锡林针布。

▶▶▶ 1.3.4　　　　梳棉引导案例分析

引导案例:C 27.8 tex 梳棉工艺设计

设计步骤
▶ 分析原料性能特点和成纱质量特点
▶ 所选用梳棉机技术性能
▶ 配置梳棉机主要工艺参数

1. 分析原料性能特点和成纱质量特点

该纱为纯棉普梳中特纱,配棉总体上原棉性能一般,成熟度、线密度、强力正常,但为降低成本,选用了一定比例的低级棉(429 混用比例为 20%),因此含杂偏高,机检含杂率为 2.26%,手检含杂 14.85 粒/g,有害疵点偏多,线密度差异偏大。

成纱质量要求达到国标 GB/T 398—2008 优级,条干 CV% 不超过 14.5%,单纱断裂强度变异系数不超过 8.5%,百米质量变异系数不超过 2.2%,平均单纱断裂强度不低于 16.4 cN/tex,一克内棉结粒数不多于 30 粒,一克内结杂总粒数不多于 55 粒。从本期配棉来讲,由于混用了部分低级棉,含杂和有害疵点偏多,因此要保证成纱质量达到要求,要求梳棉能较好地排除细小杂质和棉结。

2. 梳棉机技术特征

关于梳棉机型号:"A"系列梳棉机中,A186D、A186F 和 A186G 在部分企业使用,其中 A186G 采用多项新技术,如前后固定盖板、加装刺辊分梳板等;"FA"系列的新型梳棉机已成为目前的主流,分为喂入棉卷型和清梳联型,喂入棉卷型普遍采用 FA201、FA201B、FA224、FA231A 等型号,清梳联型有 FA203A、FA221B、FA232、FA225 等型号。

本例选用 FA201 型梳棉机,其技术特征见表 1-3-4。

表 1-3-4　梳棉机的主要技术特征

项目	A186C(D)型	A186E 型	FA201 型	FA202 型
产量[kg/(台·h)]	15~25	15~30	25~30	
可纺纤维长度(mm)	22~76			

纺纱工艺设计与实施

项目		A186C(D)型	A186E 型	FA201 型	FA202 型
直径(mm)	锡林	1 290			
	道夫	706			
	刺辊	250			
	给棉罗拉	70			
转速(r/min)	锡林	330，360			320～400
	道夫	15～28	18.9～35.6	18.9～35.6	18.42～40.75
	刺辊	980～1070	—	800，930	828～1039
工作盖板根数		40		41	
盖板总根数		106			
盖板速度(mm/min)		81～266	—	72～342	81～264
给棉板工作面长度(mm)		28，30，32，46，60			30，46，60
除尘刀高度(mm)		±6		与分梳板固装	
除尘刀角度		85°～100°			
刺辊下分梳板块数		无		2	1
小漏底弦长(mm)		175.5，200.0		三角小漏底	—
固定盖板根数		无		前 4 根,后 3 根	前 2 根,后 2 根
剥棉形式		四罗拉		三罗拉	
锡林传动形式		锡林轴摩擦离合器		主电机轴摩擦离合器	
刺辊传动形式		平皮带交叉传动	—	平皮带正反面传动	
道夫快慢速比		3∶1		4∶1	
道夫变速形式		双速电机			
吸尘点布置		刺辊、道夫、后车肚处共三吸	—	刺辊、道夫、安全清洁辊和盖板花四点连续吸,机下前后车肚间歇吸	
总牵伸(倍)		67～120	—	68～129	69～153
条筒尺寸		直径 600 mm，高 900、1100 mm			
电机总功率(kW)		2.95	—	4.82	4.44

3.配置梳棉机主要工艺参数

● 速度选择依据

① 锡林速度　锡林转速高,分梳、转移能力强,结合所用机型,锡林转速初定为 360 r/min。

② 刺辊速度　综合考虑刺辊的分梳、除杂要求,避免刺辊速度过高对纤维的损伤加重,刺辊转速初选为 920 r/min。

③ 道夫速度　结合梳棉机产量要求和生条定量,道夫转速选择为 30 r/min。

④ 盖板速度　要求较好地排除带纤维籽屑、棉结、短绒等细杂,即盖板花量多一些,盖板速度初定为 220 mm/min。

● 主要隔距配置(表 1-3-13)

● 计算梳棉机主要工艺参数

工艺计算内容

　(1) 生条定量设计:干重,湿重,线密度(tex)。
　(2) 速度计算:锡林速度,刺辊速度,盖板速度,道夫速度,小压辊出条速度。
　(3) 牵伸计算:实际牵伸,机械牵伸,总牵伸,张力牵伸,牵伸变换齿轮。
　(4) 产量计算:理论产量,定额产量。

　(1) 生条定量设计

表 1-3-5 生条定量常用范围

纺纱线密度(tex)	32.0 以上	21.0~31.0	12.0~20.0	9.7~11.0
生条干重[g/(5 m)]	22~28	19~26	18~24	16~21
生条线密度(tex)	4300~5400	3800~4800	3400~4200	3200~4000

表 1-3-6 推荐生条定量

机型	A186C	FA201B	FA203A/FA221B	FA232A	DK903		
产量[kg/(台·h)]	20~30	最高 40	40~50	40~80	45~55	75	140
推荐生条定量[g/(5 m)]	19~25	17.5~30	20~32.5	20~32.5	25	27.75	20~50

　　在实际生产中,根据品种、原料、成纱质量要求和梳棉机配台,生条定量一般采用 18~25 g/5 m。因 27.8 tex 为中特纱,考虑梳棉机的梳理质量和产量要求,生条干定量初定为 21.00 g/(5 m)。

　　(2) 速度及相应变换带轮计算　FA201 型梳棉机传动图见图 1-3-6。

表 1-3-7 梳棉机常用的锡林和刺辊速度

加工原料	锡林转速(r/min)	刺辊转速(r/min)	表面线速比(锡林/刺辊)
成熟和强力较好的原棉	330~450	950~1 050	1.8~2.2
成熟差、等级低的原棉	280~300	700~900	1.7~2.1
一般棉型和中长化纤	280~330	600~850	2~2.5

　　① 锡林转速 n_c

$$n_c(\text{r/min}) = n_1 \times \frac{D}{542} \times 98\% = 1460 \times \frac{D}{542} \times 0.98 = 2.64D$$

式中:n_1——主电动机转速(1460 r/min);
　　　D——主电动机皮带轮直径(136、125 mm)。

　　纺棉时选取 $D = 136$ mm,锡林转速约为 360 r/min;纺化纤时选取 $D = 125$ mm,锡林转速约为 330 r/min。

$$n_c = n_1 \times \frac{D}{542} \times 98\% = 1460 \times \frac{D}{542} \times 0.98 = 2.64D = 2.64 \times 136 = 359 \,(\text{r/min})$$

纺纱工艺设计与实施

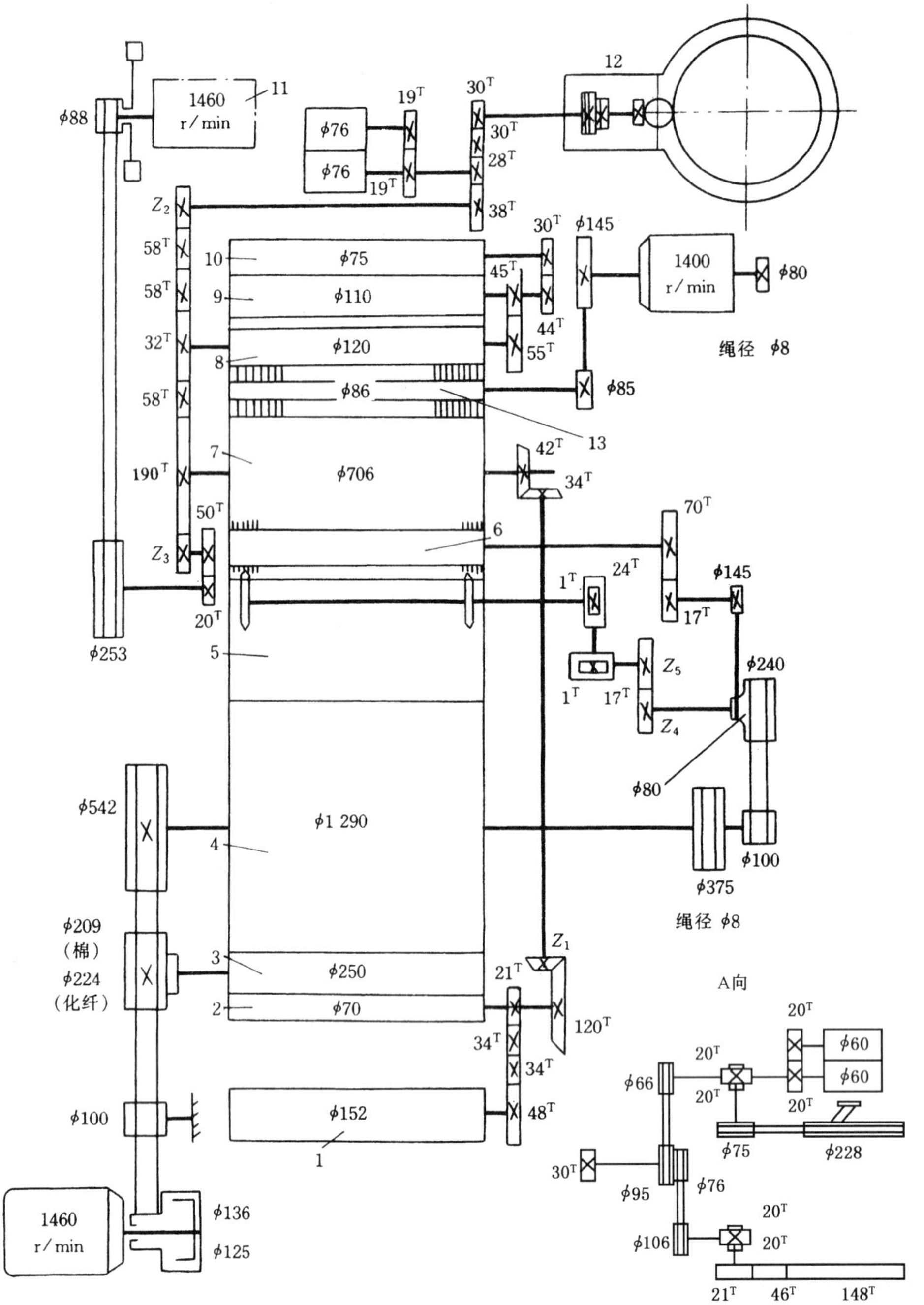

图 1-3-6　FA201 型梳棉机传动图

② 刺辊转速 n_t

$$n_t(\text{r/min}) = n_1 \times \frac{D}{D_t} \times 98\% = 1460 \times \frac{D}{D_t} \times 0.98 = 1460 \times \frac{136}{209} \times 0.98 = 931\,(\text{r/min})$$

式中：D_t——刺辊皮带轮直径(209、224 mm)。

注:刺辊皮带轮直径,纺棉时选用 209 mm,刺辊转速约为 930 r/min;纺化纤时选用224 mm,刺辊转速约为 860 r/min。

③ 盖板速度 V_f

$$V_f(\text{mm/min}) = n_c \times \frac{100}{240} \times \frac{Z_4}{Z_5} \times \frac{1}{17} \times \frac{1}{24} \times 14 \times 36.6 \times 98\% = 0.511\,42 \times n_c \times \frac{Z_4}{Z_5}$$

式中:Z_4、Z_5——盖板速度变换齿轮齿数(Z_4/Z_5 有 18/42、21/39、26/34、30/30、34/26、39/21)。

Z_4/Z_5 选定为 34/26,则:

$$V_f = 0.511\,42 \times 360 \times \frac{34}{26} = 240.77\,(\text{mm/min})$$

表 1-3-8　盖板线速度常用范围

纺纱线密度(tex)		32 以上	**20~32**	20 以下
纺纱原料	棉	160~270	**180~260**	80~130
	化纤	一般用最低档速度		

表 1-3-9　Z_4 和 Z_5 配置与盖板速度的对应关系

Z_4		18	21	26	30	**34**	39
Z_5		42	39	34	30	**26**	21
$n_c = 360$ r/min	V_f(mm/min)	78.9	99.1	140.8	184.1	**240.8**	341.9
$n_c = 330$ r/min	V_f(mm/min)	72.3	90.9	129.1	220.7	220.7	313.4

④ 道夫转速 n_d

$$n_d(\text{r/min}) = n_2 \times \frac{88}{253} \times \frac{20}{50} \times \frac{Z_3}{190} \times 98\% = 1.048 \times Z_3$$

式中:n_2——双速电动机的转速(1460 r/min);

Z_3——道夫速度变换齿轮齿数,其范围为 18~34。

道夫速度初定为 30 r/min 则 $Z_3 = n_d/1.048 = 30/1.048 = 28.6$,取 $Z_3 = 29$,则 $n_d = 30.4$ r/min。

常用道夫速度见表 1-3-10,道夫速度变换齿轮齿数 Z_3 与道夫转速的对应关系见表1-3-11。

表 1-3-10　道夫速度常用范围(r/min)

品种	机型		
	A186F, A186G, FA201	FA203A	FA221B
12 tex 以上	28~38	40~48	60~80
12 tex 以下	25~30	36~45	50~60

表 1-3-11　Z_3 配置与道夫转速的对应关系

Z_3	18	19	20	21	22	23	24	25	26	27	28	**29**	30	31	32	33	34
n_d(r/min)	18.9	19.9	21.0	22.0	23.0	24.1	25.1	26.2	27.2	28.3	29.3	**30.4**	31.4	32.5	33.5	34.6	35.6

⑤ 小压辊出条速度 V

$$V(\text{m/min}) = 60\pi \times 1\,460 \times \frac{88}{253} \times \frac{20}{50} \times \frac{Z_3}{Z_2} \times \frac{38}{30} \times \frac{95}{66} \times \frac{1}{1000} \times 98\% = 68.4 \times \frac{Z_3}{Z_2}$$

式中：Z_2——棉网张力牵伸变换齿轮(简称张力牙)齿数，有 19、20、21 三种。

$$V = 68.4 \times \frac{Z_3}{Z_2} = 68.4 \times \frac{29}{20} = 99.18\,(\text{m/min})$$

注：Z_2 取 20。

（3）牵伸计算

① 实际牵伸 按喂入半制品定量与输出半制品定量之比求得的牵伸，称为实际牵伸。

$$梳棉机实际牵伸 = \frac{喂入棉卷干定量(\text{g/m}) \times 5}{输出生条干定量[\text{g/(5 m)}]} = \frac{400 \times 5}{21} = 95.24\,(倍)$$

或

$$梳棉机实际牵伸 = \frac{棉卷线密度(\text{tex})}{生条线密度(\text{tex})}$$

② 机械总牵伸 按输出与喂入机件的表面线速度之比求得的牵伸，称为机械总牵伸(也称为理论牵伸)。因为梳棉机有一定的落棉，所以实际牵伸大于机械总牵伸，两者关系式如下：

$$实际牵伸 = \frac{机械总牵伸}{1 - 落棉率}$$

$$机械总牵伸 = 实际牵伸 \times (1 - 落棉率) = 95.24 \times (1 - 5.1\%) = 90.38\,(倍)$$

注：梳棉机落棉率取 5.1%。

普通梳棉机根据棉卷含杂率确定，一般后车肚落棉率＝棉卷含杂率×(1.2～2.2)，总落棉率为 4.0%～5.5%。

③ 总牵伸(机械总牵伸) 梳棉机的总牵伸是指小压辊至棉卷罗拉之间的牵伸。

$$E = \frac{小压辊线速度}{棉卷罗拉线速度} = \frac{\pi \times 小压辊直径 \times 小压辊转速}{\pi \times 棉卷罗拉直径 \times 棉卷罗拉转速}$$

$$= \frac{48}{21} \times \frac{120}{Z_1} \times \frac{34}{42} \times \frac{190}{Z_2} \times \frac{38}{30} \times \frac{95}{66} \times \frac{60}{152} = \frac{30\,362.4}{Z_2 \times Z_1}$$

式中：Z_1——牵伸变换齿轮(也称轻重牙)齿数，齿数范围为 13～21。

Z_2——棉网张力牵伸变换齿轮(简称张力牙)齿数，有 19、20、21 三种。

$$Z_1 = \frac{30\,362.4}{Z_2 \times E} = \frac{30\,362.4}{20 \times 90.38} = 16.8 \quad (取\ Z_1 = 17)$$

修正 $$总牵伸\ E = \frac{30\,362.4}{Z_2 \times Z_1} = \frac{30\,362.4}{20 \times 17} = 89.3\,(倍)$$

$$实际牵伸 = \frac{机械总牵伸}{1 - 落棉率} = \frac{89.3}{1 - 5.1\%} = 94.1\,(倍)$$

定量修正如下：

$$生条干定量 = \frac{棉卷干定量(\text{g/m}) \times 5}{梳棉机实际牵伸} = \frac{400 \times 5}{94.1} = 21.25\,[\text{g/(5 m)}]$$

78

$$生条湿定量 G_{湿} = G_{干} \times (1 + 6.5\%) = 21.25 \times 1.065 = 22.63 [g/(5\,m)]$$
$$生条线密度 N_t = G_{干} \times (1 + 8.5\%) \times 1000 =$$
$$(21.25/5) \times 1.085 \times 1000 = 4\,611\,(tex)$$

注：生条实际回潮率为 6.5%。

④ 小压辊与道夫之间的张力牵伸 $E_{张力}$（棉网张力牵伸）参见表 1-3-12

$$E_{张力}(倍) = \frac{小压辊线速度}{道夫线速度} = \frac{\pi \times 小压辊直径 \times 小压辊转速}{\pi \times 道夫直径 \times 道夫转速} =$$

$$\frac{60}{706} \times \frac{190}{Z_2} \times \frac{38}{30} \times \frac{95}{66} = \frac{29.44}{Z_2}$$

（4）产量计算　梳棉机的理论产量取决于生条的定量和小压辊的速度。对于 FA201 型梳棉机，可通过改变道夫变换齿轮 Z_3 来调整道夫的速度，从而达到调整梳棉机理论产量的目的。

表 1-3-12　张力变换齿轮齿数 Z_2 与棉网张力牵伸的对应关系

Z_2	$E_{张力}$（倍）	备注
19	1.55	一般：纯棉 1.45～1.54
20	**1.47**	化纤 1.33～1.46
21	1.40	

① 理论产量

$$G_{理}[kg/(台 \cdot h)] = \frac{60 \times \pi \times 道夫直径 \times 道夫转速 \times 生条线密度(tex) \times 小压辊～道夫张力牵伸}{1000 \times 1000 \times 1000}$$

$$G_{理} = \frac{60 \times \pi \times 706 \times 30.4 \times 4\,611 \times 1.47}{1000 \times 1000 \times 1000} = 27.41 [kg/(台 \cdot h)]$$

② 定额产量 $G_{定} = G_{理} \times 时间效率$

时间效率为实际运转时间与理论运转时间比值的百分率。梳棉机的时间效率为 85%～90%，则：

$$G_{定} = 27.41 \times 88\% = 24.12 [kg/(台 \cdot h)]$$

表 1-3-13　梳棉工艺单

纱线品种：　C 27.8 tex 机织用经纱

原料	机型	回潮率（%）	生条线密度（tex）	定量[g/(5 m)]		牵伸			落棉率（%）
				湿重	干重	实际（倍）	机械（倍）	配合率	
纯棉	FA201	6.5	4611	22.63	21.25	94.1	89.3	0.949	5.1

速度				针布型号			
刺辊（r/min）	锡林（r/min）	盖板（mm/min）	道夫（r/min）	刺辊	锡林	道夫	盖板
931	360	240.8	30.4	AT5010×05032V	AC2530×01550	AD4032×01890	MCC36

隔距（mm/英丝）									
除尘刀～刺辊		小漏底～刺辊	刺辊～分梳板	给棉板～刺辊	刺辊～锡林	锡林～盖板	锡林～道夫	锡林～后固定盖板	锡林～前固定盖板
第一除尘刀	第二除尘刀								
0.38/15	0.30/12	0.51/20	0.51/20	0.25/10	0.18/7	0.23/9, 0.20/8, 0.18/7, 0.18/7, 0.20/8	0.13/5	0.46×0.41×0.30/ 18×16×12	0.20/8

续　表

锡林~前上罩板 （上口×下口） （mm/英丝）	棉网张力 牵伸（倍）	变换轮							定额产量 [kg/（台·h）]
		轻重牙	张力牙	道夫 快慢牙	盖板 变换轮	主电机皮带 盘（mm）	锡林皮 带盘	刺辊皮带盘 （mm）	
0.66×1.02/26×40	1.46	17	20	29	34/26	136	—	209	24.12

若该纱线品种采用清梳联的工艺流程

采用郑州宏大清梳联（工艺流程见 1.2.3"开清棉工艺引导案例分析"，清棉部分设备工艺单见表 1-2-17），梳棉机采用 FA221B 型，其工艺单见表 1-3-14。

表 1-3-14　梳棉工艺单

纱线品种：　C 27.8 tex 机织用经纱

原料	机型	回潮率（%）	生条线密度 （tex）	定量[g/（5 m）]		道夫~小压辊张力牵伸（倍）	落棉率（%）
				湿重	干重	1.73	7.2
纯棉	FA221B	6.5	4774	23.43	22		

速度				针布型号			
刺辊 （r/min）	锡林 （r/min）	盖板 （mm/min）	出条速度 （m/min）	刺辊	锡林	道夫	盖板
858	406	230	150	AT 5010×05032V	AC 2030×01550	AD 5030×02190	MCC36

隔距（mm）									
给棉板~ 刺辊	刺辊~ 除尘刀	刺辊~ 分梳板	刺辊~ 小漏底	刺辊~ 锡林	锡林~后罩板 （下×上）	锡林~盖板	锡林~ 道夫	锡林~后 固定盖板	锡林~前 固定盖板
0.5	0.4	0.6	0.55	0.18	0.84×0.64	0.2,0.18,0.18, 0.18,0.2	0.10	0.43,0.41, 0.38	0.25, 0.23,0.2

锡林~前罩板 （上口×下口） （mm）	棉网张 力牵伸 （倍）	变换轮							定额产量 [kg/（台·h）]
		主电机 皮带轮 （D_1） （mm）	刺辊皮 带轮 （D_2） （mm）	盖板变 换轮 （D_3） （mm）	大压辊~ 轧辊张 力齿轮 （A）	轧辊~剥 棉罗拉 张力齿 轮（C）	剥棉罗 拉~道夫 张力齿 轮（D）	小压辊~ 大压辊 （B）	
0.64×0.56	1.46	155	260	136	18	29	14	34	38.67

注：　FA221B 型传动图和工艺计算参考《棉纺手册（第三版）》P316~318。

● 速度计算

① 锡林转速 n_1

$$n_1（r/min）= 1440 × \frac{D_1}{550} = 2.618\,2D_1$$

取 $D_1 = 155$ mm，则 $n_1 = 406$（r/min），见表 1-3-15。

表 1-3-15　D_1 与 n_1 对照表

D_1（mm）	110	135	**155**
n_1（r/min）	288	353	**406**

② 刺辊转速 n_2

$$n_2(\text{r/min}) = 1440 \times \frac{D_1}{D_2}$$

取 $D_2 = 260\ \text{mm}$，则 $n_2 = 858\ (\text{r/min})$，见表 1-3-16。

表 1-3-16　D_1 和 D_2 与 n_2 对照表

D_1(mm)		110	135	**155**
D_2(mm)	210	754	926	1060
	240	660	810	928
	260	609	748	**858**

③ 盖板速度 V_f

$$V_f(\text{mm/min}) = 1440 \times \frac{D_1}{550} \times \frac{110}{D_3} \times \frac{1}{26} \times \frac{1}{26} \times 13 \times 36.5 = 202.15 \times \frac{D_1}{D_3}$$

取 $D_3 = 136\ \text{mm}$，则 $V_f = 230\ (\text{mm/min})$。

表 1-3-17　D_1 和 D_3 与 V_f 对照表

D_1(mm)		110	135	**155**
D_3(mm)	100	222	273	313
	136	163	200	**230**
	180	123	152	174
	210	106	130	149

● 牵伸计算

① 大压辊～轧辊牵伸 E_1（倍）$= \dfrac{72}{75} \times \dfrac{14}{14} \times \dfrac{A}{14} = 0.068\,57 \times A$　（A 有 17、18 两档）

② 轧辊～剥棉罗拉牵伸 E_2（倍）$= \dfrac{75}{125.86} \times \dfrac{C}{14} = 0.042\,56 \times C$　（C 有 30、29、28、27 四档）

③ 剥棉罗拉～道夫 E_3（倍）$= \dfrac{125.86}{700} \times \dfrac{82}{D} = 14.743/D$　（D 有 14、15 两档）

④ 小压辊～大压辊 E_4（倍）$= \dfrac{62}{72} \times \dfrac{14}{A} \times \dfrac{B}{14} \times \dfrac{14}{36} \times \dfrac{53}{31} = 0.572\,5 \times \dfrac{B}{A}$　（B 有 33、34、35 三档）

表 1-3-18　A 与 E_1 对照表

A	17	**18**
E_1（倍）	1.166	**1.234**

表 1-3-19　C 与 E_2 对照表

C	30	**29**	28	27
E_2（倍）	1.277	**1.234**	1.192	1.149

表 1-3-20　D 与 E_3 对照表

D	**14**	15
E_3(倍)	1.053	0.983

表 1-3-21　A 和 B 与 E_4 对照表

B		33	**34**	35
A	17	1.110	1.144	1.177
	18	1.048	**1.080**	1.112

⑤ 道夫 ~ 小压辊张力牵伸 $= E_1 \times E_2 \times E_3 \times E_4 =$
$$1.234 \times 1.234 \times 1.053 \times 1.08 = 1.73 (倍)$$

● 产量计算
$$G_{理} = \frac{60 \times 出条速度 \times 生条线密度(tex)}{1000 \times 1000} =$$
$$\frac{60 \times 150 \times 4774}{1000 \times 1000} = 42.97 [kg/(台 \cdot h)]$$
$$G_{定} = G_{理} \times 时间效率 = 42.97 \times 0.90 = 38.67 [kg/(台 \cdot h)]$$

➤➤➤ 1.3.5　生条质量指标及控制

一、生条质量指标和测试

梳棉工序不仅对成纱的棉结杂质多少产生直接影响,而且生条的条干不匀率和质量不匀率会影响成纱的百米质量 CV 值、细纱质量偏差和纱线的强度。同时,棉网清晰度的好坏、纤维的单纤维状态和后道工序的牵伸以及成纱强力、条干和纺纱断头率等密切相关。

(一)生条质量检验项目和控制范围(见表 1-3-22)

表 1-3-22　生条质量检验项目和控制范围

检验项目	质量控制范围	试验周期
生条质量不匀率	无自调匀整:4.0%以下;有自调匀整:1.5%~2.5%	每周每台试验 2 次,每台取样 2 段;清梳联每班每台至少试验 1 次
生条条干不匀率	萨氏条干:14%~20%;乌斯特条干:4%以下	生条一般每品种每周至少 1 次,每月至少轮试一半机台
生条棉结杂质含量	由企业根据产品要求确定(表 1-3-25)	一般每个品种每台 2~3 天检验 1 次,重点品种适当增加检验次数
总落棉率(包括后车肚、斩刀花)	普通梳棉机,根据棉卷含杂率确定,一般后车肚落棉率=棉卷含杂率×(1.2~2.2),总落棉率为 4.0%~5.5% 清梳联落棉控制范围,一般开清部分≤3.0%;梳棉部分,后车肚为 2.0%~2.5%,盖板花率为 2.5%~3.0%;总落棉率控制为 7.5%~8.5%比较合适	整套落棉试验每月各品种至少轮试 4 台,盖板花、车肚花快速单项落棉试验可结合揩车周期进行
生条回潮率	纯棉:6%~7%;涤:0.5%±0.1%	每班每品种 1 次
生条含杂率	0.15%以下	一般和落棉试验同时进行
棉网质量(清晰度)	一级网 90%,三级网不允许	一般每台车每天要巡查到
生条短绒率	中特纱:14%~18%;细特纱:10%~14%	不定期,结合质量改进、工艺分析进行
生条短绒增长率	生条短绒增长率比棉卷短绒率增加 2%~6%	
定量偏差	≤±2.0%(带自调匀整)	一般和质量不匀率测试同时进行

（二）生条质量指标的测试

1. 生条质量不匀率

试验目的：测定生条 5 m 片段的质量不匀率，为控制熟条定量和细纱质量偏差和质量不匀率提供依据。同时，生条质量不匀率及质量偏差是衡量清梳联系统控制水平及稳定性的重要考核指标。

试验方法：用圆筒式条粗测长仪，摇取 5 m 长度的棉条 30 段，分别称重，称重结果精确至 0.01 g，将得到的测试数据代入质量不匀率计算公式。生条质量不匀率参考指标见表1-3-22。

指标计算：

① 棉条的平均质量$[g/(5\,m)] = \dfrac{\sum \text{试样质量}[g/(5\,m)]}{N}$

② 棉条的质量不匀率$(\%) = \dfrac{2 \times (\bar{X} - \bar{x}_\text{下}) \times n_\text{下}}{N \times \bar{X}} \times 100\%$

式中：$\bar{X}$——棉条的平均质量$[g/(5\,m)]$；

$\bar{x}_\text{下}$——平均值以下的平均质量$[g/(5\,m)]$；

$n_\text{下}$——平均值以下的试验项数；

N——试验总项数。

表 1-3-23　生条质量不匀率试验数据表

段次	质量[g/(5 m)]	段次	质量[g/(5 m)]	段次	质量[g/(5 m)]
1	24.23	11	18.02	21	17.88
2	21.59	12	19.15	22	18.75
3	17.87	13	20.91	23	20.51
4	20.79	14	19.76	24	19.03
5	19.68	15	17.95	25	18.77
6	19.32	16	19.10	26	19.09
7	20.24	17	20.20	27	19.33
8	17.94	18	19.17	28	19.60
9	19.85	19	21.39	29	19.18
10	18.04	20	17.86	30	21.22
平均质量[g/(5 m)]			19.58		
平均值以下的试验项数			17		
平均值以下的平均质量[g/(5 m)]			18.62		
质量不匀率(%)			$\dfrac{2 \times (19.58 - 18.62) \times 17}{30 \times 19.58} = 5.56$		

经测试，生条质量不匀率为 5.56%，超出控制范围"≤4%"，需要分析原因。

2. 生条条干不匀率

试验目的　检测生条短片段的条干均匀度,以便及时发现和改进生产过程中的缺陷。

试验仪器　电容式条粗条干均匀度仪或电容式条干仪(测 $CV\%$ 值);机械式条粗条干均匀度仪(萨氏条干)。

试验方法

(1)采用电容式条粗条干均匀度仪或电容式条干仪

① 根据生条试样定量,选择相应的测试槽,试验速度一般取 2.5 m/min,试验时间2.5 min。

② 做生条试验时,必须十分注意防止产生意外伸长,导条架要对正,要靠近仪器。

③ 生条试验前,要进行无试样调零,调平均值。

④ 试验结果包括条干 CV 值、标准差及置信区间。

(2)采用机械式条粗条干均匀度仪(Y311 型)

① 清洁仪器,校正零位。

② 按规定放上加压重锤(两个重锤共 1.80 kg)。

③ 调整笔尖与记录纸接触,保持笔尖画线流畅。

④ 调整基本厚度调节齿杆和微调盘,使指针在标尺的中部上下,记录调整的基本厚度,然后使记录笔尖与记录纸接触在图纸的起始线位置,正式开始试验。

⑤ 试验结果计算

$$平均厚度 = 基本厚度 + \frac{\sum 每米最高点读数 + \sum 每米最低点读数}{2 \times 试验米数} + 笔尖厚度$$

$$平均每米条干不匀率 = \frac{\sum 每米最高点读数 - \sum 每米最低点读数}{平均厚度 \times 试验米数} \times 100\%$$

注:笔尖厚度一般取 2.54×10^{-3} mm(0.1 英丝);平均厚度精确到小数点后两位;条干均匀度精确到小数点后一位。

生条条干参考指标见表 1-3-24。

表 1-3-24　生条条干不匀率参考指标

类别	Y311 型条粗条干均匀度仪	电容式条粗条干均匀度仪
优	≤18%	≤3.25%
中	18%～20%	3.52%～4.0%
差	>20%	>4.0%

3. 生条棉结杂质

(1)试验目的　检验和控制生条棉结杂质具有十分重要的意义,它可作为控制成纱结杂、调整梳棉工艺以及反映针布状态的重要参考依据。

(2)试验方法　每台车称取试样 0.5 g,用手按纤维排列方向,缓缓撕开成一张半透明的棉网状,均匀平摊在生条棉结杂质检验装置的磨砂玻璃板上,然后放上透明玻璃板,在自然光或灯光下,分别计数棉结、杂质粒数。

（3）指标计算　　　　一克生条的棉结或杂质粒数＝棉结或杂质粒数×2

二、提高生条质量的技术措施

（一）控制生条中的棉结杂质

生条中的棉结杂质,直接影响普梳纱线的结杂和布面疵点,既影响并、粗、细各工序牵伸时纤维的正常运动,造成条干恶化,也影响细纱加捻卷绕时钢丝圈的正常运动,产生纱疵,增加断头率。因此,必须控制并减少生条中的结杂粒数。生条中棉结杂质的控制范围见表1-3-25。

表1-3-25　生条中棉结杂质的控制范围

棉纱线密度（tex）	棉结数/结杂总数		
	优	良	中
32以上	25～40/110～160	35～50/150～200	45～60/180～220
20～30	20～38/100～135	38～45/135～150	45～60/150～180
19～29	10～20/75～100	20～30/100～120	30～40/120～150
11以下	6～12/55～75	12～15/75～90	15～18/90～120

由于纤维在清棉、梳棉工序要接受强烈打击和细致分梳,棉结粒数均有所增加,尤其在梳棉工序,未成熟纤维经受刺辊锯齿的打击和摩擦作用并在锡林、盖板工作区反复搓转,易扭结成棉结;另外,部分带纤维杂质、僵棉或清棉中产生的纤维团和束丝也易转化形成棉结。要降低成纱结杂,在梳棉工序要加强控制管理,整顿落后机台,尽可能缩小机台间棉结杂质粒数的离散性。

1. 配置好分梳工艺

配置好分梳工艺,与"四锋一准""紧隔距"相结合,可提高棉网中单纤维的百分率,使纤维与杂质充分分离,提高梳棉机排除棉结杂质的能力。如锡林、盖板、道夫、刺辊选用分梳效果好的新型针布,增加锡林速度,锡林～盖板、锡林～道夫、锡林～刺辊采用较小的隔距等,既增强了刺辊部分握持梳理的能力和纤维转移能力,又提高了锡林、盖板部分自由梳理和反复梳理的效能。

2. 早而适时落杂

一般而言,容易分离排除的大杂质由开清棉工序排除,黏附力较大的带纤维的细小杂质由梳棉工序清除。对梳棉工序而言,棉卷中的部分不孕籽、破籽、僵棉、死纤维等较大杂质,在刺辊部分排除。因此,刺辊部分是梳棉工序除杂的重点。刺辊部分应早落和多落,可通过调整刺辊后车肚工艺(如调整落杂区长度和主要隔距)来加强对棉结杂质的排除。

锡林和盖板部分宜排除带纤维籽屑以及带不同长度纤维的细小杂质、棉结和短绒等。锡林和盖板针布的规格及两针面间的隔距、前上罩板上口位置、前上罩板与锡林间的隔距以及盖板速度等,都会影响生条中棉结杂质的数量。对于成熟度较差、含有害疵点较多的原棉,尤其应注意发挥盖板工作区排除结杂的作用。

3. 改善纤维转移,减少搓转纤维

梳棉机上形成新棉结的根本原因是纤维间的搓转,而返花、绕花和挂花等不正常现象常易造成剧烈摩擦,从而导致纤维搓转而形成棉结。返花、绕花和挂花的主要原因是速比或隔距配置不当,或开松梳理元件的锋利度、光洁度不够。因此,针对上述产生原因,应采取以下措施,以消除纤维搓转和剧烈摩擦的现象:一是正确配置锡林刺辊的速比,保证纤维正常转移,减少返花;二是重视梳理元件状态,"四锋一准"才能分梳良好;三是保证纤维经过的通道光洁、顺畅,以减少纤维在运动过程中的挂花现象。

4.加强温湿度控制

温湿度对棉结杂质也有很大的影响。原棉和棉卷回潮率较低时,杂质容易下落,棉结和束丝也可减少。因此,梳棉车间应控制较低的相对湿度,一般为 55%～60%;纯棉生条的回潮率控制在 6.5%～7.0%,使纤维在放湿状态下加工,以增加纤维的刚性和弹性,减少纤维与针齿间的摩擦和齿隙间的充塞。

(二) 控制生条不匀率

生条不匀率分为生条质量不匀率和生条条干不匀率两种,前者表示生条长片段间(5 m)的质量不匀情况,后者表示生条每米片段的不匀情况。

1.生条条干不匀率的控制

生条条干不匀率影响成纱的质量不匀率、条干和强度。影响生条条干不匀率的主要因素有分梳质量、纤维由锡林向道夫转移的均匀程度、机械状态以及棉网云斑、破洞和破边等。分梳质量差时,残留的纤维束较多或在棉网中呈现一簇簇大小不同的聚集纤维而形成云斑或鱼鳞状的疵病。机械状态不良,如隔距不准或刺辊、锡林和道夫振动而引起隔距的周期性变化、圈条器部分齿轮啮合不良等,均会增加条干不匀率。另外,剥棉罗拉隔距不准、道夫至圈条器间各个部分的牵伸和棉网张力牵伸过大、生条定量过轻等也都会增加条干不匀。

2.生条质量不匀率的控制

生条质量不匀率和细纱质量不匀率及质量偏差有一定的关系。对生条质量不匀率,应从内不匀率和外不匀率两个方面加以控制。影响生条质量内不匀率的主要因素有棉卷均匀度和梳棉机的机械状态。影响生条质量外不匀率的主要因素有梳棉机各机台间落棉率的差异、机械状态不良、上车工艺差异大等。控制生条质量的内不匀率,应严格控制棉卷质量不匀率,消除棉卷黏层、破洞和换卷接头不良等,保持梳棉机的机械状态良好,尤其要保证给棉与剥棉部分的主要机件状态良好、安装正确。降低生条质量的外不匀率,则要求纺同品种纱的各台梳棉机工艺统一,隔距、齿轮及针布型号统一,梳棉机各机台间落棉率差异小,防止牵伸变换齿轮用错,定期平揩车,确保机械状态良好。

(三) 控制生条短绒率

生条短绒率和梳棉以后各工序牵伸时浮游纤维的数量以及成纱的结构有关。短绒率直接影响成纱的条干均匀度、细节、粗节和强度。

生条短绒率是指生条中 16 mm 以下纤维所占的质量百分率。刺辊和锡林在分梳过程中要切断和损伤少量纤维,同时在刺辊落棉、梳棉机吸尘和盖板花中排除短绒,但短绒的增加量大于其排除量,故生条短绒率比棉卷短绒率增加 2%～4%。在生产中,对生条短绒率应不定期地抽验,控制短绒的增加。短绒率应视原棉性状、成纱强度和条干不匀率等情况控制在一定的范围以内,一般生条的短绒率控制范围为:中特纱 18%左右,细特纱 14%左右。降低生条短绒率的方法是减少纤维的损伤和断裂,增加短绒的排除。

减少短绒的主要措施有:

（1）选配成熟度正常的原棉，开松良好，混合均匀，棉卷结构良好。

（2）保证梳棉针齿光洁、机件之间隔距准确、给棉板工作面长度适当、刺辊针齿状态良好，尤其是刺辊与给棉板的隔距和刺辊的转速适当，可以减少刺辊握持分梳过程中对纤维的损伤。如给棉板工作面长度过短、刺辊与给棉板的隔距过小、刺辊锯齿厚度过厚、针齿状态不良、刺辊速度过高，均会加剧短绒的产生。

（3）适当增加盖板速度以增加盖板花的数量，放大前上罩板上口与锡林的隔距，增加吸尘能力等，其目的都是增加排除短绒的能力。

（四）落棉控制

1. 控制落棉指标

（1）落棉数量　在梳棉机上，落棉包括刺辊落棉、盖板花和吸尘落棉，其中以刺辊落棉为最多。所以，为了节约用棉，首先应控制刺辊落棉率。要根据一定的原棉性状、棉卷含杂和纺纱质量的要求，合理确定落棉率的范围。对普通梳棉机，一般后车肚落棉率＝棉卷含杂率×（1.2～2.2），其总落棉率为3.5％～5.5％。新型梳棉机的盖板反转，有多根固定盖板和棉网清洁器，因此落棉率要高些，总落棉率能达到8％左右。

（2）落棉内容　即控制各部分落棉的含杂率及落杂内容。后车肚落棉是落棉重点，不但要检查总的落棉含杂率和含杂内容，还应注意三个落杂区各自的落杂情况，并加以控制。第一落杂区以排除较大、较重的杂质为主；第二落杂区以排除质量较轻和表面附有蓬松纤维的小杂疵为主；小漏底落杂区以排除短绒和细小杂疵、尘屑为主。

后车肚严重落白和落棉中可纺纤维含量较多时，应控制刺辊部分的气流，控制三个落杂区的落杂数量和内容，可调整除尘刀的高低位置和角度及小漏底工艺。盖板花的含杂内容是带纤维细杂、短绒和棉结，如盖板花中可纺纤维含量过多，可调整前上罩板上口与锡林间隔距进行控制。

（3）落棉差异　即控制纺同线密度纱的各机台间落棉率和除杂效率的差异，俗称台差。要求台差愈小愈好，以利于控制生条质量不匀率。

2. 刺辊落棉的控制

刺辊部分的除杂效率，一般控制在50％～60％范围内。落棉率的大小应根据原棉品级和原棉的含杂率高低及含杂内容而定。例如，纺细特纱的原棉品级高，含杂及带纤维杂质少，经过开清棉后棉卷含杂率一般较低，刺辊落棉率也应小些；纺中特、粗特纱的原棉，其质量差异较大，变化也比较多，刺辊落棉应适当增加。

A186型梳棉机的落棉率大小可通过改变小漏底弦长来调节，对刺辊落棉的日常控制主要是调整小漏底的入口隔距及除尘刀的高低和角度。FA201型梳棉机刺辊部分的落棉率大小，主要通过调节第一除尘刀、第二除尘刀、三角小漏底与刺辊的隔距以及除尘刀的厚度、导棉板的长度来实现。

3. 盖板花的控制

盖板除杂效率一般控制在3％～10％范围内。盖板能有效去除带纤维杂质、棉结和短绒。与刺辊落棉相比，盖板花的含杂率较低。因此，不能片面地要求减少盖板花，特别是加工原棉品级较低、喂入棉卷中带纤维的细小杂质较多而刺辊又不能有效地清除时，盖板的除杂作用更不容忽视。

调节盖板花的多少，一般通过调整盖板速度及前上罩板上口和锡林间的隔距来实现。

纺纱工艺设计与实施

而前上罩板上口位置一经确定便不易变动,一般不作为主要调节参数。为了统一各机台落棉而需对盖板花进行少量调整时,一般可调节前上罩板上口和锡林间的隔距。为了增减除杂作用而对盖板花进行较大幅度的调整时,则必须改变盖板速度。

三、梳棉机工艺调整典型案例分析

某纺纱厂加工 C 14.5 tex 纱,梳棉机为 A186F 型,通过对生条和成纱质量的试验,发现生条结杂和短绒含量高,棉网中纤维的伸直平行度差,纤维排列紊乱,成纱结杂高,千米粗细节多。通过上机认真观察,分析梳棉机的运转状况,发现存在以下问题:

(1)小漏底导流板、除尘刀工作面存在挂花现象;

(2)小漏底网眼经常糊花;

(3)刺辊锡林三角区飞花较多,刺辊易返花;

(4)棉网清晰度较差,生条短绒含量高。

针对以上问题,有针对性地对梳棉机的工艺参数进行了优化调整(表 1-3-26)。

表 1-3-26 梳棉机工艺参数优化调整

工艺项目		调整对比	
		调 整 前	调 整 后
给棉板~刺辊隔距(mm)		0.18	0.30
除尘刀	高低(mm)	−4	+2
	安装角度(°)	85	105
	至刺辊隔距(mm)	0.38	0.30
刺辊皮带轮直径(mm)		132	154
刺辊转速(r/min)		1 080	926
小漏底~刺辊(mm)	进口	8.50	5.00
	出口	1.50	0.56
后罩板~锡林(mm)	进口	0.64	0.56
	出口	0.56	0.48
盖板~锡林(mm)		0.23、0.20、0.18、0.18、0.20	0.20、0.18、0.15、0.15、0.18
盖板皮带轮直径(mm)		315	260
前上罩板~锡林(mm)	进口	0.56	0.79
	出口	0.79	0.89
前下罩板~锡林(mm)	进口	0.79	0.89
	出口	0.48	0.56
锡林~道夫(mm)		0.15	0.13

(一)工艺优化的目的和理论根据

1. 后车肚落棉工艺的调整

提高除尘刀安装高度,加大除尘刀安装角度,缩小除尘刀、小漏底进口至刺辊的隔距,以重新分配落杂区长度,调整除尘刀、小漏底分割附面层的厚度,实现多落细杂、短绒和棉结,提高除杂效率。

(1)提高除尘刀安装高度 除尘刀安装高度提高后,第一落杂区的长度虽然有所减短,但由于除尘刀至刺辊的隔距由 0.38 mm 减小到 0.30 mm,除尘刀分割进入车肚的附面层的比例并未减少,不会降低第一落杂区的除杂效果,而第二落杂区的长度增加后,使附面层中的细杂、棉结、短绒与刺辊针齿握持的纤维层的分层更加清晰,加之小漏底进口隔距由 8.5 mm 减小到 5 mm,因此有更多的细杂、棉结和短绒随小漏底进口切割进入车肚而被清除。因此,提高除尘刀高度、缩小除尘刀与刺辊隔距及小漏底进口隔距后,提高了除杂效率,清除细杂、棉结和短绒的效果特别明显。

(2) 增大除尘刀安装角度　增大除尘刀安装角度,可减小除尘刀工作面前面的涡流,消除除尘刀挂花现象,加强对可纺纤维的回收。

除尘刀安装角度和除尘刀挂花现象有直接关系,在安装角度小于 90°时除尘刀易挂花,而安装角度大于 90°时,纤维团在重力和气流的作用下很容易下落,不会造成除尘刀工作面挂花现象。另外,加大除尘刀安装角度后,除尘刀前面的气流更易补入第二落杂区的附面层,从而使一部分落下的长纤维得以回收。

(3) 减小小漏底与刺辊的隔距　小漏底与刺辊的隔距(进口×出口)由 8.5 mm×1.5 mm 减小为 5 mm×0.56 mm 后,进入小漏底的气流量减少,一方面增加了第二落杂区的落杂量,提高了除杂效率;另一方面,使小漏底内的静压值降低,加之小漏底与刺辊进出口的隔距逐渐减小,小漏底内的静压值自进口到出口平稳增高,使气流从尘棒间和网眼中均匀、缓和地排出,部分进入小漏底并悬浮于刺辊附面层外层的细杂和短绒随气流从尘棒间和网眼中排出,有效地减少了生条中的棉结杂质含量。减小小漏底出口至刺辊的隔距后,由刺辊带入锡林刺辊三角区的气流量减少,有效地减小了锡林刺辊三角区的静压值,从而保证了小漏底内的气流运行畅通,也使小漏底糊花现象得到缓解。

2. 后车肚分梳转移工艺的调整

(1) 放大给棉板至刺辊的隔距　给棉板与刺辊的隔距由 0.18 mm 放大到 0.30 mm,刺辊对棉层的始梳点降低,减小了刺辊对棉层的分割长度,刺辊锯齿对棉层的刺入深度减小,从而减小了对纤维的损伤。

(2) 降低刺辊转速　从纤维转移和分离的角度来看,锡林与刺辊的速比应越大越好。但在目前的设备精度下,通过不断提高锡林速度来增大锡林与刺辊的速比是不现实的,只能降低刺辊速度,但降低刺辊速度必然会降低刺辊的分梳和除杂能力。因此,锡林与刺辊的速比也不宜过大。刺辊皮带轮直径由 132 mm 改为 154 mm 后,刺辊速度由原来的 1080 r/min 降低到 926 r/min,锡林与刺辊的速比由原来的 1.70 提高到 1.97,有效地减少了纤维的损伤,提高了纤维的转移效果。

3. 盖板工艺的调整

(1) 增加盖板速度　增加盖板速度后,在单位时间内走出锡林盖板分梳区的盖板根数增加,从而使盖板花量增加,去除的棉结、短绒和细杂量增多,有利于提高生条质量;同时,锡林盖板分梳区内单根盖板上的纤维量减少,有利于锡林、盖板针齿抓取纤维,提高了梳棉机的分梳能力。

(2) 减小锡林～盖板隔距　锡林～盖板隔距减小后,两针面间的间隙带变窄,可容纳的飘浮纤维减少,同时,纤维在两针面之间转移所需的时间缩短,在两针面间转移的次数增加,而且纤维与针齿接触的齿数和所受到的梳理力度增加,有利于提高分梳质量。

4. 前后罩板工艺的调整

（1）减小后罩板与锡林的进口隔距　减小后罩板与锡林的进口隔距后，纤维前端将更易和更多的锡林针齿接触，而后端更易脱离刺辊针齿，因此有利于纤维转移。

（2）增大前上罩板至锡林的进口隔距　增大前上罩板至锡林的进口隔距后，降低了锡林针齿对纤维的控制力，特别是对短绒的控制力大幅降低，从而使盖板花量增加，去除的棉结、短绒和细杂量增多，有利于提高生条质量。

（3）增大前下罩板出口隔距　增大前下罩板出口隔距后，有利于锡林针齿上的纤维尾端上扬，提高了纤维被道夫针齿抓取的机会，增强了道夫的凝聚作用，提高了纤维的一次转移成功率，减少了纤维进入锡林盖板工作区的次数以及因纤维被反复梳理而增加短绒、搓出新棉结的机会。另外，由于前下罩板的收缩率减小，降低了前下罩板内的静压值，减弱了锡林道夫三角区的涡流现象，减少了纤维在锡林道夫三角区停留的时间和反复翻滚的现象，有利于减少生条棉结，提高纤维的伸直平行度，避免了棉网出现云斑和落网现象。

（二）工艺优化调整的效果

经对比试验，工艺经优化调整后，生条棉结降低 23 粒/g，生条杂质降低 17 粒/g，后车肚落棉率增加 0.8%，盖板花率增加 0.5%，总除杂效率增加 6.1%。

（三）提高设备运转状态，保证生条质量

由于 A186F 型梳棉机的使用年限较长，设备运转状态老化，在优化工艺的同时，还需要加强对设备的平修整机工作。

1. 加强对设备运转状态的监控检查

每天对生条结杂进行试验检查，对生条结杂超过该品种生条平均结杂 20% 的机台进行封车检修，直到试验结果合格才允许开车。

2. 提高针布锋利度，确保工艺上机，做到"四锋一准"

对所有梳棉机的针布状态进行摸底排查，对锋利度较差的针布进行磨针处理，对有损伤、倒齿、断齿的针布进行更换或挖补。加强工艺上机检查，保证各部分工艺隔距准确到位。

3. 修磨盖板铁骨，减小盖板踵趾面

有些盖板铁骨变形，影响了锡林盖板工作区隔距的准确性，因此有必要对盖板铁骨进行修磨校验，将原来的大踵趾面（0.90 mm）修磨为小踵趾面（0.56 mm），增强盖板的梳理效能。

4. 缩短揩车周期

定期用酒精揩擦光罗拉、喇叭口、大小压辊和圈条盘等，确保纤维通道不堵、不挂、不黏、不缠、不返。

5. 保证滤尘设备正常运转，确保梳棉机各吸尘点有足够的风压和风速

梳棉机各部位气流的稳定与否对生条质量有着直接的影响。滤尘设备运转不正常将会造成梳棉机各部位气流紊乱，严重影响纤维除杂、转移、凝聚和梳理，造成棉网云斑、破洞等问题。对梳棉滤尘设备应实行三班交接管理制度，每班必须至少检查记录四次滤尘一二级压差，发现问题必须及时停车处理。

（四）加强操作管理，稳定生条质量

1. 勤清洁，防止飞花进入棉网

挡车工要及时收清盖板花，清倒大小尘盒，防止盖板花、尘杂重新进入棉网；喇叭口、大压辊、光罗拉、盖板内侧、道夫罩、观察窗等处的飞花，要及时摘清扫除；刺辊、道夫三角区两端的小墙板处容易积聚短绒飞花，要经常用捻杆捻净。

2. 勤巡回，多检查，防止出现疵点棉条

道夫返花、剥棉罗拉缠花、给棉罗拉缠花、棉卷黏层、棉网破边、落网等情况出现时要及时处理，并将已纺出的棉条掐净，严防不合格生条流入下工序。

3. 时刻保证刺辊低压罩、道夫低压罩等吸尘点的尘杂管道通畅

挡车工要经常检查刺辊低压罩、道夫低压罩等吸尘点的尘杂管道是否有连接不良、破损或堵塞等现象，要时刻注意刺辊低压罩是否有喷花、车肚落棉是否有吸不走等现象，如发现要及时停车处理。

生条质量对成纱质量的影响显著，控制好生条质量是提高成纱质量的有效手段。生条结杂、短绒是一对矛盾，调整梳棉工艺时要兼顾二者的关系，合理掌握梳理度。合理配置工艺参数，保证梳棉机各部位的气流稳定畅通，是提高生条质量的关键；针布锋利，工艺上机准确，滤尘作用良好，操作方法合理规范，是保证生条质量的基本条件。

任务 >>> 实施

91

> **工作任务**
>
> 　　某棉纺厂生产若干纯棉普梳环锭纱纱线品种，请以工艺员角色，根据给定纱线品种，制定梳棉工艺设计方案。
> 　　任务完成后提交梳棉工艺设计工作报告。

工作准备

资料准备：

（1）查阅与参考《棉纺手册（第三版）》P302～338

> **重点参考**
>
> - 梳棉机主要型号和技术特征：P302～308
> - A186G 型、FA203A 型、FA221B 型传动图和工艺计算：P309～318
> - 梳棉机工艺配置：P318～324
> - 生条质量控制：P330～338

（2）梳棉机产品说明书

（3）上网搜索或到棉纺企业收集梳棉工艺设计案例

设备与专用工具：梳棉机，梳棉机隔距与齿轮调配专用工具。

测试仪器：条粗测长仪，称重天平，生条棉结杂质检验装置。

工作步骤与要求

（1）制定小组工作计划

（2）完成梳棉工艺设计方案

▶ 分析原料特点和成纱质量

▶ 所选用梳棉机技术特点

▶ 配置梳棉机主要工艺参数（要求说明参数选择的依据，列出详细计算过程，填写梳棉工艺单即表 1-3-27）

（3）梳棉机上机工艺调试

根据设计的梳棉机生条定量，上机试纺，填写工艺调整通知单，见下表。

上 机 工 艺 试 纺 通 知 单			
试纺地点：___纺纱实训中心___； 试纺设备:梳棉机； 机型:_____			
试纺小组：_____		试纺日期：年 月 日	
品种		备注：	
工艺项目	要求	生条定量:_____g/(5 m)	
刺辊转速(r/min)			
锡林转速(r/min)			
道夫转速(r/min)			
盖板线速度(mm/min)			
轻重牙			
道夫快慢牙			
张力牙			

4. 质量测试与分析

测试:① 生条质量不匀率

② 生条棉结杂质

思考:若生条棉结杂质超出质量控制范围，请分析原因，并提出工艺改进建议。

提交成果

（1）根据分组设计的纱线产品实例，提交该纱线的梳棉工艺设计工作报告

（2）制作 PPT 和 Word 电子文档，对你的梳棉工艺设计方案进行答辩

答辩内容……

① 所选梳棉机技术特点
② 梳棉机主要工艺参数配置及选择依据
③ 梳棉质量指标控制范围以及提高生条质量的主要技术措施

纺纱工艺设计与实施

表 1-3-27　梳棉工艺单

纱线品种：_____

原料	机型	回潮率(%)	生条线密度(tex)	定量[g/(5 m)]		牵伸			落棉率(%)
				湿重	干重	实际(倍)	机械(倍)	配合率	

速　度				针　布　型　号			
刺辊(r/min)	锡林(r/min)	盖板(mm/min)	道夫(r/min)	刺辊	锡林	道夫	盖板

除尘刀工艺			隔距(mm/英丝)							
高低(mm/英丝)	角度(°)	刺辊~除尘刀(mm/英丝)	刺辊~小漏底	刺辊~分梳板	给棉板~刺辊	刺辊~锡林	锡林~盖板	锡林~道夫	锡林~后固定盖板	锡林~前固定盖板

锡林~前上罩板(上口×下口)(mm/英丝)	棉网张力牵伸(倍)	变　换　轮						产量[kg/(台·h)]
		轻重牙	张力牙	道夫快慢牙	盖板变换轮	主电机皮带盘(mm)	锡林皮带盘(mm)	刺辊皮带盘(mm)	

课后 >>>
自测

一、名词解释
　　(1) 给棉板分梳工艺长度　(2) 除尘刀高低　(3) 四锋一准　(4) 清梳分工

二、选择题(A、B、C、D 四个答案中只有一个是正确答案)
　　1. 刺辊速度增加后,下列说法中,哪一个不正确? (　　　)
　　　(A) 可提高分梳效果　　　　　　　　(B) 可提高除杂效果
　　　(C) 可增加纤维向锡林转移　　　　　(D) 纤维损伤程度加大

　　2. 刺辊速度降低后,下列说法中,哪一个正确? (　　　)
　　　(A) 可提高分梳效果
　　　(B) 可提高除杂效果
　　　(C) 可增加纤维向锡林转移
　　　(D) 纤维损伤程度加大

　　3. A186 系列梳棉机的除杂工艺,采用低刀大角度的目的是(　　　)
　　　(A) 多除杂质,多回收可纺纤维
　　　(B) 多除杂质,少回收可纺纤维
　　　(C) 少除杂质,多回收可纺纤维

(D) 少除杂质,少回收可纺纤维

4. 锡林与刺辊之间的速比调节方法是(　　)

(A) 所纺纤维越长,锡林与刺辊之间的速比应增大。

(B) 所纺纤维越长,锡林与刺辊之间的速比应减小。

(C) 所纺纤维越短,锡林与刺辊之间的速比应增大。

(D) 上面三种方法都不对。

5. 轻重牙齿数与生条定量之间的关系是(　　)

(A) 轻重牙齿数增加,则生条定量减小。

(B) 轻重牙齿数增加,则生条定量增加。

(C) 轻重牙齿数减少,则生条定量增加。

(D) 上面三种关系都不对。

6. 第一落杂区长度与梳棉机总落棉率的关系是(　　)

(A) 第一落杂区长度越小,梳棉机总落棉率越大。

(B) 第一落杂区长度越大,梳棉机总落棉率越大。

(C) 第一落杂区长度与梳棉机总落棉率的多少无关。

(D) 上面三种关系都不对。

7. 正常生产时,锡林、道夫、刺辊三个回转件的回转速度大小排列顺序是(　　)

(A) 锡林转速>道夫转速>刺辊转速。

(B) 道夫转速>锡林转速>刺辊转速。

(C) 刺辊转速>锡林转速>道夫转速。

(D) 锡林转速>刺辊转速>道夫转速。

8. 与锡林盖板之间分梳作用有关的是(　　)

(A) 锡林盖板之间分梳作用,只与锡林和盖板的针齿工作角大小有关。

(B) 锡林盖板之间分梳作用,只与锡林盖板之间的隔距大小有关。

(C) 锡林盖板之间分梳作用,只与锡林盖板的速度大小有关。

(D) 上面三种关系都正确。

9. 下列说法正确的是(　　)

(A) 刺辊针齿工作角越大,越有利于杂质的去除。

(B) 刺辊针齿工作角越小,越有利于杂质的去除。

(C) 刺辊针齿工作角越大,越有利于对纤维层的分梳。

(D) 上面三种说法都不对。

10. 下列说法正确的是(　　)

(A) 给棉板分梳工艺长度越长,越有利于刺辊对纤维层的分梳。

(B) 给棉板分梳工艺长度越短,越有利于刺辊对纤维层的分梳。

(C) 给棉板分梳工艺长度与刺辊对纤维层的分梳效果无关。

(D) 上面三种说法都不对。

三、判断题(正确的打√,错误的打×)

1. 分梳作用的条件是:两针面平行配置,有相对运动且一针面的针齿逆对另一针面的针齿,两针面隔距很小。　　　　　　　　　　　　　　　　　　　　　　(　　)

2. 剥取作用的条件是:两针面交叉配置,有相对运动,两针面隔距很小。　　　（　　）

3. 刺辊速度增加后,可提高分梳效果。　　　（　　）

4. 刺辊速度增加后,可提高除杂效果。　　　（　　）

5. 刺辊速度增加后,纤维损伤程度加大。　　　（　　）

6. A186 系列梳棉机采用低刀大角度的目的是:多除杂质,少回收可纺纤维。　（　　）

7. 锡林与刺辊之间的速比调节方法是:所纺纤维越长,锡林与刺辊之间的速比应增大。
　　　（　　）

8. 轻重牙齿数与生条定量之间的关系是:轻重牙齿数增加,则生条定量减小。　（　　）

9. 第一落杂区长度越小,梳棉机总落棉率越大。　　　（　　）

10、给棉板分梳工艺长度越长,越有利于刺辊对纤维层的分梳。　　　（　　）

四、简答题

　　1. 如何控制生条质量不匀率?

　　2. 如何控制生条条干不匀率?

　　3. 怎样提高梳棉机的分梳效能?

　　4. 如何控制生条短绒率?

　　5. 如何控制梳棉机落棉率?

五、计算题

　　现在 FA201 型梳棉机生产的生条干定量为 20 g/(5 m),若喂入棉卷干定量为 420 g/m,落棉率为 3.5%,试确定牵伸变换齿轮(轻重牙)和张力牙。

任务 1.4　清梳联工艺设计

任务描述 >>>

　　清梳联是指纺纱工艺流程中的清花工序与梳棉工序连接起来而形成的连续的一体化设备流程,完成对原棉的抓取、开松、混合直至分梳、除杂、均匀成条。由于清梳联是清花与梳棉两个工序的设备组合,实现了两个工序间的无缝对接,提高了自动化水平与生产效率。清梳联工艺设计就是合理配置纺纱流程,优化抓棉机、开棉机、混棉机、清棉机、梳棉机等主要设备的工艺参数。

学习目标 >>>

- 会分析影响清梳联开松、混合、分梳、除杂作用的主要工艺因素
- 能合理配置清梳联工艺流程
- 能合理选配清梳联主要设备的工艺参数
- 会进行清梳联主要工艺参数和产量的计算

纺纱工艺设计与实施

知识准备

>>>清梳联工艺设计

学习内容

1.4.1　清梳联工序概述
1.4.2　清梳联工艺设计要点
1.4.3　清梳联引导案例分析
1.4.4　清梳联生条质量指标及控制

▶▶▶ 1.4.1　清梳联工序概述

一、清梳联工序的任务

清梳联工序是纺纱的第一道工序,要完成对原棉的开松、混合、除杂、梳理和均匀成条等任务。清梳联是清花梳棉联合机组,也就是清花与梳棉两个工序的组合,因此具有清花与梳棉两个工序的作用。虽然清花与梳棉在混合、除杂等方面具有相同的功能,但是它们完成这些功能的原理存在根本性差别。为了便于区别,清梳联的任务分为两个部分。

1. 开清棉工序的任务

开清棉工序的任务是将棉包开松、混合、除杂,并利用气流通过输棉管道输送到清梳联合机的喂棉箱中。

（1）开松　将棉包中压紧的大棉块或化学纤维块松解成较小的纤维束,以利于原料的充分混合与除杂。

（2）混合　按照配棉成分,把几种不同产地、不同性能的原棉或化学纤维混合均匀。

（3）除杂　通过机械作用,清除棉或化学纤维中的大部分杂质、尘屑、籽壳和疵点。

（4）输棉　利用气流,把经过开清棉处理的纤维束通过输棉管道输送到清梳联喂棉箱中。

2. 梳棉工序的任务

由于经过清棉工序处理后输送过来的纤维质量存在不足,需要进一步的梳理和清除。梳棉工序的任务是将原棉继续混合、梳理和除杂,并制成满足下道工序要求的生条。

（1）梳理　通过机械的作用,将棉束进一步细致梳理,基本达到单纤维状态。

（2）混合　通过机械的作用,将不同产地、不同品级的棉纤维或化学纤维进一步混合均匀。

（3）除杂　在开清棉除杂的基础上,继续除去棉束中的细小杂质、籽屑、软壳等有害杂质。

（4）成条　制成符合一定规格、达到质量要求的生条,有规律地圈放在棉条筒中。

二、清梳联的设备类型

在清梳联工序中,为了完成对原棉的开松、混合、除杂、梳理和均匀成条等任务,清梳联由清花设备与梳理设备共同组成。按机械的作用不同及设备所处位置差异,清梳联的设备可以分为下列几种类型:

1. 抓棉机械

抓棉机械是棉纺纱流程中的第一道设备,具有从棉包或者化纤包中抓取纤维,对纤维进行适当的扯松、混合,并向后道设备供应原料的作用。根据抓棉臂运行的方式不同,抓棉机械可分为往复抓棉机和圆盘抓棉机两种。清梳联一般采用往复式抓棉机,也有采用两台圆盘抓棉机并联同时运行的。

2.棉箱机械

棉箱机械具有较大的棉箱和一定规格的角钉部件,对输入棉箱的纤维原料进行较为充分的混合,同时利用角钉部件进行开松,提高混合效果,也可以除去部分杂质。棉箱机械主要有自动混棉机、多仓混棉机等。清梳联一般采用多仓混棉机。

3.开棉机械

开棉机械利用打手部件对纤维进行开松打击并清除杂质,根据设备的功能不同,分为开棉机、清棉机、主除杂机等,设备型号与结构配置差别较大。清梳联采用的开棉机械主要有单轴流开棉机、双轴流开棉机、三辊筒清棉机、单刺辊开棉机、主除杂机等高效开松、除杂设备。

4.输送机械

输送机械设计有上、下棉箱,通过呈螺旋状排列的梳针打手,对输入棉箱的原料进行更加细致的开松。梳棉总管中设置有压力传感器,保证上棉箱内的纤维密度均匀。下棉箱采用静压扩散循环吹风,使下棉箱内的纤维压力均匀。根据下棉箱压力并通过自调匀整装置控制上棉箱给棉罗拉速度,保证下棉箱压力稳定、输棉均匀,供梳棉机加工。清梳联采用的输送机械主要是与梳棉机一体化设计的喂棉箱,以及输棉风机、凝棉器等其他辅助设备。

5.梳棉机械

梳棉机对喂棉箱输送的筵棉进行梳理、除杂,排除部分短绒,再集束成均匀的棉条。清梳联的梳棉机械采用高效、高产、优质的新型梳棉机,控制系统采用 PC 机控制,设有长短片段自调匀整装置,提高梳棉产品质量。

6.其他机械

清梳联还配置有磁铁装置、金属火星探除器、重物分离器、除微尘机、异纤清除装置等设备,与清梳联主机连接成一体,组成清梳联系统。

▶▶ *1.4.2* 清梳联工艺设计要点

一、清梳联工艺设计特点

1.精细抓棉,充分混合

自动往复式抓棉机的抓棉打手采用双刃刀片或者双锯齿,穿刺能力强,容易抓取棉块,开松效果好。因此,打手对纤维的打击较为柔和,有利于减少纤维损伤,降低短绒和棉结的增长。自动往复式抓棉机具有棉包自动找平、分组抓取及小车行走记忆等功能,实现"精细抓取"的工艺目的。

2.适度开松,少伤纤维

根据不同的纺纱原料和纺纱工艺要求,可以配置数量不同的开松设备,往复抓棉机抓手、单轴梳开棉机打手及各风机都采用变频调速,调速方便。清花流程中,在各单机工艺结构、工艺配置、主机组合的保证下,清花短绒增长率可以控制在 1% 以内;梳棉机工艺结构合理,工艺配置、器材选配恰当,梳棉机短绒率可以降低 1%～7%。

3. 高效除杂，流程简短

目前，清梳联采用"一抓、一开、一混、一清"的短流程工艺，完成精细抓取、有效开松、均匀混合、高效除杂的任务。纺棉时，根据含杂情况不同，配置不同的主机组合和上机工艺，清花机除杂效率可以达到 40%～80%，梳棉机除杂效率超过 90%，清梳联除杂效率超过 96%，确保生条质量和成纱质量。通过合理的主机配置和上机工艺，清花机的棉结增长率根据不同原料、不同纺纱工艺要求可控制在 20%～30%；纺高档精梳品种时，梳棉机的棉结去除率可达到 88% 以上，一般普梳品种在 70%～85%。

4. 高效梳理，优质高产

通过增加锡林工作宽度、抬高锡林中心高度、增加刺辊数量等方法，可提高梳棉机的梳理效能，实现优质高产。如：JWF 1204B-120 型梳棉机的锡林工作宽度达到 1220 mm，输入棉层的宽度为 1120 mm，与工作宽度 1020 mm 的设备相比，在生条质量相同的条件下，前者的产量可提升 20%；JWF1204B-120 型梳棉机的锡林中心抬高，有效梳理弧长增加至 2644 mm；FA225B 型梳棉机采用三刺辊梳理系统，抬高锡林以增加梳理面积，盖板反转，同时减少活动盖板根数，增加固定盖板根数。

5. 高度自动化、智能化

新型清梳联广泛采用变频调速，工艺调整方便。清梳联全流程供棉根据工况自动调节，实现了智能化连续给棉，进而保证系统的长期稳定。梳棉机上安装自调匀整与在线自动监控系统，采用机上自动磨针、在线棉结检测等技术，实现了人机对话、在线工艺调整、自动换筒，提高了清梳联设备的自动化、智能化水平。

二、清梳联工艺流程

由于纺纱品种多种多样，所用原料各不相同，要求清梳联工艺流程配置多种多样，能满足各种不同的工艺要求。随着清梳联单机性能的提高与控制技术的发展，高效短流程清梳联成为主流，纺棉一般按"一抓、一开、一混、一清"配置，纺化纤一般按"一抓、一混、一清"配置，梳棉设备广泛采用高效、高产新型梳棉机。目前，清梳联工艺流程的设备配置因生产厂家的不同，存在一定的差异。国内具有代表性的清梳联工艺流程配置主要为经纬股份有限公司旗下的青岛宏大、郑州宏大两种形式，国际上具有代表性的清梳联工艺流程配置主要有德国特吕茨勒（Truzschler）与瑞士立达（Rieter）等。

以下是几种常用的典型清梳联工艺流程配置：

1. 郑州宏大清梳联工艺流程

（1）纺棉清梳联工艺流程　FA006 型往复抓棉机（附 TF27 型桥式磁铁）→AMP2000 型金属火星二合一探除器→TF30A 型重物分离器（附 FA051A 凝棉器）→FA103 型双轴流开棉机→FA028 型六仓混棉机（附 TV425A 型输棉风机）→FA109 型三辊筒清棉机→FA151 型除微尘机→（FA177A 型喂棉箱＋FA221B 型梳棉机）（6～8 台）×2，如图 1-4-1 所示。

（2）纺化纤清梳联工艺流程　FA006D-172 型往复抓棉机（附 TF27 型桥式磁铁）→AMP3000 型金属、火星、重杂物三合一探除器→FA051A（7.5）型凝棉器＋TF26A 型高架装置→FA028C-120 型多仓混棉机＋FA111A-120 型单辊筒清棉机（附 TF34 型磁铁装置）→FA051A（5.5）型凝棉器＋TF26A 型高架装置＋TV425C-5.5 型输棉风机→（FAl77B 型喂棉箱＋FA221D 型梳棉机＋TF2512 型圈条器）×（8～12 台），如图 1-4-2 所示。

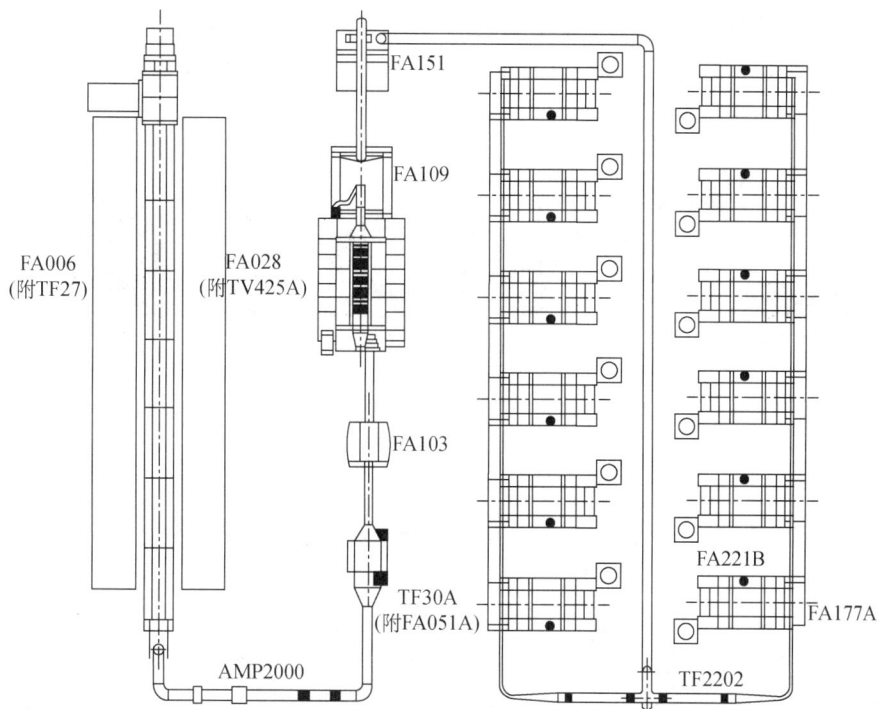

图 1-4-1　郑州宏大纺棉清梳联工艺流程

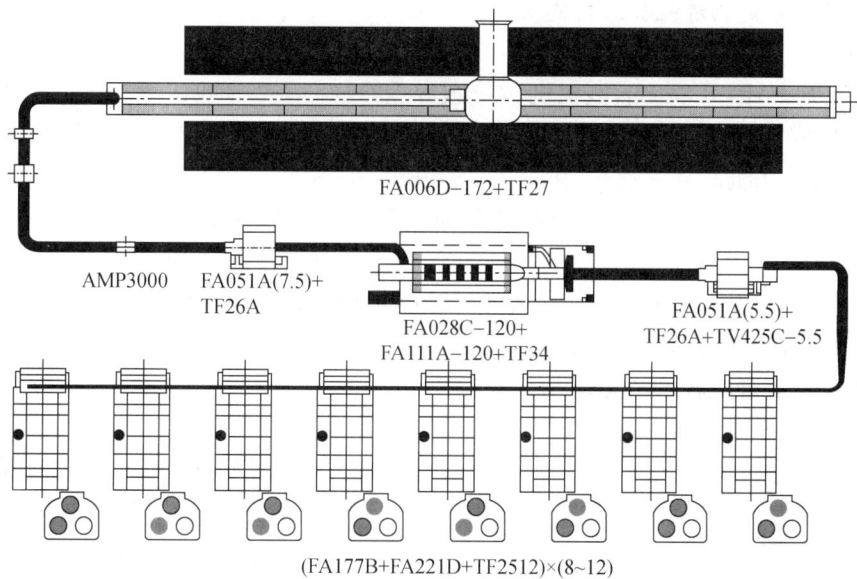

图 1-4-2　郑州宏大纺化纤清梳联工艺流程

2. 青岛宏大清梳联工艺流程

FA009 型往复抓棉机→FT245F 型输棉风机→AMP2000 型金属火星二合一探除器→FT215A 型微尘分离器→FA124 型重物分离器→FT240F 型输棉风机→FA105A 型单轴流开棉机→FT225F 型输棉风机→FA029 型多仓混棉机→FT240F 型输棉风机→FT214 型桥

式磁铁→FA179 型棉箱＋FA116 型主除杂机→FA156 型除微尘机→119AⅡ-P 型火星探除器→FT301B 型连续喂棉装置→FA178A 型配棉箱＋FT024 型自调匀整＋FA203A 型梳棉机×(6~8 台)，如图 1-4-3 所示。

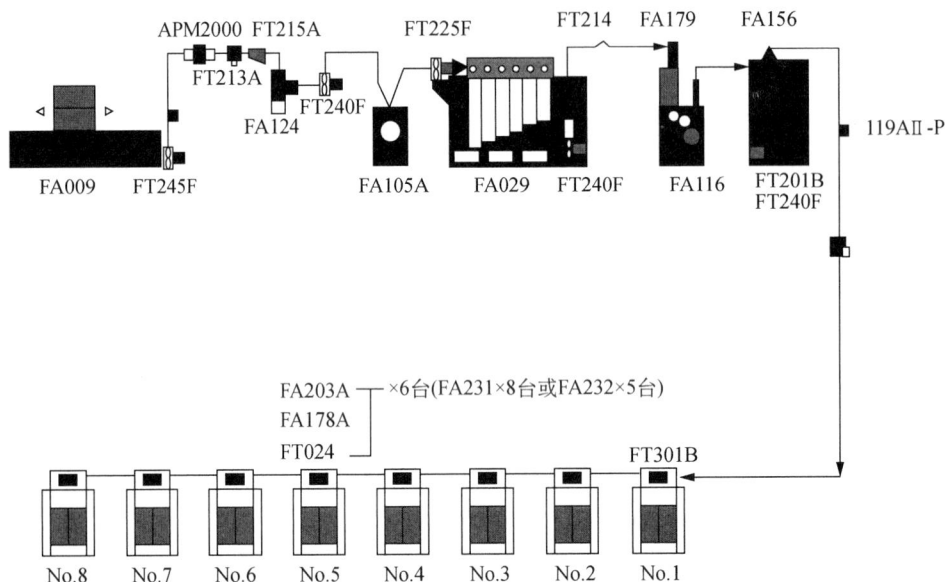

图 1-4-3 青岛宏大纺棉清梳联工艺流程

3. 德国特吕茨勒清梳联工艺流程

(1) 环锭纺清梳联工艺流程 BLENDOMAT BO-A 型全自动电脑抓棉机→SP-MF 多功能分离装置→MX-1 型多仓混棉机(6 仓或 8 仓)→CLEANOMAT 型四(或三)辊筒清棉机→SP-F 型或 DX 型异纤分离装置(附强力除尘机)→TC03 型梳棉机＋IDF 型一体化预牵伸→TD03 型并条机。

(2) 转杯纺清梳联工艺流程 BLENDOMAT BO-A 型全自动电脑抓棉机→MFC 型双轴流开棉机→SP-MF 多功能分离装置→MX-1 型多仓混棉机(6 仓或 8 仓)→CLEANO-MAT 型四(或三)辊筒清棉机→SP-F 型或 DX 型异纤分离装置(附强力除尘机)→TC03 型梳棉机＋IDF 型一体化预牵伸→TD03 型并条机。

4. 瑞士立达清梳联工艺流程

(1) 纺棉清梳联工艺流程

A11 型往复抓棉机→B11 型单轴流开棉机→
{
B7/3 六仓混棉机→B60 型精细清棉
→C51 型梳棉机×6 台
B7/3 六仓混棉机→B60 型精细清棉
→C51 型梳棉机×6 台
}

(2) 纺化纤清梳联工艺流程

A11 型往复抓棉机→
{
B7/3 六仓混棉机→A77 型存储除尘喂给机
→C50 型梳棉机×6 台
B7/3 六仓混棉机→A77 型存储除尘喂给机
→C50 型梳棉机×6 台
}

三、清梳联部分设备的主要技术特征

由于部分清梳联设备与传统清花、梳棉设备相同,本节不再叙述,下面主要介绍前文未介绍的一些清梳联设备的相关性能。

（一）多仓混棉机

1. FA028 型多仓混棉机

FA028 型多仓混棉机是 FA022 型多仓混棉机的改进型,主要变化是通过一组输棉帘子直接将棉篷喂给清棉机的给棉罗拉,给棉速度由交流变频无级调节,与清棉机的给棉速度始终保持同步,保证喂入清棉机的棉篷能够达到极高的均匀度。这种改进的优点是减少一台凝棉器或输棉风机,使开清棉流程更为简单,减少了设备占地面积和功率消耗。在 FA028 型多仓混棉机中,纤维由进棉风机逐仓喂入各仓内,去除部分超短绒和微尘并经开棉辊筒开松后,由输棉帘送至清棉机的给棉罗拉。

FA028 型多仓混棉机有多种型号,已经形成系列产品,各型号之间存在一定的结构差异,其主要结构由机架、出棉罗拉、开棉打手、毛刷装置、输棉帘、棉仓、配棉道、气动控制装置和电气控制系统等组成(图 1-4-4)。

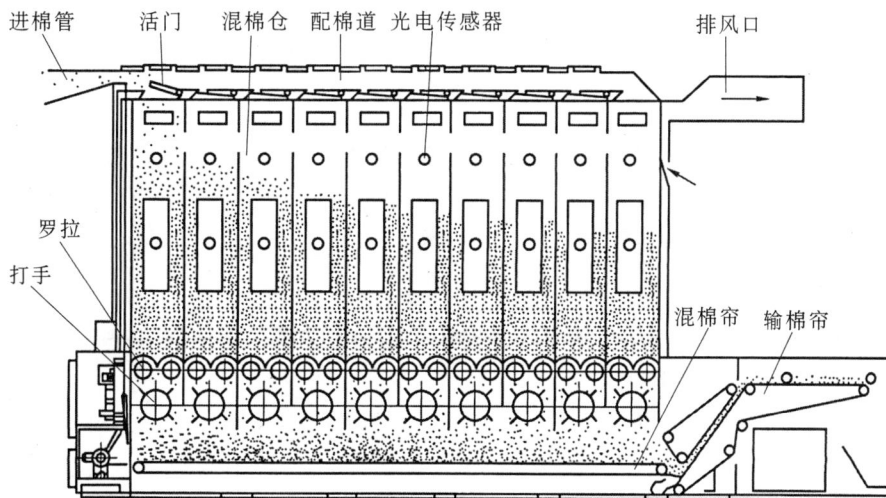

图 1-4-4　FA028 型多仓混棉机组成

输棉帘由平帘、斜帘、压棉帘组成,如图 1-4-5 所示。FA028 型的平帘、斜帘、压棉帘均

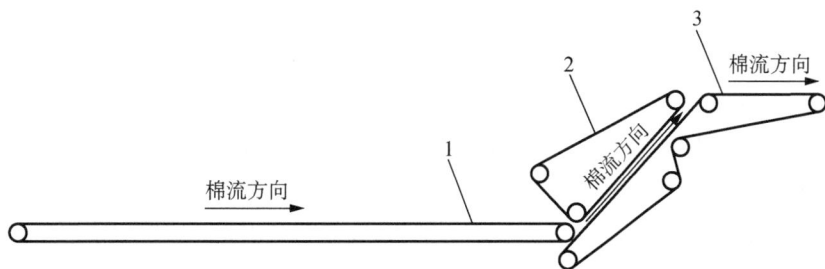

图 1-4-5　输棉帘配置

1—平帘　2—压棉帘　3—斜帘

由与其配套使用的清棉机的给棉电动机传动;FA028B 型和 FA028C 型的平帘由平帘电动机单独传动,斜帘、压棉帘由与其配套使用的清棉机的给棉电动机传动。

FA028 系列多仓混棉机的主要技术规格见表 1-4-1。

表 1-4-1 FA028 型多仓混棉机技术规格

机型		FA028-120	FA028-160	FA028B-120	FA028B-160	FA028C-120	FA028C-160
机幅(mm)		1200	1600	1200	1600	1200	1600
产量[kg/(台·h)]		500	600	600	800	800	1000
棉仓数(个)		6					
单仓容量(m³)		1.26	1.68	1.26	1.68	1.26	1.68
单仓容棉质量(kg)		37.8	50.4	37.8	50.4	37.8	50.4
打手	形式	六翼齿形钢板					
	直径(mm)	250					
	转速(r/min)	576、672、768					
出棉罗拉	形式	翼片式					
	直径(mm)	200					
出棉罗拉转速(r/min)	I 档	0.034~0.34(变频控制)					
	II 档	0.043~0.43(变频控制)			0.043~0.43(变频控制)		
	III 档	—			0.047~0.47(变频控制)		
	IV 档	—			0.054~0.54(变频控制)		
输棉平帘速度(m/min)		—			最高 25.12(变频控制)		

2. FA029 型多仓混棉机

FA029 型多仓混棉机是 FA025 型多仓混棉机的改进型,主要变化是通过一对喂给罗拉将剥棉打手剥取的原棉喂入开松辊进行进一步开松,然后由输出风机输出,提高了纤维的开松与混合均匀度。这种改进的特点是增加一对喂给罗拉、开松辊及一台输棉风机,有利于提高混棉效果。在 FA029 型多仓混棉机中,纤维由进棉风机同时喂入各仓内,经过水平帘与斜帘,由剥棉打手剥取,然后通过开棉辊筒开松,去除部分超短绒和微尘,由输棉风机送入清棉机。FA029 型多仓混棉机具有四重混合方式,从而保证混合的均匀性和细致性。四重混合方式分别是:

(1)原料在气流作用下,被均匀地吹入各个棉仓,依靠气流混合,形成瞬时混合。

(2)各仓纤维层经 90°转弯输送,相邻棉仓的存料高度差随喂料循环的变化而变化。多仓混棉机采用自然梯度喂料,利用其路程差获得再次混合,即时差混合。

(3)通过剥棉罗拉和均棉罗拉的作用,过量纤维被抛入混棉室,形成细致混合。

(4)原棉通过剥棉罗拉作用被均匀地送入喂给罗拉上方的小棉箱,依靠气流形成瞬时混合。

FA029 型多仓混棉机结构如图 1-4-6 所示,主要技术规格见表 1-4-2。

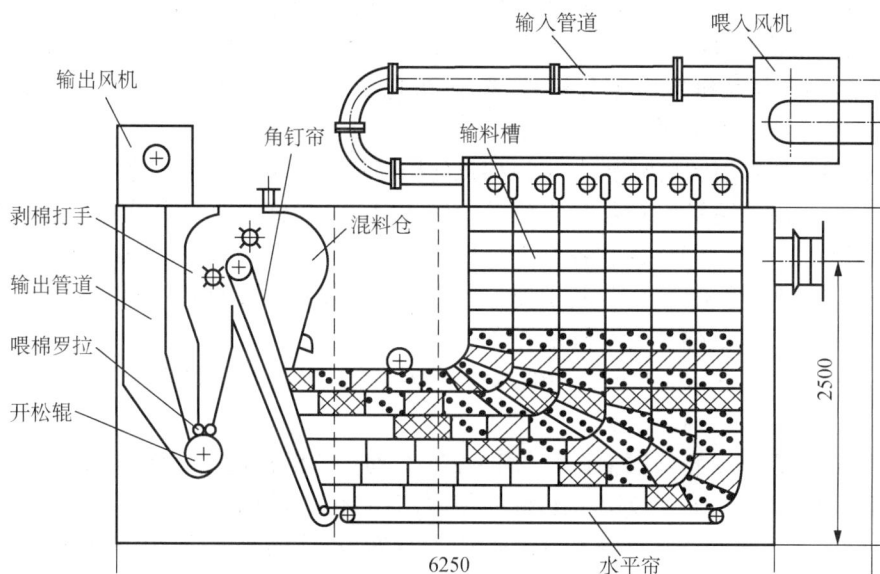

图 1-4-6 FA029 型多仓混棉机的结构示意

表 1-4-2　FA029 型多仓混棉机的主要技术规格

机型	FA029		FA029D	
产量[kg/(台·h)]	650	900	650	900
机幅(mm)	1200	1600	1200	1600
储仓容量(kg)	200~300	260~400	200~300	260~400
适用纤维长度(mm)	≤65			
水平帘速度(mm/min)	0.05~0.81(变频调速)			
角钉帘速度(mm/min)	13.3~129.5(变频调速)			
均棉罗拉直径(mm)	300			
均棉罗拉速度(r/min)	582、726、882			
剥棉罗拉直径(mm)	280			
剥棉罗拉速度(r/min)	412、543、686			
给棉罗拉直径一/二(mm)	80/60			
开松辊直径(mm)	400			
隔距(mm)	均棉罗拉~钉帘:5~35			
	剥棉罗拉~钉帘:0~10			

(二)辊筒清棉机

1. FA111 系列单辊筒清棉机

FA111 系列单辊筒清棉机可分为 FA111 和 FA111A 两个系列。FA111 系列的辊筒周围设有预分梳板、除尘刀、连续吸口和落棉量调节板,一般在纺较高含杂率的纯棉流程中作为预清棉机或在纺再生棉的流程中作为主清棉机使用,也可在配棉含杂率较低的流程中作为主清棉机使用;FA111A 系列的辊筒周围取消了连续吸口、落棉量调节板和第二除尘刀,但仍保留第一除尘刀和两块预分梳板,常在纺化学纤维的流程中作为主清棉机使用。

FA111 系列单辊筒清棉机的主要特点 :

(1) 给棉罗拉采用变频调速,根据梳棉机的用棉量大小实现在线自动调节。

(2) 梳针辊筒采用变频调速,对纤维的损伤作用小。梳针辊筒周围设有预分梳板、除尘刀、连续吸口和落棉量调节板,落棉率可在线调节,不仅除杂效率高,还能除去纤维中较大的带纤维籽屑,减轻梳棉机的负担,利于梳棉机高产。通过机外手柄调节落棉量调节板的开口,能够改变落棉率、落棉含杂率和除杂效率。

(3) 梳针辊筒和下给棉罗拉之间的隔距可根据工艺需要进行调节,适纺纤维种类和长度较广。

(4) FA111 系列单辊筒清棉机可与 FA028 系列多仓混棉机配套使用,还可与 TF2409 系列中间喂棉箱和 FA017 系列混棉机配套使用,满足不同需要。

FA111 系列单辊筒清棉机主要由输棉帘、给棉罗拉、清棉辊筒、除尘刀、落棉量调节板、预分梳板等组成,其结构如图 1-4-7 所示,主要技术规格见表 1-4-3。

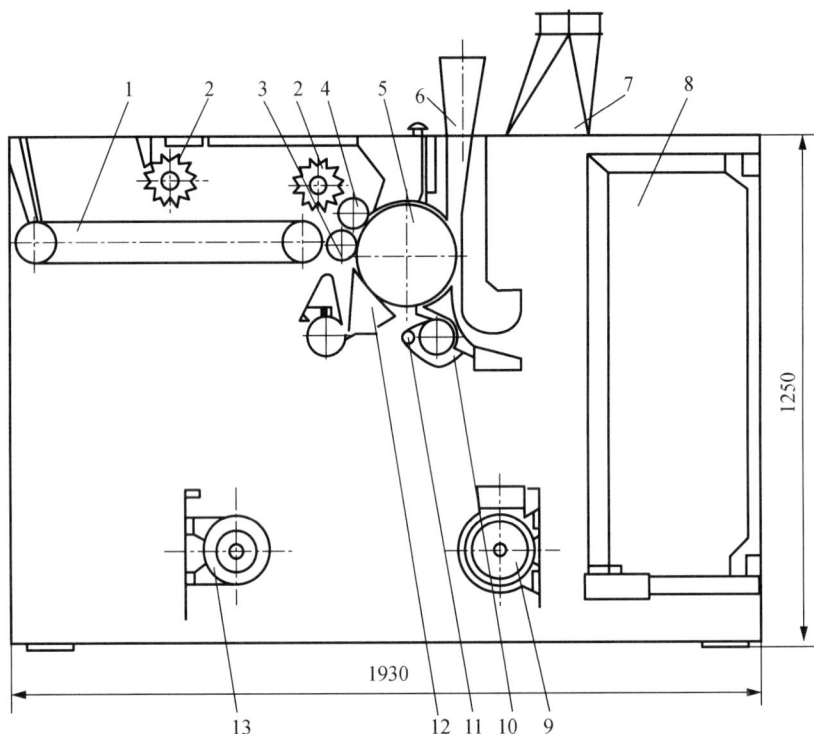

图 1-4-7　FA111 系列单辊筒清棉机的结构示意

1—输棉帘　2—压棉罗拉　3—除尘刀　4—给棉罗拉　5—清棉辊筒　6—出棉口
7—除杂口　8—电气柜　9—辊筒电机　10—排杂吸口
11—落棉量调节板　12—预分梳板　13—给棉电机

表 1-4-3 FA111 系列单辊筒清棉机的主要技术规格

机型		FA111-120	FA111A-120	FA111-160	FA111A-160
机幅(mm)		1200		1600	
产量[kg/(台·h)]		600		800	
清棉	形式	梳针(粗针形)			
辊筒	直径(mm)	250			
	转速(r/min)	最高 1340(变频调速)			
上给棉罗拉	形式	沟槽式			
	直径(mm)	81.4			
	转速(r/min)	3.69~73.74			
下给棉罗拉	形式	锯齿式			
	直径(mm)	80			
	转速(r/min)	3.75~75			
压棉	形式	星形			
罗拉	直径(mm)	125			
	转速(r/min)	2~40			
输棉帘速度(m/min)		0.76~15.2			
出棉口	直径(mm)	300			
	风量(m³/h)	3000±10%		4000±10%	
	压力(Pa)		70	-230	
排杂口	直径(mm)	250	无	300	无
	风量(m³/h)	1800±10%	无	2400±10%	无
	压力(Pa)	-410	无	-730	无
	排杂量(kg/h)	12	无	15	无
预分梳板数量(块)		2			
除尘刀数量(把)		2	1	2	1
排杂吸口数量(个)		2	无	2	无
落棉量调节板数量(块)		1	无	1	无

2. FA109 系列三辊筒清棉机

FA109 系列三辊筒清棉机适用于加工各种等级的原棉及棉、麻混纺等,对经过初步开松和混合的原棉进行精细开松,并除去其中的部分杂质,主要有 FA109 型和 FA109A 型两种机型。FA109 系列三辊筒清棉机的结构如图 1-4-8 所示。

FA109 型和 FA109A 型的主要区别有两点:

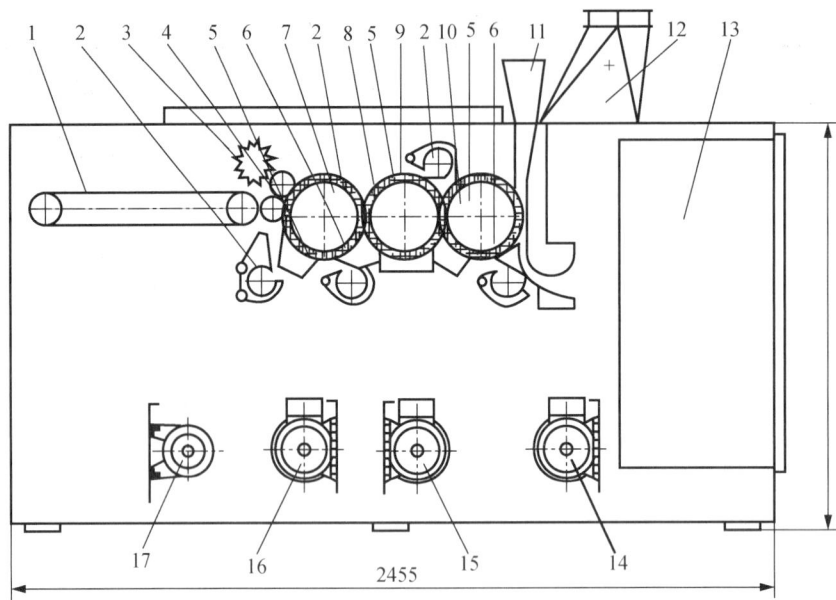

图 1-4-8　FA109 系列三辊筒清棉机的结构示意

1—输棉帘　2—吸口　3—压棉罗拉　4—给棉罗拉　5——落棉量调节板　6—除尘刀
7—第一辊筒　8—预分梳板　9—第二辊筒　10—第三辊筒　11—出棉口　12—除杂口
13—电气柜　14—第三辊筒电机　15—第二辊筒电机　16—第一辊筒电机　17—给棉电机

　　(1) 给棉罗拉和输棉帘的传动不同　　FA109 型采用链条传动,并和 FA028 系列多仓混棉机的平帘采用同一电动机传动;FA109A 型采用同步带传动,且与 FA028 系列多仓混棉机的平帘分开传动,即分别用独立电动机传动,传动更平稳、更可靠,适应高速高产。

　　(2) 电气控制柜位置不同　　FA109 型的电气柜在该机的左右两侧,不利于散热;FA109A 型的电气柜在该机的前部,利于散热,维护修理方便。

　　FA109 系列三辊筒清棉机的主要特点:

　　(1) 三辊筒的打手形式配置有两种:纺细绒棉时,三个辊筒的配置依次为稀梳针[4 针/(25.4 mm)^2]、粗锯齿、细锯齿(图 1-4-9);纺长绒棉时,三个辊筒的配置依次为稀梳针[4 针/(25.4 mm)^2]、密梳针[10 针/(25.4 mm)^2]、粗锯齿(图 1-4-10)。三个清棉辊筒的转速均可变频调节,速度和速比可根据工艺需要进行调节,满足不同的要求。第一辊筒为弹性握持打击,第二、第三辊筒为自由打击,能够逐步有效地处理开松度较低的原棉且对纤维损伤小。

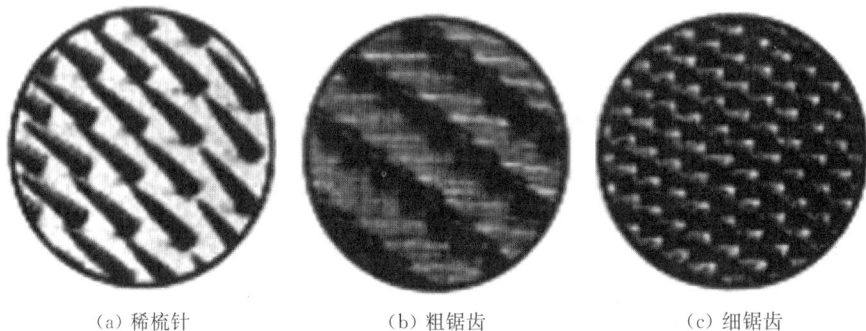

(a) 稀梳针　　　　　　　　(b) 粗锯齿　　　　　　　　(c) 细锯齿

图 1-4-9　纺细绒棉时辊筒配置

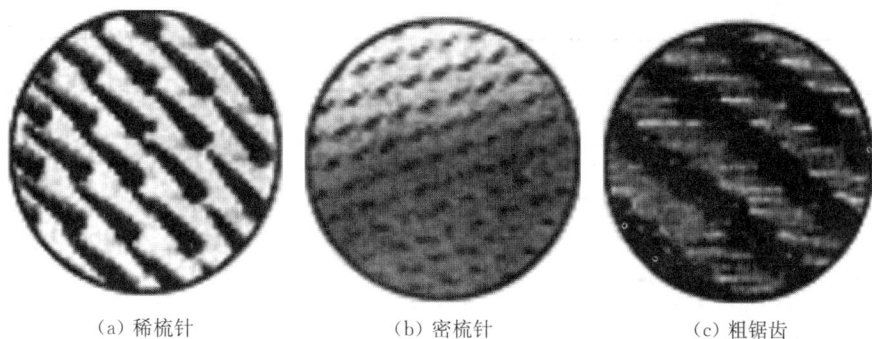

（a）稀梳针　　　　　（b）密梳针　　　　　（c）粗锯齿

图 1-4-10　纺长绒棉时辊筒配置

（2）清棉辊筒处设有预分梳板、除尘刀、连续吸口和落棉量调节板，变消极式的除杂为积极式除杂，除杂、开松能力强；落棉口大小可调，以控制落棉量和落棉含杂率。因此，三辊筒清棉机具有较高的除杂效率，对带纤维籽屑一类的杂质也能够去除，减轻了梳棉机的工作压力，为梳棉机高产创造了条件。

（3）三辊筒清棉机通过输棉帘接收 FA028 型多仓混棉机输出的棉筵。

FA109 系列三辊筒清棉机的主要技术规格见表 1-4-4。

表 1-4-4　FA109 系列三辊筒清棉机的主要技术规格

机型		FA109-120	FA109-160	FA109A-120	FA109A-160
机幅(mm)		1200	1600	1600	1600
最高产量[kg/(台·h)]		450	570	600	800
第一辊筒	形式	梳针			
	直径(mm)	250			
	最高转速(r/min)	1196(变频调节)			
第二辊筒	形式	粗锯齿			
	直径(mm)	250			
	最高转速(r/min)	2105(变频调节)			
第三辊筒	形式	细锯齿			
	直径(mm)	250			
	最高转速(r/min)	3416(变频调节)			
上给棉罗拉	形式	沟槽式			
	直径(mm)	80.5			
	最高转速(r/min)	14～142(变频在线自动调节)			
下给棉罗拉	形式	锯齿式			
	直径(mm)	80			
	最高转速(r/min)	14～143(变频在线自动调节)			

续　表

机型		FA109-120	FA109-160	FA109A-120	FA109A-160
压棉罗拉	形式	星形			
	直径(mm)	125			
	最高转速(r/min)	7～76(变频在线自动调节)			
输棉帘速度(m/min)		1.6～16(变频调节)		2.9～29(变频调节)	
出棉口	直径(mm)	300			
	风量(m³/h)	3000±10%	4000±10%	3000±10%	4000±10%
	压力(Pa)	−370	−440	−370	−440
排杂口	直径(mm)	250	300	250	300
	风量(m³/h)	3400±10%	4400±10%	3400+10%	4400+10%
	压力(Pa)	−620	−1050	−490	−840
	排杂量(kg/h)	20	25	30	40

（三）FA116型主除杂机

FA116型主除杂机与FA179系列喂棉箱组合,适用于多种纤维,采用分梳辊对纤维进行"以梳代打"的加工,实现非握持分梳、开松、除杂。A116系列主除杂机把纤维束梳理成单纤维状,并将杂质从纤维内部剥离出来,杂质通过自动吸尘系统吸入滤尘室,纤维通过输棉管送往下道工序。因此,当纤维通过主除杂机加工后,已呈基本清洁和充分开松的状态。采用连续喂棉控制技术,可以根据梳棉机组的用棉情况及输棉管道的压力变化,控制FA116型主除杂机的上下给棉罗拉进行无级调速,实现连续喂棉,保证系统供棉均匀、稳定。

FA116型主除杂机的结构如图1-4-11所示,主要由喂棉箱、给棉罗拉、转移罗拉、分梳辊等组成,分梳区配有3把除尘刀、2块分梳板,转移区加棉网清洁器,实现了"轻薄喂入""缓和开梳""合理转移",同时达到"分梳—除杂,分梳—除杂,分梳—除杂"反复交替的除杂与自由分梳。根据原料的情况采用适当的工艺速度和工艺隔距,主除杂机的除杂效率可达到30%～50%。上给棉罗拉、下给棉罗拉、转移辊和大分梳辊分别包卷有专利技术的进口针布,保证了纤维的柔和、渐进开松。采用PLC控制和人机界面,主刺辊电机、下给棉电机、上给棉电机均采用变频调速,工艺灵活,调整方便。4个压力传感器是清花系统实现连续喂棉、承上启下的关键部件,机器的状态依靠它们进行检测,并由监控系统统一调节,确保清花系统保持较高的运转效率。

FA116型主除杂机的主要特点:除杂效率高,纤维损伤少;装有金属探除装置及喂棉过厚保护措施,可防止损伤针布;给棉辊、转移辊及分梳辊均采用变频调速。FA116型主除杂机的主要技术规格见表1-4-5。

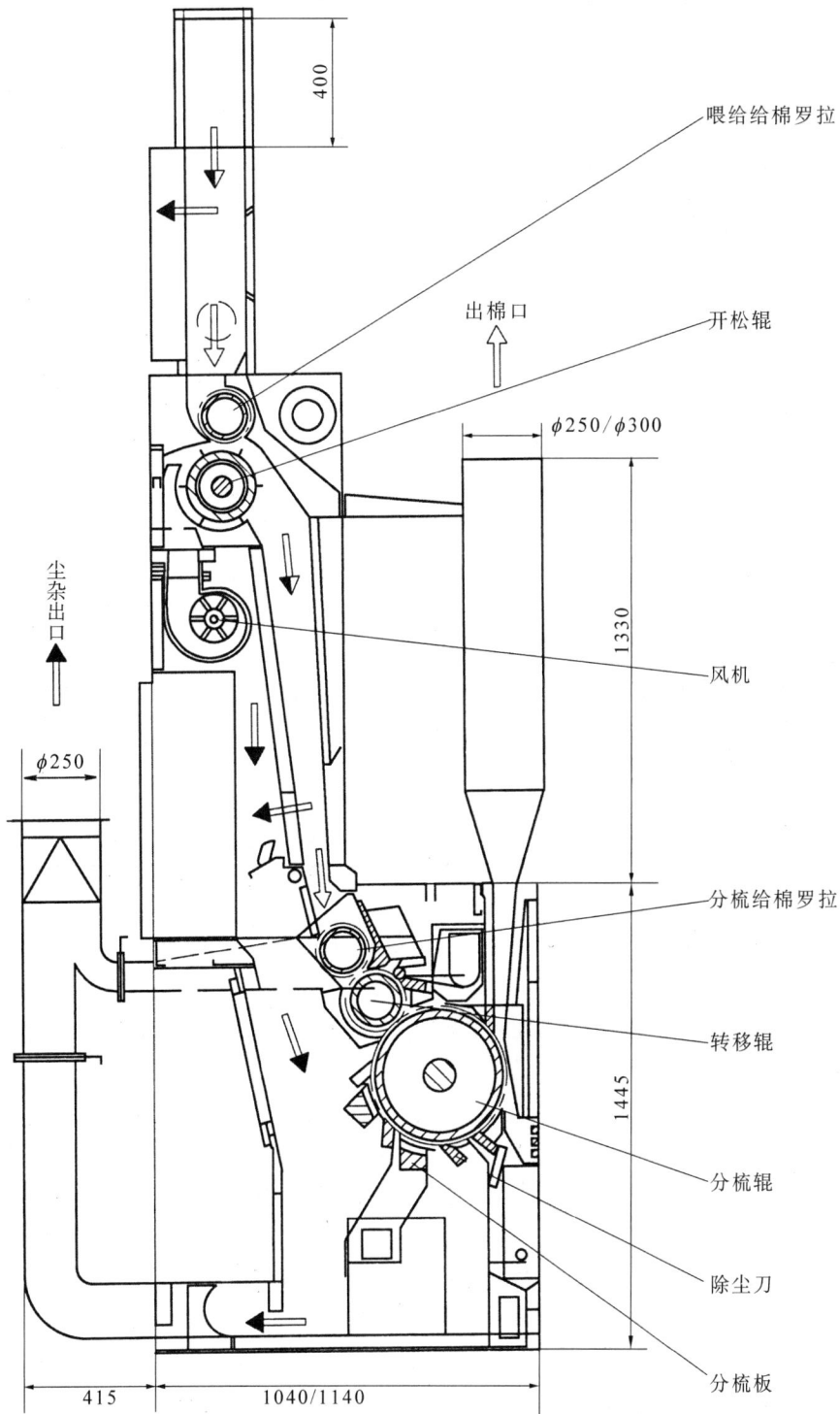

图 1-4-11　FA116 型主除杂机的结构示意

表 1-4-5　FA116 型主除杂机的主要技术规格

机型		FA116-165
高度(mm)		4170
宽度(mm)		2276
长度(mm)	关闭	1300
	打开	2480
工作宽度(mm)	配棉头	1550
	中间棉箱	1600
	下分梳部件	1650
喂给给棉罗拉	工作直径(mm)	166
	速度	变频调速
开松辊	工作直径(mm)	260
	速度(r/mm)	982
分梳给棉罗拉	工作直径(mm)	170
	速度	变频调速
转移辊	工作直径(mm)	191
	速度	变频调速
分梳辊	工作直径(mm)	420
	速度	变频调速
产量[kg/(台·h)]		600
滤尘要求	排风口压力(Pa)	−750
	排风量(m³/h)	4300

(四) FA177 系列清梳联喂棉箱

FA177 系列清梳联喂棉箱有 FA177、FA177A、FA177B 三种机型,其中 FA177 为早期生产的机型,数量很少,目前主要是 FA177A 和 FA177B 两种机型。FA177A 型清梳联喂棉箱与 FA221B 型和 FA223 型梳棉机配套使用;FAl77B 型清梳联喂棉箱与 FA221D 型和 FA221K 型梳棉机配套使用。

FA177 系列清梳联喂棉箱采用上下双节气压棉箱结构,主要过棉通道采用喷粉件或不锈钢板加工而成,光滑无毛刺,不勾挂纤维。上棉箱通过管道与清花系统连接,配棉总管中安装有压力传感器和压力表,根据压力大小控制清棉机的喂棉量多少;上棉箱的压力设定范围一般为 500~1200 Pa。下棉箱采用风机通过静压扩散箱循环吹气,使整个机幅内压力均匀;采用进口压力传感器,根据压力变化控制上棉箱中给棉罗拉的转速,保证下棉箱的压力更稳定,下棉箱压力一般设为 200~300 Pa。

FA177 系列清梳联喂棉箱的打手形式为四排螺旋角钉,开松细致柔和,对纤维的损伤小。纺长绒棉或化纤时,可根据情况加装打手清洁毛刷。

FA177 系列清梳联喂棉箱主要由配棉头、排尘管、给棉罗拉、开松打手、上棉箱、下棉箱、循环风机、静压箱、出棉罗拉等部件组成。FA177 系列(包括 A 型、B 型)清梳联喂棉箱的结构如图 1-4-12 所示,其主要技术规格见表 1-4-6。

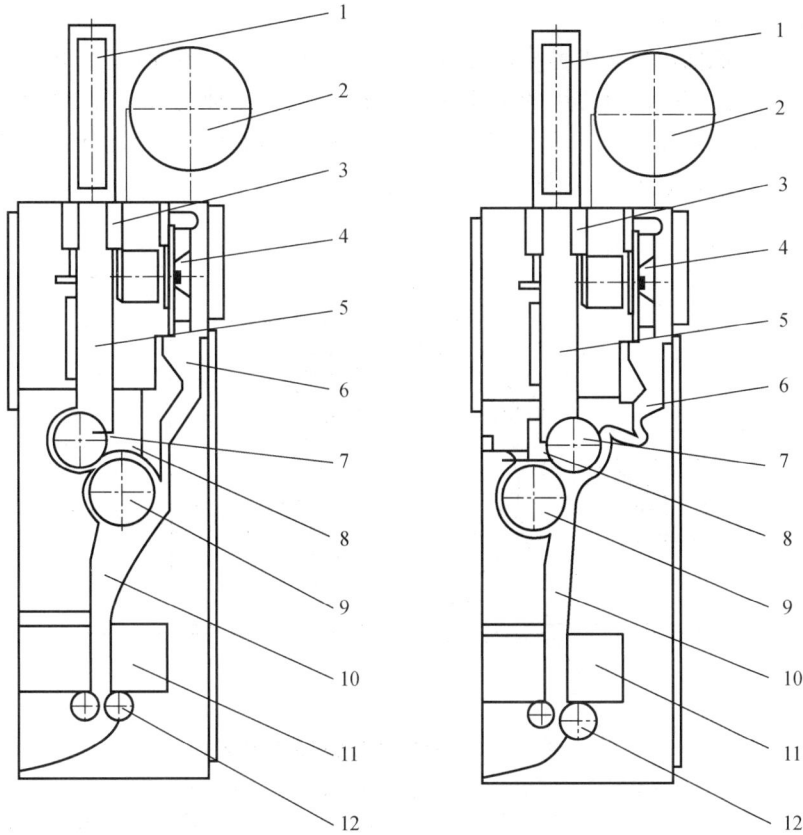

FA177A 型　　　　　　　　　　　　　　FA177B 型

图 1-4-12　FA177 型清梳联喂棉箱的结构示意

1—配棉头　2—排尘管　3—排气栅　4—循环风机　5—上棉箱　6—静压箱　7—给棉罗拉
8—给棉板　9—开松打手　10—下棉箱　11—梳子板及回风箱　12—出棉罗拉

表 1-4-6　FA177 系列清梳联喂棉箱的主要技术规格

机型		FA177A	FA177B
产量[kg/(台·h)]		80	
可加工纤维品种		棉及化纤	
加工纤维长度(mm)		22～76	
输出棉层宽度(mm)		920	
给棉板及喂棉形式		固定握持,逆向喂棉	弹性握持,顺向喂棉
给棉罗拉	形式	锯齿罗拉	
	直径(mm)	180	
	转速(r/min)	0.21～2.05	0.19～1.90
开松打手	形式	四排螺旋角钉	
	直径(mm)	50	
	转速(r/min)	558,648,781(50 Hz)	
		669,778,937(60 Hz)	
循环风机	叶轮形式	12叶,后倾	
	风机工作直径(mm)	290	

（五）FA221 型梳棉机

FA221 系列梳棉机有多种型号，不同机型之间存在一定的差异，其中 FA221、FA221A 是早期机型，应用较少，目前使用的主要是 FA221B、D、E 三种机型。FA221 型和 FA221A 型梳棉机采用间歇吸落棉方式，FA221B 型、FA221D 型和 FA221E 型梳棉机采用连续吸落棉。FA221B 型梳棉机的结构如图 1-4-13 所示。

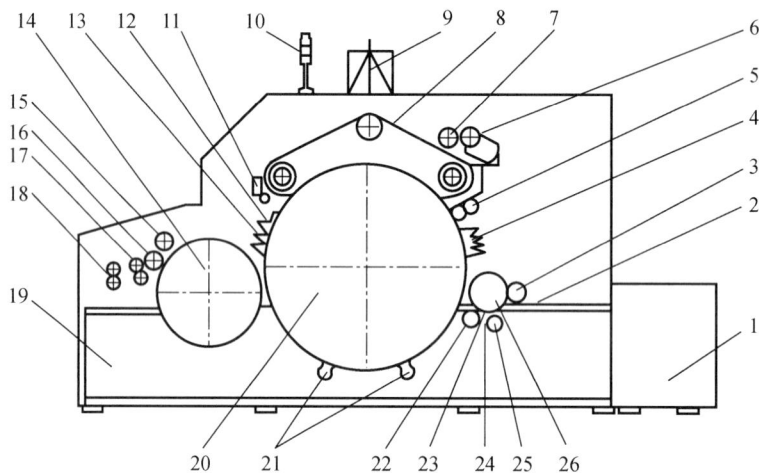

图 1-4-13　FA221B 型梳棉机的结构示意

1—电气柜　2—给棉板　3—给棉罗拉　4—后固定盖板　5—后棉网清洁器　6—盖板清洁辊
7—大毛刷　8—活动盖板　9—吸落棉管　10—指示灯　11—前上棉网清洁器　12—前下棉网清洁器
13—前固定盖板　14—道夫　15—剥棉清洁辊　16—剥棉辊　17—压碎辊　18—大压辊　19—机架
20—锡林　21,22—吸口　23—落棉量调节板　24—预分梳板　25—除尘刀　26—刺辊

FA221B 型、FA221D 型和 FA221E 型三种梳棉机主要存在以下差别：

（1）FA221B 型梳棉机采用逆向给棉，给棉板安装在给棉罗拉的下方，棉箱喂入的棉层通过给棉罗拉下方喂入并由给棉板向上加压。FA221D 型和 FA221E 型梳棉机采用顺向给棉，给棉板安装在给棉罗拉上方，棉箱喂入的棉层通过给棉罗拉上方喂入并由给棉板向下加压。

（2）FA221B 型梳棉机的刺辊下装有一块落棉量调节板、两把除尘刀、一块预分梳板、一块光滑的三角罩板及两个吸口。FA221D 型和 FA221E 型梳棉机的刺辊下装有两块落棉量调节板、三把除尘刀、两块预分梳板、一块光滑的三角罩板及三个吸口。

（3）FA221B 型和 FA221D 型梳棉机的锡林前后弓板上各装有四根铝合金骨架的固定盖板。FA221E 型梳棉机锡林前部安装有两组四根铝合金骨架双联固定盖板，锡林后部安装有三组六根铝合金骨架双联固定盖板。

（4）FA221B 型和 FA221D 型梳棉机配套使用球墨铸铁骨架的活动盖板，机上共装有 80 根活动盖板，其中有 30 根处于工作位置。FA221E 型梳棉机配套使用铝合金骨架的活动盖板，机上共装有 84 根活动盖板，其中有 30 根处于工作位置。

FA221 系列梳棉机的主要技术规格见表 1-4-7。

表 1-4-7 **FA221 系列梳棉机的主要技术规格**

机型		FA221B	FA221D	FA221E
可加工纤维品种		棉及化学纤维		
可加工纤维长度(mm)		22～76		
喂入棉层定量(g/m)		350～720		
喂入棉层宽度(mm)		920		
输出生条定量(g/m)		3.5～6	4～6	
总牵伸倍数		70～130		
输出最高速度(m/min)		200	220	
喂棉罗拉	形式	锯齿罗拉		
	喂棉形式	逆向	顺向	
	直径(mm)	100		
	转速(r/min)	0～8.2		
刺辊	直径(min)	250		
	转速(r/min)	610～1200		
	工艺配置	两把除尘刀、一块预分梳板及一个吸口	三把除尘刀、两块预分梳板及三个吸口	
锡林	直径(mm)	1290		
	转速(r/min)	288～487		
道夫	直径(mm)	700		
	速度(r/min)	最高 70		
回转盖板	骨架材质	球墨铸铁		铝合金
	数量(根)	80		84
	工作盖板数量(根)	30		
	速度(mm/min)	106～353		
	运转方向	与锡林转向相反		
固定盖板	形式	单根铝合金骨架		双联铝合金骨架
	数量(根)	前四、后四		前四、后六
棉网清洁器数量		前二、后一		
剥棉形式		三罗拉剥棉(可加装皮圈导棉装置)		
剥棉罗拉直径(mm)		125.86		
清洁辊直径(mm)		110		
轧碎辊直径(mm)		75		
大压辊直径(mm)		72		
集棉器形式		气动操纵转动式弧板		
自调匀整	短片段	给棉板处检测,控制给棉罗拉的转速		
	长片段	大压辊处位移传感器检测,控制给棉罗拉的转速		
吸落棉	形式	连续吸落棉		
	静压(Pa)	−7900～−8800		
	风量(m³/h)	3700		

纺纱工艺设计与实施

113

1.4.3　清梳联引导案例分析

引导案例:C 27.8 tex 清梳联工艺设计(表1-4-14)

设计步骤

▶ 分析原料性能特点、成纱质量要求
▶ 所选用清梳联流程与性能规格
▶ 配置清梳联主要工艺参数

一、配棉

1. 原料选配表(表1-4-8)

表1-4-8　原料选配表

队数	等级	产地	混比(%)	主体长度(mm)	品质长度(mm)	短绒率(%)	成熟度	细度(公支)	马克隆值	断裂比强度(cN/tex)	回潮率(%)	含杂率(%)
1	528	安徽	14	30.46	33.49	14.73	1.49	5250	4.84	27.56	11.2	2.70
2	329	安徽	28	30.55	33.59	14.67	1.57	5480	4.64	25.47	10.8	1.80
3	M	巴西	28	28.54	32.48	19.70	1.60	5550	4.58	25.16	9.70	11.5
4	M	美国	7	26.75	30.44	22.88	1.66	5489	4.63	21.63	6.95	2.20
5	SLM	美国	19	27.08	30.17	15.23	1.66	6097	4.17	24.68	6.26	4.00
6	528	新疆	4	29.45	32.59	13.57	1.64	6850	3.71	24.12	8.63	2.45
平均				28.82	32.13	16.80	1.60	5752	4.44	23.94	8.90	2.86

2. 上包图(图1-4-14)

K	D	J		F	K		F		J	P	K
E	回花回条	E	6包C5下1上	L	回花回条	6包B5下1上	L	6包C5下1上	E	回花回条	E
L	F	P		E	K		E		P	F	L

代号:
B:3-13 批,528,安徽,6 包
C:3-6 批,329,安徽,12 包
D:3-9 批,M,巴西,2 包
E:3-8 批,M,巴西,6 包
F:3-11 批,M,巴西,4 包

J:3-5 批,M,美棉,2 包
K:3-15 批,SLM,美棉,4 包
L:3-7 批,SLM,美棉,4 包
P:3-14 批,528,新疆,2 包

/合计:42 包

注:回花、吸风棉根据存量均匀摆放,每箱≤6 包,箱面平整,混合均匀,防止色差。

图1-4-14　上包图

二、清梳联工艺流程

FA009 型自动抓棉机→FT245F 输棉风机→AMP2000 型金属火星二合一探除器→FA125 型重物分离器→FT240F 输棉风机→FA105A 型单轴流开棉机→FT225F 型输棉风机→FA029 型多仓混棉机→FT240F 型输棉风机→FT214 型桥式磁铁→FA179 型棉箱+

FA116-165 型主除杂机→FA156 型除微尘机→119AⅡ-P 型火星探除器→JWF1171 型喂棉箱＋FA203C 梳棉机。

三、清梳联工艺设计

(一) FA009 型自动抓棉机工艺参数

1. 开松工艺

(1) 打手刀片伸出肋条距离:此距离小,锯齿刀片插入棉层浅,抓取棉块的平均质量小,开松效果好。一般紧包的伸出距离要小点,松包的伸出距离大一些。本案例设计为 0.6 mm。

(2) 打手速度:速度快,开松效果好,产量高,但速度过快易损伤刀片。本案例设计为 1100 r/min。

(3) 抓棉小车每次下降动程:动程大,开松效果差,产量高;动程小,开松效果好,产量低。本案例设计为 2 mm。

(4) 小车行走速度:本案例设计为 18 m/min,注意防止绊住小车运转。

2. 混合工艺

(1) 排包图:同品种原料,横向分散,纵向错开。

(2) 保证抓棉小车运转率≥80%,实现精细抓取,勤抓少抓。

(二) FA105A 型单轴流开棉机工艺参数

1. 打手转速

速度快有利于开松除杂,加工纤维长度短的低级棉时,速度应小些,但速度不宜过快,以免损伤纤维。本案例设计为 533 r/min。

2. 皮翼罗拉转速

采用变频控制,本案例设计为 16 r/min。

3. 尘棒的安装角

尘棒的安装角(Φ)决定尘棒隔距(a)。根据工艺要求,尘棒安装角可在 0°～30°范围内调整,对应的尘棒隔距为 5.529～10.292 mm。尘棒的安装角(Φ)与尘棒隔距(a)、间距(b)、尘棒顶面距(c)的对应关系见表 1-4-9。

表 1-4-9　尘棒的安装角及尘棒隔距

Φ	0°	3°	6°	9°	12°	15°	18°	21°	24°	27°	30°
a(mm)	5.529	6.262	6.950	7.578	8.157	8.677	9.122	9.510	9.833	10.099	10.292
b(mm)	18.918	18.323	17.764	17.224	16.707	16.213	15.742	15.295	14.875	14.483	14.120
c(mm)	0.653	1.266	2.538	3.800	5.052	6.288	7.503	8.698	9.867	11.012	12.121

本案例设计为:6°、3°、0°、0°。

(三) FA029 型多仓混棉机工艺参数

1. 给棉罗拉转速 n_1

$$n_1(\text{r/min}) = (1400 \times 90/d_1) \times 0.98 = 123\,480/d_1$$

式中:d_1——变换皮带轮直径,有 140、170、212 mm 三种。

本案例选 $d_1 = 212$ mm,$n_1 = 582$ r/min。

2. 剥棉罗拉转速 n_2

$$n_2(\text{r/min}) = (1400 \times 75/d_2) \times 0.98 = 102\,900/d_2$$

式中：d_2——变换皮带轮直径，有 150、190、250mm 三种。

本案例选 $d_2 = 250$ mm，$n_2 = 412$ r/min。

(四) FA116-165 型主除杂机工艺参数

1. 开松辊速度

本案例设置为 700 r/min。

2. 给棉罗拉速度

本案例选择 1040 r/min。

3. 加速辊及大分梳辊速度

加速辊速度设置为 280 r/min，大分梳辊速度设置为 350 r/min。

4. 隔距

(1) 大分梳辊～三把除尘刀：0.7、0.7、0.7 mm。

(2) 大分梳辊～三块纤维托板：6、4、4 mm。

(3) 大分梳辊～两块分梳板：2.55、1.5 mm。

(4) 大分梳辊～剥棉刀：0.5 mm。

(五) FA156 型除微尘机工艺参数

1. 喂棉风机速度

本案例设置为 1772 r/min。

2. 出棉风机

本案例设置为 1723 r/min。

3. 喂棉出口压力

本案例设置为 700 Pa。

(六) JWF1171 型喂棉箱工艺参数

1. 给棉罗拉速度

调节范围：0.5～3 r/min。

2. 开松辊

本案例设置为 700 r/min。

3. 振动透气栅振动频率

本案例设置为 70 次/min。

(七) FA203C 梳棉机工艺参数

1. 定量选择

本案例中，生条干定量设置为 25 g/(5 m)。

2. 主要速度

(1) 锡林转速 n_c　初定锡林转速为 480 r/min。

$$n_c(\text{r/min}) = n_{锡林电机} \times (D_1/D_2) \times 98\%$$

式中：$n_{锡林电机}$——锡林电机额定转速(r/min)；

　　　D_1——锡林电机皮带轮直径(mm)；

　　　D_2——锡林皮带轮直径(mm)。

纺棉时锡林转速为 480 r/min，则 D_1 选 160 mm，D_2 为 492 mm，实际锡林转速为 462 r/min，见

表 1-4-10。

表 1-4-10　锡林转速

锡林皮带轮直径 D_2(mm)	492				564			
锡林电机皮带轮直径 D_1(mm)	118	130	147	160	118	130	147	160
锡林转速 n_c(r/min)	340	375	425	480	297	328	370	403

（2）刺辊转速 n_T　刺辊转速初定为 933 r/min，锡林与刺辊的线速比为 1.94。

$$n_T(\text{r/min})=n_{锡林电机}\times(D_1/D_3)\times98\%$$

式中：D_3——刺辊皮带轮直径(mm)。

表 1-4-11　刺辊转速

刺辊皮带轮直径 D_3(mm)	224				242				262			
锡林电机皮带轮直径 D_1(mm)	118	130	147	160	118	130	147	160	118	130	147	160
刺辊转速 n_T(r/min)	749	825	933	1015	693	763	863	940	640	705	797	868

纺中特纱时刺辊转速偏高掌握，如 n_T 为 933 r/min，D_1 选 147 mm，D_3 选 224 mm，修正刺辊转速 n_T 为 940 r/min。

（3）盖板速度 $V_{盖板}$　纺棉时，因原料中含有的疵点很多，宜用较高的盖板速度，采用反转盖板，这样可以提高分梳效果。盖板速度初定为 200 mm/min。

$$V_{盖板}=n_c\times(100/134)\times(98/100)\times(Z_1/Z_2)\times(1/26)\times14\times36.5\times(1/26)=0.552\,8\,n_c\times(Z_1/Z_2)$$

表 1-4-12　盖板速度

Z_1		18^T	21^T	26^T	30^T	34^T
Z_2		42^T	39^T	34^T	30^T	26^T
n_c(r/min)	340	81	101	144	188	246
	375	89	112	159	207	271
	425	101	127	180	235	307
	462	109	138	195	255	334

当 $Z_1=26^T$，$Z_2=34^T$，$n_c=462$ r/min 时，$V_{盖板}=195$ mm/min。

（4）道夫转速 n_d　道夫转速初定为 42 r/min，道夫生头转速为 8.7 r/min。

$$n_d=(1440/50)\times f_{道夫电机}\times(19/84)\times(16/96)=1.085\,7\times f_{道夫电机}$$

式中：$f_{道夫电机}$——道夫电机频率(Hz)。

$f_{道夫电机}$ 一般为 30～70 Hz。道夫生头转速见表 1-4-13。

表 1-4-13　道夫生头转速

$f_{道夫电机}$(Hz)	7	8	9	10
道夫转速 n_d(r/min)	7.6	8.7	9.8	10.9

道夫生头转速为 8.7 r/min，对应的 $f_{道夫电机}$ 为 8 Hz。

　　(5) 大压辊出条速度 $V_{大压辊}$

$$V_{大压辊}(m/min)=76\pi\times(1440/50)\times f_{道夫电机}\times(19/84)\times(16/16)\times(Z_5/Z_6)\times(20/16)\times(1/1000)$$
$$=1.944\ 2\times f_{道夫电机}\times(Z_5/Z_6)$$

　　其中:Z_5 有 30、31;Z_6 有 15、16、17。

　　当 $Z_5=30$,$Z_6=16$,$f_{道夫电机}=46$ Hz 时,$V_{大压辊}=156$（m/min）。

　　(6) 小压辊出条速度 $V_{小压辊}$

$$V_{小压辊}(m/min)=60\pi\times(1440/50)\times f_{道夫电机}\times(19/84)\times(48/Z_4)\times(104/75)\times98\%\times(1/1000)$$
$$=80.096\times f_{道夫电机}/Z_4$$

　　其中:Z_4——棉条张力牵伸带轮齿数,有 20、21、22 三种。

　　当 $Z_4=21$,$f_{道夫电机}=33$ Hz 时,$V_{小压辊}=125.8$(m/min)。

3. 牵伸倍数

　　(1) $E_{剥棉罗拉\sim道夫}=(119/706)\times(96/16)=1.011\ 3$(倍)

　　(2) $E_{下扎棉\sim剥棉罗拉}=(110/119)\times(Z_5/22)=0.042\times Z_5$

　　Z_5 有 30、31 两种,当 Z_5 选择 30 时,$E_{下扎棉\sim剥棉罗拉}=1.260$(倍)。

　　(3) $E_{上轧辊\sim下轧辊}=(75/110)\times(22/15)=1$(倍)

　　(4) $E_{大压辊\sim道夫}=(76/706)\times(96/16)\times(Z_5/Z_6)\times(20/16)=0.807\ 4\times(Z_5/Z_6)$

　　Z_5 有 30、31,Z_6 有 15、16、17,当 $Z_5=30$,$Z_6=16$ 时,$E_{大压辊\sim道夫}=1.513\ 9$(倍)。

　　(5) $E_{大压辊\sim下轧辊}=(75/110)\times(22/Z_6)\times(20/16)=19/Z_6$

　　当 Z_6 为 16 时,$E_{大压辊\sim下轧辊}=1.187\ 5$(倍)。

　　(6) $E_{小压辊\sim道夫}=(60/706)\times(96/Z_3)\times(48/Z_4)\times(104/75)\times98\%$

　　配圈条器直径为 1000 mm 时,Z_3 用 16,当 $Z_4=21$ 时,$E_{小压辊\sim道夫}=1.583\ 9$(倍)。

　　(7) $E_{小压辊\sim大压辊}=(60/76)\times(16/20)\times(Z_6/Z_5)\times(16/Z_3)\times(48/Z_4)\times(104/75)\times$
$$98\%=41.1911\times Z_6/(Z_4\times Z_5)$$

　　当 $Z_3=16$,$Z_4=21$,$Z_5=30$,$Z_6=16$ 时,$E_{小压辊\sim大压辊}=1.046\ 2$(倍)。

4. FT-250 型自调匀整工艺参数

　　FT-250 型自调匀整装置采用数字控制技术、混合环控制原理,很好地解决了清梳联生条质量偏差、质量不匀的问题,减少了棉条的质量偏差及其 CV 值。棉层厚度变化率控制在 30%～90%。主要工艺参数设置:

　　传感器参数设置:

　　TP1 左:1.383 μV(0.0～4.9);TP2 右:1.124 μV(0.0～4.9);TP3 前:0.904 μV(0.0～4.9)

　　条重设定:0.904 μV　(0.0～4.9)

　　牵伸设定值:37　(0～128)

　　高速定量微调:200 (0～399)

　　低速牵伸微调:200 (0～399)

　　低速牵伸系数:40　(0～128)

　　异物检测系数:68　(0～99)

　　原料特性参数:25　(0～99)

表 1-4-14　C 27.8 tex 清梳联工艺设计单

FA009 型抓棉机

小车行走速度 (m/min)	打手转速 (r/min)	打手下降速度 (mm/次)	打手~肋条隔距 (mm)
18	1100	2	0.6

FA116 型主除杂机

加速辊转速 (r/min)	大分梳辊转速 (r/min)	大分梳辊~三块纤维托板隔距 (mm)	大分梳辊~三把除尘刀隔距 (mm)	大分梳辊~两块分梳板隔距 (mm)	大分梳辊~剥棉刀隔距 (mm)	打手转速 (r/min)	尘棒安装角 (°)	尘棒~打手距离 (mm)	尘棒~尘棒距离 (mm)	打手转速 (r/min)	分梳给棉罗拉转速 (r/min)
280	350	6,4,4	0.7,0.7,0.7	2.55,1.5	0.5	533	6,3,0,0	17.8,18.3,18.9,18.9	6.9,6.3,5.5,5.5	412	1040

FA029 型混棉机

给棉罗拉速 (r/min)	出口压力 (Pa)
582	700

FA1171B 型喂棉箱

开松辊速度 (r/min)	喂棉风机转速 (r/min)
700	1723

FA156 型除微尘机

出棉风机喂棉辊转速 (r/min)	振动透气栅减速比 (次/min)	频率 (Hz)
1772	20	70

定量与回潮

干定量 [g/5 m]	湿定量 [g/5 m]	公定回潮率 (%)	实际回潮率 (%)
25	27.12	8.5	7.5

FA203 型梳棉机

速度

刺辊转速 (r/min)	锡林转速 (r/min)	盖板线速 (r/min)	道夫转速 (r/min)	转移速比
940	462	195	42	2.53 : 1

牵伸 (倍)

大压辊~小压辊	大压辊~道夫	大压辊~下轧辊	大轧辊~下轧辊	下轧辊~剥棉罗拉	道夫~剥棉罗拉
1.046 2	1.513 9	1.187 5	1.26	0.5	0.56

给棉刺辊部分

给棉罗拉~给棉板隔距 (mm)	给棉板加压 (N/cm)	给棉板~刺辊隔距 (mm)	除尘刀高低 (mm)	除尘刀角度 (°)	除尘刀~预分梳板隔距 (mm)	托棉板~小漏底入口隔距 (mm)	刺辊~分梳板隔距 (mm)	刺辊~锡林隔距 (mm)
0.30	37.0	0.30	0	90	36/13	18/10	0.56	0.13

锡林部分隔距 (mm)

锡林~前固定盖板隔距 (mm)	锡林~前罩板清洁器	锡林~大漏底	锡林~盖板 (5点)	锡林~道夫	锡林~后罩板	锡林~后固定盖板	锡林~后罩板	锡林~前罩板
0.25×0.23×0.20×0.20	1.52×0.30	0.18×0.79	0.20×0.17×0.17×0.17×0.20	0.13	0.79×0.56	0.48×0.46×0.43×0.40	1.52×0.43	0.79×0.56

道夫~剥棉罗拉 (mm)：0.41

针布型号

锡林	刺辊	道夫	盖板
R2030×0.5	N-4030B×0.9R	DJ/PD33/0	AT5616×05611

FT-250 型自调匀整工艺参数

条重	牵伸 (倍)	异物检测系数	原料特性参数
0.904	37	68	25

▶▶▶ **1.4.4** 清梳联生条质量指标及控制

一、清梳联生条主要质量指标

清梳联的生条质量指标主要有生条质量不匀率、质量偏差、生条结杂含量和短绒率。在生产加工过程中,由于短绒、棉结、杂质三者相互影响,如短绒易形成棉结,棉结中常含有带纤维籽屑和软籽表皮,进行工艺配置时应综合考虑。

生条质量指标控制范围见表1-4-15。

表1-4-15 生条质量指标控制范围

项目	一般控制范围
生条质量不匀率及质量偏差	质量不匀率控制在1.5%～2.0%,质量偏差控制在±2.5%,合格率达到100%
生条短绒率	生条(16 mm以下)短绒率:中线密度纱≤18%;低线密度纱≤14% 短绒增加率:开清棉≤1%;梳棉≤5%
生条棉结数	生条棉结视原棉品级而定,棉结数不大于疵点数的1/3 落棉率:开清棉≤3%;梳棉后车肚≤2.0%

二、清梳联的质量控制

1. 生条质量不匀率及质量偏差控制

(1)稳定连续均匀喂棉 提高单机运转率,抓棉机运转率达到90%,棉仓、棉箱、管道压力均匀,保持棉箱内一定储棉量和棉层密度。

(2)充分发挥自调匀整作用 自调匀整装置要求检测灵敏,响应速度快,匀整效果好。

(3)保持机械状态良好 要防止由于针布不良,导致锡林、道夫绕花及棉网破边等情况而形成轻条。

(4)加强管理 针对配棉混棉、运转操作、工艺、空调等方面加强综合管理,稳定生产。

2. 生条短绒率控制

(1)做好工艺配置 根据原料性能和成纱要求,合理配置开松、除杂工艺。在选用开清棉的打手机械时,要采用自由打击,少用握持打击,多用梳针打手,速度不要过高,隔距适当,以免损伤纤维。

(2)刺辊速度不宜过高 刺辊与给棉板之间的隔距要准确,给棉板工作面长度和纤维主体长度相适应,以免损伤纤维。

(3)合理调整梳棉机后部工艺 增强第二落杂区排除短绒的能力。适当增大梳棉机吸风风量,以提高短绒排除效果。

(4)加强运转操作 对漏底挂花及机上吸点口堵塞等,要及时清扫疏通。

3. 生条棉结控制

(1)棉流运行畅通,不阻塞,不挂花,以减少棉束和棉结。

(2)混用的回花不要太多,原棉回潮率不要过高。

(3)分梳元件要光洁,不得有毛刺。

(4)梳棉机选用新型针布,配套合理,做好"五锋一准"。

（5）开清棉和梳棉机要防止返花、绕花，以免纤维搓揉产生棉结和束丝。

（6）合理配置开清棉打手和梳棉机刺辊、锡林、盖板速度及有关隔距，提高除杂效率。

课后 >>>
自测

一、选择题（A、B、C、D 四个答案中只有一个是正确答案）

1. 清梳联工序的主要任务有（　　）。
（A）开松、混合、除杂、均匀成条
（B）开松、除杂、梳理、均匀成条
（C）开松、混合、除杂、梳理
（D）开松、混合、除杂、梳理、均匀成条

2. 下列不是清梳联采用的开棉机械主要有（　　）。
（A）单轴流开棉机　　　　　　　（B）双轴流开棉机
（C）三辊筒清棉机　　　　　　　（D）豪猪开棉机

3. 下列表述抓棉机作用正确的是（　　）。
（A）抓棉机械是棉纺纱流程中的第一道设备，具有从棉包或者化纤包中抓取纤维，进行适当的混合，向后道设备供应原料的作用
（B）抓棉机械是棉纺纱流程中的第一道设备，具有从棉包或化纤包中抓取纤维，进行适当的扯松，向后道设备供应原料的作用
（C）抓棉机械是棉纺纱流程中的第一道设备，具有从棉包或化纤包中抓取纤维，进行适当的扯松、混合，向后道设备供应原料的作用
（D）抓棉机械是棉纺纱流程中的第一道设备，具有从棉包或化纤包中抓取纤维，进行适当的扯松、除杂、混合，向后道设备供应原料的作用

4. 下面（　　）设备型号不是混棉机。
（A）FA022　　　　　　　　　　（B）FA028
（C）FA029　　　　　　　　　　（D）FA009

5. 下面（　　）型号的梳棉机采用间歇吸落棉方式。
（A）FA221B 型　　　　　　　　（B）FA221D 型
（C）FA221E 型　　　　　　　　（D）FA221A

6. 纺细绒棉时，三辊筒的打手形式配置依次为（　　）。
（A）稀梳针、粗锯齿、细锯齿
（B）粗锯齿、稀梳针、细锯齿
（C）粗锯齿、密梳针、细锯齿
（D）粗锯齿、稀梳针、密梳针

二、判断题（正确的打√，错误的打✕）

1. 通过增加锡林工作宽度、抬高锡林中心高度、增加刺辊数量等方法，可提高梳棉机的梳理效能，实现优质高产。（　　）

2. FA111A 系列辊筒周围取消了连续吸口、落棉量调节板和第二除尘刀，但仍保留第一除尘刀和两块预分梳板，常在纺棉纤维的流程中作为主清棉机使用。（　　）

3. 根据抓棉臂运行的方式不同,抓棉机械可分为往复抓棉机和圆盘抓棉机两种。清梳联一般采用圆盘式抓棉机。　　　　　　　　　　　　　　　　　　　　　　　　（　　）

4. FA116 型主除杂机的主要特点:除杂效率高,纤维损伤少;装有金属探除装置及喂棉过厚保护措施,可防止损伤针布;给棉辊、转移辊及分梳辊均采用变频调速。　　（　　）

5. FA028 型多仓混棉机是 FA025 型多仓混棉机的改进型,主要变化是通过一组输棉帘子直接将棉筵喂给清棉机的给棉罗拉,给棉速度由交流变频无级调节,与清棉机的给棉速度始终保持同步,保证喂入清棉机的棉筵能够达到极高的均匀度。　　　　　　　　（　　）

6. 清梳联是清花梳棉联合机组,即清花与梳棉两个工序的组合,因此具有清花与梳棉两个工序的作用。　　　　　　　　　　　　　　　　　　　　　　　　　　　　（　　）

7. 清梳联的生条质量指标主要有生条质量偏差、条干不匀率和短绒率。　　　（　　）

8. FA177 系列清梳联喂棉箱的打手为四排螺旋角钉,开松除杂效率高,对纤维损伤大。　　　　　　　　　　　　　　　　　　　　　　　　　　　　　　　　　　　　（　　）

三、简答题

1. 清梳联工艺设计有哪些特点?

2. FA029 型多仓混棉机具有哪四重混合方式?

3. 清梳联控制生条棉结的方法有哪些?

任务 1.5　并条工艺设计

任务 >>>

描述

　　并条工序的任务就是利用并合来改善梳棉生条的质量不匀率,同时利用牵伸来抽长拉细纤维,并改善纤维的伸直平行度,2 道或 3 道的反复并合可使棉条混合均匀。

　　并条工艺设计就是要合理配置并条机牵伸工艺参数,尽可能降低熟条质量不匀率,降低熟条条干不匀率,控制熟条定量偏差。

学习 >>>

目标

- 能合理配置并条机主要工艺参数
- 会进行并条机主要工艺参数和产量的计算
- 会分析熟条质量控制指标

提交 >>>

成果

- ■ 并条工艺设计报告

知识准备

>>> 并条工艺设计

学习内容

1.5.1 并条工序概述
1.5.2 并合与牵伸基本原理
1.5.3 并条工艺设计要点
1.5.4 并条引导案例分析
1.5.5 熟条质量指标及控制

▶▶▶ 1.5.1 并条工序概述

一、并条工序的任务

梳棉机制成的生条虽然具有纱条的初步形态,但其长片段不匀率很大,且大部分纤维呈弯钩或卷曲状态,同时有部分小棉束存在。所以,生条还需要经过并条工序,进一步加工成熟条,以提高棉条质量。因此,并条工序的主要任务是:

(1)并合 将6~8根生条并合喂入并条机,制成一根棉条,使生条的长片段不匀率得到改善。熟条的质量不匀率应降到1%以下,以保证细纱的质量不匀率符合国家标准。

(2)牵伸

① 将并合后的棉条抽长拉细并且使纤维伸直平行,以改善棉条的结构,为纺出条干均匀的细纱创造条件。

② 及时调整并条的牵伸,有效地控制熟条定量,以保证纺出细纱的质量偏差和质量不匀率符合国家标准。

(3)混合 通过各道并条机的反复并合和牵伸,可使不同性能的纤维得到充分混合、分布均匀,以保证细纱染色均匀,防止产生"色差",在染色性能差异较大的纤维混纺时(如化纤与棉混纺)尤为重要。

(4)成条 将并条机制成的条子有规则地圈放在棉条筒内,以便于搬运存放,供下道工序使用。

二、国产并条机的发展

20世纪50年代中期至60年代初期生产使用的第一代"1"字号并条设备,如1242型、1243型等,因其型号陈旧,加工质量较差、效率低,虽经多次改造,水平仍很低,目前已淘汰。20世纪60年代中期至70年代生产的第二代"A"系列并条机,以A272系列为代表,如A272C型、A272D型、A272F型等,其设计速度最高为250 m/min。20世纪80年代、90年代直至跨入21世纪以后,在消化吸收国外先进技术的基础上,我国又研制生产了一批具有高速度、高效率、高质高产、机电一体化水平高的第三代并条机,目前已投入使用的有FA302型、FA304型、FA305型、FA306型、FA308型、FA311型、FA315型、FA317型、FA319型、FA320型、FA322型、FA326型、FA327型等双眼并条机,其设计速度最高达500~700 m/min,并且研制开发了JWF1301型、FA381型、FA382型、FA398型、CB100(Z)

型等单眼并条机,其设计速度最高达 900~1000 m/min。无论是高速双眼并条机还是高速单眼并条机,都可以配备自调匀整装置,从而大大提高了熟条质量。

三、并条机的工艺过程

图 1-5-1 所示为并条机的工艺过程。并条机的机后是导条架,下面每侧各放 6~8 个喂入棉条筒 1,每侧棉条为一组。棉条经导条罗拉 2 积极喂入,并借助分条器将棉条平行排列于导条罗拉上,并列排好的两组棉条有秩序地经过导条块和给棉罗拉 3,进入牵伸装置 4。经过牵伸的须条沿前罗拉表面,并由导向皮辊 5 引导,进入弧形导管 6。经弧形导管和喇叭口聚拢成条后由紧压罗拉 7 压紧成光滑紧密的棉条,再由圈条盘 8 将棉条有规律地圈放在输出棉条筒中。在牵伸装置的周围有自动清洁装置,以防止牵伸过程中短纤维和细小杂质黏附在胶辊与罗拉表面。

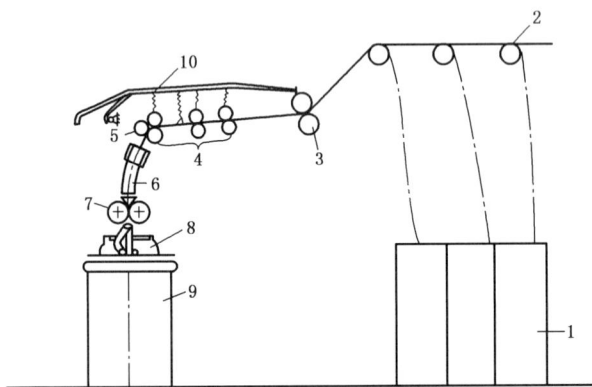

图 1-5-1 并条机工艺过程示意图

1—喂入棉条筒 2—导条罗拉 3—给棉罗拉 4—牵伸装置 5—导向皮辊
6—弧形导管 7—紧压罗拉 8—圈条盘 9—输出棉条筒 10—弹簧加压摇架

并条机的基本术语

▶ 眼数:6~8 根棉条并合喂入,经牵伸制成一根熟条或半熟条,这个完整的工艺过程即为一眼。目前并条机多为双眼并条机,高速并条机也有单眼。

▶ 道数:棉纺生产一般多用 2 道或 3 道并条,并条机按其生产经过顺序,依次称为头道、二道、三道并条机。

▶ 熟条与半熟条:最后一道并条机(亦称末道并条机)制成的棉条称为熟条,其他各道制成的棉条称为半熟条。

▶▶▶ 1.5.2　并合与牵伸基本原理

一、并合与牵伸重要术语

并合 {
一定根数的棉条并合可以改善产品的均匀度。 $\dfrac{H}{H_0} = \dfrac{1}{\sqrt{n}}$
并条机普遍采用的并合根数是 6～8 根。

注：H_0——并合前各根喂入棉条的不匀率（质量变异系数）；

　　H——并合后输出棉条的不匀率（质量变异系数）；

　　n——喂入棉条的并合根数。
}

罗拉牵伸三要素 {
① 加压：有两个积极握持须条的钳口，故皮辊上需加一定压力。

② 速比（$V_1 > V_2$）：两个钳口要有相对运动，前一对罗拉的线速度要大于后一对罗拉的线速度，输出、输入罗拉的线速度之比即为牵伸。

③ 罗拉隔距：两个钳口间有一定距离，要大于纤维品质长度。

（罗拉握持距＝纤维品质长度＋经验系数）
}

牵伸基本计算 {
① 实际牵伸：喂入半制品的定量或线密度（tex）/输出半制品的定量或线密度（tex）

$$E_{实} = W_2/W_1 = N_{t2}/N_{t1}$$

② 机械牵伸：输出、输入罗拉的线速度之比

$$E_{机} = V_1/V_2$$

③ 牵伸效率：实际牵伸倍数与机械牵伸倍数之比

$$\eta = E_{实}/E_{机}$$

④ 牵伸配合率：机械牵伸与实际牵伸之比

$$q = E_{机}/E_{实}$$

⑤ 总牵伸与部分牵伸：总牵伸等于各部分牵伸的乘积，如两个牵伸区，前区牵伸为 E_1，后区牵伸为 E_2，则总牵伸

$$E = E_1 \times E_2$$
}

说明　① 生产中，根据喂入和输出产品的定量或线密度（tex），可算出实际牵伸 $E_{实}$；

　　　② 由实际牵伸 $E_{实}$ 和牵伸配合率 q 或者牵伸效率 η，可算出机械牵伸

$$E_{机} = E_{实} \times q \text{ 或 } E_{机} = E_{实}/\eta;$$

　　　③ 再根据机械牵伸与牵伸变换齿轮的关系，确定牵伸变换齿轮（俗称轻重牙）；

　　　④ 牵伸效率 η 或牵伸配合率 q 是根据生产实践得来的经验数据，其大小随机械设备

状态、温湿度、纤维性质(长度、线密度、弹性、表面摩擦性能等)及工艺条件而定。

▶ 浮游纤维:既不受前钳口控制又不受后钳口控制的纤维,其变速是不稳定的。

▶ 摩擦力界:牵伸区中纤维受到摩擦力作用的空间。

▶ 握持力:罗拉钳口对须条的摩擦力。

▶ 牵伸力:牵伸过程中,前钳口握持的快速纤维从慢速纤维中抽出时,所有快速纤维受到的摩擦力的总和。

▶ 实现正常牵伸的条件:握持力>牵伸力。

▶ 摩擦力界的合理布置(合理选择牵伸形式,配置牵伸工艺参数):

(1) 加强牵伸区中后部的摩擦力界强度并使其向前扩展;

(2) 前钳口处有足够而集中的摩擦力界强度,横向摩擦力界分布均匀;

(3) 附加摩擦力界(其作用是使牵伸区中后部的摩擦力界加强,从而加强对浮游纤维的控制),如在主牵伸区增加附加机件(压力棒、皮圈等)、改变罗拉的几何配置(如曲线牵伸)、改变工艺参数(如粗纱捻度影响细纱牵伸区摩擦力界)等。

二、并条机的主要牵伸形式及其特点

并条机牵伸形式主要有以下几种:

① A272F 型——三上三下+压力棒+集束罗拉;

② FA306 型和 FA326 型——三上三下+压力棒+导向辊(四上三下压力棒牵伸)(图 1-5-2);

③ FA311 型和 FA320 型——四上四下+压力棒+导向辊(五上四下压力棒牵伸)(图 1-5-3);

④ FA305 型和 FA317 型——三上三下+压力棒(上托式,无集束区)。

1. 三上三下压力棒、三上三下压力棒附导向皮辊曲线牵伸

这两种压力棒曲线牵伸的共同点是:均属双区牵伸,第一、第二罗拉间为主牵伸区,第二、第三罗拉间为后牵伸区;第二罗拉的皮辊既是主牵伸区的控制皮辊,又是后牵伸区的牵伸皮辊;中皮辊易打滑。

三上三下压力棒曲线牵伸,由于没有导向皮辊,棉网在离开牵伸区进入集束区时易受气流干扰,影响输出速度的提高。A272F 型并条机采用三上三下压力棒曲线牵伸。

三上三下压力棒附导向皮辊曲线牵伸如图 1-5-2 所示,输出的棉网在导向皮辊的作用下,转过一个角度后顺利地进入集束器,克服了三上三下压力棒曲线牵伸形式下棉网易散失的缺点。FA306 型、FA326 型并条机采用三上三下压力棒附导向皮辊曲线牵伸。

2. 四上四下附导向辊压力棒曲线牵伸

图 1-5-3 所示为四上四下附导向皮辊压力棒曲线牵伸,属于双区牵伸,但又不同于三上三下双区牵伸。它有一个突出的特点,就是两个牵伸区之间有一个中区,其牵伸设计为 1.018 倍。这样的设置改善了前区后皮辊和后区前皮辊的工作条件,使前区的后皮辊主要起握持作用,后区的前皮辊主要起牵伸作用,有利于棉网结构和棉条均匀度的改善;缺点是结构复杂。FA311 型、FA320 型、FA322 型并条机采用四上四下附导向辊压力棒曲线牵伸。

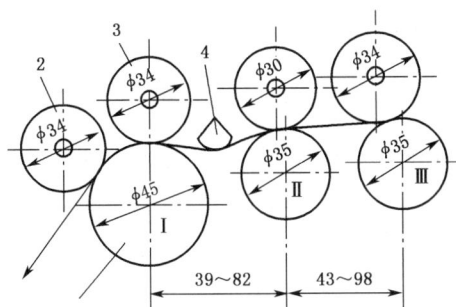

图 1-5-2　四上三下压力棒牵伸

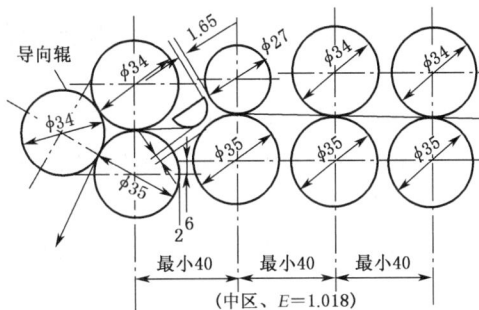

图 1-5-3　五上四下压力棒牵伸

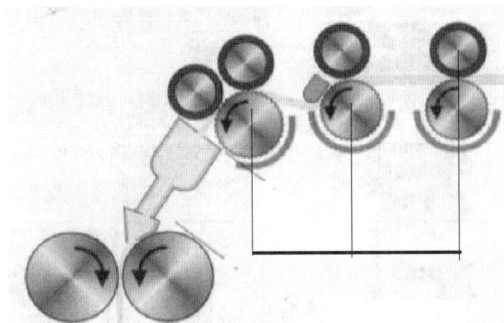

图 1-5-4　德国特吕茨勒 TD03 型并条机
四上三下压力棒牵伸

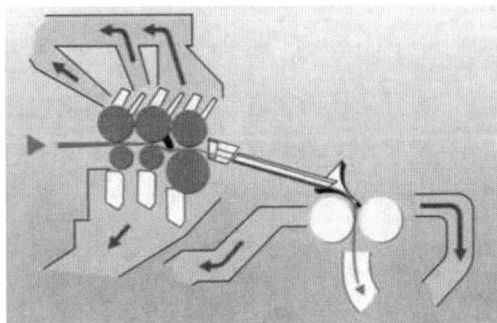

图 1-5-5　瑞士立达 RSB 型并条机
三上三下压力棒牵伸

三、牵伸产生附加不匀的原因

牵伸过程中,由于对浮游纤维的控制不良而产生移距偏差,由此引起的不匀称为牵伸不匀或牵伸波。

当纤维变速位置越分散、牵伸越大时,则移距偏差越大,条干越不均匀。要减少牵伸产生的附加不匀,应尽量减小移距偏差,使纤维变速点尽可能集中、稳定、靠前。

由于移距偏差不可避免地存在,要改善条干均匀度(短片段均匀度),一般从以下几个方面出发:

(1)选择合理的牵伸形式　目前,使用较多的牵伸形式有压力棒曲线牵伸、多皮辊曲线牵伸等,其目的就是用增强主牵伸区后部摩擦力界的方法来控制纤维的运动,使纤维在脱离后钳口、到达前钳口之前的较长时间内仍然保持慢速运动,不会提前变速,以减小移距偏差。

(2)选择合理的工艺参数　在设备选定后,牵伸形式也同时选定。在生产中,必须根据实际情况,选择合理的工艺参数,如罗拉隔距、皮辊加压、牵伸、速度等。

(3)其他因素　加强机械设备管理和运转操作管理等。

◆◆◆ 1.5.3　并条工艺设计要点

一、并条工艺设计原则

（1）利用并条机的并合作用改善棉条均匀度和棉条长片段不匀率,以降低成纱质量不匀率和质量偏差。

（2）利用并条机的牵伸作用有效消除纤维弯钩,提高纤维伸直平行度和分离度,减少棉结。

（3）根据并条机自身设备状态及生产原料、纺纱品种,优化配置罗拉隔距、牵伸、皮辊加压、棉条定量等工艺参数,减小牵伸附加不匀。

二、并条工艺设计内容及选择依据

┌─────────────────────────┐
│　　　　并条工艺设计内容　　　　│
└─────────────────────────┘

▶ 并条机工艺道数、棉条定量、输出速度。

▶ 牵伸工艺参数:并合数、总牵伸、牵伸分配(前区牵伸与后区牵伸)、罗拉握持距、皮辊加压、压力棒工艺、集合器口径等。

1. 并条机的工艺道数

为提高纤维的伸直平行度,并粗工序应遵循奇数法则。因为梳棉机输出的生条中,纤维大部分呈后弯钩状态,条子从条筒中每引出一次,就产生一次弯钩倒向,所以喂入头道并条机的条子中前弯钩纤维占大多数,喂入二道并条机的条子中后弯钩纤维占大多数,再经过一道粗纱机,使喂入细纱机的粗纱中后弯钩纤维占多数。细纱工序牵伸大,对消除后弯钩有利。因此,普梳纺纱系统在梳棉与细纱工序之间的设备道数应为奇数,见表1-5-1。

表1-5-1　工序道数与纤维的弯钩方向

梳棉机	头道并条机		二道并条机		粗纱机		细纱机
输出	喂入	输出	喂入	输出	喂入	输出	喂入
⌣	╱	⌣	⌣	╱	╱	⌣	⌣

选择合理的工艺道数和并合数,对于改善纤维的伸直平行度和提高混合均匀性十分重要,在不同纤维混纺和色纺时尤为突出。并条工艺道数还受纤维弯钩方向的制约,一般有三种情况:

（1）一般普梳纺纱系统应符合奇数法则,并条采用2道,粗纱采用1道。

（2）不同原料混纺采用条子混合时,为提高纤维混合效果,一般采用3道混并。

（3）对精梳后的并条工序,喂入棉条中的纤维已充分伸直平行,生产中容易产生意外牵伸,所以纯棉精梳后采用带自调匀整装置的1道并条可代替原来的2道并条。

2. 棉条定量

棉条定量的配置应综合考虑纺纱线密度、纺纱品种、加工原料、配置设备数量以及对产品质量的要求等因素而决定,一般为10～30 g/(5 m)。纺细特纱及化纤混纺时,产品质量要求较高,定量应偏轻;在罗拉压力足够、后工序设备牵伸能力较大的情况下,可以适当加重定量。头道、二道、三道的定量选配一般逐道减轻。一般而言,纺细特纱,定量轻;纺粗特纱,则定量重。

3. 出条速度

随着并条机的喂入形式、牵伸形式、传动方式及零件的改进和机器自动化程度的提高,并条机的出条速度提高很快。速度选择应考虑:①所选用并条机的速度范围;②所加工纤维的种类。

并条机的出条速度与所加工纤维的种类相关。纺化纤时,由于化纤易起静电,若出条速度过高,易引起绕罗拉、绕皮辊等现象。所以,纺化纤时出条速度比纺棉时低 10%～20%。FA 系列并条机的实际工艺速度可达到 370 m/min 以上。对于同类并条机来说,为了保证前后道并条的产量供应,头道、二道的出条速度应略大于三道。

4. 牵伸及牵伸分配

(1) 总牵伸　并条工序的总牵伸应稍大于或接近并合根数。一般选用范围为并合数的 0.9～1.2 倍,总牵伸配置范围见表 1-5-2。

表 1-5-2　总牵伸配置范围

并合数(根)	6	8
总牵伸(倍)	5.5～7.5	7.0～10.0

(2) 牵伸分配　并条工序的牵伸分配,是指在总牵伸已定时配置头道、二道并条机的总牵伸和各牵伸区的牵伸。头道、二道并条机的牵伸分配,既要注意棉条的内在结构和纤维弯钩方向,又要兼顾逐次牵伸造成的附加不匀率增大,见表 1-5-3。

采用 2 道并条时,有两种牵伸分配类型,即所谓的倒牵伸与顺牵伸。倒牵伸是指头道牵伸大于二道牵伸,这种牵伸分配是利用较小的末道牵伸来提高熟条的条干均匀度。顺牵伸是指头道牵伸小于末道牵伸,这种牵伸分配有利于弯钩纤维的伸直,以提高成纱质量。通过生产实践表明,顺牵伸的工艺更为合理。目前,大多数工厂采用顺牵伸工艺。

表 1-5-3　头道、二道的牵伸分配参考因素

牵伸分配	头道小于二道(顺牵伸)	头道大于二道(倒牵伸)
对熟条质量的影响	有利于纤维伸直	有利于条干均匀

各区的牵伸分配主要与牵伸形式及喂入纱条的结构有关,一般规律如下:

① 无论采用何种牵伸形式,采用 6 根或 8 根并合,前区的牵伸都大于后区牵伸。各种牵伸形式下,其前区摩擦力界布置都比较合理,而后区是简单罗拉牵伸,所以前牵伸区比后牵伸区能承担较大的牵伸。

② 头道、二道并条机的前后牵伸区的牵伸分配不相同。

喂入头道并条机的条子中前弯钩纤维占多数,采用 6 根并合时,头道的后区牵伸应为 1.7～2.0 倍,前区牵伸应在 3 倍左右。头并应采用少并合、少牵伸的方法,即 6 根并合 6 倍牵伸(或 6 根并合 5 倍牵伸);或多并合、少牵伸的方法,即 8 根并合 7 倍牵伸。

纺纱工艺设计与实施

喂入二道并条机的条子中后弯钩纤维居多,采用前区大牵伸、后区小牵伸,并适当放大后区隔距。若8根喂入,后牵伸为1.06～1.14倍,前区牵伸在7.5倍以上。因此,二道并条以多并合、多牵伸为好,一般用8根并合且牵伸略大于并合根数。

（3）前张力牵伸（小压辊～前罗拉）与后张力牵伸（后罗拉～导条罗拉）　前张力牵伸以棉网顺利集束前进、不起皱、不涌头为准,一般控制在0.99～1.03倍。

纺纯棉时,前张力牵伸取1.00～1.03倍;纺化纤时,前张力牵伸取0.99～1.00倍,因为化纤的回弹性大。后张力牵伸（导条牵伸）主要考虑使条子不发毛,避免意外牵伸,纺棉时一般为1.01～1.02倍。

5. 罗拉握持距（中心距、隔距、握持距）

牵伸装置中相邻罗拉间的距离有中心距、隔距和握持距三种表示方法。

（1）罗拉中心距　表示相邻两罗拉中心线之间的距离。

（2）罗拉隔距　是指相邻两罗拉表面间的距离,此距离在保全保养时采用。

（3）罗拉握持距　表示前后两钳口间须条运动轨迹的长度,是纺纱的主要工艺参数。

握持距的影响因素很多,主要以纤维品质长度而定。在曲线牵伸中,罗拉握持距不等于中心距。一般用经验公式计算,即:

$$罗拉握持距(S) = 纤维品质长度(L_p) + 经验值(a)$$

握持距过大会使条干恶化,纤维伸直平行效果差,成纱强力下降;过小则牵伸力过大,容易形成粗节和纱疵。

表 1-5-4　不同牵伸形式下各区握持距推荐的经验值 a 的范围

牵伸形式	三上三下附导向皮辊,压力棒	四上四下附导向皮辊,压力棒	三上四下
前区握持距 S_1(mm)	$L_p + (5 \sim 10)$	$L_p + (4 \sim 8)$	$L_p + (3 \sim 5)$
中区握持距 S_2(mm)	—	$L_p + (3 \sim 5)$	—
后区握持距 S_3(mm)	$L_p + (10 \sim 12)$	$L_p + (9 \sim 14)$	$L_p + (10 \sim 15)$

6. 罗拉（胶辊）加压

罗拉加压的目的是使罗拉钳口能有效地握持须条并能顺利地输送须条,即握持力＞牵伸力。并条机各罗拉的加压配置应根据牵伸形式、前罗拉速度、棉条定量和原料性能等综合决定。一般在罗拉速度快、棉条定量重及加工棉型化纤时,罗拉加压应适当加重。

7. 压力棒工艺配置

根据所纺纤维长度、品种、品质和定量的不同,变换不同直径的调节环,使压力棒在牵伸区中处于不同高低位置,从而获得对棉层的不同控制。调节环的直径越小,控制力越强。FA306型不同直径调节环的使用可参考表1-5-5。

表 1-5-5　不同直径调节环的使用参考值

调节环颜色	红	黄	蓝	绿	白
直径(mm)	12	13	14	15	16
适纺品种	棉	棉	棉或化纤与棉混纺	化纤	化纤或化纤混纺的头并

▶▶▶ 1.5.4　　并条引导案例分析

典型案例:C 27.8 tex 并条工艺设计

设计步骤

▶ 分析并条机技术性能(输出速度、牵伸范围等)

▶ 配置并条机主要工艺参数(表1-5-8"并条工艺单")

1. 分析并条机技术性能(牵伸形式、出条速度、牵伸范围等)

选用的并条机为FA306型,其技术特征见表1-5-6,其传动图如图1-5-6所示。

表1-5-6　部分国产并条机的主要技术特征

型号		A272F	FA306	FA311、FA320A	FA326A
眼数		2	2	2	2
眼距(mm)		650	570	570	570
适纺纤维长度(mm)		22~76	22~76	22~76	22~76
并合数(根)		6~8	6~8	6~8	6~8
出条速度(m/min)		120~250	148~600	150~400	最高600
总牵伸		5.6~9.58	4~13.5	5~15	5.4~9.9
牵伸形式		三上三下压力棒,有集束区	三上三下压力棒加导向辊,无集束区	四上四下压力棒加导向辊,无集束区	三上三下压力棒加导向辊,无集束区
罗拉直径(mm)	压辊	50	60	51	60
	集束罗拉	40	—	—	—
	前罗拉	35	45	35	45
	二罗拉	35(压力棒φ12)	35(压力棒φ12)	35(压力棒φ12)	35(压力棒φ12)
	三罗拉	—	—	35	—
	后罗拉	35	35	35	35
皮辊直径(mm)		35×30×35×35	36×36×33×36	34×34×27×34×34	36×36×33×36
罗拉加压(N/单侧)		118×314×58.5×343×314	118×294×58.5×314×294	294×294×98×394×394	118×353×58.5×392×353
罗拉加压方式		弹簧摇架加压	弹簧摇架加压	弹簧摇架加压	弹簧摇架加压
条子喂入方式		平台横向喂入	高架顺向喂入	高架顺向喂入	高架顺向喂入
自调匀整		无	可配	可配	USG开环控制短片段主区匀整
开关车控制		双速电机,电容刹车	双速电机,电容刹车	双速电机,电磁制动	变频调速,变频器刹车
喂入条筒(mm)	直径	350,400,500,600	400,500,600	350,400,500,600	400,500,600
	高度	900,1100	900,1100	915,1100	900,1100
输出条筒(mm)	直径	350,400	300,350,400,500	230,300,350,400,500	400,350,300
	高度	900	900,1100	915,1100	1100
全机功率(kW)		2.95	4.5	6.45	12.07

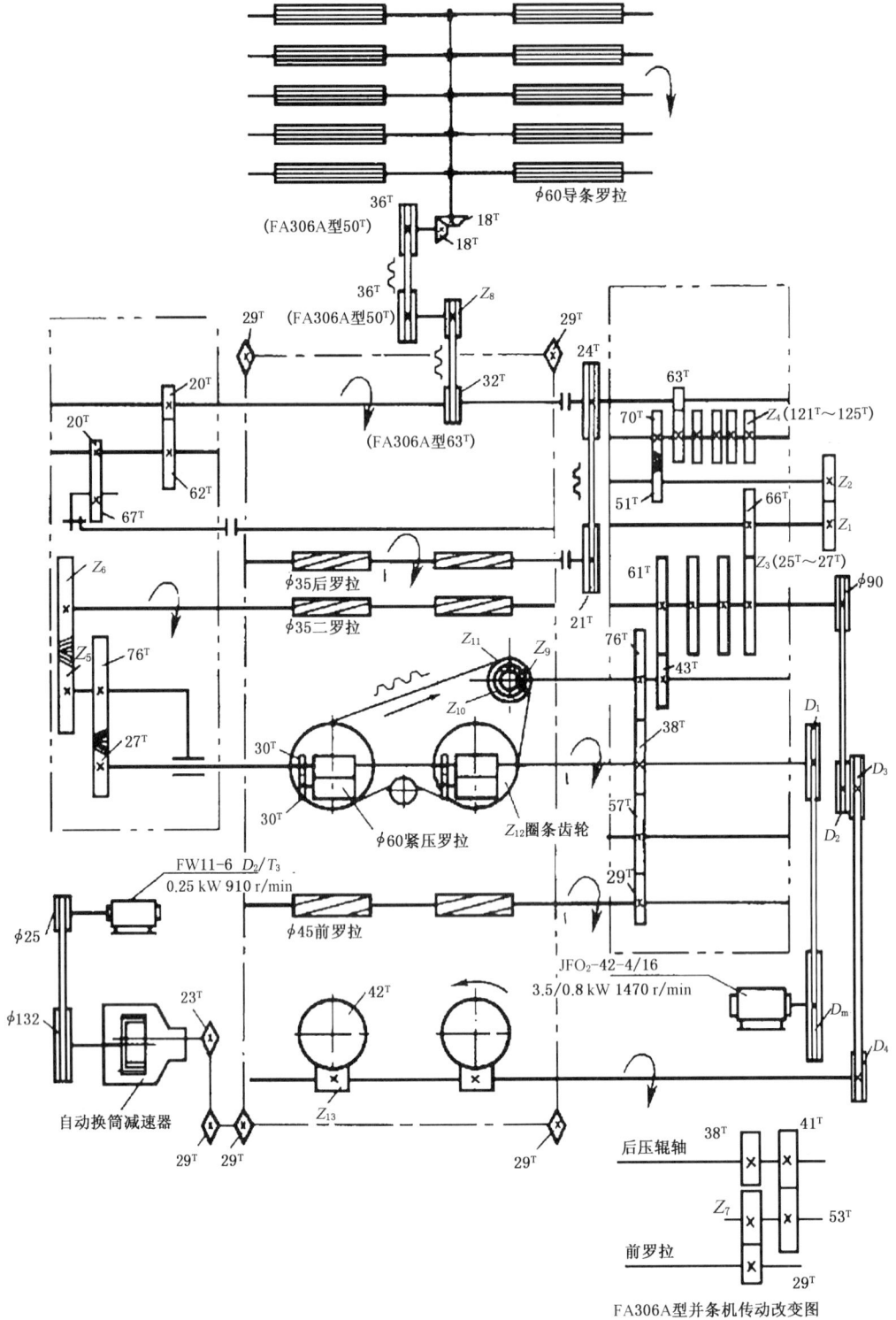

图 1-5-6　FA306 型并条机传动图

2. 配置并条机主要工艺参数

● 速度选择　选用并条机为 FA306 型,其出条速度为 148~600 m/min,考虑所纺纱线为纯棉中特纱,其生产设计速度适中配置,出条速度初定为 370 m/min。

● 罗拉握持距　$S =$ 纤维品质长度(L_p) + 经验值(a)

纺棉时 L_p 是指纤维的品质长度,纺化纤时 L_p 是指纤维的名义长度,具体配置见"并条工艺单"(表 1-4-9)。

如果原料种类没有大的变化,从生产管理和简化工艺调节的角度出发,罗拉握持距一旦确定即很少改变。

● 罗拉加压　罗拉加压的目的是使罗拉钳口能有效地握持须条并能顺利地输送须条,即握持力>牵伸力,具体配置见"并条工艺单"(表 1-5-9)。

● 计算并条机主要工艺参数

工艺计算内容

(1) 输出速度计算:压辊输出线速度、转速。

(2) 半熟条、熟条定量设计:干重、湿重、线密度(tex)。

(3) 头末道牵伸计算:实际牵伸、机械牵伸、总牵伸、前区牵伸、后区牵伸、牵伸变换齿轮。

(4) 产量计算:理论产量、定额产量。

(1) 输出速度计算

① 压辊输出线速度 V

$$V(\text{m/min}) = \frac{n \times \pi d \times 10^{-3} \times D_m}{D_l}$$

式中:n——电动机转速(1470 r/min);

D_l——压辊轴皮带轮直径(mm),有 100、120、140、150、160、180、200、210 mm 几种;

D_m——电动机皮带轮直径(mm),有 140、150、160、180、200、210、220 mm 几种;

d——紧压罗拉直径(60 mm)。

$$V = \frac{1470 \times 3.14 \times 60 \times 200}{1000 \times 150} = 369.26\ (\text{m/min})$$

② 压辊输出转速 $n_压$

$$n_压(\text{r/min}) = n \times D_m / D_l$$

$$n_压 = 1470 \times \frac{200}{150} = 1960\ (\text{r/min})$$

表 1-5-7　压辊输出速度与变换皮带轮对照表

n(r/min)	1470										
d(mm)	60										
D_m(mm)	140	150	150	150	160	180	**200**	210	210	200	220
D_l(mm)	210	200	180	160	150	150	**150**	140	120	100	100
$n_压$(r/min)	980	1103	1225	1378	1568	1764	**1960**	2205	2573	2940	3234
V(m/min)	185	208	231	260	296	333	**370**	416	485	554	610

（2）半熟条、熟条定量设计

半熟条、熟条定量设计结合并条总牵伸和头末道牵伸分配考虑。为提高纤维伸直平行度，采用顺牵伸；考虑头道并合数为 6 根，故采用 6 倍左右牵伸，末道采用 8 根并合、8 倍左右牵伸。

所纺纱线为 27.8 tex，其梳棉生条干定量为 21.25 g/(5 m)；

① 头道半熟条　设计干定量为 21.00 g/(5 m)，则

$$N_t = (21.00/5) \times (1 + 8.5\%) \times 1000 = 4557 \text{(tex)}$$

实际回潮率为 7.0%，得

$$G_湿 = 21 \times (1 + 7.0\%) = 22.47 \left[\text{g/(5 m)}\right]$$

② 末道熟条　设计干定量为 19.00 g/(5 m)，则

$$N_t = (19.00/5) \times (1 + 8.5\%) \times 1000 = 4123 \text{(tex)}$$

实际回潮率为 7.0%，得

$$G_湿 = 19 \times (1 + 7.0\%) = 20.33 \left[\text{g/(5 m)}\right]$$

表 1-5-8　并条机输出条子定量和线密度的一般范围

细纱细度(tex/英支)	并条机输出线密度(tex)	并条机输出干定量[g/(5 m)]
9.7～11/60～53	2500～3300	12.5～17
12～20/49～29	3000～3700	15～20
21～31/28～19	3400～4300	17～22
32～97/18～6	4200～5200	21～26

（3）牵伸计算

① 头道并条牵伸计算

$$\text{实际牵伸(质量牵伸)} E_实 = \frac{\text{喂入生条干定量(或线密度)} \times \text{并合数}}{\text{输出半熟条干定量(或线密度)}} = \frac{21.25 \times 6}{21} = 6.07 \text{(倍)}$$

总牵伸 E（机械牵伸）指紧压罗拉（压辊）与导条罗拉间的牵伸，可计算如下：

$$E(倍) = \frac{18 \times 36 \times Z_8 \times 63 \times 70 \times Z_2 \times 66 \times 61 \times 76 \times 60}{18 \times 36 \times 32 \times Z_4 \times 51 \times Z_1 \times Z_3 \times 43 \times 38 \times 60} = 506 \times \frac{Z_8 \times Z_2}{Z_4 \times Z_1 \times Z_3}$$

式中：Z_4——牵伸微调齿轮（冠牙）的齿数，有 121、122、123、124、125 数种；

Z_3——牵伸变换齿轮（轻重牙）的齿数，有 25、26、27 三种；

Z_2/Z_1——牵伸变换对牙的齿数，有 62/36、60/38、58/40、56/42、54/44、52/46、50/48、48/50、46/52、44/54、42/56、40/58、38/60、36/62 数种；

Z_8——后张力齿轮的齿数，有 49、50、51 三种。

牵伸区牵伸 E' 指前罗拉与后罗拉间的牵伸，可计算如下：

$$E'(倍) = \frac{45 \times 21 \times 63 \times 70 \times Z_2 \times 66 \times 61 \times 76}{35 \times 24 \times Z_4 \times 51 \times Z_1 \times Z_3 \times 43 \times 29} = 23\,869 \times \frac{Z_2}{Z_4 \times Z_1 \times Z_3}$$

纺纱工艺设计与实施

主牵伸 e_1(前区牵伸)指前罗拉与第二罗拉之间的牵伸,按下式计算:

$$e_1(倍) = \frac{45 \times Z_6 \times 76 \times 38}{35 \times Z_5 \times 27 \times 29} = 4.742\,2 \times \frac{Z_6}{Z_5}$$

式中:Z_6、Z_5——前区牵伸变换齿轮的齿数,其中 Z_6 有 74、63、53 三种,Z_5 有 47、51、65、71 四种。

后区牵伸 e_2 指第二罗拉与第三罗拉之间的牵伸,可按下式计算:

$$e_2(倍) = \frac{牵伸区牵伸}{主牵伸} = 5\,033.4 \times \frac{Z_2 \times Z_5}{Z_4 \times Z_1 \times Z_3 \times Z_6}$$

前张力牵伸 e_3 指小压辊与前罗拉之间的牵伸,对于 FA306 型并条机,是一个固定不变的值,可计算如下:

$$e_3 = \frac{29 \times 60}{38 \times 45} = 1.017\,5(倍)$$

对于 FA306A 型并条机,其算式为:

$$e_3 = \frac{29 \times 53 \times 60}{Z_7 \times 41 \times 45} = \frac{49.983\,7}{Z_7}$$

式中:Z_7——前张力齿轮的齿数,有 47、48、49、50 四种。

● 牵伸变换齿轮计算

选择牵伸配合率为 1.02,头道并条机的机械牵伸

$$E_机 = E_实 \times 牵伸配合率 = 6.07 \times 1.02 = 6.19(倍)$$

另 $E_机 = e_3 \times E' \times e_4$(即后张力牵伸,指后罗拉与导条罗拉之间的牵伸)

若前张力牵伸 e_3 取 1.02 倍,后张力牵伸 e_4 取 1.02 倍,则牵伸区牵伸

$$E' = \frac{6.19}{1.02 \times 1.02} = 5.95(倍)$$

对于 FA306 型并条机,$\quad E' = 23\,869 \times \dfrac{Z_2}{Z_4 \times Z_1 \times Z_3}$

则牵伸变换对牙

$$\frac{Z_2}{Z_1} = \frac{E' \times Z_4 \times Z_3}{23\,869}$$

即

$$\frac{5.95 \times 121 \times 25}{23\,869} \leqslant \frac{Z_2}{Z_1} \leqslant \frac{5.95 \times 121 \times 27}{23\,869}$$

得 $0.754 \leqslant Z_2/Z_1 \leqslant 0.814$,取 $Z_2/Z_1 = 44/54 = 0.81$

取冠牙 $Z_4 = 121$,则轻重牙

$$Z_3 = \frac{23\,869 \times Z_2}{E' \times Z_4 \times Z_1} = \frac{23\,869 \times 44}{5.95 \times 121 \times 54} \approx 27$$

初选后区牵伸 $e_2 = 1.72$ 倍,则前区牵伸

$$e_1 = E'/e_2 = 5.95/1.72 = 3.44(倍)$$

由

$$e_1 = \frac{45 \times Z_6 \times 76 \times 38}{35 \times Z_5 \times 27 \times 39} = 4.742\,2 \times \frac{Z_6}{Z_5}$$

得
$$\frac{Z_6}{Z_5} = \frac{e_1}{4.742\,2} = \frac{3.44}{4.742\,2} = 0.725$$

取 $Z_6/Z_5 = 53/71 = 0.746$，修正得

前区牵伸 $e_1 = 4.742\,2 \times \dfrac{Z_6}{Z_5} = 4.742\,2 \times \dfrac{53}{71} = 3.54$（倍）

后区牵伸 $e_2 = 5\,033.4 \times \dfrac{44 \times 71}{121 \times 54 \times 27 \times 53} = 1.68$（倍）

② 二道并条牵伸计算

$$E_{实} = \frac{\text{喂入半熟条干定量（或线密度）} \times \text{并合数}}{\text{输出熟条干定量（或线密度）}} = \frac{21 \times 8}{19} = 8.84\text{（倍）}$$

$$E_{机} = E_{实} \times \text{牵伸配合率} = 8.84 \times 1.01 = 8.93\text{（倍）}$$

选择牵伸配合率为 1.01，则牵伸区牵伸

$$E' = \frac{8.93}{1.02 \times 1.02} = 8.583\text{（倍）}$$

注：前张力牵伸取 1.02 倍，后张力牵伸取 1.02 倍。

● 牵伸变换齿轮计算

FA306 型并条机的牵伸区牵伸 $E' = 23\,869 \times \dfrac{Z_2}{Z_4 \times Z_1 \times Z_3}$

则牵伸变换对牙

$$\frac{Z_2}{Z_1} = \frac{E' \times Z_4 \times Z_3}{23\,869}$$

即 $$\frac{8.583 \times 121 \times 25}{23\,869} \leqslant \frac{Z_2}{Z_1} \leqslant \frac{8.583 \times 121 \times 27}{23\,869}$$

故 $1.088 \leqslant \dfrac{Z_2}{Z_1} \leqslant 1.175$，取 $\dfrac{Z_2}{Z_1} = \dfrac{52}{46} = 1.13$

取冠牙 $Z_4 = 121$，则 $Z_3 = \dfrac{23\,869 \times Z_2}{E' \times Z_4 \times Z_1} = \dfrac{23\,869 \times 52}{8.583 \times 121 \times 46} \approx 26$

二道并条初选后区牵伸 $e_2 = 1.30$ 倍，则前区牵伸

$$e_1 = \frac{E'}{e_2} = \frac{8.583}{1.30} = 6.60\text{（倍）}$$

由 $$e_1 = \frac{45 \times Z_6 \times 76 \times 38}{35 \times Z_5 \times 27 \times 39} = 4.742\,2 \times \frac{Z_6}{Z_5}$$

得 $$\frac{Z_6}{Z_5} = \frac{e_1}{4.742\,2} = \frac{6.60}{4.742\,2} = 1.39$$

取 $Z_6/Z_5 = 63/47 = 1.34$，修正得

前区牵伸 $e_1 = 4.742\,2 \times \dfrac{Z_6}{Z_5} = 4.742\,2 \times \dfrac{63}{47} = 6.36$（倍）

后区牵伸 $e_2 = 5\,033.4 \times \dfrac{52 \times 47}{121 \times 46 \times 26 \times 63} = 1.35$（倍）

（4）产量计算

① 理论产量 $G_{理}$

$$G_{理}[\text{kg}/(台 \cdot \text{h})] = 2 \times 60 \times V \times g \times 10^{-3} \times 1/5 = 0.024 \times v \times g$$

式中：g——棉条定量[g/(5 m)]；

V——压辊输出线速度（m/min）。

或

$$G_{理} = \frac{2 \times 60 \times V \times N_t}{1000 \times 1000}$$

式中：N_t——棉条线密度（tex）。

② 定额产量 $G_{定}$

$$G_{定} = G_{理} \times 时间效率$$

并条机的时间效率一般为 80%~90%。

A. 头道并条机

$$G_{理} = \frac{2 \times 60 \times V \times N_t}{1000 \times 1000} = \frac{2 \times 60 \times 370 \times 4557}{1000 \times 1000} = 202.33 [\text{kg}/(台 \cdot \text{h})]$$

$$G_{定} = G_{理} \times 时间效率 = 202.33 \times 88\% = 178.05 [\text{kg}/(台 \cdot \text{h})]$$

B. 二道并条机

$$G_{理} = \frac{2 \times 60 \times V \times N_t}{1000 \times 1000} = \frac{2 \times 60 \times 370 \times 4123}{1000 \times 1000} = 183.06 [\text{kg}/(台 \cdot \text{h})]$$

$$G_{定} = G_{理} \times 时间效率 = 183.06 \times 88\% = 161.09 [\text{kg}/(台 \cdot \text{h})]$$

并条机的时间效率取 88%。

表 1-5-9　并条工艺单

纱线品种：C 27.8 tex 机织用经纱

道别	机型	回潮率(%)	定量[g/(5 m)]		线密度(tex)	牵伸		配合率	并合数(根)
			干重	湿重		机械(倍)	实际(倍)		
头道	FA306	7.0	21	22.47	4 557	6.19	6.07	1.02	6
二道	FA306	7.0	19	20.33	4 123	8.93	8.84	1.01	8

牵伸分配(倍)				皮辊加压(N/单侧)	压力棒调节环直径(mm)	罗拉中心距(mm)		喇叭口直径(mm)
前张力	前区	后区	后张力	前~后		前区	后区	
1.02	3.54	1.68	1.02	118×294×58.5×314×294	13	41	46	3.2
1.02	6.36	1.35	1.02	118×294×58.5×314×294	13	41	46	3.0

紧压罗拉(压辊)输出速度		变换轮					定额产量	
线速度(m/min)	转速(r/min)	皮带盘 D_m/D_1(mm)	轻重牙 Z_3	冠牙 Z_4	牵伸阶段牙 Z_2/Z_1	前区牵伸变换牙 Z_6/Z_5	kg/(台·h)	kg/(台·天)
370	1960	200/150	27	121	44/54	53/71	178.05	4 006
370	1960	200/150	26	121	52/46	63/47	161.09	3 625

注　每天工作时间为 22.5 h。

▶▶▶ 1.5.5　熟条质量指标及控制

一、熟条质量控制指标及范围

并条质量指标主要有质量不匀率、条干不匀率、质量偏差等,其中以末道并条作为质量把关的重点工序。并条质量控制项目及参考范围见表1-5-10。

表1-5-10　并条质量控制项目及参考范围

控制项目	参考范围	试验周期
熟条质量不匀率(%)	无自调匀整: 纯棉普梳<1.0 纯棉精梳<0.8 化纤或混纺纱<0.8 带自调匀整:<0.5	预并条、头道并条,每周每台试验1次,试验间隔时间必须均匀;计算质量不匀率,试样不少于20段,每段取5 m;末并棉条,每班每台每眼试验2~4次
Uster条干不匀率(%)	<4.0	预并条、头道并条,每周每台每眼试验1次;末道并条,每班每台每眼试验1次或根据质量要求自定
Y311型条干不匀率(%)	<18	
熟条质量偏差(%)	单机台平均干重不超过±1.0 全机台平均干重不超出±0.5	同熟条质量不匀率试验周期
熟条回潮率(%)	6.0~7.2	结合熟条质量不匀率试验

二、提高熟条质量的技术措施

(一) 熟条质量不匀率控制

1. 轻重条搭配

不同梳棉机生产的同一品种生条应该喂入同一台头道并条机,同一台梳棉机生产的生条应该喂入不同的头道并条机;头道并条机的两个眼生产的同一品种半熟条,应该采用"巡回换筒"的方式,交叉喂入末道并条机的两个眼。

例如:将生条条筒号与梳棉机对应编号;头道并条机后喂入的条子尽可能不使用重复的筒号;如果要重复,也要均匀配置,避免同一梳棉机生产的条子用得太多;头道并条的左眼、右眼生产的条子交叉搭配喂入末道并条机,即末道并条机每眼喂入8根条子,其中来自头道并条左眼、右眼的条子各4根。采取轻重条搭配的喂入方法,可有效地降低并条机每眼输出棉条的质量差异,降低熟条质量不匀率。

2. 积极式喂入,减少意外伸长

采用高架式积极喂入,同时在运转操作时应注意里外条筒、远近条筒、满浅条筒的合理搭配,尽量减少喂入过程中的意外伸长。

3. 断头自停可靠

采用高灵敏度的断头自停装置,保证喂入根数,防止漏条或交叉重叠。

4. 皮辊工作状态

保证并条机两眼的皮辊加压及直径一致,回转灵活。

5. 自调匀整

若使用自调匀整装置,可以大大减小质量不匀率及质量偏差。

(二) 熟条质量偏差控制

1. 熟条质量偏差控制范围

熟条是并条工序的最终产品,其定量控制就是将纺出熟条的平均干燥质量[g/(5 m)]与设计的标准干燥质量(简称定量)间的差异控制在一定的范围内。

$$熟条的实际质量偏差 = \frac{实际干重 - 设计干重}{设计干重} \times 100\%$$

全机台的平均重量差异 —— 同一品种的全部机台纺出棉条的平均干燥重量与设计定量间的差异,影响细纱的重量偏差,要求不超出±0.5%。

单机台的平均重量差异 —— 单台并条机纺出棉条的平均干燥重量与设计定量间的差异,影响棉条和细纱的重量不匀率,要求不超出±1%。

生产实践证明,严格控制单机台的平均质量差异,既可降低棉条的质量不匀率,又可降低全机台的平均质量差异。如果单机台的平均质量差异控制在±1%以内,则全机台的平均质量差异一般为±0.5%。这样就可使细纱的质量偏差和质量不匀率稳定在国家标准规定的范围以内。因此,对于熟条干重,主要是单机台控制。

2. 纺出质量的调整(无自调匀整装置)

(1) 取样试验 生产过程中,每班对每个品种的熟条一般测试 2~3 次,每次在全部眼中各取一个试样,测试棉条的回潮率及各机台的平均纺出湿重[g/(5 m)],然后根据测得的回潮率折算出各机台的平均纺出干重。

(2) 调整牵伸 如个别机台的纺出干重与标准干重间的差异超出允许范围,应该调整该机台的牵伸,可通过调换牵伸变换齿轮(轻重牙)或牵伸微调变换齿轮(冠牙)来实现。

轻重牙在机器传动过程中处于主动位置,齿数越多,总牵伸越小,纺出质量越重,其齿数与纺出质量成正比。对大多数机型如 A272 系列和 FA302 型、FA311 型并条机来说,冠牙在传动过程中处于被动位置,齿数越多,牵伸越大,纺出质量越轻,其齿数与纺出质量成反比;而对 FA306 型并条机而言,冠牙和轻重牙的齿数均与纺出质量成正比。

① FA302 型、FA311 型(轻重牙齿数与定量成正比,冠牙齿数与定量成反比)

$$轻重牙增减一齿能调整的棉条干重 = \pm \frac{实际纺出棉条干重(g)}{机上使用的轻重牙齿数}$$

$$冠牙增减一齿能调整的棉条干重 = \mp \frac{实际纺出棉条干重(g)}{机上使用的冠牙齿数}$$

② FA306 型(轻重牙和冠牙齿数均与纺出质量成正比)

$$轻重牙增减一齿能调整的棉条干重 = \pm \frac{实际纺出棉条干重(g)}{机上使用的轻重牙齿数}$$

$$冠牙增减一齿能调整的棉条干重 = \pm \frac{实际纺出棉条干重(g)}{机上使用的冠牙齿数}$$

FA306 型并条机的轻重牙齿数少,每增减一齿,纺出质量变化较大,约为 ±4%;冠牙齿数多,每增减一齿,纺出质量变化较小,约为±0.8%。

当个别机台的纺出干重超出范围时,可根据实际纺出干重以及机上轻重牙和冠牙的齿数,计算出轻重牙和冠牙每增减一齿棉条纺出干重的变化量,再根据纺出干重与标准干重间的差异,确定如何调整齿轮。

对于FA306型并条机,如差异较小(略超出±1%),可调整冠牙,差异为正时冠牙减一齿,差异为负时冠牙增一齿;如差异较大(略超出±4%),可调换轻重牙。

对于A272系列和FA302型、FA311型等并条机,如差异较小(略超出±1%),可调整冠牙,差异为正时冠牙增加一齿,差异为负时冠牙减少一齿;如差异较大(略超出±2%),可调换轻重牙。

无论何种型号的并条机,当单独调整冠牙或轻重牙不能满足要求时,都需要同时调整两组牙,将纺出干重差异调整到最小为止。

(3)调整实例　FA306型并条机生产的熟条,其设计干重为20 g/(5 m),而纺出平均干重为21.1 g/(5 m),机上轻重牙齿数为26,冠牙齿数为123。此时需要调整轻重牙或冠牙吗?

解:第一步,验算实际质量偏差。(质量偏差的控制范围为±1%)

$$纺出的实际质量偏差 = \frac{(实际干重 - 设计干重)}{设计干重 \times 100\%} = \frac{(21.1-20)}{20} \times 100\%$$
$$= 5.5\% > 1\%$$

已超出允许范围,需要调整变换齿轮。

第二步,若将轻重牙减少一齿,则纺出干重的变化量 $=-21.1/26=-0.81$ g

$$纺出的实际质量偏差 = \frac{(21.1-0.81-20)}{20} \times 100\% = 1.45\% > 1\%$$

仍不能满足要求,若将轻重牙再减少一齿,则变化量太大。

第三步,如果在轻重牙减一齿的同时,将冠牙减一齿,则

$$纺出干重的变化量 =-21.1/123=-0.17 \text{ (g)}$$
$$纺出的实际质量偏差 = \frac{(21.1-0.81-0.17-20)}{20} \times 100\% = 0.6\% < 1\%$$

这样调整后的纺出干重在允许范围内,符合要求。调整后的轻重牙齿数为25,冠牙齿数为122。

注1:对于A272系列、FA302型、FA311型、FA320型等无自调匀整的并条机,其调整方法也是如此,但要注意,这些机型的冠牙齿数与纺出条子质量成反比。

注2:FA306型并条机实际配备的轻重牙有25、26、27共三种齿数,冠牙有121、122、123、124、125共五种齿数。如果需要同时调整轻重牙和冠牙,而机上所配齿轮已经是极限齿数(齿数最大或最小)时,应先调整牵伸阶段变换对牙的齿数,再调整轻重牙和冠牙,使熟条定量符合控制范围。

注3:如果末道并条机采用自调匀整,则不需要用调换齿轮的方法来控制熟条定量,而使用自调匀整进行自动调节,达到提高熟条均匀度、控制好熟条质量偏差的目的。

3．齿轮调整时的注意事项

为了在生产过程中不造成人为误调引起的质量波动，调换牙时应注意以下问题：

（1）对于单机台调换牙，应控制同一品种各机台间牵伸变换齿轮的差异不能多于冠牙一个齿，即机台间的差异控制在 1% 以内。

（2）在测试与数据分析过程中，应结合工艺及原棉变动情况，证实确有偏重、偏轻倾向时方能进行调换牙。严防因某种特殊情况（如野质量或温湿度波动）而误调，引起人为的质量波动。

（3）为了保证细纱的质量偏差不超出标准（国家标准规定纱线的质量偏差范围是 ±2.5%，月度累计偏差为 ±0.5%），纺出棉条干重的掌握既要考虑当时纺出细纱质量偏差的情况，又要考虑细纱累计质量偏差情况。当细纱累计质量偏差过重或过轻时，应在并条机上调整，使之校正细纱累计质量偏差。如果纺出细纱累计质量偏差为正值，则棉条的干重应偏轻掌握；反之，则应偏重掌握。应注意的是，在并条机上调换牵伸变换齿轮，不能过于频繁或幅度过大，以免引起细纱质量不匀率的恶化。

（三）条干均匀度的控制

纱条的条干不匀分为规律性条干不匀和非规律性条干不匀。

1．规律性条干不匀产生的原因及消除方法

（1）规律性条干不匀产生的原因　规律性条干不匀是由于牵伸部分的某个回转部件有缺陷而形成的周期性粗节、细节，如罗拉、皮辊的偏心、齿轮磨损或缺齿等，这些缺损回转件每转一周就产生一个粗节和一个细节。这种不匀就是规律性条干不匀，也称为机械波。

在两眼并条机上，如果两个眼纺出的条子的条干不匀规律性相同，则应从传动部分去找故障，可能是罗拉头齿轮键松动、偏心、缺齿或罗拉头轴颈磨损、轴承损坏等原因造成的。如果仅一眼有规律性不匀，则可能是该眼的罗拉弯曲、偏心或沟槽表面局部有损伤凹陷以及皮辊偏心、弯曲、表面局部有损伤凹陷或皮辊轴承磨损、轴承损坏等原因造成的。

（2）规律性条干不匀的消除方法　当发现有规律性条干不匀的条子时，可用上述方法找出原因并及时排除故障。平时应加强机器的维护管理，按正常周期保全、保养，对不正常的机件及时修复或调换，以预防规律性条干不匀的条子出现。

2．非规律性条干不匀产生的原因及改善途径

（1）非规律性条干不匀产生的原因　非规律性条干不匀主要是由于牵伸部分对浮游纤维的运动控制不当，造成浮游纤维运动不正常而引起的，也称为牵伸波，产生的原因很多，现将其主要原因叙述如下：

① 工艺设计不合理。如罗拉隔距过大或过小、皮辊压力偏轻、后区牵伸过大或过小，都可能造成条干不匀。

② 罗拉隔距走动。这是由于罗拉滑座螺丝松动或因罗拉缠花严重而造成的。罗拉隔距走动，改变了对纤维的握持状态，引起纤维变速点的变化，因而出现非规律性条干不匀。

③ 皮辊直径变化。实际生产中，由于皮辊使用日久或管理不善，其直径往往和规定的标准有较大差异。皮辊直径增大或减小，使摩擦力界变宽或变窄，都会引起纤维变速点的改变而造成条干不匀。

④ 皮辊加压状态失常。如两端压力不一致、弹簧使用日久而失效或加压触头没有压在皮辊套筒的中心，都会引起压力不足，因而不能很好地控制纤维的运动，致使纤维变速无规

律,造成条干不匀。

⑤ 罗拉或皮辊缠花。若车间温湿度高、罗拉和皮辊表面有油污、皮辊表面毛糙,都容易造成罗拉或皮辊缠花而产生条干不匀。

⑥ 其他原因,如喂入棉条重叠、棉条跑出后皮辊两端、棉条通道挂花、皮辊中凹、皮辊回转不灵、上下清洁器作用不良及吸棉风道堵塞或漏风引起飞花附入棉条,也都会产生非规律性条干不匀。

(2)改善非规律性条干不匀的途径

① 加强工艺管理。使工艺设计合理化,每次改变工艺设计,都应先在少量机台上做试验,当棉条均匀度正常时再全面推广。

② 加强保全保养工作。定期检查罗拉隔距,保证其准确性;加强皮辊的管理,严格规定各档皮辊的标准直径及允许的公差范围;定期检查皮辊的压力,使加压量达到工艺设计的要求。

③ 加强运转操作管理。

(四)并条工序疵点的产生原因与控制

并条工序疵点主要有熟条质量不符合标准、条干不匀、粗细条、条子发毛、油污条等,其成因及解决方法见表 1-5-11。

表 1-5-11　并条工序疵点成因及解决方法

疵点名称	疵点成因	解决方法
熟条质量不合标准	生条质量不准 牵伸变换齿轮用错 自停失灵,使喂入机构缺条	控制好生条质量不匀,轻重搭配 变换齿轮严格按工艺上车 加强巡回,发现故障及时处理
条干不匀	罗拉滑槽座松动,使隔距变化 皮辊加压太轻或失效,两端压力差异太大 牵伸元件、牵伸传动齿轮运转不正常 上下清洁器作用不良	加强喂入、牵伸及加压元件的检修保养 严格工艺上车及上机检查 加强对清洁装置等辅助机构的保养
粗细条	条子包卷不良 条子喂入状态不良或缺条喂入 牵伸变换齿轮用错 加压失灵	加强运转操作管理,提高挡车工操作水平 加强工艺上车检查,严格齿轮管理 加强设备部件检修
条子发毛	条子通道不光洁、挂花 喇叭头口径太大、有毛刺、挂花	对所有条子的通道进行检查维修,使通道光洁无毛刺
油污条	条子通道有油污,工作地不清洁,有油污 齿轮箱漏油、渗油,导致条子通道有油污 润滑加油不当,保全保养不慎而沾污条子	加强保全保养管理 加强巡回及清洁工作,发现问题及时解决

任务 >>>
实施

工作任务　某棉纺厂生产若干纯棉普梳环锭纱纱线品种,请以工艺员角色,根据给定纱线品种,制定并条工艺设计方案。
　　任务完成后提交并条工艺设计工作报告。

工作准备

资料准备：

(1) 查阅《棉纺手册(第三版)》P409～531

重点参考

> 并条机主要型号和技术特征：P409～499
>
> 并条机传动图和工艺计算：P499～508
>
> 并条机工艺配置：P508～522
>
> 棉条质量控制：P529～531

(2)《并条机产品说明书》

(3) 上网搜索或到棉纺企业收集并条工艺设计案例

设备与专用工具：并条机，并条机隔距与牵伸变换齿轮调配专用工具。

测试仪器：条粗测长仪，称重天平，电容式条粗条干均匀度仪或电容式条干仪(测 CV 值)或机械式条粗条干均匀度仪(测萨氏条干)。

工作步骤与要求

(1) 制定小组工作计划

(2) 完成并条工艺设计方案

▶ 所选用的并条机的技术特点

▶ 配置并条机主要工艺参数(要求说明参数选择的依据，列出详细计算过程，填写并条工艺单即表 1-5-11)

(3) 并条机上机工艺调试

根据设计的并条机棉条定量，上机试纺，填写工艺调整通知单(见下表)

上 机 工 艺 试 纺　通 知 单

试纺地点：　纺纱实训中心　；试纺设备：并条机　机型：　　　　

试纺小组：　　　　　　　　　　　　　　　试纺日期：　年　月　日

品种			备注：
工艺项目		要求	
前罗拉转速(r/min)			
罗拉隔距(前区×后区)(mm)			
牵伸分配(前区×后区)(倍)			
罗拉加压(前～后)(N/单侧)			
牵伸变换齿轮	轻重牙		
	冠牙		

4. 质量测试与分析

测试：① 熟条质量不匀率

② 熟条质量偏差

③ 熟条条干不匀率

思考:若熟条质量偏差超出范围,该如何调整。

提交成果

(1) 根据分组设计的纱线产品实例,提交该纱线的并条工艺设计工作报告

(2) 制作 PPT 和 Word 电子文档,对你的并条工艺设计方案进行答辩

答辩内容……

① 所选用的并条机的技术特点

② 并条机主要工艺参数配置及选择依据

③ 熟条质量指标控制范围及提高熟条条干均匀度的主要技术措施

表 1-5-12　并条工艺单

纱线品种:＿＿＿＿＿＿＿＿＿＿＿

道别	机型	回潮率(%)	定量[g/(5 m)]		线密度(tex)	牵伸(倍)		配合率	并合数(根)
			干重	湿重		机械	实际		

牵伸分配(倍)				皮辊加压(N/单侧)	压力棒调节环直径(mm)	罗拉握持距(mm)		喇叭口直径(mm)
前张力	前区	后区	后张力	前~后		前区	后区	

紧压罗拉(压辊)输出速度			变换轮				定额产量	
线速度(m/min)	转速(r/min)	皮带盘(mm)	轻重牙	冠牙	牵伸阶段牙	前区牵伸变换牙	kg/(台·h)	kg/(台·天)

课后 >>>
自测

一、名词解释

(1) 实际牵伸　　　　(2) 机械牵伸　　　　(3) 牵伸效率　　　　(4) 牵伸配合率

(5) 总牵伸与部分牵伸 (6) 摩擦力界　　　　(7) 罗拉隔距　　　　(8) 罗拉中心距

(9) 罗拉握持距　　　(10) 机械波　　　　(11) 牵伸波

二、选择题(A、B、C、D四个答案中只有一个是正确答案)

1. 实际牵伸的定义是(　　　)。
   (A) 输出半制品线密度(tex)与喂入半制品线密度(tex)之比
   (B) 喂入半制品线密度(tex)与输出半制品线密度(tex)之比
   (C) 输出半制品线密度(tex)与喂入半制品线密度(tex)之积
   (D) 输出半制品线密度(tex)与喂入半制品线密度(tex)之和

2. 机械牵伸的定义是(　　　)。
   (A) 输出罗拉线速度与喂入罗拉线速度之比
   (B) 喂入罗拉线速度与输出罗拉线速度之比
   (C) 输出罗拉线速度与喂入罗拉线速度之积
   (D) 输出罗拉线速度与喂入罗拉线速度之和

3. 总牵伸和部分牵伸的关系是(　　　)。
   (A) 总牵伸等于各部分牵伸的连乘积
   (B) 总牵伸等于各部分牵伸之和
   (C) 总牵伸等于各部分牵伸之差
   (D) 总牵伸等于各部分牵伸之商

4. 纺棉时,罗拉握持距要依据棉纤维的(　　　)确定。
   (A) 手扯长度　　　　　　　　　　(B) 主体长度
   (C) 平均长度　　　　　　　　　　(D) 品质长度

5. 要保证正常牵伸、不出硬头,牵伸力与握持力配置必须符合(　　　)。
   (A) 牵伸力上限可以超过握持力　　(B) 牵伸力上限可以不必考虑握持力
   (C) 牵伸力上限不得超过握持力　　(D) 以上都不是

6. 在生产中,如发现须条在罗拉钳口下打滑,则可以采取的工艺调整是(　　　)。
   (A) 适当减小后区罗拉隔距
   (B) 适当放大后区罗拉隔距
   (C) 在保持总牵伸不变的情况下,适当减小后区牵伸
   (D)以上都不是

7. 胶辊磨损中凹、胶辊芯子缺油回转不灵活,则握持力显著(　　　)。
   (A) 增大　　　　　　　　　　　　(B) 减小
   (C) 不变　　　　　　　　　　　　(D) 没有影响

8. 要加大牵伸区中部摩擦力界强度,可采取(　　　)。
   (A) 增大胶辊压力　　　　　　　　(B) 使用硬度小的胶辊
   (C) 采用附加摩擦力界　　　　　　(D) 加大牵伸

9. 当纺出的细纱质量偏重,棉条的干重应(　　　)。
   (A) 偏轻掌握　　　　　　　　　　(B) 偏重掌握
   (C) 不调整　　　　　　　　　　　(D) 随意调整

10. 若罗拉和皮辊出现偏心、弯曲、磨灭等机械故障,则产生的不匀是(　　　)。
    (A) 随机不匀　　　　　　　　　　(B) 规律性周期不匀
    (C) 短片段不匀　　　　　　　　　(D) 长片段不匀

145

纺纱工艺设计与实施

三、判断题(正确的打√,错误的打×)

1. 并合根数越多,并合后棉条不匀改善越明显。　　　　　　　　　　　　　　　(　　)

2. 并条机采用轻重条搭配喂入,可以降低各眼输出棉条的不匀率。　　　　　　(　　)

3. 纺棉时,罗拉握持距一般根据棉纤维的主体长度确定。　　　　　　　　　　(　　)

4. 纤维长度越短,则牵伸时产生的移距偏差越大,变速点分布越分散。　　　　(　　)

5. 小牵伸有利于消除须条中的前弯钩,而大牵伸则有利于消除须条中纤维的后弯钩。

(　　)

6. 后区牵伸越大,则牵伸力也越大。　　　　　　　　　　　　　　　　　　　(　　)

7. 头道、二道并条机的牵伸分配如采用顺牵伸,则目的是提高纤维的条干均匀度。

(　　)

8. 普梳时,喂入头道并条机的棉条中,纤维后弯钩居多。　　　　　　　　　　(　　)

9. 如混合棉中纤维长度变长,线密度变细或棉条回潮率增大,则可能使细纱机牵伸力增大,此时熟条干重应偏轻掌握。　　　　　　　　　　　　　　　　　　　　　　(　　)

10. 纺化纤时,皮辊加压应比纺棉时增加。　　　　　　　　　　　　　　　　　(　　)

四、简答题

1. 什么叫牵伸?牵伸的目的是什么?

2. 为什么纤维整齐度差、短纤维含量高易产生条干不匀?

3. 并条机主要包括哪些工艺参数?

4. 画出三上三下压力棒牵伸装置图,并说明其特点。

5. 如何配置并条工艺对伸直弯钩有利?

6. 规律性条干不匀的产生原因有哪些?在波谱图上的特征是什么?

五、计算题

1. 在 FA306 型并条机上,头道棉条干定量为 20 g/(5 m),末道棉条干定量为 19.7 g/(5 m),并合根数为 8 根,设牵伸配合率为 1.03,出条速度为 350 m/mim,试确定:

(1)末道并条机的实际牵伸、机械牵伸;

(2)并条机理论产量。

2. 在 FA306 型并条机上,轻重牙齿数有 25、26、27 三种,冠牙齿数有 121、122、123、124、125 五种,若末道棉条设计干定量为 19.7 g/(5 m),纺出干定量为 20 g/(5 m),机上轻重牙齿数为 26,试判断:

(1)机上冠牙齿数为 123 时应怎样调整;

(2)机上冠牙齿数为 121 时应怎样调整。

任务 1.6 粗纱工艺设计

任务描述 >>>

由并条机输出的熟条直接纺成细纱约需 150 倍以上的牵伸,而目前环锭细纱机的牵伸能力最大为 60 倍,所以在并条工序与细纱工序之间需要粗纱工序来承担纺纱中的一部分牵伸负担。因此,粗纱工序的任务是:牵伸、加捻、卷绕成形。

粗纱工艺设计重点就是要合理配置粗纱牵伸、加捻、卷绕成形工艺,提高粗纱条干均匀度,稳定粗纱张力和粗纱伸长率,为细纱工序进一步高倍牵伸做好准备。

学习目标 >>>

- 能合理配置粗纱机主要工艺参数
- 会进行粗纱机主要工艺参数和产量的计算
- 会分析粗纱质量控制指标

147

提交成果 >>>

■ 粗纱工艺设计报告

知识准备

>>>粗纱工艺设计

学习内容

1.6.1 粗纱工序概述
1.6.2 粗纱牵伸、加捻、卷绕成形基本原理
1.6.3 粗纱工艺设计要点
1.6.4 粗纱引导案例分析
1.6.5 粗纱质量指标及控制

>>> **1.6.1** 粗纱工序概述

一、粗纱工序的任务

由并条机输出的熟条直接纺成细纱约需要 150 倍以上的牵伸,而目前环锭细纱机的牵伸能力达不到这一要求,所以在并条工序与细纱工序之间需要粗纱工序来承担纺纱中的一

部分牵伸负担。因此,粗纱工序是纺制细纱的准备工序,其任务包括:

(1)牵伸   将棉条抽长拉细 5～10 倍,并使纤维进一步伸直平行。

(2)加捻   由于粗纱机牵伸后的须条截面内纤维根数少,伸直平行度好,故强力较低,所以需加上一定的捻度来提高粗纱强力,以避免卷绕和退绕时的意外伸长,并为细纱牵伸做准备。

(3)卷绕成形   将加捻后的粗纱卷绕在筒管上,制成一定形状和大小的卷装,以便储存、搬运和适应细纱机上的喂入。

二、粗纱机的工艺过程

根据粗纱机的机构和作用,全机可分为喂入、牵伸、加捻、卷绕和成形五个部分。此外,为了保证产品的产量和质量,粗纱机还设置有一些辅助机构。

图 1-6-1 为悬锭式粗纱机的工艺过程,熟条从条筒中引出,由导条辊积极送入牵伸装置,经牵伸装置牵伸成规定的细度后由前罗拉输出,经锭翼加捻成粗纱,并引至筒管。锭翼随锭子一起回转,锭子转一转,锭翼给纱条加上一个捻回。筒管由升降龙筋传动,由于锭翼与筒管回转的转速差,使粗纱通过压掌卷绕在筒管上。升降龙筋(下龙筋)带着筒管做升降运动,从而实现粗纱在筒管上的轴向卷绕,控制龙筋的升降速度和升降动程,便可制成两端为截头圆锥形的粗纱管纱。

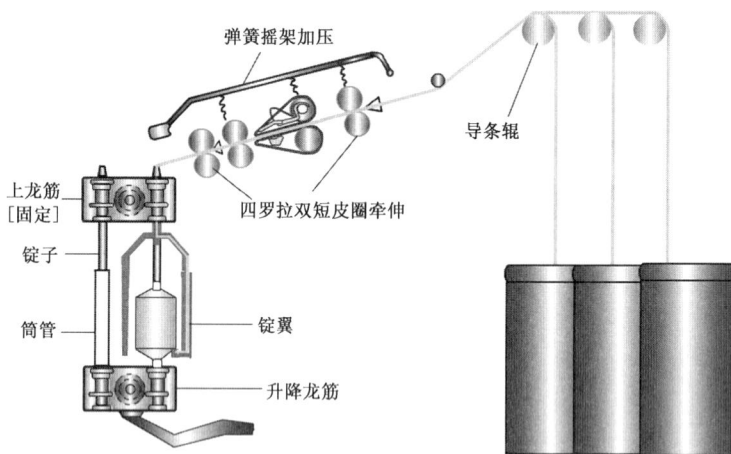

图 1-6-1   粗纱机工艺过程

粗纱机主要机构和型号

▶ 喂入机构:分条器、导条辊、导条喇叭。

▶ 牵伸形式:三罗拉双短皮圈牵伸、四罗拉双短皮圈牵伸(D 型牵伸)。

▶ 加捻机构:主要包括锭子、锭翼和假捻器等元件。

▶ 粗纱机主要型号:FA401 型、FA421 型、FA423 型、FA425 型、FA458 型、FA481 型、FA491 型、FA492 型、FA493/FA494 型、HY493 型等。

1.6.2　粗纱牵伸、加捻、卷绕成形基本原理

一、粗纱机的牵伸形式及特点

目前,国内新机普遍使用三罗拉双短皮圈或四罗拉双短皮圈牵伸形式。国外机型中,除以上两种双短皮圈牵伸形式外,还有三罗拉长短皮圈牵伸装置。

1. 三罗拉双短皮圈

如图 1-6-2 所示,三罗拉双短皮圈牵伸装置的前、中、后三列罗拉组成两个牵伸区,前区为皮圈牵伸区,承担大部分的牵伸负担,所以也称为主牵伸区;后区为简单罗拉牵伸区,亦称为预牵伸区,其主要作用是为前区牵伸做好准备。

在皮圈牵伸区中,上下皮圈间的摩擦力界使须条随上下皮圈而运动,并形成一个柔和而具有一定压力的皮圈钳口,既能有效地控制纤维运动,又能使前罗拉钳口握持的纤维顺利抽出。

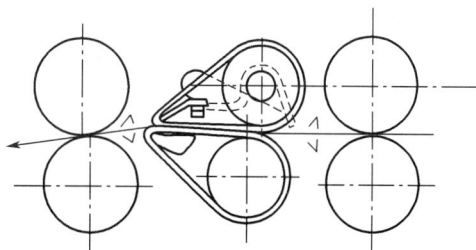

图 1-6-2　三罗拉双短皮圈牵伸示意图

当须条厚度变化时,弹簧上销可自由摆动,以发挥钳口压力的自调作用,使皮圈钳口对纤维的控制力稳定。曲面下销中部上托,可减少皮圈回转时的中凹现象,使皮圈中部的摩擦力界增强而稳定。总之,在双短皮圈牵伸区中,中后部的摩擦力界较为理想,可使纤维变速点离前钳口较近且集中,有利于改善条干。

三罗拉双短皮圈牵伸装置机构简单,总牵伸为 5~12 倍,适用于熟条与粗纱定量均较轻、总牵伸不太大的工艺。国产 A454 型、A456 系列粗纱机都采用三罗拉双短皮圈牵伸,部分国产悬锭式如 FA401 型、TJFA458A 型、FA467 型、FA481 型、FA491 型等粗纱机均有三罗拉或四罗拉双短皮圈牵伸机构,供用户选择。

2. 四罗拉双短皮圈牵伸

图 1-6-3 所示为四罗拉双短皮圈牵伸示意图。整理区的牵伸为 1.05 倍。将主牵伸区的集合器移到整理区,使牵伸与集束分开,实行牵伸区不集束、集束区不牵伸。这样可缩小主牵伸区的浮游区长度,为提高粗纱条干质量创造了条件。这种牵伸形式也称为 D 型牵伸。

对于合成纤维而言,因其回弹性比较大,若采用四罗拉双短皮圈牵伸,在经过主牵伸区较大的牵伸输出后,纤维仍能承受整理区的张力作用,以大大减少纤维的回缩现象。所以在纺制重定量、低捻度、纤维较长且蓬松的合成纤维或粗纱牵伸较高时,四罗拉双短皮圈优于三罗拉双短皮圈牵伸。由于 D 型牵伸的各牵伸

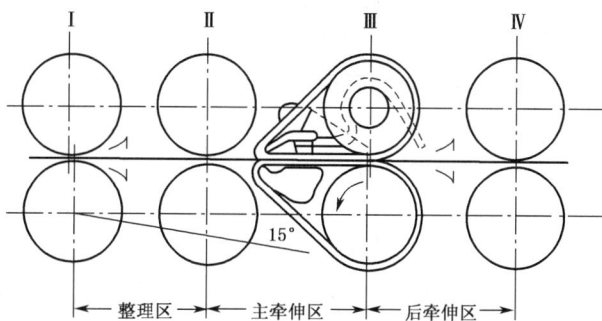

图 1-6-3　四罗拉双短皮圈牵伸示意图

区布置合理,生产稳定,产品质量好,品种适应性广,新型粗纱机都配有四罗拉双短皮圈牵伸装置,以供用户选择。

二、粗纱机的加捻

有关捻度的重要术语

(1) 捻度　纱条单位长度上的捻回数称为捻度,捻回数愈多则捻度愈大。

(2) 捻向　有 Z 捻和 S 捻之分。

(3) 几种捻度单位

① 特克斯制捻度(T_t):纱条 10 cm 长度上的捻回数[捻/(10 cm)]。

② 公制捻度(T_m):纱条 1 m 长度上的捻回数(捻/m)。

③ 英制捻度(T_e):纱条 1 英寸长度上的捻回数(捻/英寸)。

现在,较多使用线密度(tex)制捻度(T_t)和公制捻度(T_m),英制捻度(T_e)很少使用。

捻度只能衡量相同粗细纱条的加捻程度,即:粗细相同的纱条,捻度越大,加捻程度越大。

(4) 捻系数　可以比较不同粗细纱线的加捻程度,一般先设计捻系数,再由捻系数得到设计捻度。

特克斯制捻度与捻系数的关系:$T_t = \dfrac{\alpha_t}{\sqrt{N_t}}$

公制捻度与捻系数的关系:$T_m = \alpha_m \times \sqrt{N_m}$

英制捻度与捻系数的关系:$T_e = \alpha_e \times \sqrt{N_e}$

粗纱机加捻过程　粗纱机的加捻是由锭翼完成的。来自前罗拉的须条由锭翼顶孔穿入,再由锭翼空心臂的下端穿出。前罗拉钳口为握持点,锭翼回转一周,前罗拉钳口至锭翼侧孔之间的一段须条就获得一个捻回。纱条单位长度上的捻回数称为捻度,捻回数愈多则捻度愈大。粗纱的捻度(T)是由前罗拉表面速度(V)和锭子转速(n)计算得出的,即 $T = n/V$。

生产中改变粗纱捻度是通过改变捻度变换齿轮从而调整前罗拉的输出速度来实现的,因此捻度的变化影响产量,捻度大则产量低。

粗纱机的加捻机构按锭翼的设置形式不同分为三类,即悬锭式(吊锭)、竖锭式(竖锭)和封闭式。

三、粗纱的卷绕成形

1. 粗纱卷绕形式与要求

(1) 卷绕形式　长动程平行卷绕(图 1-6-4)。

(2) 卷绕要求

① 轴向:一圈挨一圈地紧密排列。

② 径向:由里向外,一层挨一层地进行卷绕,卷绕直径逐渐增加。

③ 两端:呈截头圆锥形(防止两端纱圈脱落)。

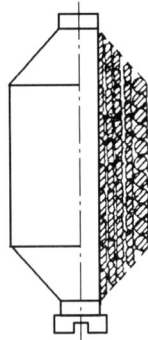

图 1-6-4　粗纱管纱

2. 粗纱卷绕的四个条件

为了将管纱绕成上述形状,粗纱卷绕时必须符合以下四个条件:

(1)粗纱卷绕时,任一时间内管纱的卷绕长度必须和前罗拉输出纱条的长度相等,即

$$n_{\mathrm{w}} = \frac{V_{\mathrm{F}}}{\pi D \mathrm{x}}$$

式中:n_{w}——管纱的卷绕转速(r/min);

$\qquad V_{\mathrm{F}}$——单位时间内前罗拉输出纱条的长度(mm/min);

$\qquad D_{\mathrm{x}}$——管纱的卷绕直径(mm)。

由上式可知,由于前罗拉的输出速度是常量,且管纱的卷绕直径逐层增大,因此管纱卷绕转速 n_{w} 在同一层内是相同的,而随着卷绕直径 D_{x} 的增大 n_{w} 逐层减小,即卷绕转速与管纱的卷绕直径成反比。

(2)筒管与锭翼有转速差。粗纱通过锭翼压掌的引导卷绕到筒管上,筒管和锭翼必须有转速差才能实现卷绕。由于筒管和锭翼同向回转,因此两者的转速应有差异。筒管回转速度大于锭翼回转速度的称为管导,锭翼回转速度大于筒管回转速度的称为翼导,棉纺系统粗纱机采用管导卷绕。

卷绕中筒管转速与锭翼转速之差为卷绕转速 n_{w},即

$$n_{\mathrm{w}} = n_{\mathrm{b}} - n_{\mathrm{s}} \qquad n_{\mathrm{b}} = n_{\mathrm{s}} + n_{\mathrm{w}}$$

所以

$$n_{\mathrm{b}} = n_{\mathrm{s}} + \frac{V_{\mathrm{F}}}{\pi D_{\mathrm{x}}}$$

式中:n_{b}——筒管的回转速度(r/min);

$\qquad n_{\mathrm{s}}$——锭翼的回转速度(r/min),即锭子转速。

由上式可知,筒管的回转速度 n_{b} 由恒速和变速两部分组成,筒管的恒速与锭速相等,筒管的变速为卷绕速度 n_{w}(与管纱的卷绕直径 D_{x} 成反比)。所以在卷绕同一层粗纱时,筒管的回转速度 n_{b} 是相同的;而随着卷绕直径 D_{x} 的增大,筒管的回转速度 n_{b} 逐层减小。

(3)筒管的升降速度与管纱的卷绕直径成反比。粗纱轴向卷绕是由升降龙筋带动筒管做升降运动而实现的,每绕一圈粗纱,升降龙筋需上下移动一个圈距。设升降龙筋的升降速度为 V_{r}(mm/min),则

$$V_{\mathrm{r}} = Cn_{\mathrm{w}} = C \times \frac{V_{\mathrm{F}}}{\pi D_{\mathrm{x}}}$$

式中:C——粗纱轴向卷绕圈距(mm)。

如果粗纱线密度不变,轴向卷绕圈距 C 则为常量。由上式可知,升降龙筋的升降速度在同一卷绕层内相同,并逐层减慢,即筒管的升降速度 V_{r} 与管纱的卷绕直径 D_{x} 成反比。

(4)升降龙筋的升降动程逐层缩短。为了使管纱绕成两端呈截头圆锥体的形状,升降龙筋的升降动程需要逐层缩短,使管纱各卷绕层的高度逐层缩短。

▶▶▶ *1.6.3* 粗纱工艺设计要点

一、粗纱工艺设计原则

（1）根据熟条定量，同时兼顾细纱机的牵伸能力、细纱线密度和粗纱加工质量要求，正确设定粗纱的定量和总牵伸。

（2）合理设计粗纱牵伸工艺，改善粗纱条干均匀度。

（3）合理设计粗纱捻度，满足粗纱强力和细纱后区牵伸的要求。

（4）合理设计粗纱成形工艺，保证粗纱成形良好，稳定粗纱张力，减小粗纱意外伸长率。

（5）合理使用集合器、喇叭口，安装高效假捻器，降低断头率，减少飞花和纱疵。

二、粗纱工艺设计内容及选择依据

```
━━━━━━━━━━━ 粗纱工艺设计内容 ━━━━━━━━━━━

▶牵伸工艺参数：粗纱定量、总牵伸倍数、牵伸分配（前区与后区牵伸）、罗
拉加压、罗拉握持距、皮圈原始钳口隔距、集合器口径。

▶加捻卷绕工艺参数：锭速、捻度与捻系数、粗纱径向与轴向卷绕密度。
```

1. 粗纱定量

（1）设计粗纱定量需考虑的因素　粗纱定量应根据熟条定量与细纱机牵伸能力、纺纱品种、产品质量要求、生产供应平衡以及粗纱设备性能等因素综合考虑确定。一般粗纱定量为 2～7.5 g/（10 m）。

（2）粗纱定量参考范围（表 1-6-1）

表 1-6-1　粗纱定量参考范围

纺纱线密度（tex）	32 以上	20～30	9～19	9 以下
粗纱干定量［g/（10 m）］	5.5～10.0	4.1～6.5	2.5～5.5	2.0～4.0

2. 牵伸工艺配置

粗纱机的牵伸工艺参数主要包括总牵伸及其分配、粗纱定量、罗拉握持距、罗拉加压、钳口隔距、集合器口径等。

（1）总牵伸　粗纱机总牵伸应根据所纺细纱线密度、熟条定量、粗纱机的牵伸效能，并结合细纱机的牵伸能力合理配置。在细纱机牵伸能力较高时，粗纱机可配置较低的牵伸，以利于成纱质量。粗纱机的牵伸范围为 4～12 倍，一般选用 10 倍以下。

实际生产中常用的粗纱总牵伸配置范围见表 1-6-2。

表 1-6-2　粗纱机总牵伸配置范围

牵伸形式	三罗拉及四罗拉双皮圈牵伸		
纺纱线密度	粗	中、细	特细
总牵伸（倍）	4～7	6～9	7～12

（2）牵伸分配　总牵伸主要由前（主）牵伸区承担；后区牵伸多属于简单罗拉牵伸，控制纤维的能力较差，牵伸不宜过大，一般为 1.12～1.48 倍，通常以偏小为宜；四罗拉双短皮圈牵伸的整理区牵伸为 1.05 倍。

（3）罗拉握持距　粗纱机罗拉握持距主要根据纤维长度、纤维品种、粗纱定量和牵伸形式适当配置，同时应结合总牵伸、加压轻重等因素全面考虑。如总牵伸较大、加压较重，罗拉握持距应适当改小；反之应放大。

浮游区长度是指皮圈钳口至前钳口的距离，一般控制范围为 15～17 mm。在 D 型牵伸中，由于主牵伸区的集合器移到了整理区，则浮游区长度可较小。不同牵伸形式的罗拉握持距见表 1-6-3。

表 1-6-3　不同牵伸形式的罗拉握持距

牵伸形式	整理区	主牵伸区	后牵伸区
三罗拉双皮圈(mm)	—	皮圈架+浮游区	L_p+（12～16）
四罗拉双皮圈(mm)	略大于 L_p	皮圈架+浮游区	大于 L_p+20

注　L_p 是纤维的品质长度。

上表中的皮圈架长度是指皮圈在工作状态下夹持须条的长度，即上销前缘至中上罗拉（小铁辊）中心线之间的距离。它是由纤维品种决定的，一般纺棉及棉型化纤时，皮圈架长度为 34 mm，下销宽度为 20 mm；纺中长化纤时，上皮圈架长度为 42 mm，下销宽度为 28 mm。

（4）罗拉加压　一般罗拉速度快、罗拉隔距小、粗纱定量重时，采用重加压；反之则轻。罗拉加压范围见表 1-6-4。

表 1-6-4　罗拉加压配置

牵伸形式	纺纱品种	罗拉加压(N/双锭)			
		前罗拉	二罗拉	三罗拉	四罗拉
三罗拉双皮圈	纯棉	200～250	100～150	150～200	—
	化纤混纺、纯纺	250～300	150～200	200～250	—
四罗拉双皮圈	纯棉	90～120	150～200	100～150	100～150
	化纤混纺、纯纺	120～150	200～250	150～200	150～120

（5）皮圈钳口隔距　皮圈上下销分别支撑皮圈，利用皮圈的弹性夹持纱条，并控制纤维运动。上下销之间的原始距离称为钳口隔距，由隔距块维持，确保统一、准确。皮圈原始钳口随纱条定量、纤维性质、罗拉中心距等因素进行调整。影响钳口隔距的因素见表 1-6-5，常见钳口隔距配置见表 1-6-6。

表 1-6-5　影响钳口隔距的因素

选择原则	影响因素						
	喂入棉条定量	牵伸	粗纱定量	罗拉加压质量	主牵伸区罗拉隔距	纤维长度	纤维品种
钳口隔距偏小掌握	轻	大	小	重	大	短	纯棉
钳口隔距偏大掌握	重	小	大	轻	小	长	化纤

表 1-6-6 双皮圈钳口隔距

粗纱干定量[g/(10 m)]	2.0～4.0	4.0～5.0	5.0～6.0	6.0～8.0	8.0～10.0
钳口隔距(mm)	3.0～4.0	4.0～5.0	5.0～6.0	6.0～7.0	7.0～8.0

（6）集合器　粗纱使用集合器可防止纤维扩散，并提供附加摩擦力界，集合器的大小与输入输出定量相适应。前区集合器规格见表 1-6-7。

表 1-6-7 前区集合器规格

粗纱干定量[g/(10 m)]	2.0～4.0	4.0～5.0	5.0～6.0	6.0～8.0	9.0～10
前区集合器口径(mm)	(5～6)×(3～4)	(6～7)×(3～4)	(7～8)×(4～5)	(8～9)×(4～5)	(9～10)×(4～5)

3. 锭速

锭速与纤维特性、粗纱卷装、锭翼性能等有关。一般，纺棉纤维的锭速可略高于纺涤/棉混纺纤维的锭速，纺涤/棉混纺纤维的锭速又略高于纺中长化纤的锭速；卷装较小的锭速可高于卷装较大的锭速。纯棉粗纱锭速选择范围见表 1-6-8。对于化纤纯纺、混纺纱，由于粗纱捻系数较小，其锭速比表中所示降低 20%～30%。

表 1-6-8 纯棉粗纱锭速选择范围

纺纱种类		粗特纱	中特、细特纱	特细特纱
锭速范围 （r/min）	托锭式	600～800	700～900	800～1000
	悬锭式	800～1000	900～1100	1000～1200

4. 粗纱捻系数的选用

粗纱捻系数的选用主要依据原料品质和粗纱定量，同时考虑细纱用途、车间温湿度、细纱后区工艺、粗纱断头率等因素。

若纤维长度长、长度整齐度好，在不影响正常生产的前提下，尽量采用较小的粗纱捻系数。如：化学纤维由于长度长、纤维间的联系力大，须条强力比棉大，所以纺棉型化纤的粗纱捻系数约为纺纯棉时的 60%～70%，纺中长化纤的粗纱捻系数约为纺纯棉时的 50%～60%。

若所纺的粗纱定量较大，粗纱捻系数可小一些；若纺精梳纱，其粗纱捻系数比同线密度普梳纱的粗纱捻系数小些；若纺针织纱，其粗纱捻系数应大于同线密度机织纱，目的是为了加强细纱机后牵伸区的摩擦力界作用，以减少针织纱的细节，提高针织纱的条干均匀度。

粗纱捻系数选用的具体数据可参考表 1-6-9 和表 1-6-10。

表 1-6-9 纯棉粗纱捻系数

粗纱定量[g/(10 m)]	2.00～3.25	3.25～4.00	4.00～7.70	7.70～10.00
普梳纯棉纱	105～120	105～115	95～105	90～92
精梳纯棉纱	90～100	85～95	80～90	75～85

表 1-6-10 几种纱线的粗纱捻系数

纱线品种	纯棉机织纱	纯棉针织纱	棉型化纤混纺纱	涤/棉混纺纱	棉/腈混纺针织纱
粗纱捻系数	90～115	105～120	55～70	63～70	80～90

纺纱工艺设计与实施

● 粗纱捻系数的日常调整

日常生产中,当有关因素的变化超过下列范围时,应及时调整粗纱捻系数:

① 原棉平均线密度变动为 0.10 tex 左右;

② 原棉平均主体长度变动在 0.3 mm 以上;

③ 气候变化的转折时期,相对湿度变化在 5% 以上。

5. 卷绕与成形

卷绕密度的设计要点:

① 轴向卷绕密度(圈/cm),试纺时卷绕第一层隐约可见筒管、卷绕第二层时不发生重叠即可。

② 径向卷绕密度(层/cm),大纱张力适当即可。

③ 升降渐减齿轮(角度牙),以不塌肩为宜。

粗纱轴向与径向卷绕密度的计算经验公式与调节方法见表 1-6-11。

表 1-6-11 粗纱轴向与径向卷绕密度经验公式与调节方法

卷绕工艺参数	C	调节方法	
		有铁炮	无铁炮
轴向卷绕密度 $P(圈/cm) = \dfrac{C}{\sqrt{N_t}}$	85~90	升降齿轮(高低牙)	通过触摸屏的设置,改变变频电机或伺服电机的速度
径向卷绕密度 $Q(层/cm) = (5~6) \times P$	—	成形齿轮(张力牙)	

1.6.4 粗纱引导案例分析

引导案例:C 27.8 tex 粗纱工艺设计

设计步骤
▶ 分析粗纱机技术性能
▶ 配置粗纱机主要工艺参数(表 1-6-14"粗纱工艺单")

1. 分析粗纱机技术性能

选用粗纱机型号为 TJFA458A 型,其主要技术特征见表 1-6-12。

表 1-6-12 国产粗纱机的主要技术特征

机型	A456D 型	FA421A 型	TJFA458A 型	FA492 型	HY493 型
适纺纤维长度(mm)	22~65	22~65	22~65	22~51	22~65
牵伸形式	三罗拉双短皮圈	四罗拉双短皮圈	三罗拉或四罗拉双短皮圈	四罗拉双短皮圈	
牵伸(倍)	5.0~12.0	4.7~12.7	4.2~12.0	4.2~12.0	3.0~20.0
加压形式	弹簧摇架	弹簧摇架	弹簧摇架	弹簧摇架	气动加压

续　表

机型		A456D 型	FA421A 型	TJFA458A 型	FA492 型	HY493 型
加压量 (N/双锭)	前罗拉	180，220，260	90，120，150	200，250，300	90，120，150	—
	二罗拉	120	150，200，250	100，150，200	150，200，250	—
	三罗拉	140	100，150，200	100，150，200	100，150，200	—
	四罗拉	—	100，150，200	—	100，150，200	—
罗拉直径(mm)		28，25，28	均为 28.5	28，(28)，25，28	28，28，25，28	均为 28.5
每台锭数		108，120	96，108，120	96，108，120	108，120，132	108，120/112，124
锭翼形式		竖锭式	悬锭式	悬锭式	悬锭式	悬锭式
锭子转速(r/min)		500～900	600～1200	最大 1200	800～1500	1600
卷装直径×高(mm)		135×320	152×400	152×400	128×400	152×400
电机总功率(kW)		6.5	14.5	14.6	28.7	21.78
制造厂家		天津宏大	河北太行	天津宏大	天津宏大	无锡宏源

注　表中 TJFA458A 型的罗拉加压量数值为三罗拉双短皮圈牵伸，其四罗拉双短皮圈牵伸的罗拉加压量同 FA421A 型。

2. 配置粗纱机主要工艺参数

(1) 粗纱定量　粗纱定量应根据熟条定量与细纱机牵伸能力、纺纱品种、产品质量要求、生产供应平衡以及粗纱设备性能等因素综合考虑确定。参考表 1-6-1，本例所纺纱线为 27.8 tex，故设计粗纱干定量为 6.2 g/(10 m)，粗纱总牵伸掌握在 6～8 倍。

(2) 牵伸分配　总牵伸主要由前(主)牵伸区承担。后区牵伸一般为 1.15～1.48 倍，通常情况下以偏小为宜，本设计取 1.14 倍。四罗拉双短皮圈牵伸的整理区牵伸为 1.05 倍。

(3) 罗拉握持距　采用四罗拉双皮圈牵伸，握持距的影响因素很多，主要以纤维品质长度而定，一般用经验公式进行计算。参照表 1-6-3，罗拉握持距具体配置如下：

前区握持距	49 mm	依据	皮圈架长度为 34 mm，浮游区长度为 15 mm，则 前区握持距＝皮圈架长度＋浮游区长度＝34＋15＝49 mm
后区握持距	55 mm		后区罗拉隔距＝大于 L_p＋20(后区罗拉握持距偏大掌握)
整理区	35 mm		略大于 L_p

注　该机牵伸形式采用四罗拉双皮圈牵伸，棉纤维品质长度考虑在 30～32 mm。

(4) 罗拉加压　参考表 1-6-4，罗拉加压具体配置见粗纱工艺单(表 1-6-14)。

(5) 皮圈钳口隔距　参考表 1-6-5 和表 1-6-6，选用钳口隔距为 6.0 mm。

(6) 集束器口径　参考表 1-6-7，选用前区集合器口径为 8 mm×4 mm。

(7) 锭速选择　参见表 1-6-8，选用粗纱机为 TJFA458A 型，其最高设计锭速为 1200 r/min。所纺纱线为纯棉中特纱，其生产设计速度适中配置，故锭速初定为 1000 r/min。

(8) 粗纱捻系数　参考表 1-6-9 和表 1-6-10，考虑到本纱线为 27.8 tex 机织用纱，粗纱捻系数设为 100。

3. TJFA458A 型粗纱机传动图与变换齿轮

图 1-6-5 所示为 TJFA458A 型粗纱机传动图，表 1-6-13 所示为该机型皮带盘与变换齿轮表。

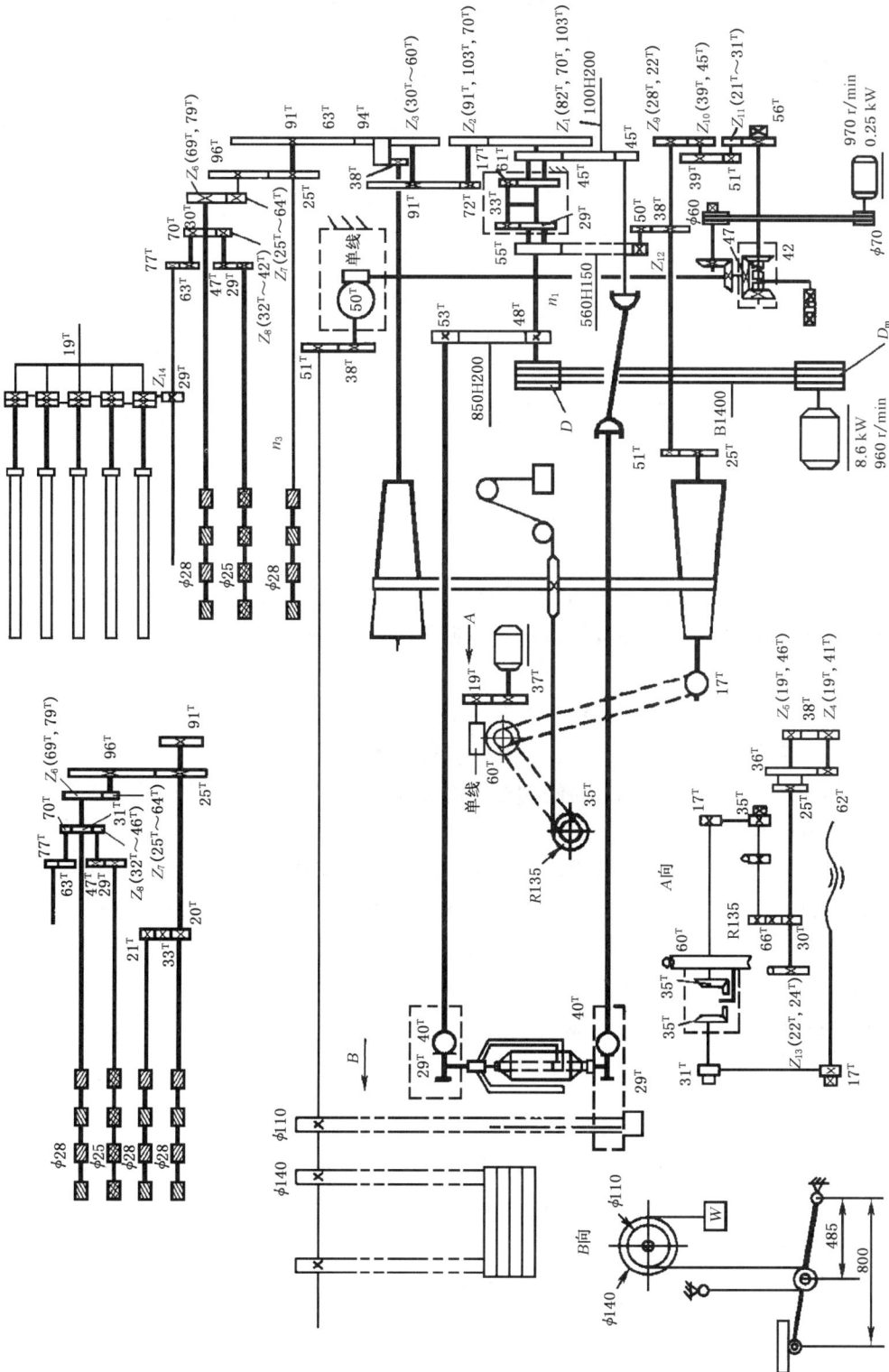

图1-6-5　TJFA458A型粗纱机传动图

表 1-6-13　TJFA458A 型粗纱机皮带盘与变换齿轮齿数表

名称	代号	规格	名称	代号	规格
电机皮带盘(mm)	D_m	120，145，169，194	总牵伸齿轮	Z_7	25~64
主轴皮带盘(mm)	D	190，200，210，230	后牵伸齿轮	Z_8	32~42(三罗拉) 32~46(四罗拉)
捻度阶段齿轮	Z_1/Z_2	70/103，82/91，103/70	升降阶段齿轮	Z_9/Z_{10}	22/45，28/39
捻度齿轮	Z_3	30~60	升降齿轮	Z_{11}	21~30
成形变换齿轮	Z_4	19~41	卷绕齿轮	Z_{12}	36~38
成形变换齿轮	Z_5	19~46	升降渐减齿轮	Z_{13}	22，24
牵伸阶段齿轮	Z_6	69，79	喂条张力齿轮	Z_{14}	19~22

注　在调换捻度阶段的变换齿轮 Z_1/Z_2 及升降阶段的变换齿轮 Z_9/Z_{10} 时，必须成对调节，以保证中心距不变。

变换齿轮的作用如下：

(1) 捻度变换齿轮　用以调节粗纱捻度，也称为捻度牙，工厂俗称为中心牙。(见传动图中的 Z_1、Z_2、Z_3，其中 Z_3 是中心牙)

(2) 牵伸变换齿轮　用以调节粗纱机的总牵伸及纺出的粗纱定量，工厂俗称为轻重牙。后区牵伸及牵伸分配用后区牵伸变换齿轮进行调节。(见传动图中的 Z_6、Z_7、Z_8，其中 Z_7 是轻重牙，Z_8 是后区牵伸齿轮)

(3) 升降变换齿轮　用以调节粗纱在筒管上的轴向卷绕密度或卷绕圈距，工厂俗称为高低牙。(见传动图中的 Z_9、Z_{10}、Z_{11}，其中 Z_{11} 是高低牙)

(4) 卷绕变换齿轮　用以调节筒管初始卷绕速度，其位置处于下铁炮输出轴与差动装置之间。(见传动图中的 Z_{12})

(5) 成形变换齿轮　用以调节铁炮皮带每次的移动量，即影响粗纱张力及粗纱在筒管上的径向卷绕密度，工厂俗称为张力牙，其位置处于成形装置上。(见传动图中的 Z_4、Z_5)

(6) 升降渐减齿轮　用以调节粗纱两端的成形锥角，故又称为角度牙，位置处于成形装置的横齿杆下方。(见传动图中的 Z_{13})

4. TJFA458A 型粗纱机工艺计算

(1) 速度计算

① 主轴转速

$$n_0(\text{r/min}) = 电动机转速 \times \frac{D_m}{D} = 960 \times \frac{D_m}{D}$$

② 锭子转速

$$n_s(\text{r/min}) = \frac{48 \times 40}{53 \times 29} \times n_0 = 1.249\,2 \times n_0 = 1\,199.616 \times \frac{D_m}{D}$$

若锭子转速 n_s 初定为 1000 r/min，则 $\dfrac{D_m}{D}$ 为 0.833 6，得 $D_m = 169$ mm，$D = 200$ mm，则修正锭子转速为

$$n_s = 1\,199.616 \times \frac{D_m}{D} = 1\,199.616 \times \frac{169}{200} = 1\,013.7\,(\text{r/min})$$

③ 前罗拉转速

$$n_f(\text{r/min}) = \frac{Z_1}{Z_2} \times \frac{72}{91} \times \frac{Z_3}{91} \times n_0 = 0.008\,695 \times \frac{Z_1 \times Z_3}{Z_2} \times n_0$$

（2）粗纱定量设计及线密度（特数）计算

所纺纱线为 27.8 tex，设计粗纱干定量为 6.2 g/（10 m），实际回潮率为 7.0%，则粗纱湿重

$$G_{湿} = 6.2 \times (1 + 7.0\%) = 6.634\,[\text{g/(10 m)}]$$

设计线密度　　$N_t = (6.2/10) \times (1 + 8.5\%) \times 1000 = 672.7\,(\text{tex})$

（3）牵伸计算

① 实际牵伸

$$E_{实} = 熟条线密度（特数）/粗纱线密度（特数）$$

或　　　　$$E_{实} = 熟条干定量[\text{g/(5 m)}] \times 2/粗纱干定量[\text{g/(10 m)}]$$

若并条熟条线密度为 4123 tex，则

$$E_{实} = \frac{4\,123}{672.7} = 6.13\,(倍)$$

② 总牵伸（机械牵伸）　TJFA458A 型粗纱机，无论是三罗拉双短皮圈牵伸，还是四罗拉双短皮圈牵伸，它们的总牵伸 E 是相同的：

$$E(倍) = \frac{Z_6}{Z_7} \times \frac{96}{25} \times \frac{d_{前}}{d_{后}} = 3.84 \times \frac{Z_6}{Z_7}$$

式中：$d_{后}$——后罗拉直径（28 mm）；

　　　$d_{前}$——前罗拉直径（28 mm）；

　　　Z_6——总牵伸阶段变换齿轮齿数，有 69、79 两种（Z_6 只是起微调作用）；

　　　Z_7——总牵伸变换齿轮（轻重牙）齿数，其范围为 25~64（Z_7 在改变总牵伸时起主要调节作用）。

③ 配置牵伸变换齿轮 Z_6 和 Z_7

$$E_{机} = E_{实} \times 牵伸配合率 = 6.13 \times 1.03 = 6.31\,(倍)$$

注：牵伸配合率为经验值，选定为 1.03。

Z_6 选定 69，则轻重牙 $Z_7 = \dfrac{3.84 \times Z_6}{E_{机}} = \dfrac{3.84 \times 69}{6.31} = 41.99 \approx 42$

④ 用比例法快速计算轻重牙 Z_7

从总牵伸与轻重牙的对应公式可知，总牵伸 E 与总牵伸变换齿轮（轻重牙）Z_7 成反比。在熟条定量不变的情况下，翻改粗纱线密度（特数）时，可按下式计算 Z_7：

$$\frac{Z_7}{Z_7'} = \frac{E'}{E} = \frac{g}{g'}$$

式中：Z_7——原有的总牵伸齿轮（轻重牙）齿数；

　　　Z_7'——拟改的总牵伸齿轮（轻重牙）齿数；

　　　E——原有的总牵伸；

E'——拟改的总牵伸；

g——原有粗纱定量；

g'——拟改粗纱定量。

⑤ 后区牵伸 e　Z_8 可改变粗纱机的后区牵伸及牵伸分配。

A. 三罗拉双短皮圈牵伸

$$e = \frac{30}{Z_8} \times \frac{47}{29} \times \frac{d_{中}}{d_{后}} = \frac{47.2315}{Z_8}$$

式中：Z_8——后区牵伸变换齿轮齿数，其范围为 32～42；

$d_{中}$——中罗拉直径与皮圈厚度之和（25 mm＋1.1 mm×2）。

B. 四罗拉双短皮圈牵伸（Z_8＝32～46）

$$e = \frac{31}{Z_8} \times \frac{47}{29} \times \frac{d_{中}}{d_{后}} = \frac{48.8059}{Z_8}$$

若粗纱机后区牵伸选择为 1.14 倍，则 $Z_8 = \dfrac{48.8059}{e} = \dfrac{48.8059}{1.14} = 42.8 \approx 43$

（4）捻度

① 捻度的计算　粗纱机的计算捻度为单位时间内的锭子回转数与前罗拉输出长度之比，即前罗拉一转时锭子转数与前罗拉周长之比。

$$T_t[捻/(10\,cm)] = \frac{前罗拉一转时的锭子转数}{前罗拉周长} = \frac{n_s \times 100}{\pi \times d_{前} \times n_{前}} =$$

$$\frac{48 \times 40 \times 91 \times 91 \times Z_2}{53 \times 29 \times 72 \times Z_1 \times Z_3 \times \pi d_{前}} \times 100 =$$

$$163.331 \times \frac{Z_2}{Z_1 \times Z_3}$$

式中：Z_2/Z_1——捻度阶段变换成对齿轮齿数，有 103/70、91/82、70/103 三种；

Z_3——捻度变换齿轮（又称为中心牙）齿数，其范围为 30～60；

n_s——锭子转速（r/min）；

$d_{前}$——前罗拉直径（28 mm）。

$163.331 \times \dfrac{Z_2}{Z_1}$ 称为捻度常数，改变捻度时，捻度变换齿轮（中心牙）Z_3 起主要调节作用，捻度阶段变换成对齿轮 $\dfrac{Z_2}{Z_1}$ 只是起微调作用。纺纯棉时，$\dfrac{Z_2}{Z_1} = \dfrac{103}{70}$ 或 $\dfrac{91}{82}$；纺化纤及混纺时，$\dfrac{Z_2}{Z_1} = \dfrac{70}{103}$。

如果捻度单位采用"捻/m"，上式扩大 10 倍即可。

② 捻度变换齿轮 Z_3 的确定　首先根据捻系数的选择原则选取捻系数，并计算出捻度。再由上式可知，当捻度常数确定后，捻度与捻度变换齿轮齿数成反比，由此就可确定捻度变换齿轮。

设计实例：纺 27.8 tex 纱，粗纱捻系数设计为 100，则粗纱特克斯制捻度为

$$T_t = \frac{\alpha_t}{\sqrt{N_t}} = \frac{100}{\sqrt{672.7}} = 3.86[捻/(10\,cm)]$$

由于　　　　　　　$T_t[捻/(10\,cm)] = 163.331 \times \dfrac{Z_2}{Z_1 \times Z_3}$

所纺为纯棉纱,选取 $Z_2/Z=91/82$,则捻度中心牙

$$Z_3 = \frac{163.331 \times Z_2}{T_t \times Z_1} = \frac{163.331 \times 91}{3.86 \times 82} \approx 47$$

③ 翻改品种时捻度变换齿轮的确定　捻度变换齿轮(中心牙)Z_3 的齿数与捻度 T_t 成反比,当翻改品种而捻系数不变时,捻度变换齿轮(中心牙)的齿数可按下式计算:

$$\frac{Z_3'}{Z_3} = \frac{T_t}{T_t'} = \frac{\sqrt{N_t'}}{\sqrt{N_t}}$$

式中:Z_3——原有的捻度变换齿轮齿数;

$\quad\quad Z_3'$——拟改的捻度变换齿轮齿数;

$\quad\quad T_t$——原有的捻度;

$\quad\quad T_t'$——拟改的捻度;

$\quad\quad N_t$——原有的粗纱线密度(tex);

$\quad\quad N_t'$——拟改的粗纱线密度(tex)。

(5) 筒管轴向卷绕密度与升降变换齿轮

① 筒管轴向卷绕密度的计算　筒管轴向卷绕密度 P 是指粗纱沿筒管轴向卷绕时单位长度内的圈数,一般以"圈/cm"表示。习惯上,用升降轴转一周时的筒管卷绕圈数 n_w 与升降龙筋的升降高度 h(cm)之比进行计算。根据传动图可知:

$$n_w(\text{圈}) = \frac{40 \times 61 \times 17 \times 29 \times Z_{12} \times 38 \times Z_{10} \times 51 \times 56 \times 47 \times 50 \times 51}{29 \times 45 \times 45 \times 33 \times 55 \times 50 \times Z_9 \times 39 \times Z_{11} \times 42 \times 1 \times 38}$$

$$h(\text{cm}) = \frac{\pi \times 110 \times 800}{2 \times 485 \times 10}$$

故筒管轴向卷绕密度

$$P(\text{圈}/\text{cm}) = \frac{n_w}{h} = 1.655 \times \frac{Z_{12} \times Z_{10}}{Z_9 \times Z_{11}}$$

若取卷绕齿轮齿数 $Z_{12} = 37$,则

$$P(\text{圈}/\text{cm}) = 61.2337 \times \frac{Z_{10}}{Z_9 \times Z_{11}}$$

② 筒管轴向卷绕密度的经验公式

根据生产实践,筒管轴向卷绕密度的经验公式为

$$P = \frac{C}{\sqrt{N_t}}$$

式中:N_t——粗纱线密度(tex);

$\quad\quad C$——常数,一般取 $85\sim90$(当粗纱定量越大、纤维弹性越好、粗纱密度越小时,C 值应偏小掌握)。

③ 确定升降变换齿轮的设计实例　若纺纯棉 27.8 tex 普梳纱,粗纱线密度为 672.7 tex,试确定 TJFA458A 型粗纱机的升降变换齿轮齿数 Z_{11}。

解:第一步,根据经验公式计算筒管轴向卷绕密度 P,取 $C=87$,则

$$P = \frac{87}{\sqrt{672.7}} = 3.35(圈/cm)$$

第二步,选择升降阶段变换齿轮 $Z_{10}/Z_9 = 39/28$,则

$$Z_{11} = 61.233\,7 \times \frac{Z_{10}}{Z_9 \times P} = 61.233\,7 \times \frac{39}{28 \times 3.35} = 25.5 \quad (取\ Z_{11} = 26)$$

第三步,试纺,若卷绕第一层粗纱后隐约可见筒管表面,卷绕第二层时粗纱表面平整且无重叠现象,说明粗纱卷绕正常,升降齿轮选择合理。

（6）筒管径向卷绕密度与成形齿轮

① 计算　筒管径向卷绕密度 Q 是指粗纱径向单位长度内的卷绕层数,一般以"层/cm"表示。Q 值可用粗纱实际卷绕层数 $X\left(=\dfrac{铁炮皮带移动总量\ a}{铁炮皮带每次移动量\ b}\right)$ 与粗纱实际卷绕厚度 Y $(=满管半径\ R - 筒管半径\ r)$ 的比值进行计算。

已知:TJFA458A 型粗纱机的铁炮皮带移动总量 a 取 70 cm,根据传动图可知,

$$铁炮皮带每次移动量\ b(mm) = \frac{1 \times 1 \times 36 \times Z_4 \times 30}{2 \times 25 \times 62 \times Z_5 \times 57} \times \pi \times (270 + 2.5) =$$

$$5.232\,4 \times \frac{Z_4}{Z_5}$$

粗纱实际卷绕层数　$X = \dfrac{a}{b} = \dfrac{70 \times 10 \times Z_5}{5.232\,4 \times Z_4} = 133.78 \times \dfrac{Z_5}{Z_4}$

粗纱实际卷绕厚度　$Y = R - r = \dfrac{152 - 45}{2} = 53.5(mm)$

则筒管径向卷绕密度　$Q = \dfrac{X}{Y} = 25.006 \times \dfrac{Z_5}{Z_4}(层/cm)$

粗纱每层平均厚度 $= \dfrac{1}{Q} = 0.4 \times \dfrac{Z_4}{Z_5}(mm/层)$

② 筒管径向卷绕密度的经验公式　根据生产实践,筒管径向卷绕密度的经验公式为

$$Q = (5 \sim 6) \times P$$

③ 确定成形变换齿轮的实例　若纺 27.8 tex 纯棉普梳纱,粗纱线密度为 672.7 tex,试确定 TJFA458A 型粗纱机的成形变换齿轮齿数 Z_5/Z_4。

解:第一步,根据经验公式计算筒管径向卷绕密度 Q

$$Q = 6P = 6 \times 3.35 = 20.1(层/cm)$$

第二步,选择成形齿轮齿数 $Z_4 = 30$,则

$$成形齿轮齿数\ Z_5 = \frac{Q \times Z_4}{25.006} = \frac{20.1 \times 30}{25.006} = 24.1 \quad (取\ Z_5 = 24)$$

第三步,试纺,若在一落纱中大纱时的粗纱张力正常,说明粗纱成形齿轮选择合理;若大纱时的粗纱张力不正常,需进行调整。

5.产量计算

（1）理论产量

$$G_{理}[kg/(锭 \cdot h)] = \pi \times d_{前} \times n_{前} \times N_t \times 60 \times 10^{-9}$$

或

$$G_{理}[kg/(锭 \cdot h)] = \frac{n_s \times 60 \times N_t}{T_t \times 10 \times 1000 \times 1000}$$

式中：$d_{前}$——前罗拉直径（mm）；

$n_{前}$——前罗拉转速（r/min）；

n_s——锭子转速（r/min）；

T_t——粗纱捻度（捻/10 cm）；

N_t——粗纱线密度（tex）。

（2）定额产量

$$G_{定} = G_{理} \times 时间效率$$

式中：粗纱机时间效率一般为 $80\% \sim 90\%$。

（3）实例计算 若纺 27.8 tex 纱线，则

$$G_{理} = \frac{1\,013 \times 60 \times 672.7}{3.86 \times 10 \times 1000 \times 1000} = 1.059[kg/(锭 \cdot h)]$$

$$G_{定} = 1.059 \times 87\% = 0.92[kg/(锭 \cdot h)]$$

每台粗纱机共 120 锭，则每台粗纱机每小时定额产量 $= 0.92 \times 120 =$

$$110.4[kg/(台 \cdot h)]$$

每台粗纱机每天工作 22.5 h，则每台粗纱机每天定额产量 $= 110.4 \times 22.5 =$

$$2484[kg/(台 \cdot 天)]$$

表 1-6-14 粗纱工艺单

纱线品种：C 27.8 tex 机织用经纱

种类	机型	回潮率（%）	定量[g/(10 m)]		线密度（tex）	牵伸（倍）		配合率	捻系数	捻度[捻/(10 cm)]	
			湿重	干重		实际	机械			计算	实际
纯棉	TJFA458A	7.0	6.634	6.2	672.7	6.13	6.31	1.03	100	3.86	

牵伸分配（倍）			罗拉握持距（mm）			皮圈钳口（mm）	皮辊加压（N/双锭）	卷绕密度	
整理	主区	后区	整理	主区	后区		整理×前×中×后	轴向（圈/cm）	径向（层/cm）
1.05	5.535	1.14	35	49	55	6.0	90×200×150×150	3.35	20.1

主要速度		定额产量		变换轮						
锭速（r/min）	前罗拉（r/min）	kg/（台·h）	kg/（台·天）	电机皮带盘 D_m（mm）	主轴皮带盘 D（mm）	中心牙 Z_3	轻重牙 Z_7	后牵伸牙 Z_8	张力牙 Z_5/Z_4	升降齿轮 Z_{11}	捻度阶段齿轮 Z_2/Z_1
1013	297.2	110.4	2 484	169	200	47	42	43	24/30	26	91/82

注 每台粗纱机有 120 锭，每天工作 22.5 h。

➤➤➤ 1.6.5　粗纱质量指标及控制

一、粗纱质量控制指标及范围

粗纱主要质量控制指标有粗纱质量不匀率、粗纱条干 CV 值、粗纱伸长率以及粗纱纱疵等。其中粗纱张力、粗纱伸长率控制及粗纱结构对粗纱质量不匀率、粗纱条干 CV 值、断头以及成纱质量的影响很大。粗纱主要质量指标参见表 1-6-15。

表 1-6-15　粗纱质量控制参考指标

纺纱类别		回潮率(%)	萨氏条干(%)，不大于	Uster CV (%)	质量不匀率 (%)，不大于	伸长率(%)	捻度 [捻/(10 cm)]
纯棉纱	粗	6.8~7.4	40	6.1~8.7	1.1	1.5~2.5	以设计捻度为标准，在生产、运输、退绕过程中不产生意外伸长为宜
	中	6.7~7.3	35	6.5~9.1	1.1	1.5~2.5	
	细	6.6~7.2	30	6.9~9.5	1.1	1.5~2.5	
精梳纱		6.6~7.2	25	4.5~6.8	1.3	1.5~2.5	
化纤混纺纱		2.6±0.2	25	4.5~6.8	1.2	−0.5~+1.5	

二、提高粗纱质量的技术措施

（一）粗纱质量不匀率控制

该指标反映粗纱质量均匀情况。通常各品种每天每台至少前排后排各取 1 个粗纱，每个粗纱至少取 2 段，每段 10 m，同一品种总试验段数不少于 20 段，称取每段的粗纱质量，按平均差系数计算，一般质量不匀率要求小于 1.1%。粗纱质量不匀率影响细纱质量不匀率和细纱单纱强力不匀。

影响粗纱质量不匀的主要因素及解决方法见表 1-6-16。

表 1-6-16　粗纱质量不匀的产生原因及解决方法

控制项目	产生原因	解决方法
粗纱质量不匀	喂入棉条粗细不匀	控制熟条质量和熟条质量不匀率 棉条包卷必须符合质量要求
	粗纱胶辊、皮圈规格不一致,造成牵伸效率差异	加强对牵伸元件的管理,严格规定各档胶辊及皮圈的标准直径及允许的公差范围
	胶辊歪斜,加压不正常	检查摇架、胶辊与罗拉对中,上下皮圈对齐,加压靠实
	粗纱机上意外伸长	加强导条架部分的维护,使导条辊运转灵活,减少后罗拉与导条辊之间的张力牵伸 合理使用假捻器,增加纺纱段强力,防止意外伸长 合理搭配,即粗纱的后排的棉条对应后排的粗纱、前排的棉条对应前排的粗纱,以减少粗纱之间的意外伸长
	粗纱机伸长率过大或过小,粗纱伸长率差异大	控制好粗纱机伸长率以及伸长差异率

164

（二）粗纱张力与伸长率的控制

1. 粗纱伸长率的测试与计算

粗纱伸长率是影响粗纱质量偏差、粗纱质量不匀率及细纱质量不匀率的重要因素。粗纱机台与台之间或一落纱中大、中、小纱间的伸长率差异过大，将使细纱质量不匀率增大；粗纱伸长率过大易使粗纱条干不匀率恶化；粗纱伸长率过大或过小都会增加粗纱机的断头率；粗纱伸长率的大小间接反映粗纱张力的变化。因此，控制好粗纱伸长率以及伸长差异率在粗纱工序质量控制中是非常重要的。

（1）试验方法　实测后罗拉 50 转时实际纺出的粗纱长度，再根据传动系统，计算后罗拉 50 转时对应的前罗拉输出长度。

（2）粗纱伸长率计算

$$粗纱计算长度（m）=\frac{实测后罗拉转数×总牵伸×\pi×前罗拉直径}{1000}$$

$$粗纱实际长度（m）=条粗测长器测得的米数＋用米尺测量的余下的粗纱长度米数$$

$$粗纱伸长率=\frac{粗纱实际长度－粗纱计算长度}{粗纱计算长度}×100\%$$

粗纱伸长率应控制在 1.5%～2.5% 范围内，最大不宜超过 3%，前后排之间、大小纱之间的伸长率差异应控制在 1.5% 以内。超过范围，应予以调整。

2. 粗纱张力与伸长率的关系

粗纱张力可以通过目测观察纺纱段来确定：纱条张紧，则张力大；纱条松弛，则张力小。目测观察仅可定性分析而不能定量分析，故生产中可以用伸长率间接地反映粗纱张力大小。影响粗纱张力变化和伸长率变化关系的因素有原料、纺纱品种、锭翼结构与材料、是否采用假捻器及假捻器的结构与材料、机器断面尺寸、卷绕尺寸、工艺速度、车间温湿度等。在采用一定假捻方式、车间温湿度正常的情况下，可以用粗纱伸长率作为检测粗纱张力的间接方法。

3. 有铁炮粗纱机的粗纱张力调整

在粗纱机试纺或改换品种时，调整粗纱张力和伸长率的顺序为：一般先校正圈距（即筒管的轴向卷绕密度），再校正小纱张力和伸长率，最后校正中大纱张力和伸长率。

（1）校正圈距　要求上下相邻的纱圈一圈挨一圈，稀缝不超过 0.5 mm，密集但不产生重叠。如圈距过大或过小，可调整升降变换齿轮，校正轴向卷绕圈距。

（2）校正小纱张力和伸长率　如小纱张力过松或过紧、伸长率超过控制范围，可移动铁炮皮带的起始位置；如移动量过大，移动铁炮皮带起始位置达不到要求时，可调整卷绕变换齿轮。

① 当小纱张力过大（伸长率过大）时，将铁炮皮带的起始位置向主动铁炮小端移动，筒管卷绕速度减慢，粗纱的小纱张力可以减小。

② 当小纱张力过小（伸长率过小）时，将铁炮皮带的起始位置向主动铁炮大端移动，筒管卷绕速度增加，粗纱的小纱张力可以增大。

若移动铁炮皮带起始位置仍达不到要求，可调节卷绕齿轮，齿数增加，粗纱张力增大；齿数减少，粗纱张力减小。

（3）校正大纱张力和伸长率　如大纱张力过紧、伸长率超过控制范围，可调换张力变换齿轮进行校正。张力变换齿轮决定铁炮皮带每次移动量，即一落纱中各阶段的卷绕速度，因而对整落纱张力的影响很大。

以 TJFA458 型粗纱机为例，铁炮皮带每次移动量 b 和成形变换齿轮（即张力牙 Z_4 和 Z_5）的关系是：

$$b(\text{mm}) = \frac{1 \times 1 \times 36 \times Z_4 \times 30}{2 \times 25 \times 62 \times Z_5 \times 57} \times \pi \times (270 + 2.5) = 5.2324 \times \frac{Z_4}{Z_5}$$

① 当大纱张力过大（伸长率过大）时，减少成形齿轮 Z_5 的齿数（或增大 Z_4 的齿数），铁炮皮带每次移动量增大，粗纱的大纱张力可以减小。

② 当大纱张力过小（伸长率过小）时，增加成形齿轮 Z_5 的齿数（或减少 Z_4 的齿数），铁炮皮带每次移动量减小，粗纱的大纱张力可以增大。

（4）中纱张力　当小纱、大纱张力调整适当后，中纱张力一般也适当。只有铁炮曲线修正不合理，致使铁炮中部皮带滑溜率大或粗纱直径逐层增量不等时，中纱张力才可能超出规定范围，此时可采用张力补偿装置来改善中纱张力。

目前，很多新型粗纱机都带有张力补偿装置，以减小一落纱中卷绕张力的变化，有效地稳定了粗纱张力和粗纱伸长率。

4．无铁炮粗纱机的张力调整

由 CCD 传感器检测粗纱张力变化信号，再通过工业控制计算机与 PLC 控制变频伺服电机进行自动调节，以控制粗纱张力。

以日本丰田 FL100 型为例，采用线阵式 CCD 光电摄像传感器，以 0.1 mm 的精度水平分别检测前后排粗纱的下垂量，因为粗纱的悬垂度大小能反映纺纱张力的大小。CCD 输出的电流模拟信号及时反馈给计算机，计算机利用图像处理技术随时进行粗纱张力计算，并与设定值比较，根据差值控制电机增减筒管的卷绕转速来调节纺纱张力，控制适宜的张力状态，以保持稳定的卷绕张力。这与操作人员目测设定方法相比，其张力调节精度极高，而且，计算机记忆着适应于各个品种纺纱条件的张力状态，更换品种时，可自动选择最佳张力状态，不必重新手动设定，同时消除了各机台之间出现张力和卷绕长度不均匀的现象。

5．改善粗纱伸长率过大的其他措施

（1）由锭速提高引起的粗纱伸长率过大　这是因为前罗拉至锭翼顶端的一段粗纱抖动剧烈所造成的。此时可适当增加粗纱捻系数，增大粗纱强力，使粗纱伸长率减小。

（2）温度偏高、湿度偏大引起的粗纱伸长率过大　这是因为锭翼顶端及压掌处的摩擦阻力增大引起卷绕张力及锭翼空心臂内的纱条张力增大所造成的。此时，可以减少锭翼顶端、压掌处的粗纱卷绕圈数，以减小这两段纱条的张力。如仍达不到要求，可以适当增加粗纱的捻度，增大粗纱强力，以减小粗纱的伸长率。不过，采取适当增加粗纱捻度的措施时，要求细纱机的牵伸装置必须有足够的压力，以防牵伸不开、出硬头。

6．减少粗纱伸长率差异的措施

（1）台与台之间的伸长率差异　这是因为车间温湿度不均匀、机台间工艺混乱所造成的。因此，各机台的变换齿轮齿数应该统一，铁炮皮带的松紧程度应力求一致，以减少台与台之间的粗纱伸长率差异。

(2) 前后排之间的伸长率差异 这是因为前排锭翼顶端至前罗拉的距离大于后排、前排粗纱的抖动及捻陷现象比较严重,造成前排的粗纱伸长率比后排大。对此,可采取以下措施:

① 前排粗纱在锭翼的顶孔绕 3/4 圈或在压掌上绕 3 圈,后排粗纱在锭翼的顶孔绕 1/4 圈或在压掌上绕 2 圈,使得前排粗纱的卷绕张力增加、纺纱张力减小,而后排粗纱的卷绕张力减小、纺纱张力增加。

② 后排条筒的棉条意外牵伸大,供应后排锭子;前排条筒的棉条意外牵伸小,供应前排锭子。

③ 提高锭翼假捻器的假捻效果,如前排锭翼刻槽数比后排锭翼刻槽数多,或加装高效率的假捻器,或抬高后排锭翼套管高度,使导纱角前后相同,以减少前后排粗纱的伸长率差异。

(3) 锭与锭之间的伸长率差异 这种差异主要是由锭子、锭翼、筒管的不正常引起的。如个别锭子弯曲、个别锭翼两臂不平衡,引起锭子回转晃动;压掌的弧度不一致,压纱力产生差异,以致纱管的卷绕直径不同;筒管外径有差别,导致卷绕线速度不同;个别筒管的内孔磨损过多,回转晃动;个别锭翼空心臂通道不光洁,摩擦阻力增加,引起粗纱伸长。上述原因,都能增大锭与锭间的伸长率差异。为了减小这种差异,应加强锭子、锭翼的检修工作,并使筒管外径一致,如筒管内孔磨损过多,应及时更换。

(三) 粗纱疵点成因及解决方法

粗纱疵点主要有粗纱质量不符合标准、条干不匀、松烂纱、脱肩、冒头冒脚、整台粗纱卷绕过松或过紧等,其成因及解决方法见表 1-6-17。

表 1-6-17 粗纱疵点成因及解决方法

疵点名称	疵点成因	解决方法
粗纱质量不符合标准	喂入熟条质量不正确 牵伸变换齿轮齿数调错	控制熟条质量,加强管理 加强变换齿轮的管理检查
条干不匀	罗拉加压失效,隔距不当,弯曲偏心 皮辊中凹,表面损坏,回转不灵 牵伸传动部件不正常,部分牵伸配置不当 粗纱捻度不当 车间相对湿度偏小	工艺设计合理 加强牵伸部件检修 防止意外牵伸 控制车间温湿度
松烂纱	原料抱合力差 卷绕张力过小 粗纱捻度过小	正确选配原料 增加卷绕密度和卷绕张力 适当加大捻系数
脱肩	成形角度齿轮配置不当 换向机构失灵,成形机构部件配合不良 粗纱张力控制不当	正确调整成形角度齿轮(有铁炮粗纱机) 正确设置成形角度(无铁炮粗纱机) 加强换向、成形机构检修 稳定粗纱张力
冒头冒脚	锭翼或压掌高低不一 升降龙筋动程太长或偏高、偏低 锭翼、锭杆、筒管齿轮跳动	统一卷绕部件高度 保证锭翼、锭杆、筒管齿轮运转平稳 正确设计、调整升降龙筋动程

纺纱工艺设计与实施

任务 >>>
实施

┌──────┐
│ 工作 │　　某棉纺厂生产若干纯棉普梳环锭纱纱线品种,请以工艺员角色,根
│ 任务 │　据给定纱线品种,制定粗纱工艺设计方案。
└──────┘　　任务完成后提交粗纱工艺设计工作报告。

工作准备

资料准备:

(1) 查阅《棉纺手册(第三版)》P536~576

┌──────┐
│重点参考│ ── • 粗纱机主要型号和技术特征:P536~ 540
└──────┘　　　• 粗纱机传动图和工艺计算:P540~548
　　　　　　　• 粗纱机工艺配置:P550~560
　　　　　　　• 粗纱质量控制:P574~576

(2)《粗纱机产品说明书》

(3) 上网搜索或到棉纺企业收集粗纱工艺设计案例

设备与专用工具:粗纱机,粗纱机隔距与牵伸、捻度变换齿轮调配专用工具。

测试仪器:条粗测长仪,称重天平,粗纱捻度测试仪,电容式条粗条干均匀度仪或电容式条干仪(测 CV 值)或机械式条粗条干均匀度仪(测萨氏条干)。

工作步骤与要求

(1) 制定小组工作计划

(2) 完成粗纱工艺设计方案

▶ 所选用的粗纱机的技术特点

▶ 配置粗纱机主要工艺参数　(要求说明参数选择的依据,列出详细计算过程,填写"粗纱工艺单"即表1-6-18)

(3) 粗纱机上机工艺调试

根据设计的粗纱定量,上机试纺,填写工艺调整通知单(见下表)

上 机 工 艺 试 纺 通 知 单

试纺地点:　纺纱实训中心　;试纺设备:粗纱机　机型:＿＿＿

试纺小组:＿＿＿＿＿＿　　　　　　　　　　　　　　试纺日期:年 月 日

品种		备注:
工艺项目	要求	
前罗拉转速(r/min)		
锭子转速(r/min)		

罗拉隔距(前区×后区)(mm)		备注:
牵伸分配(前区×后区)(倍)		
罗拉加压(前～后)(N/双侧)		
牵伸变换齿轮		
捻度变换齿轮		

（4）质量测试与分析

测试：① 粗纱质量不匀率

　　　② 粗纱质量偏差

　　　③ 粗纱捻度

提交成果

（1）根据分组设计的纱线产品实例，提交该纱线的粗纱工艺设计工作报告

（2）制作 PPT 和 Word 电子文档，对你的粗纱工艺设计方案进行答辩

答辩内容……

① 所选用的粗纱机的技术特点
② 粗纱机主要工艺参数配置及选择依据
③ 粗纱质量指标控制范围及提高粗纱质量的
　主要技术措施

表 1-6-18　粗纱工艺单

纱线品种：＿＿＿＿＿＿＿＿

种类	机型	回潮率(%)	定量[g/(10 m)]		线密度(tex)	牵伸(倍)		配合率	捻系数	捻度[捻/(10 cm)]	
			湿重	干重		实际	机械			计算	实际

牵伸分配(倍)			罗拉握持距(mm)			皮圈钳口(mm)	皮辊加压(N/双锭)	卷绕密度	
整理	主区	后区	整理	主区	后区		整×前×中×后	轴向(圈/cm)	径向(层/cm)

主要速度		定额产量		变换轮						
锭速(r/min)	前罗拉(r/min)	kg/(台·h)	kg/(台·天)	电机皮带盘 D_m(mm)	主轴皮带盘 D(mm)	中心牙 Z_3	轻重牙 Z_7	后牵伸牙 Z_8	张力牙 Z_5/Z_4	升降齿轮 Z_{11}	捻度阶段齿轮 Z_2/Z_1

纺纱工艺设计与实施

课后 >>>
自测

一、名词解释

(1) 捻度　(2) 捻回角　(3) 捻系数　(4) 粗纱伸长率　(5) 管导

二、选择题（A、B、C、D 四个答案中只有一个是正确答案）

1. 粗纱机承担的总牵伸一般在(　　)范围。
   (A) 2～5 倍　　(B) 5～12 倍　　(C) 12～15 倍　　(D) 15～20 倍

2. 一般情况下,粗纱机主牵伸区承担较大的牵伸,而后区牵伸配置在(　　)。
   (A) 2.5～3.5　　(B) 2.0～2.5　　(C) 1.85～2.00　　(D) 1.12～1.48

3. 减小皮圈钳口隔距,则前区牵伸力的变化为(　　)。
   (A) 减小　　　(B) 增大　　　(C) 不变　　　　(D) 和皮圈钳口隔距无关

4. 粗纱机安装假捻器,其位置是在(　　)。
   (A) 锭翼顶孔　　(B) 锭翼侧孔　　(C) 压掌　　　　(D) 压掌杆

5. 针对悬吊式锭翼,下列哪一句是正确的(　　)。
   (A) 锭翼上端支承在上龙筋上,上龙筋固定,锭翼不能随便拔下,筒管下部支承在下龙筋上,随下龙筋做升降运动。
   (B) 锭翼上端支承在上龙筋上,上龙筋做升降运动,锭翼不能随便拔下,筒管下部支承在下龙筋上,下龙筋固定。
   (C) 锭翼插在锭子上,锭子固定在下龙筋上,锭翼能随便拔下,筒管下部支承在上龙筋上,随上龙筋做升降运动。
   (D) 以上都不正确。

6. 随着卷绕直径的增大,龙筋升降速度的变化应该是(　　)。
   (A) 增大　　　(B) 减少　　　(C) 不变　　　　(D) 和卷绕直径的增大无关

7. 随着卷绕直径的增大,筒管的卷绕速度的变化应该是(　　)。
   (A) 增大　　　(B) 减少　　　(C) 不变　　　　(D) 和卷绕直径的增大无关

8. 铁炮皮带的起始位置影响小纱张力,将铁炮皮带向主动铁炮小端移动,则(　　)。
   (A) 筒管速度加快,张力增大　　　(B) 筒管速度加快,张力减小
   (C) 筒管速度减慢,张力减小　　　(D) 筒管速度减慢,张力增大

9. 粗纱机锭翼顶孔安装的假捻器,其假捻器刻槽数前排比后排(　　)。
   (A) 相同　　　(B) 少　　　　(C) 多　　　　　(D) 没有特别要求

三、判断题(正确的打√,错误的打×)

1. 捻度可以比较不同粗细纱线的加捻程度。　　　　　　　　　　　　　(　　)

2. 在一定条件下,使用假捻器能够在纱条的某一段上加上稳定的捻度。　(　　)

3. 四罗拉双短皮圈牵伸,增加一个整理区的目的是为了增大粗纱机总牵伸。(　　)

4. 棉纺粗纱机都采用了翼导。　　　　　　　　　　　　　　　　　　　(　　)

5. 当粗纱卷绕直径增加时,筒管的卷绕速度必须相应减小。　　　　　　(　　)

6. 粗纱机差动装置的作用是将主轴传来的恒速和上铁炮传来的变速合成在一起。
   　　　　　　　　　　　　　　　　　　　　　　　　　　　　　　　(　　)

7. 改变粗纱捻度是通过改变前罗拉输出速度来调整的。 （　）

8. 粗纱机前排锭翼顶孔假捻器刻槽数少于后排锭翼顶孔假捻器刻槽数。 （　）

9. 线密度不同的纱线，配置的捻度相同，则它们的加捻程度相同。 （　）

10. 针对 TJFA458A 型粗纱机，粗纱大纱张力偏大，则调整张力齿轮齿数 Z_5 增加。 （　）

四、简答题

1. 画出三上三下双皮圈牵伸装置图，并说明其特点。

2. 画出四罗拉双短皮圈（D 型牵伸）牵伸装置图，并说明其特点。

3. 粗纱机加捻是怎样实现的？如何选择粗纱的捻系数？

4. 粗纱的卷绕成形有什么特点？为了实现粗纱的卷绕成形，必须满足哪些条件？

5. 差动装置的作用是什么？

6. 每当粗纱卷绕至筒管两端时，成形装置应迅速而准确地同时完成哪三个动作？

五、计算题

1. 采用 FA401 型粗纱机纺制 570 tex 粗纱，喂入熟条为 4000 tex，设牵伸配合率为 1.04，粗纱捻系数为 95，$Z_8 = 69$，计算：

（1）实际牵伸和机械牵伸；

（2）Z_7；$\left(E = 3.84 \times \dfrac{Z_8}{Z_7}\right)$

（3）$Z_2/Z_1 = 103/70$，求 Z_3；$\left(T_t = 161.011\,4 \times \dfrac{Z_2}{Z_1 \times Z_3}\right)$

（4）若粗纱线密度拟改为 550 tex，则 Z'_7、Z'_3 为多少？

2. 采用 FA401 型粗纱机纺制 550 tex 粗纱，粗纱机锭子转速为 800 r/min，粗纱捻系数为 100，求粗纱机的理论产量。

171

任务 1.7　细纱工艺设计

任务描述

　　细纱工序是成纱的最后一道工序，其作用是将粗纱纺制成具有一定线密度和物理机械性能、符合质量标准的细纱，并卷绕成一定卷装。细纱工序的主要任务是牵伸、加捻、卷绕成形。细纱工艺设计就是合理配置细纱机牵伸、加捻、卷绕成形工艺参数，保证成纱质量最优化。

学习目标

- 会进行细纱机主要工艺参数和产量的计算
- 能合理配置细纱机主要工艺参数
- 会分析细纱质量控制指标

提交 >>>
成果

■ 细纱工艺设计报告

知识准备

>>>细纱工艺设计

学习内容

1.7.1　细纱工序概述
1.7.2　细纱工艺设计要点
1.7.3　细纱引导案例分析
1.7.4　细纱质量指标及控制

▶▶ *1.7.1*　　　　　　　细纱工序概述

一、细纱工序的任务

细纱工序是成纱的最后一道工序,它是将粗纱纺成具有一定线密度(细度)、加捻并卷绕成一定卷装、符合质量标准的细纱,供捻线、机织或针织等使用。细纱工序的主要任务是:

(1)牵伸　将喂入的粗纱进一步均匀地抽长拉细到成纱所要求的线密度。

(2)加捻　将牵伸后的须条加上适当的捻度,使细纱具有一定的强力、弹性、光泽和手感等物理机械性能。

(3)卷绕成形　将纺成的细纱按一定的成形要求卷绕在筒管上,便于运输、贮存和后道工序的加工。

纺纱厂生产规模的大小是以细纱机总锭数表示的,细纱产量是决定纺纱厂各工序机器数量的依据,细纱的产质量水平及原料、机物料、用电量等耗用指标、劳动生产率、设备完好率等则反映了纺纱厂生产技术和管理水平的好坏。因此,细纱工序在纺纱厂中占有重要的地位。

二、细纱机的工艺过程

国产细纱机为双面多锭结构,一般每台400～1000锭,每锭为一个生产单元,如图1-7-1所示。粗纱从吊锭上的粗纱管退绕下来,经过导纱杆,喂入牵伸装置进行牵伸。牵伸后的须条由前罗拉输出,经导纱钩,穿过钢丝圈,加捻后绕到紧套在锭子上的筒管上。锭子高速回转,通过张紧的纱条拖动钢丝圈沿钢领跑道高速回转,钢丝圈每转一转,即给钢丝圈至前罗拉钳口间的纱条加上一个捻回。由于钢领对钢丝圈的摩擦阻力作用,使钢丝圈的回

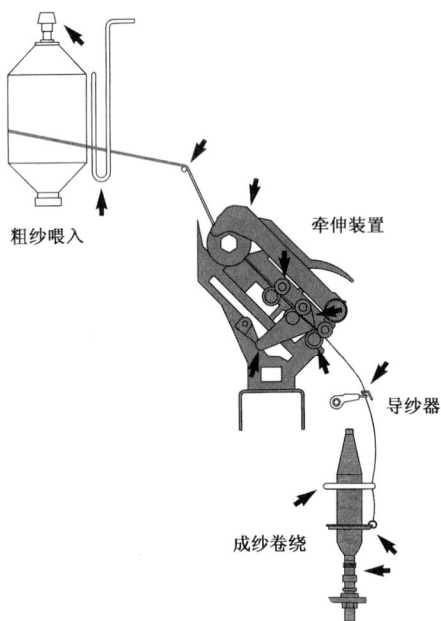

图 1-7-1　细纱机的工艺过程

172

转速度落后于纱管的回转速度,因而使前罗拉连续输出的纱条能够卷绕到筒管上。单位时间内钢丝圈与纱管的转速之差就是管纱的卷绕圈数。依靠成形机构的控制,使钢领板按一定规律升降,保证卷绕成符合一定要求形状的管纱。

细纱机主要机构和型号

▶ 喂入机构:粗纱架、粗纱支持器、导纱杆。

▶牵伸形式:三罗拉上短下长双皮圈牵伸、依纳 V 型牵伸。

▶牵伸元件:罗拉、胶辊、皮圈、皮圈控制元件(弹簧摆动上销、固定曲面下销)、集合器、加压机构、断头吸棉装置。

▶加捻机构:锭子、筒管、钢领、钢丝圈等元件。

▶成形机构:使钢领板按一定规律升降,保证卷绕成符合一定要求形状的管纱。

▶细纱机主要型号:　FA501、　FA502、　FA506、　FA509、　FA1508、　EJM128K、EJM128KJL、TDM129、TDM139、TDM159 等。

三、细纱机的发展

细纱机发展迅速,主要围绕增大牵伸、优质、高速、大卷绕、自动化、扩大适纺纤维范围、通用性、系列化等方面进行。

1980 年以来,在 A513 系列细纱机的基础上改进并设计了 FA501、FA502、FA506、FA509 等 FA 系列细纱机,机器结构、传动、精度、通用性、适纺范围、自动化等方面有了进一步提高。1990 年以后,细纱在高锭速、大牵伸、变频调速、多电机、同步齿型带传动、电脑控制等方面取得突破,如目前国内有代表性的 FA1508、EJM128K、EJM128KJL、TDM129、TDM139、TDM159 等新机,整机锭数也得到了提高。

进入 21 世纪,细纱机机电一体化水平大幅提高。目前,国产细纱机的最大锭数达1008,可连接自动络筒机、钢领板可适位停机复位开机、集体自动落纱、可编程控制运转过程、张力恒定、变频调速、节能、自动润滑等。细纱机的最大牵伸达 50~70 倍,最高锭速达22 000~25 000 r/min。同时,研究开发了紧密纺纱、赛络纺纱及紧密纺和赛络纺结合的纺纱技术,使传统环锭细纱技术实现了真正的飞跃。

1.7.2　细纱工艺设计要点

一、细纱工艺设计原则

(1)细纱机向大牵伸方向发展,工艺上必须注意各牵伸区牵伸的合理分配,加压、罗拉隔距、皮圈钳口隔距以及牵伸必须和牵伸力相适应。

(2)合理设计细纱牵伸工艺,优选胶辊、皮圈,以有效控制短纤维。

(3)合理设计锭速,选择合适的钢领、钢丝圈,稳定成纱张力,减少细纱毛羽和成纱断头。

(4)细纱捻度直接影响纱线的强力、光泽、毛羽和手感,还影响细纱机的产量,要合理设计细纱捻度。

(5)保证管纱成形良好,增加卷绕密度,加大细纱管纱卷装,有效提高劳动生产率。

二、细纱工艺参数配置

牵伸工艺

(1) 细纱定量与总牵伸
(2) 牵伸分配(前区牵伸与后区牵伸)
(3) 罗拉握持距(或罗拉中心距、罗拉隔距)
(4) 罗拉加压
(5) 钳口隔距
(6) 集合器口径

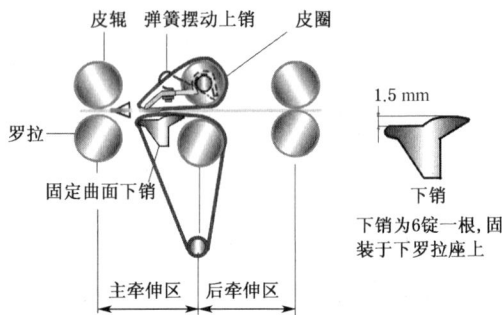

图 1-7-2　细纱机牵伸装置图

加捻与卷绕工艺

(1) 细纱捻系数
(2) 细纱机锭速、前罗拉速度
(3) 钢领与钢丝圈选配
(4) 细纱卷绕密度

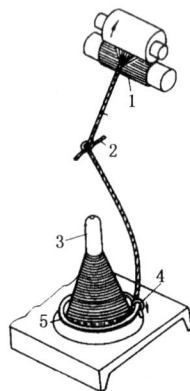

图 1-7-3　细纱机的加捻

1—前罗拉　2—导纱钩　3—管纱
4—钢丝圈　5—钢领

(一) 细纱定量

【参照 GB/T 398—2008】

(1) 棉纱线的线密度以 1000 m 长的纱线在公定回潮率时的质量(g)表示,单位为"特克斯(tex)"。

(2) 棉纱线的公定回潮率为 8.5%。

(3) 棉纱线的标准质量

$$100\,\text{m}\ 纱线在公定回潮率时的标准质量(g) = \frac{线密度(\text{tex})}{10}$$

$$100\,\text{m}\ 纱线的标准干燥质量(g) = \frac{线密度(\text{tex})}{10 \times (1 + 8.5\%)} = \frac{线密度(\text{tex})}{10.85}$$

(4) 单纱和股线的最后成品设计线密度必须与其公称线密度相等。纺股线用的单纱设计线密度值应保证股线的设计线密度与其公称线密度相等。

(5) 棉纱的公称线密度系列及其 100 m 的标准质量可查阅 GB/T 398—2008。

(二) 牵伸工艺配置

细纱机的牵伸工艺参数主要包括总牵伸及分配、罗拉握持距、罗拉加压、钳口隔距、集合器口径等。

1. 总牵伸

细纱机总牵伸一般为 $10\sim60$ 倍,取决于所纺细纱线密度和喂入粗纱线密度。所纺纱线的线密度越细,总牵伸越大。而总牵伸越大,则成纱条干不匀率越大,单强不匀率也有增加。

生产中常用的细纱总牵伸配置范围见表 1-7-1。

表 1-7-1 常见牵伸装置的总牵伸范围

细度(tex)	9 以下	$9\sim19$	$20\sim30$	32 以上
双短皮圈牵伸(倍)	$30\sim50$	$20\sim40$	$15\sim30$	$10\sim20$
长短皮圈牵伸(倍)	$30\sim60$	$22\sim45$	$15\sim35$	$12\sim25$

2. 细纱前区工艺

细纱机前区牵伸采用"重加压、强控制"的工艺配置。

(1) 浮游区长度

① 浮游区(又称自由区)长度 是指皮圈钳口至前罗拉钳口间的距离。为计算方便,常以上销或下销前缘与前罗拉中心线间的距离表示。

② 缩短浮游区长度的意义 缩短浮游区长度,可以使皮圈钳口的摩擦力界向前钳口扩展,加强了对浮游纤维的控制。但是,在浮游区长度缩小的同时,牵伸力必然增大,此时必须增加前钳口的压力,以解决牵伸力的增大与握持力不足的矛盾。

③ 浮游区长度配置 一般为 $11\sim15$ mm。纤维长度长,整齐度好,浮游区长度可大一些;反之,浮游区长度应当小一些。前牵伸区罗拉中心距与浮游区长度见表 1-7-2。

表 1-7-2 前牵伸区罗拉中心距与浮游区长度

牵伸形式	纤维及长度(mm)	上销长度(mm)	前罗拉中心距(mm)	浮游区长度(mm)
双短皮圈	棉纤维,31 以下	25	$36\sim39$	$11\sim14$
	棉纤维,33 以上	29	$40\sim43$	$11\sim14$
长短皮圈	棉及化纤混纺,35	33(34)	$42\sim45$	$12\sim14$
	棉及化纤混纺,51	42	$52\sim56$	$12\sim16$
	中长化纤混纺,65	56	$62\sim74$	$14\sim18$
	中长化纤混纺,76	70	$82\sim90$	$14\sim20$

(2) 下销上托的程度 采用上销下压或下销上托的方法来解决上下皮圈的中凹问题。下销上托的位置在皮圈工作边的中部,上托的程度以销子上托位置高出前端的距离表示,一般为 1.5 mm。

(3) 皮圈钳口隔距

① 皮圈钳口隔距 是指上下两皮圈销之间的距离。生产中实际控制皮圈钳口的是弹簧摆动上销的弹簧片及隔距块。通过选择隔距块的规格,确定原始钳口的大小。

② 如何确定钳口隔距 主要根据所纺纱线的线密度进行选择。采用较小的皮圈钳口隔距,有利于提高成纱质量。但要避免牵伸力过大,防止细纱"出硬头"。

隔距块的规格及选用见表 1-7-3。

表 1-7-3　隔距块的选择

纺纱线密度(tex)	19 以下	20～32	36～58	58 以上
隔距块厚度(mm)	2.5	3.0	3.5	4.0
颜色	黑	红	天蓝	桔黄

（4）罗拉加压

为了使牵伸顺利进行，罗拉钳口必须具有足够的握持力，以适应牵伸力的变化。如果后罗拉加压不足，纱条就会在后罗拉钳口下打滑，使细纱的长片段不匀(即百米质量 CV)增大，甚至会产生质量偏差；中罗拉加压不足，将影响细纱的中长片段和短片段不匀率；前罗拉加压不足，则会造成牵伸效率低，细纱条干不匀增加，甚至出现"硬头"。

罗拉加压范围见表 1-7-4。

表 1-7-4　前罗拉、中罗拉加压范围

原料	牵伸形式	前罗拉加压(N/双锭)	中罗拉加压(N/双锭)
棉	双短皮圈	100～150	60～80
	长短皮圈	100～150	80～100
棉型化纤	长短皮圈	140～180	100～140
中长化纤	长短皮圈	140～220	100～180

（5）集合器　细纱前区的集合器开口尺寸见表 1-7-5。

表 1-7-5　前区集合器规格

线密度(tex)	9 以下	9～19	20～30	32 以上
开口尺寸(mm)	1.2～1.8	1.6～2.5	2.0～3.0	2.5～3.5

3. 后区牵伸工艺

（1）后区牵伸工艺参数　后区牵伸工艺配置包括后区牵伸、罗拉握持距、后罗拉加压和粗纱捻系数。细纱机的后区采用简单罗拉牵伸，利用适当的粗纱捻回，可以产生一定的附加摩擦力界，有利于控制纤维运动。

（2）针织纱"二大二小"工艺配置

"二大"——细纱后区罗拉隔距大(罗拉中心距：48～60 mm)；粗纱捻系数较大(105～120)。

"二小"——细纱后区牵伸较小(1.04～1.20 倍)；粗纱总牵伸小(6～8 倍)。

（3）细纱后区工艺参数配置（表 1-7-6）

表 1-7-6　后区工艺参数

项目	纯棉		化纤纯纺及混纺	
	机织纱工艺	针织纱工艺	棉型化纤	中长化纤
后区牵伸(倍)	1.20～1.40	1.04～1.30	1.14～1.50	1.20～1.60
后区罗拉中心距(mm)	44～56	48～60	50～65	60～86
后罗拉加压(N/双锭)	80～140	100～140	140～180	140～200
粗纱捻系数	90～105	105～120	56～86	48～68

（三）锭速

细纱机锭速选择与纺纱线密度、纤维特性、钢领直径、钢领板升降动程、纺纱张力以及细纱捻系数等因素有关。细纱锭速选择范围见表 1-7-7。

表 1-7-7　纯棉粗纱的细纱机锭速选择范围

纺纱种类	粗特纱	中特纱	细特纱
锭速范围(r/min)	9000～13 500	14 000～16 000	14 500～16 500

（四）加捻与卷绕工艺

1. 细纱捻系数选择

细纱因用途不同,其捻系数也有所不同。

① 一般,机织物用的经纱,由于要经过络筒、整经、浆纱等工序,在布机上还承受钢筘的摩擦和反复拉伸变形作用,所以要有较高的强力和弹性,捻系数需大一些。

② 纬纱需经过的工序较少,且引纬张力较小,为避免纬缩疵点,其捻系数较小,一般比相同线密度的经纱小 10%～15%。

③ 从织物的外观和手感方面考虑,如果经纱浮于表面,对布面外观和手感影响较多时,其捻系数不宜太大。如高密度的府绸类织物,经纱捻度适当小些,纬纱捻度适当增大,使纬纱刚度大些,则经纱易于凸起而形成颗粒状,可改善织物的外观风格和手感。

④ 麻纱类织物,经纱的捻系数应较大,赋予织物滑爽的感觉。

⑤ 针织用纱的捻系数因品种的不同而不同,棉毛布用纱的捻系数低;汗衫布要求有凉爽感,捻系数宜略大。

⑥ 起绒织物用纱的捻系数较小,捻线用单纱的捻系数也较小。

常用的细纱捻系数见表 1-7-8、表 1-7-9。

表 1-7-8　常用细纱捻系数

普梳棉纱			精梳棉纱		
线密度(tex)	经纱	纬纱	线密度(tex)	经纱	纬纱
8～10	340～430	310～380	4～4.5	340～430	310～360
11～13	340～430	310～380	5～5.5	340～430	310～360
14～15	330～420	300～370	6～6.5	330～400	300～350
16～20	330～420	300～370	7～7.5	330～400	300～350
21～30	330～420	300～370	8～10	330～400	300～350
32～34	320～410	290～360	11～13	330～400	300～350
36～60	320～410	290～360	14～15	330～400	300～350
64～80	320～410	290～360	16～20	320～390	290～340
88～192	320～410	290～360	21～30	320～390	290～340

表 1-7-9　常用细纱品种捻系数

棉纱品种	线密度(tex)	经纱	纬纱
普梳机织用纱	8.4～11.16	340～400	310～360
	11.7～30.7	300～390	300～350
	32.4～194	320～380	290～340
精梳机织用纱	4.0～5.3	340～400	310～360
	5.3～16	330～390	300～350
	16.2～36.4	320～380	290～340
普梳机织、针织、起绒用纱	10～9.7	不大于 330	
	32.8～83.3	不大于 310	
	98～197	不大于 310	
精梳机织、针织、起绒用纱	13.6～36	不大于 310	
涤/棉混纺纱	单纱织物用纱	330～380	
	股线织物用纱	320～360	
	针织内衣用纱	300～330	
	经编织物用纱	370～400	

2. 细纱捻向的选择

单纱的捻向视成品及后加工的需要而定。为方便挡车工操作，一般采用 Z 捻。当织物的经纬纱捻向不同时，织物的组织容易突出。对于化纤混纺织物，为了使织物具有毛型感，经纱常采用不同捻向，以获得隐格、隐条等特殊风格。

由此可见，细纱的捻系数和捻向是根据纱线的用途和最后成品的要求而选择的。为了保证各种线密度的细纱应有的品质以及满足后道工序的生产需要，将细纱捻系数列入国家标准，其变动范围较小。

在确保成纱品质的前提下，尽可能采用较小的捻系数，以提高细纱机的生产率。生产中，当原棉条件较好(如纤维长度长、线密度小、品级高)时，捻系数可较小；工艺设计合理、机械状态良好、技术管理水平高时，也采用较小的捻系数；精梳纱的原料品质好，捻系数也较小；细特纱的捻系数比粗特纱大。

3. 钢领与钢丝圈的选配

钢领是钢丝圈的回转轨道，钢丝圈高速回转时的线速度最高达 45 m/s。钢领和钢丝圈的配套常成为高速与大卷装的主要问题。

选配钢领与钢丝圈时，主要考虑所纺纱线的品种、纱线的线密度等因素。目前，钢领主要有平面钢领和锥面钢领两大类，与之配套的钢丝圈相应地有平面钢丝圈和锥面钢丝圈两大类。

(1) 钢领的选用　平面钢领可分为普通钢领和高速钢领，主要规格有三种。

① 普通钢领：PG2 型(边宽 4.0 mm)，适纺粗特纱；

② 高速钢领：PG1 型(边宽 3.2 mm)，适纺中特纱；

　　　　　　PG1/2 型(边宽 2.6 mm)，适纺细特纱。

平面钢领的主要参数如图 1-7-4 所示，其代号表示方法是：PG×-××××。如 PG1-

4251,表示平面钢领,边宽 3.2 mm,内径 42 mm,底外径 51 mm。

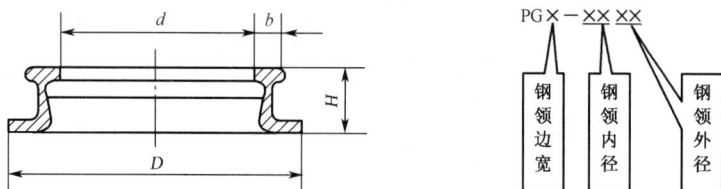

图 1-7-4 平面钢领的主要参数

d—钢领内径 *b*—钢领边宽 *D*—钢领底外径 *H*—钢领高度

（2）钢丝圈的选用 钢丝圈不仅是加捻卷绕的重要元件之一,生产中还利用钢丝圈的型号和号数来控制和稳定纺纱张力、降低断头率。平面钢领选配平面钢丝圈,主要选配钢丝圈的型号和质量。

① 钢丝圈的型号（几何形状） 按钢丝圈几何形状的不同划分,有的还反映钢丝圈线材截面形状的不同。平面钢领用的钢丝圈型号按其形状特点分为：G 型系列（G 型、GO 型）钢丝圈；O 型系列（O 型、OS 型、CO 型、OSS 型）钢丝圈；GS 型系列（GS 型、6802 型、6903 型、FO 型、FU 型）钢丝圈。

② 钢丝圈的号数（质量） 是指 1 000 个同型号钢丝圈的公称质量克数值（新标准）。

以往使用的标准中,钢丝圈的号数是指每 100 个钢丝圈的质量克数,不同的质量标准对应不同的号数,其号数从轻到重依次为：30/0,29/0,…,3/0,2/0,1/0,1,2,3,…,28,29,30。最轻的是 30/0 号,最重的是 30 号。目前,很多工厂仍然习惯采用旧标准。

纺纱时,钢丝圈号数应根据纺纱线密度、钢领直径、锭子速度、钢领状态、气候条件等参数进行选择：

▶ 纱的线密度越高,所用钢丝圈越重；

▶ 钢领直径大,锭子速度快,钢丝圈宜轻；

▶ 新钢领的摩擦因数大,钢丝圈宜轻 2～5 号；

▶ 原纱强力高,管纱长,导纱钩至锭子顶端的距离大,钢丝圈可加重；

▶ 气候干燥,湿度低,钢丝圈和钢领的摩擦因数小,钢丝圈宜稍重。

（3）钢领与钢丝圈选配参考范围 平面钢领与钢丝圈的选配见表 1-7-10,锥面钢领与钢丝圈的选配见表 1-7-11,棉纱用钢丝圈号数选用见表 1-7-12。

表 1-7-10 平面钢领与钢丝圈的选配

钢领		钢丝圈		适纺线密度范围及品种
型号	边宽(mm)	型号	线速度(m/s)	
PG1/2	2.6	CO	36	18～32 tex 棉纱
		OSS	36	5.8～19.4 tex 棉纱
		RSS, BR	38	9.7～19.4 tex 棉纱,涤/棉纱
		W261, WSS, 7196, 7506	38	9.7～19.4 tex 棉纱,涤/棉纱
		2.6Elf	40	15 tex 以下棉纱,涤/棉纱

纺纱工艺设计与实施

续　表

钢领		钢丝圈		适纺线密度范围及品种
型号	边宽(mm)	型号	线速度(m/s)	
PG1	3.2	6802	37	19.4~48.6 tex 棉纱
		6802U	38	13~32.4 tex 涤/棉纱,混纺纱
		B6802	38	13~29 tex 混纺纱
		6903,7201,9803	38	中特、细特棉纱,7.3~14.6 tex 棉纱
		FO	36	18.2~41.6 tex 棉纱
		BFO	37	13~29 tex 棉纱,混纺纱
		FU,W321	38	
		BU	38	13~29 tex 棉纱
		BK	32	腈纶纱
		3.2Elgc	42	13~29 tex 棉纱,涤/棉纱,腈纶纱
PG2	4.0	G,O,GO,W401	32	32 tex 以上棉纱
NY-4521		52	40~44	13~29 tex 棉纱,涤/棉纱

表 1-7-11　锥面钢领与钢丝圈的选配

钢领		钢丝圈		适纺线密度范围及品种
型号	边宽(mm)	型号	线速度(m/s)	
MZ-6	2.6	ZB	38~40	中特棉纱
		ZB-1	40~44	13~14.6 tex 涤/棉纱
		ZB-8		14~18 tex 棉纱
		924		13~19.6 tex 涤/棉纱
ZM-20	2.6	ZBZ	40~44	28~39 tex 棉纱

表 1-7-12　棉纱用钢丝圈号数选用范围

钢领型号	线密度(tex)	钢丝圈号数	钢领型号	线密度(tex)	钢丝圈号数
PG1/2	7.5	16/0~18/0	PG1	21	6/0~9/0
	10	12/0~15/0		24	4/0~7/0
	14	9/0~12/0		25	3/0~6/0
	15	8/0~11/0		28	2/0~5/0
	16	6/0~10/0		29	1/0~4/0
	18	5/0~7/0		32	2~2/0
	19	4/0~6/0		36	2~4
PG1	16	10/0~14/0	PG2	48	4~8
	18	8/0~11/0		58	6~10
	19	7/0~10/0		96	16~20

1.7.3　细纱引导案例分析

引导案例：C 27.8 tex 细纱工艺设计

设计步骤

▶分析细纱机技术性能
▶配置细纱机主要工艺参数（"细纱工艺单"即表 1-7-15）

1. 分析细纱机技术性能

选用细纱机型号为 FA506 型，其主要技术特征见表 1-7-13。

表 1-7-13　国产细纱机的主要型号和技术特征

机型		FA506	FA507	EMJ128K	F1520SK	DTM139
适纺纤维长度 （mm）		65 mm 以下棉、 化纤及混纺	65 mm 以下棉、 化纤及混纺	60 mm 以下棉、 化纤及混纺	60 mm 以下棉、 化纤及混纺	60 mm 以下棉、 化纤及混纺
锭距（mm）		70	70, 75	70	70, 75	70
每台锭数（锭）		384～516	384～516	384～516	384～1 008	396～1 008
牵伸形式		三罗拉长短皮圈				
牵伸（倍）		10～50	10～50	10～50	10～60	10～70
罗拉直径（mm）		25	25, 27	25, 27	27	27
每节罗拉锭数		6	6	6	6	6
罗拉加压方式		弹簧摇架加压，气压摇架加压				
最大罗拉 中心距 （mm）	前～后	143	150	150	150	143
	前～中	43	43	43	43	43
钢领直径（mm）		35, 38, 42, 45	35, 38, 42, 45	35, 38, 42, 45	35, 38, 42, 45, 57	35, 38, 42, 45
升降动程（mm）		155, 180, 205	155, 180, 205	155, 180, 205	155, 180, 205	170, 180, 190, 200
锭子型号		JWD32 系列光杆	D32 系列光杆	D32 系列光杆	JWD7111 铝套管	ZD4110EA 铝套管
锭速（r/min）		12 000～18 000	10 000～17 000	11 000～18 000	12 000～25 000	12 000～25 000
满纱最小气圈 高度（mm）		85	75	75	95	95
锭带张力盘		单、双张力盘	单、双张力盘	单、双张力盘	单、双张力盘	单、双张力盘
捻向		Z, Z 或 S	Z, Z 或 S	Z, Z 或 S	Z, Z 或 S	Z, Z 或 S
粗纱卷装尺寸 （mm） 直径×长度		152×406	最大 152×406	最大 152×406	312×406	152×406
粗纱架		单层六列吊锭				

机型	FA506	FA507	EMJ128K	F1520SK	DTM139
自动机构	PLC 控制,中途关机适位制动,中途落纱钢领板自动下降适位制动,满管钢领板自动下降适位制动,开机低速生头,开机前钢领板自动复位,落纱前自动接通落纱电源,工艺参数显示				比其他机型多集体落纱、自动翻导纱板和自动拔管落纱后自动开机
新技术	可配变频调速,可配竹节纱装置,可配包芯纱装置			变频调速,集体落纱,锭子、罗拉、钢领板电动机分开传动,管纱成形智能化	变频调速,集体落纱,锭子、罗拉、钢领板电动机分开传动,管纱成形智能化,可配包芯纱装置
主要制造厂	中国纺机集团经纬股份有限公司榆次分公司	太平洋机电集团上海二纺机股份有限公司	太平洋机电集团上海二纺机股份有限公司	中国纺机集团经纬股份有限公司榆次分公司	马佐里(东台)纺机有限公司

2. 配置细纱机主要工艺参数

(1) 总牵伸与牵伸分配　纺 27.8 tex,考虑总牵伸在 25 倍左右;加工机织用纱,后区牵伸一般为 1.2～1.4 倍,通常情况下偏小为宜,本设计取 1.2 倍。

(2) 罗拉中心距　采用三罗拉长短皮圈牵伸,握持距的影响因素很多,主要以纤维品质长度而定,一般用经验公式计算。参照表 1-7-2、表 1-7-6,具体配置如下:

前区中心距	45 mm	依据	上销长度 33 mm,浮游区长度 12 mm 前区中心距=上销长度+浮游区长度=33+12=45 mm
后区中心距	56 mm		后区中心距:机织用纱 44～58 mm,针织用纱 48～60 mm

(3) 罗拉加压　参考表 1-7-4,皮辊加压(前×中×后)选择 150 N/双锭×100 N/双锭×140 N/双锭。

(4) 皮圈钳口隔距　参考表 1-7-3,隔距块厚度选择 3.0 mm。

(5) 锭速选择　细纱机锭速选择范围见表 1-7-7,本设计选用 FA506 型细纱机,所纺纱线为纯棉 27.8 tex 中特纱,锭速初定为 15 500 r/min。

(6) 钢领与钢丝圈的选配　参考表 1-7-10、表 1-7-12,钢领与钢丝圈的选配如下:

钢领型号	钢领内径	钢丝圈型号	钢丝圈号数
PG1(边宽 3.2 mm)	42 mm	6802	4/0

3. FA506 型细纱机工艺计算

FA506 型细纱机的传动图见图 1-7-5,其变换齿轮和皮带轮见表 1-7-14。

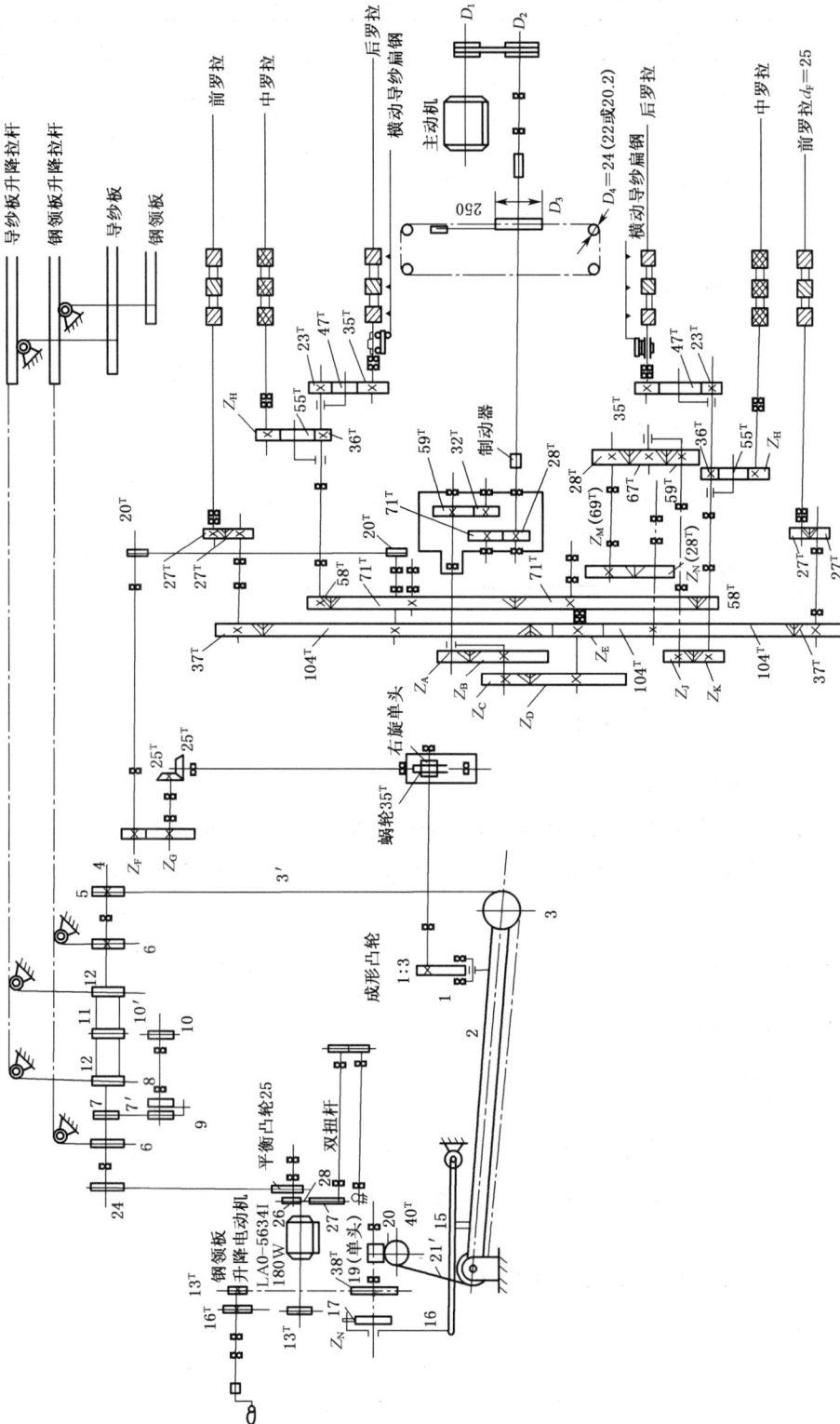

图 1-7-5　FA506 型细纱机传动图

表 1-7-14　FA506 型细纱机变换齿轮和皮带轮

代号	名称	齿数或尺寸(mm)						
Z_A	捻度对牙($Z_A + Z_B = 120$)	38	45	52	60	68	75	82
Z_B		82	75	68	60	52	45	38
Z_C	捻度变换齿轮	80，85，87						
Z_D		77，80，85						
Z_E	捻度变换齿轮(与锭盘直径有关)	33(ϕ24 mm)，36(ϕ22 mm)，39(ϕ20.5 mm)						
Z_M	总牵伸变换齿轮	69				51		
Z_N		28				46		
Z_K，Z_J	轻重牙	39，43，48，53，59，66，73，81~89						
Z_H	后牵伸变换齿轮	36，38，40，42，44，46，48，50						
Z_F	卷绕螺距成对变换齿轮 ($Z_F + Z_G = 122$)	—						
Z_G		—						
Z_n	级升距变换棘轮	43，45，48，50，60，65，70，72，75，80						
D_1	电动机皮带轮节径(mm)	170，180，190，200，210						
D_2	主轴皮带轮节径(mm)	180，190，200，210，220，230，240						

（1）速度计算

① 主轴转速 n_m

$$n_m(\text{r/min}) = n \times \frac{D_1}{D_2}$$

式中：n——主电动机转速(r/min)；

D_1——主电动机皮带轮节径(mm)，有 170、180、190、200、210 mm 几种；

D_2——主轴皮带轮节径(mm)，有 180、190、200、210、220、230、240 mm 几种。

② 锭子转速 n_s

$$n_s(\text{r/min}) = n_m \times \frac{D_3 + \delta}{D_4 + \delta} = 1460 \times \frac{D_1}{D_2} \times \frac{250 + 0.8}{22 + 0.8} = 16\,060 \times \frac{D_1}{D_2}$$

式中：D_3——滚盘直径(mm)；

D_4——锭盘直径(mm)；

δ——锭带厚度(mm)。

实例：纺 27.8 tex 纱，锭子转速 n_s 初定为 15 500 r/min，则

$$\frac{D_1}{D_2} = \frac{n_s}{16\,060} = \frac{15\,500}{16\,060} = 0.965$$

D_1 取 210 mm，D_2 取 220 mm，则锭子转速 n_s 修正为 15 330 r/min。

③ 前罗拉转速 n_f

$$n_f(\text{r/min}) = 1460 \times \frac{D_1}{D_2} \times \frac{28}{71} \times \frac{32}{59} \times \frac{Z_A}{Z_B} \times \frac{Z_C}{Z_D} \times \frac{Z_E}{37} \times \frac{27}{27}$$

$$= 8.44 \times \frac{D_1}{D_2} \times \frac{Z_A}{Z_B} \times \frac{Z_C}{Z_D} \times Z_E$$

式中：Z_A/Z_B——捻度变换成对齿轮齿数，有 38/82、45/75、52/68、60/60、68/52、75/45、

　　　　　82/38（其中 $Z_A + Z_B = 120$）；

　　Z_C/Z_D——捻度变换齿轮（中心牙）齿数，Z_C 有 87、85、80，Z_D 有 77、80、85；

　　Z_E——捻度微调变换齿轮齿数（$D_4 = 20.2$ mm 时，Z_E 为 39；$D_4 = 22$ mm 时，Z_E 为

　　　　36；$D_4 = 24$ mm 时，Z_E 为 33）。

（2）细纱定量及线密度　所纺纱线设计线密度为 27.8 tex，设计细纱标准干定量为

$$G_干 = \frac{N_t}{(1 + 8.5\%) \times 10} = 2.562 [g/(100\ m)]$$

细纱实际回潮率为 6.5%，则细纱湿重为

$$G_湿 = 2.562 \times (1 + 6.5\%) = 2.729 [g/(100\ m)]$$

（3）牵伸计算

① 实际牵伸

$$E_实 = \frac{粗纱线密度（tex）}{细纱线密度（tex）}$$

或

$$E_实 = \frac{粗纱干定量[g/(10\ m)] \times 10}{细纱干定量[g/(100\ m)]}$$

若细纱线密度为 27.8 tex，则 $E_实 = \dfrac{粗纱线密度（tex）}{细纱线密度（tex）} = \dfrac{672.7}{27.8} = 24.20$（倍）

② 总牵伸（机械牵伸）　总牵伸为前罗拉表面线速度与后罗拉表面线速度之比值。

$$E_机 = \frac{35}{47} \times \frac{47}{23} \times \frac{Z_K}{Z_J} \times \frac{59}{67} \times \frac{67}{28} \times \frac{Z_M}{Z_N} \times \frac{104}{37} \times \frac{27}{27} \times \frac{25\pi}{25\pi} = 9.012\ 9 \times \frac{Z_K}{Z_J} \times \frac{Z_M}{Z_N}$$

式中：Z_M——牵伸变换齿轮齿数，有 69 和 51 两种；

　　Z_N——牵伸变换齿轮齿数，有 28 和 46 两种；

　　Z_K、Z_J——总牵伸变换齿轮（轻重牙）齿数，有 39、43、48、53、59、66、73、81、

　　　　　83、84、85、86、87、88、89 数种。

③ 配置牵伸变换齿轮（Z_M、Z_N、Z_K、Z_J）

$$E_机 = E_实 \times 牵伸配合率 = 24.2 \times 1.04 = 25.168（倍）$$

注：牵伸配合率为经验值，选定为 1.04。

选定 $\dfrac{Z_M}{Z_N} = \dfrac{69}{28}$，则

$$\frac{Z_K}{Z_J} = \frac{E_机 \times Z_N}{9.012\ 9 \times Z_M} = \frac{25.168 \times 28}{9.012\ 9 \times 69} = 1.133$$

故选定 $Z_K = 66$，$Z_J = 59$。

④ 后区牵伸 E_B　后区牵伸为中罗拉表面线速度与后罗拉表面线速度之比值。

$$E_B = \frac{35}{23} \times \frac{36}{Z_H} = \frac{54.782\ 6}{Z_H}$$

式中：Z_H——后区牵伸变换齿轮齿数，有 36、38、40、42、44、46、48、50 数种。

选取后区牵伸为 1.2 倍，则 $Z_H = \dfrac{54.782\,6}{E_B} = \dfrac{54.782\,6}{1.2} = 45.65$

故选取 Z_H 为 46。

● 牵伸变换齿轮的确定步骤

① 根据喂入粗纱线密度与所纺细纱线密度之比，计算实际牵伸 $E_实$；

② 选取配合率（细纱机为 1.04～1.06），再利用 $E_机 = E_实 \times$ 配合率，算出机械牵伸 $E_机$；

③ 选定 Z_M 和 Z_N，可求出 Z_K/Z_J 的比值，然后选配 Z_K 和 Z_J；

④ 根据成品的品质要求和总牵伸大小选择后区牵伸 E_B，可算出 Z_H；

⑤ 实际生产时，若定量不能达到要求，应调整 Z_K 和 Z_J。

（4）捻度计算

① 计算捻度 T_t　计算捻度为前罗拉一转时锭子的回转数与前罗拉周长之比值。

$$T_t[捻/(10\ \mathrm{cm})] = \frac{71}{28} \times \frac{59}{32} \times \frac{Z_B}{Z_A} \times \frac{Z_D}{Z_C} \times \frac{37}{Z_E} \times \frac{100}{\pi d_前} \times \frac{(D_3 + \delta)}{(D_4 + \delta)} = 67.332\,5 \times \frac{Z_B}{Z_A} \times \frac{Z_D}{Z_C}$$

式中：$d_前$——前罗拉直径（mm）。

上式为 $D_4 = 22\ \mathrm{mm}$ 和 $Z_E = 36$ 时得出的结果。

② 捻度变换齿轮的确定

▶ 根据细纱品质要求和原棉性质选取捻系数 α_t，计算所需的捻度；

▶ 选择 Z_C 和 Z_D，求出 Z_A/Z_B，再配置 Z_A 和 Z_B；

▶ 试纺后测得的捻度与要求的实际捻度差异 $>3\%$ 时，应调整 Z_A、Z_B、Z_C、Z_D。

实例：纺 27.8 tex 机织用经纱，选定细纱捻系数 α_t 为 375，则

$$T_t = \frac{\alpha_t}{\sqrt{N_t}} = \frac{375}{\sqrt{27.8}} = 71.12[捻/(10\ \mathrm{cm})]$$

初选 Z_C 为 85，Z_D 为 85，得

$$\frac{Z_B}{Z_A} = \frac{T_t \times Z_C}{67.332\,5 \times Z_D} = \frac{71.12 \times 85}{67.332\,5 \times 85} = 1.056$$

选 Z_A 为 60，Z_B 为 60，即 $Z_B/Z_A = 1.00$，此时前罗拉转速

$$n_f = \frac{n_s \times 100}{T_t \times \pi \times d_f} = \frac{15\,330 \times 100}{71.12 \times 3.14 \times 25} = 274.59(\mathrm{r/min})$$

式中：d_f——前罗拉直径（25 mm）。

（5）产量计算

① 理论产量

$$G_理[\mathrm{kg/(锭 \cdot h)}] = \pi d_前 n_f \times 60 \times N_t \times 10^{-9} \times (1 - 捻缩率)$$

或　　　　　$$G_理[\mathrm{kg/(锭 \cdot h)}] = \frac{n_s \times 60 \times N_t \times (1 - 捻缩率)}{T_t \times 10 \times 1000 \times 1000}$$

式中：$d_前$——前罗拉直径（mm）；

n_f——前罗拉转速（r/min）；

n_s——锭子转速（r/min）；

T_t——细纱捻度[捻/(10 cm)]；

N_t——细纱线密度(tex)。

说明:① 一般行业内比较细纱单产水平用"kg/(千锭·h)",也称之为细纱单产;

② 进行细纱产量计算时,先计算锭时产量[kg/(锭·h)],再根据每台细纱机的锭数计算台时产量[kg/(台·h)],对细纱单产水平进行比较时,则计算千锭时产量[kg/(千锭·h)]。

② 定额产量 $G_{定}$

$$G_{定} = G_{理} \times 时间效率$$

细纱工序的时间效率一般为 95%~97%。

③ 实例:纺 27.8 tex 纱线,则

$$G_{理} = \frac{n_s \times 60 \times N_t \times (1 - 捻缩率)}{T_t \times 10 \times 1\,000 \times 1\,000} =$$

$$\frac{15\,330 \times 60 \times 27.8 \times (1 - 2.5\%)}{71.12 \times 10 \times 1\,000 \times 1\,000} = 0.035[kg/(锭·h)]$$

$$G_{定} = G_{理} \times 时间效率 = 0.035 \times 96\% = 0.033\,6[kg/(锭·h)]$$

每台细纱机 420 锭,则每台细纱机每小时定额产量=0.033 6×420=14.11 (kg/台·h)

每台细纱机每天工作 24 h,则每台细纱机每天定额产量=14.11×24=338.64 (kg/台·天)

表 1-7-15 细纱工艺单

纱线品种: C 27.8 tex T(机织用经纱)

种类	机型	回潮率(%)	定量[g/(100 m)]		牵伸(倍)		配合率	捻系数	捻度[捻/(10 cm)]	
			湿重	干重	实际	机械			计算	实际
原棉	FA506	6.5	2.729	2.562	24.20	25.168	1.04	375	71.12	

牵伸分配(倍)		罗拉中心距	皮圈钳口	皮辊加压(N/双锭)	皮辊前冲	钢领		钢丝圈	
前区	后区	前区×后区 (mm)	(mm)	前×中×后	(mm)	型号	直径 (mm)	型号	号数
20.97	1.20	45×56	3.0	150×100×140	+2	PG1	42	6802	4/0

输出速度		定额产量		变换轮						
锭速 (r/min)	前罗拉 (r/min)	kg/(台·h)	kg/(台·天)	电机皮带盘 D_1(mm)	主轴皮带盘 D_2(mm)	牵伸变换齿轮 Z_M/Z_N	轻重牙 Z_K, Z_J	后牵伸	中心牙 Z_C/Z_D	捻度对牙 Z_A/Z_B
15 330	274.59	14.11	338.64	210	220	69/28	66^T,59^T	46^T	85/80	60/68

注 细纱机每台 420 锭,每天工作 24 h。

▶▶▶ 1.7.4 细纱质量指标及控制

一、细纱质量控制指标及范围

GB 398—2008 对梳棉纱的技术要求见表 1-7-16。

表 1-7-16   梳棉纱的技术要求

线密度〔tex（英支）〕	等别	单纱断裂强力变异系数（%）≤	百米质量变异系数（%）≤	单纱断裂强度（cN/tex）≥	百米质量偏差（%）	条干均匀度		一克内棉结粒数≤	一克内结杂总粒数≤	实际捻系数		纱疵优等纱控制数（个/十万米）≤
						黑板条干均匀度，10块板的比例（优：一：二：三）不低于	条干均匀度变异系数（%）≤			经纱	纬纱	
8～10（70～56）	优	10.0	2.2	15.6	±2.0	7：3：0：0	16.5	25	45	340～430	310～380	10
	一	13.0	3.5	13.6	±2.5	0：7：3：0	19.0	55	95			30
	二	16.0	4.5	10.6	±3.5	0：0：7：3	22.0	95	145			—
11～13（55～44）	优	9.5	2.2	15.8	±2.0	7：3：0：0	16.5	30	55	340～430	310～380	10
	一	12.5	3.5	13.8	±2.5	0：7：3：0	19.0	65	105			30
	二	15.5	4.5	10.8	±3.5	0：0：7：3	22.0	105	155			—
14～15（43～37）	优	9.5	2.2	16.0	±2.0	7：3：0：0	16.0	30	55	330～420	300～370	10
	一	12.5	3.5	14.0	±2.5	0：7：3：0	18.5	65	105			30
	二	15.5	4.5	11.0	±3.5	0：0：7：3	21.5	105	155			—
16～20（36～29）	优	9.0	2.2	16.2	±2.0	7：3：0：0	15.5	30	55	330～420	300～370	10
	一	12.0	3.5	14.2	±2.5	0：7：3：0	18.0	65	105			30
	二	15.0	4.5	11.2	±3.5	0：0：7：3	21.0	105	155			—
21～30（28～19）	优	8.5	2.2	16.4	±2.0	7：3：0：0	14.5	30	55	330～420	300～370	10
	一	11.5	3.5	14.4	±2.5	0：7：3：0	17.0	65	105			30
	二	14.5	4.5	11.4	±3.5	0：0：7：3	20.0	105	155			—
32～34（18～17）	优	8.0	2.2	16.2	±2.0	7：3：0：0	14.0	35	65	320～410	290～360	10
	一	11.0	3.5	14.2	±2.5	0：7：3：0	16.5	75	125			30
	二	14.5	4.5	11.2	±3.5	0：0：7：3	19.5	115	185			—
36～60（16～10）	优	7.5	2.2	16.0	±2.0	7：3：0：0	13.5	35	65	320～410	290～360	10
	一	10.5	3.5	14.0	±2.5	0：7：3：0	16.0	75	125			30
	二	14.5	4.5	11.0	±3.5	0：0：7：3	19.0	115	185			—
64～80（9～7）	优	7.0	2.2	15.8	2.0	7：3：0：0	13.0	35	65	320～410	290～360	10
	一	10.0	3.5	13.8	2.5	0：7：3：0	15.5	75	125			30
	二	13.5	4.5	10.8	3.5	0：0：7：3	18.5	115	185			—
80～192（6～3）	优	6.5	2.2	15.6	±2.0	7：3：0：0	12.5	35	65	320～410	290～360	10
	一	9.5	3.5	13.6	±2.5	0：7：3：0	15.0	75	125			30
	二	13.0	4.5	10.6	±3.5	0：0：7：3	18.0	115	185			—

二、提高细纱质量的技术措施

（一）降低细纱条干不匀率的措施

细纱条干不匀率指细纱短片段的粗细差异程度。测试方法为：一是将细纱按规定绕在黑板上并与标准样照对比，观测 10 块黑板所得的结果，即代表细纱的条干质量；二是用乌斯

特条干均匀度仪测出条干不匀率,简称条干 CV 值。细纱条干不匀是由许多因素造成的,其改善措施主要如下:

(1) 合理选择牵伸工艺参数　总牵伸与部分牵伸的分配、罗拉隔距、罗拉加压、隔距块等参数选择必须合理。

(2) 加强机械维修保养工作　在工艺参数选择合理的前提下,机械状态的好坏是影响成纱条干的主要因素。生产中必须加强对机械的维护保养,定期检查,保证各部件的位置准确,对易损部件需定期更换。

① 严格控制胶辊、罗拉弯曲或偏心、胶辊变形及中凹、轴承损坏,避免产生周期性机械波。

② 选用高精度无机械波罗拉,保证运转平稳,一致性好。

③ 选用优质板簧摇架或气动摇架,加强摇架压力校正和日常管理。

④ 选用新型上下销,加强对纤维控制。

⑤ 优选低硬度、不处理、小套差或零套差胶辊,防止胶辊偏心和减少钳口移动。

⑥ 优选皮圈及集合器,改善成纱条干不匀。

⑦ 加强牵伸回转部件的检查和维护保养,减小牵伸齿轮偏心、轴承磨灭,齿轮间啮合良好。

(3) 合理选择原料　纤维的长度及长度的整齐度等必须符合要求。

(4) 合理布置摩擦力界　在牵伸形式一定的条件下,可适当调节牵伸罗拉隔距,采用"紧隔距、重加压"的工艺。

(5) 提高半制品的质量　在前纺的生产中,提高各半制品中的纤维伸直平行度,减少加工过程中的纤维损伤。

(二) 减小捻度不匀率的措施

1. 强捻纱产生的原因及消除方法

强捻纱即纱线的实际捻度大于规定的设计捻度。形成的原因主要有:锭带滑到锭盘的上边;接头时引纱过长,接头动作慢;捻度变换齿轮用错。

针对上述原因,加强检查,严格执行操作规程,一经发现,立即纠正。

2. 弱捻纱产生的原因及消除方法

弱捻纱即纱线的实际捻度小于规定的设计捻度。形成的原因主要有:锭带滑出锭盘,挂在锭带盘支架上;锭带滑在锭盘边缘上;锭带过长或过松,张力不足;锭胆缺油或损坏;锭盘上或锭胆内飞花污物阻塞;锭带盘重锤压力不足或不一致;细纱筒管没有插好,浮在锭子上转动或跳筒管,造成与钢领摩擦;捻度变换齿轮用错。

针对上述原因,加强专业检修,新锭带上车时应给予张力伸长,使全机锭带张力一致;锭胆定期加油,筒管加强检修。

(三) 减少细纱成形不良的措施

1. 冒头、冒脚纱的产生及消除方法

造成冒头、冒脚纱的主要原因有:落纱时间掌握不好;钢领板高低不平;钢领板位置过低;筒管天眼大小不一致而造成筒管高低不一;小纱时跳筒管;钢领起浮。

根据冒头、冒脚情况,严格掌握落纱时间;校正钢领板的起始位置及水平;清除锭杆上的回丝;加强对筒管的维修及管理等。

2. 葫芦纱、笔杆纱的产生及消除方法

葫芦纱产生的原因主要是:倒摇钢领板;成形齿轮撑爪失灵;成形凸轮磨灭过多;钢领板

189

纺纱工艺设计与实施

升降柱套筒内飞花阻塞;钢领板升降顿挫;空锭一段时间后再接头等。笔杆纱主要是因为某一锭子断头特别多而形成的。

消除方法:根据上述原因,加强机械保养维修,挡车工要严格执行操作规程,注意机台清洁工作。

3. 磨钢领纱的产生及消除方法

磨钢领纱产生的主要原因是:管纱成形过大或成形齿轮选用不当;歪锭子或跳筒管;成形齿轮撑爪动作失灵;倒摇钢领板以及个别纱锭钢丝圈太轻等。

消除方法:严格控制管纱成形,使之与钢领大小相适应,一般管纱直径应小于钢领直径3 mm;消除产生跳筒管的因素;严格执行操作法;加强巡回检修。

(四) 纺纱"出硬头"的原因分析及防治

纺纱过程中"出硬头"是指牵伸装置输出未能牵伸开的须条。"出硬头"常发生在并条、粗纱和细纱工序,严重时会造成大面积断头和大量的突发性纱疵,并使纱条条干 CV 值显著恶化、粗节明显增加。

1. "出硬头"的原因分析与防治

"出硬头"的根本原因是牵伸力大于握持力。当牵伸力大于握持力时,会使后胶辊向前滑溜,其线速度增加,或使前胶辊向后滑溜,线速度减小,从而使得有效牵伸降低,输出须条因牵伸不足而导致"出硬头"。

(1) 原料方面　纺纱原料的长度及长度整齐度、细度、摩擦特性、抱合力等对牵伸力有影响。如果原料长度增加,细度变细,特别是化纤中存在一定量的超长和倍长纤维,都会增大牵伸力。

"出硬头"往往在原料接替、翻改品种时突然发生,其影响面积较大。因此,必须做好混配棉工作,保持原料性能相对稳定。

(2) 工艺方面　以细纱工序为例,造成"出硬头"的主要原因有:粗纱捻系数太大;后牵伸太小;罗拉隔距太小;皮圈钳口隔距太小;前后罗拉加压太轻;粗纱定量太重等。造成"出硬头"的工艺因素及防治方法见表 1-7-17。

表 1-7-17　造成出硬头的工艺因素及防治方法

造成原因	粗纱捻系数太大	粗纱定量太重	粗纱回潮率太高	前罗拉加压太轻	后牵伸太小	后区罗拉隔距太小	钳口隔距太小
防治方法	减少粗纱捻度,调整粗纱捻系数	适当减轻定量	适当降低回潮率	适当增加压力	适当放大后牵伸	适当放大中后罗拉中心距	适当放大钳口隔距

工艺因素造成"出硬头"的特征是:发生面较广,来势较猛,影响较大,必须及时处理和解决。一般先加大后牵伸,如不能解决,可将粗纱捻系数减小、放大后区罗拉隔距或减小皮圈钳口隔距,待"出硬头"消除后再进行工艺优选。

(3) 温湿度方面　温度和相对湿度对牵伸力有一定影响。温度升高,纤维间摩擦因数减小,牵伸力降低;反之则增加。在一定相对湿度范围内,牵伸力随相对湿度增加而降低;但相对湿度很高时,牵伸力反而增加。冬季气候寒冷,如果车间温度偏低,相对湿度偏低,则牵伸力大,易"出硬头",需相应降低粗纱捻系数。南方梅雨期间车间相对湿度增大,如果超过75%,牵伸力会骤然增加而增加"出硬头"的概率,必须采取相应措施。

如果产生绕罗拉或绕胶辊,则可能使其相邻锭子加压失效而"出硬头"。因此,必须控制车间相对湿度,使粗纱在细纱车间处于放湿状态,即细纱的管纱回潮率必须明显低于粗纱回潮率,这样才能减小"出硬头"和绕胶辊的产生几率。

由温湿度变化造成的"出硬头"常发生在气候骤变和季节更换时期,影响面较广。

2. "出硬头"典型案例

案例 1:某厂原纺 C 14.5 tex 纱,后改纺 R 14.5 tex 纱,工艺上未做调整。投产后粗纱工序发生较严重的"出硬头"现象,细纱也有。分析原因,发现主要由原料差异造成:棉纤维主体长度为 28.54 mm,右半部平均长度为 30.5 mm;黏胶纤维长度为 38 mm。

工艺调整:将 A456C 型粗纱机的罗拉中心距从 49 mm×47 mm 调整为 53 mm×56 mm,粗纱机"出硬头"基本消除,但细纱机上仍有小量产生;将粗纱捻系数从 65 改为 56,同时将细纱机后牵伸从 1.30 倍改为 1.36 倍,细纱机"出硬头"消除,生产正常。

案例 2:某厂纺 T/C 65/35 13 tex 混纺纱,原来用 1.65 dtex×38 mm 涤纶纤维,现改用 1.11 dtex×38 mm 涤纶纤维,工艺上未做调整,细纱突发"出硬头"现象。经分析主要是涤纶纤维细度减小而导致牵伸力加大所致。

工艺调整:将粗纱捻系数从原来的 61.5 改为 54,细纱机后牵伸从 1.25 倍改为 1.31 倍,细纱机前中罗拉加压(N/双锭)从原来的 130×70 改为 140×100,皮圈钳口隔距由 2.5 mm 改为 3 mm,细纱机"出硬头"消除。

任务 >>> 实施

191

工作任务　某棉纺厂生产若干纯棉普梳环锭纱纱线品种,请以工艺员角色,根据给定纱线品种,制定细纱工艺设计方案。

任务完成后提交细纱工艺设计工作报告。

工作准备

资料准备:

(1) 查阅《棉纺手册(第三版)》P592~634

重点参考
- 细纱机主要型号和技术特征:P592~595
- 细纱机传动图和工艺计算:P595~603
- 细纱机工艺配置:P605~631
- 粗纱质量控制:P632~634

(2)《细纱机产品说明书》

(3) 上网搜索或到棉纺企业收集细纱工艺设计案例

设备与专用工具:细纱机,细纱机隔距与牵伸、捻度变换齿轮调配专用工具。

测试仪器:缕纱测长器,八篮快速烘箱,电子天平,纱线捻度测试仪,单纱断裂强度测试仪,摇黑板机,电容式条干均匀度测试仪。

工作步骤与要求

（1）制定小组工作计划

（2）完成细纱工艺设计方案

▶ 所选用细纱机的技术特点

▶ 配置细纱机主要工艺参数（要求说明参数选择的依据，列出详细计算过程，填写"细纱工艺单"即表 1-7-18）

（3）细纱机上机工艺调试

根据设计的细纱定量，上机试纺，填写工艺调整通知单（见下表）

<table>
<tr><td colspan="3" align="center">上 机 工 艺 试 纺 通 知 单</td></tr>
<tr><td colspan="2">试纺地点：　纺纱实训中心　；试纺设备：细纱机　机型：____
试纺小组：_____</td><td>试纺日期：　年　月　日</td></tr>
<tr><td>品种</td><td></td><td rowspan="12">备注：</td></tr>
<tr><td>工艺项目</td><td>要求</td></tr>
<tr><td>前罗拉转速（r/min）</td><td></td></tr>
<tr><td>锭子转速（r/min）</td><td></td></tr>
<tr><td>罗拉隔距（前区×后区）（mm）</td><td></td></tr>
<tr><td>牵伸分配（前区×后区）（倍）</td><td></td></tr>
<tr><td>罗拉加压（前～后）（N/双侧）</td><td></td></tr>
<tr><td>牵伸变换齿轮</td><td></td></tr>
<tr><td>捻度变换齿轮</td><td></td></tr>
<tr><td>钢领</td><td></td></tr>
<tr><td>钢丝圈</td><td></td></tr>
</table>

（4）质量测试与分析

测试：① 细纱百米质量变异系数与纱线线密度

② 细纱百米质量偏差

③ 细纱捻度

④ 纱线断裂强度和断裂强力变异系数

⑤ 纱线条干 CV 值

提交成果

（1）根据分组设计的纱线产品实例，提交该纱线的细纱工艺设计工作报告

（2）制作 PPT 和 Word 电子文档，对你的细纱工艺设计方案进行答辩

答辩内容……

① 所选细纱机的技术特点
② 细纱机主要工艺参数配置及选择依据
③ 细纱质量指标控制范围及提高细纱质量的主要技术措施

表 1-7-18　细纱工艺单

纱线品种：＿＿＿＿＿＿＿＿＿＿

种类	机型	回潮率(%)	定量[g/(100 m)]		牵伸(倍)		配合率	捻系数	捻度[捻/(10 cm)]	
			湿重	干重	实际	机械			计算	实际

牵伸分配(倍)		罗拉中心距(mm)	皮圈钳口(mm)	皮辊加压(N/双锭)	皮辊前冲(mm)	钢领		钢丝圈	
前区	后区	前区×后区		前×中×后		型号	直径	型号	号数

输出速度		定额产量		变换轮					
锭速(r/min)	前罗拉(r/min)	kg/(台·h)	kg/(台·天)	电机皮带盘 D_1(mm)	主轴皮带盘 D_2(mm)	牵伸变换齿轮 Z_M/Z_N	轻重牙 Z_K, Z_J	后牵伸	中心牙 Z_C/Z_D	捻度对牙 Z_A/Z_B

注　细纱机每台 420 锭。

课后 >>>
自测

一、名词解释

　　(1) 细纱单产　(2) 细纱断头率　(3) 浮游区长度(自由区长度)　(4) 钢丝圈号数

二、选择题(A、B、C、D 四个答案中只有一个是正确答案)

　　1. 国内细纱机采用的牵伸形式是(　　)。

　　　　(A) 三上四下曲线牵伸　　　　　　　(B) 三罗拉压力棒曲线牵伸

　　　　(C) 三罗拉双皮圈牵伸　　　　　　　(D) 四罗拉双皮圈牵伸

　　2. 细纱机加捻是因为(　　)，使纱管上纱条被加上一个捻回的。

　　　　(A) 锭子一转　　　(B) 钢丝圈一转　　　(C) 前罗拉一转　　　(D) 筒管一转

　　3. 细纱捻度与成纱强力的关系是(　　)。

　　　　(A) 捻度越大，成纱强力越大

　　　　(B) 捻度越大，成纱强力反而越小

　　　　(C) 在一定范围内捻度越大，成纱强力越大，过大时反而减小

　　　　(D) 在一定范围内捻度越大，成纱强力越小，过大时随捻度增大强力增大

　　4. 当前影响细纱机速度进一步提高的关键是(　　)。

　　　　(A) 前罗拉　　　　　(B) 钢领　　　　　(C) 锭子　　　　　(D)钢丝圈

　　5. 细纱机采用的卷绕形式是(　　)。

　　　　(A) 长动程圆柱形平行卷绕　　　　　(B) 长动程圆柱形交叉卷绕

　　　　(C) 短动程圆锥形平行卷绕　　　　　(D) 短动程圆锥形交叉卷绕

6. 一般细纱机的单产约为(　　)kg/(千锭·h)。

(A) 4　　　　　　(B) 38　　　　　　(C) 100　　　　　　(D) 400

7. 细纱机锭子速度一般在(　　)r/min 左右。

(A) 150　　　　　(B) 1500　　　　(C) 15 000　　　(D) 150 000

8. 细纱定量的单位是(　　)。

(A) g/m　　　　(B) g/(5 m)　　　(C) g/(10 m)　　(D) g/(100 m)

9. 细纱机钢丝圈的转速是(　　)。

(A) 恒定不变的　　　　　　　　　　(B) 随卷绕直径的增大而减慢

(C) 随卷绕直径的增大而加快　　　　(D) 小纱慢大纱快

10. 改变细纱捻度的方法是(　　)。

(A) 前罗拉速度不变,改变锭子转速　　(B) 锭子转速不变,改变前罗拉速度

(C) 前罗拉和锭子速度同时变化　　　　(D) 以上都不是

三、判断题

1. 为了使牵伸顺利进行,牵伸力的上限不能大于握持力。　　　　　　　　　(　　)

2. 细纱机前区浮游区长度越短,则成纱条干越好。　　　　　　　　　　　　(　　)

3. 细纱机 PG1 型钢领,边宽为 2.6 mm,适纺细特纱。　　　　　　　　　　(　　)

4. 所纺纱线的线密度越低,所选用的钢丝圈质量越轻。　　　　　　　　　　(　　)

5. 锥面钢领配用的钢丝圈几何形状为非对称形。　　　　　　　　　　　　　(　　)

6. 细纱机卷绕的产生是由于钢丝圈的转速大于锭子的转速。　　　　　　　(　　)

7. 细纱机钢领板上升和下降速度是一样的。　　　　　　　　　　　　　　　(　　)

8. 钢领板上升、卷绕小直径时的纺纱张力大于钢领板下降、卷绕大直径时的纺纱张力。

(　　)

9. 细纱接头时引纱过长,接头动作慢,有可能造成弱捻纱。　　　　　　　　(　　)

10. 针织用纱的捻系数要大于同线密度(特数)的机织用纱的捻系数。　　　(　　)

四、简答题

1. 画出细纱机三罗拉长短皮圈牵伸装置图,并说明其特点。

2. 画出细纱机三罗拉长短皮圈 V 型牵伸装置图,并说明其特点。

3. 如何选择细纱捻系数?

4. 细纱机是如何实现加捻、卷绕的?

5. 简述钢领的种类及特点。

6. 如何选配钢领和钢丝圈?

7. 简述钢领板的运动要求。

8. 试分析说明影响细纱机张力的主要因素。

9. 试说明一落纱过程中张力、断头的变化规律。

五、计算题

已知细纱设计纺出干定量为 2.56 g/(100 m),粗纱纺出干定量为 6.8 g/(10 m),初拟捻系数为 360,牵伸配合率为 1.05,锭子转速为 15 200 r/min,试求:

(1) 细纱机实际牵伸、机械牵伸、牵伸变换齿轮;

(2) 细纱捻度及捻度变换齿轮;

（3）前罗拉转速；

（4）细纱理论单产。

任务 1.8 后加工工艺设计

任务描述 >>>

    细纱(管纱)的容量小(一般只有几十克)，纱上还存在各种疵点，因此，必须进行进一步加工，制成合适的卷装并提高产品质量，便于售纱运输、储存以及为使用厂相关工序做准备。

    细纱工序以后的这些加工统称为后加工，一般包括络筒、并纱、捻线、摇纱、成包等工序，成品为筒子纱线或绞纱线。后加工工艺设计实际上就是根据后加工工艺流程制定相应设备的工艺，其中最重要的是设计络筒机工艺。

学习目标 >>>

- 能合理选配后加工工艺流程
- 能合理设计络筒机、捻线机主要工艺参数
- 会进行产量和包装规格的计算

提交成果 >>>

■ 络筒工艺设计报告

知识准备

>>>后加工工艺设计

学习内容

| 1.8.1 后加工工序概述 |
| 1.8.2 络筒机工艺配置 |
| 1.8.3 捻线机工艺配置 |
| 1.8.4 摇纱机工艺配置 |

▶▶▶ *1.8.1* 后加工工序概述

    细纱工序以后的加工统称为后加工，一般包括络筒、并纱、捻线、摇纱、成包等工序，成品为筒子纱线或绞纱线。

一、后加工各工序的基本任务

1. 络筒

络筒是将细纱工序送来的管纱在络筒机上退绕并连接起来,经过清纱张力装置,清除纱线表面附着的杂质、棉结、粗节、细节等疵点,使纱在一定的张力下卷绕成符合规定要求的筒子,便于运输和后道工序的高速退绕。

2. 并纱

并纱是将 2 根及以上(最多 5 根)的单纱在并纱机上合并,经过清纱张力装置,清除纱上的结杂和疵点,制成张力均匀的并纱筒子,以提高捻线机的效率和股线质量。

3. 捻线

捻线是将并纱筒子上的合股纱在捻线机上加以适当的捻度,制成符合不同用途要求的股线并卷绕成一定形状的卷装,供络筒机络成线筒。捻线可提高条干均匀度和强力,增加耐磨性。

4. 摇纱与成包

摇纱是在摇纱机上将纱线摇成一定质量或一定长度的绞纱线,以便于漂练或染色。成包是将绞纱线经过墩绞打成小包,然后打成中包或大包,包装体积必须符合规定,以便长途运输和储藏。

5. 其他

根据需要,有的产品要经过着水、蒸纱等定形处理,以稳定纱线捻回;有的产品要经过烧毛、上蜡等处理,使纱线表面光滑;有的产品要在花式捻线机上加工成环、圈、结、点等花式线。

二、后加工的工艺流程

根据不同的品种、用途和要求,常分为:

1. 单纱的加工工艺流程

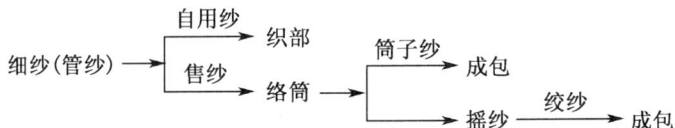

2. 股线的加工工艺流程

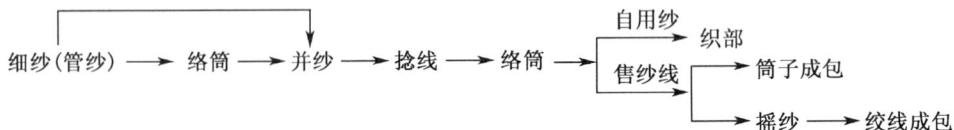

3. 缆线的加工工艺流程

所谓"缆线",是经过两次并捻的多股线,第一次捻线工序称为初捻,第二次捻线工序称为复捻。某些工业用线,如轮胎帘子布用线、多股缝纫线等,需要进行复捻,这些产品是在专业工厂里生产的。

◆◆◆ **1.8.2**　　　　　　　　**络筒机工艺配置**

一、络筒机技术特征

络筒工序的任务是:①增加卷装容量,即将细纱工序生产的管纱加工成容量较大的筒子;②清除纱线疵点,即清除纱线上的粗节、细节、棉结等疵点和杂质;③制成成形良好的筒子,即制成的筒子无重叠、成形良好。

络筒机的种类有两类:普通络筒机和自动络筒机。

1. 普通络筒机的主要技术特征(表 1-8-1)

表 1-8-1 部分普通络筒机的主要技术特征

机型	GA014PD	GA015	GA036	GS669
制造厂	天津宏大	天津宏大	天津宏大	上海新四
机器形式	双面槽筒式	双面槽筒式	单面直线式	单面单锭式
喂入形式	绞纱线	管纱线	筒子纱线	管纱线
卷绕线速度(m/min)	140,160	400~740	600~1200	300~1000
标准锭数(锭/台)	100	80	36	60
卷绕系统	防叠卷绕	防叠卷绕	精密卷绕	防叠卷绕
导纱机构	槽筒式	槽筒式	旋转拨片式	槽筒式
防叠方式	无触点间隙开关	无触点间隙开关	无重叠	电子间隙防叠
断纱自停机构	机械式	机械式	光电式	电子式,气动式
张力装置	消极式圆盘	消极式圆盘	积极式圆盘	积极传动式
清纱装置	机械式	电子式	机械式	电子式
接头方式	人工	空气捻接器	空气捻接器	人工
功率(kW)	2.18	4.77	14.40	5.00

2. 自动络筒机的主要技术特征(表 1-8-2)

表 1-8-2 部分自动络筒机的主要技术特征

机型	Espero—M/L	Autoconer 338	Orion M/L	No.21C
制造厂	青岛宏大	德国赐莱福	意大利萨维奥	日本村田
喂入形式	纱库型,单锭式	纱库型,单锭式	纱库型,单锭式	纱库型,托盘式,细络联式
卷绕线速度(m/min)	400~1800(变频)	300~2000	400~2200	最高2000
标准锭数(锭/台)	60	60	64(8锭/节)	60
防叠方式	机械式	电子式	电子式	"PAC21"卷绕系统
张力装置	圆盘式双张力盘,气动加压	—	—	栅式张力器
电子清纱器	全程控制	全程控制	全程控制	全程控制
接头方式	空气捻接,机械搓捻	空气捻接	空气捻接,机械搓捻	空气捻接
监控装置	设置工艺参数,数据统计,故障检测	传感器纱线监控,张力自动调控,负压控制吸风系统	传感器纱线监控,张力自动调控,工艺参数监控及统计检测	Bal-Con 跟踪式气圈控制器,张力自动调整,Perla 毛羽减少装置,VOS 可视化查询系统

二、络筒工艺配置

络筒工艺设计的内容主要有络筒速度、络筒张力、清纱工艺、定重定长、结头规格等。

（一）络筒速度

络筒速度主要取决于络筒机产量与时间效率、纱线品种性能、纱线喂入形式、络筒机机型等因素。

1. 络筒机产量与时间效率

$$G_{理} = 60 \times V \times N_t \times 10^{-6} [\text{kg}/(锭 \cdot \text{h})]$$
$$G_{定} = G_{理} \times 时间效率 [\text{kg}/(锭 \cdot \text{h})]$$

式中：V——络筒速度（m/min）；

N_t——纱线线密度（tex）。

由上式可知：在其他条件不变的前提下，络筒速度越高（或时间效率越高），定额产量越大，这意味着在同样生产总量的情况下，所用的络筒机设备数量少，或采用相同设备数量生产时所用生产时间少。但是，时间效率的高低又受到络筒速度等因素的影响。一般，络筒速度越高，断头率越大，时间效率越低。所以，生产中一般选择最佳的经济速度，使定额产量达到最大。

2. 纱线品种性能

（1）纱线线密度　若纱线线密度越大，则络筒速度可以加快。

（2）纱线强力　若纱线强力越高，强力不匀率越小，则络筒速度可以提高。

（3）纱线品种　生产纯棉纱，速度可快些；生产化纤纱，速度应低些，以防止静电导致毛羽过多。

3. 纱线喂入形式

细纱管纱喂入时，速度可以高些；筒子纱喂入时，速度应低些；绞纱喂入时，速度为最低。

4. 络筒机机型

普通络筒机的速度为 $500 \sim 700$ m/min，自动络筒机的速度为 $800 \sim 1800$ m/min，参见表 1-7-1 和表 1-7-2。

（二）络筒张力

络筒张力一般根据卷绕密度进行调节，同时应保持筒子成形良好，通常为单纱强力的 $8\% \sim 12\%$。络筒机上，通过调整张力装置的有关参数来改变络筒张力，这与具体的张力装置形式有关，普通络筒机的圆盘式张力装置设置见表 1-8-3。同品种各锭的张力必须一致，以保证各筒子的卷绕密度和纱线弹性一致。

表 1-8-3　普通络筒机的圆盘式张力装置设置参考表

线密度（tex）	12 以下	14～16	18～22	24～32	36～60
张力圈质量（g）	7～10	12～18	15～25	20～30	25～40

（三）定重定长

筒子卷装容量有两种计量方法，即定重或定长。筒子的公定质量 G_K（kg）与定长 L（km）、纱线线密度 N_t（tex）之间的关系如下：

$$G_K = (L \times N_t)/1000$$

棉纺厂生产的筒子容量由客户提出要求。一般而言，筒子一袋包为 25 kg 左右，每袋包的筒子数为 12～15 个，所以每个筒子的净质量为 1.67～2.08 kg。

织布厂的筒子容量一般是先定长（即整经长度），再根据上式折算成筒子质量，并对纺纱厂提出相应的筒子质量要求。

（四）清纱器与清纱工艺

清纱器分机械清纱器与电子清纱器。机械清纱器目前用得较少，主要用于部分特殊纱线。电子清纱器是把纱线粗细变化这一物理量线性地转换成对应电量的装置，按检测原理可分为光电式、电容式、光电加光电（双光电）式、电容加光电组合式。

清纱器的工艺设计是络筒工艺设计中最重要的部分，因为它是整个纺纱过程中最后一个质量控制点，也是纺部最有效、最准确、最成熟的在线质量控制装置。

1. 机械清纱器

机械式清纱器的工艺参数设计就是设定清纱隔距，以纱线直径为基准，并结合筒子纱质量要求综合考虑。一般清纱隔距与纱线直径的关系见表 1-8-4。

表 1-8-4　清纱隔距与纱线直径的关系参考表

纱线品种	细特棉纱	中特棉纱	粗特棉纱	股线
清纱隔距（mm）	$(1.6\sim2.0)\times d_0$	$(1.8\sim2.2)\times d_0$	$(2.0\sim2.4)\times d_0$	$(2.5\sim3.0)\times d_1$

注　表中 d_0 为棉纱直径，$d_0=0.037\sqrt{N_t}$，N_t 是单纱线密度（tex）；d_1 为棉线直径，$d_1=0.047\sqrt{N_t}$，N_t 是股线线密度（tex）。

2. 电子清纱器

（1）电子清纱器的主要功能

① 清纱功能　清除棉结（N）、短粗节（S）、长粗节（L）、长细节（T）等纱疵，有的还可清除异性纤维和不合格捻接头。

② 定长功能　完成对筒子纱长度的设定和定长处理。

③ 统计功能　有产量、结头数、满筒数、生产效率、纱疵统计等。

（2）纱疵样照　为了正确使用电子清纱器，电子清纱器制造厂须提供相配套的纱疵样照和相应的清纱特征及其应用软件。如果制造厂不能提供可靠的纱疵样照，一般采用瑞士泽尔韦格——乌斯特纱疵分级样照，该公司生产的克拉斯玛脱（Classimat）Ⅱ型（简称 CMT-Ⅱ）纱疵样照，根据纱疵长度和纱疵横截面增量把各类纱疵分成 23 级，如图 1-8-1 所示。

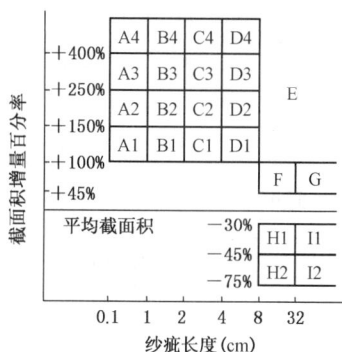

图 1-8-1　CMT-Ⅱ型纱疵分级图

① 短粗节　纱疵截面增量在 +100% 以上、长度在 8 cm 以下，称为短粗节。短粗节分为 16 级（A1、A2、A3、A4、B1、B2、B3、B4、C1、C2、C3、C4、D1、D2、D3、D4）。其中，纱疵截面增量在 +100% 以上、长度在 1 cm 以下，称为棉结；纱疵截面增量在 +100% 以上、长度在 1~8 cm 之间，称为短粗节。

② 长粗节　纱疵截面增量在 +45% 以上、长度在 8 cm 以上，称为长粗节。长粗节分为 3 级（E、F、G）。其中纱疵截面增量在 +100% 以上、长度在 8 cm 以上的 E 级纱疵称为双纱。

③ 长细节　纱疵截面增量在 -30%~-75%、长度在 8 cm 以上，称为长细节。长细节分为 4 级（H1、H2、I1、I2）。

国际上一般将 A3、B3、C2、D2 称为中纱疵，A4、B4、C3、D3 称为大纱疵。棉纺中一般将 A3、B3、C3、D2 称为有害纱疵。

（3）电子清纱器的参数设定依据　根据客户要求和后道织造工序的质量要求，按纱疵分级图（图 1-7-1）对电子清纱器进行参数设定。

机织用棉纱短粗节有害纱疵：纱疵样照的 A4、B4、C4、C3、D4、D3、D2，共 7 级；

针织用棉纱短粗节有害纱疵：纱疵样照的 A4、A3、B4、B3、C4、C3、D4、D3、D2，共 9 级。因为短粗节对针织的影响较大。无论 7 级还是 9 级，有害纱疵的设定在样照上是一根折线，电子清纱器的清纱特性曲线不可能与折线完全一致，但应尽可能靠拢。

不同的棉纺织厂、不同的纱线品种、不同的质量要求，设定的电子清纱工艺参数值存在一定的差异。一般遵循的规律为：一是纺纱线密度减小，设定的相对百分率（即幅度）及长度范围适当增大；二是质量要求高的品种，设定的相对百分率及长度范围适当减少。

（4）电子清纱器参数设定内容　根据客户要求和后道织造工序的质量要求，按纱疵分级图（图 1-8-1）对电子清纱器进行参数设定。

电子清纱器的清纱参数设计主要有：①短粗节 S；②长粗节 L；③长细节 T；④错支纱；⑤异性纤维控制。

以 Uster Quantum-2 型电子清纱器为例，可以设定的主要清纱工艺参数见表 1-8-5。

表 1-8-5　Uster Quantum-2 型电子清纱器主要清纱工艺参数设置内容

清纱参数	内容说明	设置参数	参数实例
N（棉结）通道	检测长度<1 cm 的棉结	幅度（%）	300%
S（短粗）通道	检测长度为 1～8 cm 的短粗节	幅度×长度（%×cm）	120%×2
L（长粗）通道	检测长度>8 cm 的长粗节	幅度×长度（%×cm）	40%×35
T（长细）通道	检测长度>8 cm 的长细节	幅度×长度（%×cm）	−45%×35
C 通道	槽筒启动过程中检测支数偏差	上限 Cp，下限 Cm，长度 C（+%，−%，m）	40%，−20%，2 m
CC 通道	槽筒正常运转过程中检测支数偏差	上限 CCp，下限 CCm，长度 C（+%，−%，m）	25%，−20%，1 m
PC 通道	检测链状纱疵	幅度（%），纱疵长度（cm），间距（cm），纱疵个数	40%，1 cm，8 cm，8 个
J（捻接）通道	检测过粗过细的捻接头	上限 Jp，下限 Jm，长度 J（+%，−%，m）	105%，−50%，2 cm
U（双纱）通道	捻接过程中检测多根纱	幅度（%）	60%
NSL 竹节纱	保留竹节纱的竹节	幅度（%），竹节长度下限（cm），上限（cm）	500%，10 cm，14 cm
FD 通道	检测浅色纱中的深色异纤	幅度×长度（%×cm）	12%×1.1
FL 通道	检测深色纱中的浅色异纤	幅度×长度（%×cm）	12%×1.1
CY 通道	捻接过程中检测损失的芯纱	幅度（−%）	−20%

注　①FD 通道与 FL 通道使用时只能打开一个，另一个必须关闭；
　　②CY 通道只有电容传感器才有效，且纱线类型必须为包芯纱。

（五）卷绕密度

主要通过络筒机的张力控制、卷装成形及槽筒形式进行控制。棉纺厂使用的 1332MD

型、GA013 型都是紧式络筒机。松式络筒机使用得较少,主要在印染厂使用。

(六) 结头

络筒机的纱线结头装置现有两种形式:机械式打结器与空气捻接器。目前,空气捻接器使用非常广泛,机械式打结器则很少使用。自动络筒机基本上都使用空气捻接器。

1332MD 型络筒机工艺设计见表 1-8-6。

表 1-8-6 1332MD 型络筒机工艺设计实例

品种	机型	速度(m/min)	张力片(g)	槽筒皮带盘(mm)	定长(km)
C D 18.5 tex	1332MD	630	18	190	11.8
电清	S	L	T	—	—
DQSS-4	160%×2.0 cm	40%×40 cm	−40%×30 cm	—	—

▶▶▶ 1.8.3　　捻线机工艺配置

捻线机就是把几根纱或线通过加捻并合成一根线的设备。目前,捻线机主要有:环锭式捻线机与倍捻机两种。环锭式捻线机主要有 A631 系列、A632 系列、FA721 系列;倍捻机,目前国内已经有几家工厂在生产,技术也比较成熟,主要有 FA762 型(经纬榆次)、RF321B型(浙江日发)、EJP834-165 型(上海二纺机)、TDN-120 型(浙江泰坦)等。

下面主要介绍环锭式捻线机的工艺参数。

一、环锭式捻线机

1. 锭速

捻线机的锭子速度 n_2 直接影响股线的捻度、单台产量和生产效率。股线的捻系数不同时,锭速可根据不同机型选定,一般为 7500~11 000 r/min。纺中线密度线,锭子速度较快;纺粗线密度和特细线密度以及涤纶线,速度较慢。低捻线的锭速一般比正常线低,以降低断头、减少纱疵。

2. 捻向、股线捻系数

(1) 捻向　棉纱单纱一般采用 Z 捻,股线采用 S 捻。

(2) 捻比　股线的捻系数与其单纱的捻系数的比例值,叫捻比。捻比值影响股线的光泽、手感、强度及捻缩。根据股线的用途不同,捻比的设计与选择不同。捻比一般在 0.8~2.0。捻比小,线柔软而有光泽;捻比大,线硬挺、紧密,而且圆整有高强力。不同用途的股线与单纱的捻比见表 1-8-7。

表 1-8-7　股线与单纱的捻比

用途	质量要求	捻比(α_{t1}/α_{t0})
织造用经线	紧密、毛羽少、强力高	1.2~1.4
织造用纬线	光泽好、柔软	1.0~1.2
巴厘纱用线	硬挺、滑爽,同向加捻热定型	1.3~1.4
编织用线	紧密、滑爽、圆度好,捻向 ZSZ	初捻 1.7~2.4,复捻 0.7~0.9
针织汗衫用线	紧密、滑爽、光洁	1.3~1.4

续　表

用途	质量要求	捻比(α_{t1}/α_{t0})
针织棉毛衫、袜子用线	柔软、光洁、结头少	0.9～1.1
普通缝纫用线	紧密、光洁、强力高、圆度好、结头少	双股1.3～1.4,三股1.6～1.7
高速宝塔缝纫用线	紧密、光洁、强力高、圆度好、捻向 SZ	1.5～1.6
刺绣线	光泽好、柔软、结头小而少	0.8～0.9
帘子线	紧密、弹性好、强力高、捻向 ZZS	初捻2.4～2.8,复捻0.85
绉捻线	紧密、弹性好、伸长大、高捻	

股线捻系数对股线的性质影响很大,应根据股线的不同用途与特点、单纱的捻系数,选择合适的股线捻系数,一般通过选择合适的股线与单纱的捻系数比(简称捻比)来达到要求。

3. 钢领和钢丝圈选配

(1)钢领和钢丝圈型号的选择见表1-8-8。

表1-8-8　钢领和钢丝圈型号

股线线密度	粗、中	细	特细
钢领型号	PG2	PG1	PG1/2
钢丝圈型号	G，GS	6701，6802，7014，GO，FO	CO，OSS

(2)钢丝圈号数应根据股线品种、钢领直径、锭子转速、卷绕张力和断头率等因素综合考虑而定。股线的钢丝圈号数选用见表1-8-9。

表1-8-9　股线钢丝圈号数选用表

股线线密度(tex)	36×2	29×2	24×2	19×2	16×2
钢丝圈号数	12～15	10～13	8～11	6～9	4～7
股线线密度(tex)	14×2	12×2	10×2	7.5×2	6×2
钢丝圈号数	2～5	1～4	1/0～2	4/0～1/0	7/0～4/0

4. 捻线工艺设计实例(表1-8-10)

表1-8-10　捻线工艺设计实例

品种	捻度(捻/10 cm)	捻系数	捻比	钢领	钢丝圈型号
C D 18.5×2 tex	47.2	287	0.8	PG1-5160	GSS4♯
罗拉速度(r/min)	锭速(r/min)	马达皮带盘(mm)	主轴皮带盘(mm)	中心牙	中心成对牙
126	9 380	140	200	35	60/40

二、倍捻捻线机

该机在锭子转一转时可在股线上同时加上两个捻回。如果倍捻捻线机与环锭机速度相同,则倍捻捻线机的产量可增加一倍。因倍捻机不使用钢丝圈和钢领,其锭速不受钢丝圈速度的限制,所以它是一种高产大卷装的捻线机;但存在结构复杂、尺寸较大、单位产量耗电多和接头不便等缺点。

202

图 1-8-2(a)为倍捻捻线机的工艺流程示意图。并纱筒子套在静止的空心管上,纱由筒子顶端引出,经过空心管,再进入锭管与储纱盘的径向孔。储纱盘随锭子回转,纱线则随锭子每一回转被加上一个捻回,如图中 AB 段,这和环锭捻线机的加捻性质基本相同;当这段已加了捻回的纱线从加捻盘的径向孔眼出来并引向上方时,又被加上一个捻回,如图中 BC 段。结果,锭子一转,即在纱线上加入两个捻回。

图 1-8-2(b)为倍捻原理示意图。设纱线沿轴向移动的速度为 V,锭子转速为 n,则 ac 段纱线的捻度 $T_1 = n/V$, BC 段纱线的捻度 $T_2 = T_1 + n/V = 2n/V$。

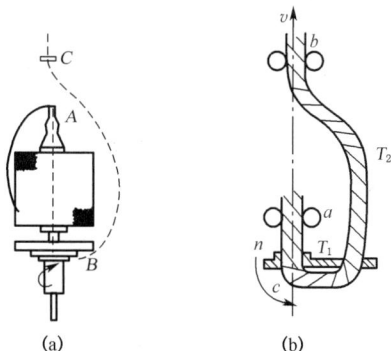

图 1-8-2 倍捻原理示意图

▶▶▶ 1.8.4　　　　　摇纱机工艺配置

由于筒纱的卷装密度较大,不适合染色加工,需通过摇纱机加工成为结构比较松散的纱框纱圈,再进行染色加工。主要机型有 A731 型、A734 型、FA801 型等。摇纱工艺比较简单,具体参数主要如下:

(1) 速度　纱框的转速 n(r/min)。

(2) 纱框周长　摇纱机的纱框标准周长<1371 cm,可调节。

(3) 圈数　目前,圈数的控制已经改为电子定长,只要在电子计数器上设置圈数就可以了,而老式的圈数设计是通过齿轮控制,比较复杂。

(4) 摇纱工艺设计

① 按质量成绞　指的是每绞纱的质量是固定的,纱框圈数按质量进行计算。

② 按长度成绞　指的是每绞纱的长度是固定的,质量随纱线的线密度(特数)而变化。

(5) 摇纱工艺设计实例　见表 1-8-11。

表 1-8-11　摇纱工艺设计实例

品种	纱框周长	纱框速度	每绞圈数	扎绞形式	每绞质量	每团绞数
C D 18.5 tex	1365 mm	250 r/min	3960 圈	3 处 8 字绞	100 g	2 绞

(6) 绞纱成包规格　摇纱成包分为:小包、中包、大包。

标准绞纱成包,棉纱线在公定回潮率 8.5% 时,每小包绞纱的质量为 5 kg;20 个小包为 1 件包,质量为 100 kg;每 40 个小包为 1 大包,质量为 200 kg;每 10 个件包或 5 个大包的质量为 1 t。

小包一般为 5 kg/包,使用小包成包机进行打包,25 团/包;

中包一般为 100 kg/包,使用中包机进行打包,20 小包/包;

大包一般为 200 kg/包,使用大包机进行打包,40 小包/包;

以上是按照公制成包,有时出口到英制国家,质量要按照英制成包,其规格为小包 4.536 kg(10 磅)、中包 90.718 kg(200 磅)、大包 181.437 kg(400 磅)。

小包内的纱团数可按下式计算：

$$小包团数 = \frac{每小包质量(g)}{每小绞质量(g) \times 每在绞内小绞片数}$$

标准成包时，小包内的纱团数，不管纱的线密度如何，都随每绞质量不同而变化，其相互关系见表 1-8-12。

表 1-8-12　成包绞纱团数与每绞质量的关系

每小绞质量(g)	31.25	50		62.5		78.125	100	125	200
每大绞的小绞数	5	5	4	4	5	4	2	2	1
每小包的大绞数	32	20	25	20	16	16	25	25	25

任务实施

工作任务　某棉纺厂生产若干纯棉普梳环锭纱纱线品种，请以工艺员角色，根据给定纱线品种，制定络筒工艺设计方案。

任务完成后提交络筒工艺设计工作报告。

工作准备

资料准备：

（1）查阅《棉纺手册（第三版）》P776～856

重点参考

- 络筒机技术特征（P776～784）、工艺配置（P784～790）
- 并纱与捻线技术特征和工艺配置（P810～833）
- 摇纱与成包规格（P846～856）

（2）《络筒机产品说明书》

（3）上网搜索或到棉纺企业收集后加工工艺设计案例

工作步骤与要求

（1）制定小组工作计划

（2）完成络筒工艺设计方案

▶ 分析所选用络筒机的技术特点

▶ 配置络筒机主要工艺参数（要求说明参数选择的依据，列出详细计算过程，填写"络筒工艺单"即表 1-8-13）

（3）络筒机上机工艺调试

工艺调节参数：络筒速度、张力、清纱工艺参数、筒子定长、定重

表 1-8-13　络筒机工艺单

纱线品种：＿＿＿＿＿＿＿＿＿＿＿＿＿＿＿

种类	机型	回潮率(%)	细度		电清型号	电子清纱器设定			
			tex	英支		棉结 N (%)	短粗节 S (%×cm)	长粗节 L (%×cm)	长细节 T (−%×cm)

槽筒线速度 (m/min)	张力装置形式	筒子定重(kg)	筒子定长(km)	产量	
				kg/(台·h)	kg/(台·天)

课后 >>>
自测

一、名词解释

　　(1) 倍捻　(2) 捻比　(3) 短粗节　(4) 长粗节　(5) 长细节

二、简答题

　　1. 后加工的任务是什么？

　　2. 后加工主要包括哪些设备？

　　3. 写出售单纱、售股线、售绞纱、售绞线的工艺流程。

　　4. 试设计 JC14 tex 经纱的自动络筒工艺参数。

　　5. 股线的股数、捻向及捻系数如何选择？

　　6. 说明捻线机主要工艺设计参数的内容。

　　7. 简要说明倍捻机工作原理。

　　8. 电子清纱器的主要功能有哪些？

205

纺纱工艺设计与实施

学习情境 **2**

纯棉精梳纱工艺设计

任务 描述 >>>

　　在普梳系统中,生条含有较多的短绒,纤维形态差异较大(弯钩纤维、未伸直分离纤维),且存在未被梳棉机清除的结杂,这些都会影响成纱质量(如细纱结杂、条干、强度等),所以在梳棉后采用精梳工序,以进一步清除生条中的疵点,排除短绒,伸直平行纤维,为提高成纱质量打好基础。精梳工艺设计重点是合理配置精梳准备工艺和精梳机工艺,确保生产出高档优质的精梳纱线。

学习 目标 >>>

- 能合理选择精梳纱纺纱工艺流程
- 能合理配置精梳准备机械工艺参数
- 能合理配置精梳机主要工艺参数
- 会分析精梳机给棉、梳理、落棉等主要工艺影响因素
- 会进行精梳机产量计算
- 会测试和分析精梳条的质量控制指标

提交 成果 >>>

■ 精梳工艺设计报告

知识准备

>>>精梳工艺设计

学习内容

　2.1　精梳工序概述
　2.2　精梳准备机械及其工艺参数配置
　2.3　精梳机工艺参数配置
　2.4　精梳纱引导案例分析
　2.5　精梳条质量指标及控制

2.1 精梳工序概述

一、精梳工序的任务

梳棉生条中含有短纤维,杂质和疵点仍较多,且纤维的伸直平行度和分离度不够,难以满足高档纺织品的纺制要求。所以,对质量要求高的纱线,如细洁挺括的涤/棉织物、轻薄凉爽的高档汗衫、柔滑细密的细特府绸以及某些工业用和特殊用途的纱线(电工黄蜡布、轮胎帘子线、高速缝纫线、刺绣线及装饰线)等,一般都需经过精梳纺纱系统加工。

在普梳纺纱系统的梳棉、并条工序之间增设精梳工序,即组成了精梳纺纱系统。精梳工序由精梳准备机械和精梳机组成,其主要任务:

(1) 排除生条中的短绒,提高纤维的长度整齐度,为改善成纱条干均匀度创造条件。

(2) 清除纤维间包含的棉结、杂质,以改善成纱外观质量。

(3) 使纤维得到进一步的伸直、平行和分离,以提高成纱的内在质量及光泽。

(4) 制成条干均匀的精梳棉条,为下道工序的喂入做好准备。

二、纯棉精梳纱特点

1. 精梳纱和普梳纱相比具有的特点

(1) 成纱强度提高 $10\% \sim 20\%$。

(2) 结杂粒数减少 $50\% \sim 60\%$。

(3) 条干均匀,表面光洁,毛羽少。

2. 一般经精梳的产品(高档棉纱)

(1) 细特纯棉纱(线),一般在 18 tex 以下。

(2) 有特殊要求的中低特纱。

(3) 与细特化纤混纺的棉纤维。

(4) 其他特殊用途的纱线。

精梳加工的落棉较多,必然会造成可纺纤维的损失。同时,精梳系统因增加机台和用人而使得加工费用增加。因此,对精梳工序的选用应从提高质量、节约用棉、降低成本等方面综合考虑。

三、纯棉精梳纱纺纱工艺流程

开清棉→梳棉(或清梳联) → 精梳准备 → 精梳 → 并条(1~2 道) → 粗纱 → 细纱 → 后加工

除了精梳准备及精梳,其他工序与纯棉普梳纱的设备基本相同,这里仅介绍精梳准备和精梳设备。

207

纺纱工艺设计与实施

纺纱工艺设计与实施

2.2　精梳准备机械及工艺参数配置

一、精梳准备工艺流程

(一) 偶数准则

在精梳机一个循环中的锡林梳理阶段,被钳板钳口控制的纤维中,头端呈前弯钩的纤维易被锡林梳直,而后弯钩纤维则不能被伸直,会因其前端不能到达分离罗拉钳口而被顶梳阻滞,进入落棉。所以,纤维以前弯钩状态进入精梳机可减少可纺纤维的损失。

实践证明,梳棉生条中后弯钩纤维约占 50%,前弯钩纤维约占 18%,两端弯钩纤维和其他状态纤维占 22%,无弯钩纤维仅占 10%左右。虽然后续工序的牵伸机构有使纤维伸直的机会,但弯钩仍然存在。每经过一道工序,弯钩方向即改变一次,若在梳棉与精梳之间配置偶数工序,则可使喂入精梳机的纤维呈前弯钩居多,以提高精梳棉条质量和减少落棉。这种偶数工艺道数的配置,称为"偶数准则"。

(二) 精梳准备工艺流程

现在国内常用的精梳准备工艺有三种(以第二道设备为名):条卷工艺、并卷工艺、条并卷工艺。三种精梳准备工艺流程各有其特点。

1. 条卷工艺

预并条机→条卷机。牵伸由大到小,所用的机台结构简单,占地面积小,是国产 A201 系列精梳机配套使用的工艺流程。制成的小卷牵伸不足(约 6～12 倍),虽黏卷现象较少,但纤维伸直平行度差,小卷横向不匀,钳板对小卷握持不匀,致使精梳落棉率偏高。所以,条卷工艺已逐渐被其他两种工艺流程取代。

2. 并卷工艺

条卷机→并卷机。牵伸由小到大,总牵伸约 6～12 倍;制成的小卷成形良好,层次清晰,纵横向均匀度好,有利于精梳机钳板的可靠握持;落棉均匀,成条条干好;占地面积小;6 层小卷并卷后,成卷均匀度好。所以,适于双精梳工艺的头道精梳准备工艺,且适于生产较高档、高档的精梳产品。国内一般用于 FA 系列设备。

3. 条并卷工艺

预并条机→条并卷联合机。牵伸由大到小,总牵伸约 7～14 倍;制成的小卷因并合条子根数多而成卷均匀度较好,纤维伸直平行度很好,可以减轻精梳机的梳理负担,小卷质量不匀率小,可纺纤维的损失少且产量高,输出线速度可达 100 m/min 以上,故被普遍认为是当今最先进的精梳准备工序,国内现代精梳多采用此流程。可用于生产较高档、高档的精梳纱。但因并卷数少,并合均匀度不如并卷工艺,所以不宜用于双精梳工艺,且这种流程的占地面积较大。

二、精梳准备所用的设备及工艺参数配置

(一) 精梳准备工艺参数配置原则

(1) 小卷要求定量准确、容量大、外形好,退解时不粘连、发毛。

(2) 小卷的纵横向结构要均匀,使棉层在精梳时握持可靠。

(3) 提高小卷中纤维的伸直平行度,以减少精梳时纤维损伤和梳针折断,减少落棉中长

纤维的含量,节约用棉,同时为提高成纱质量打下基础。

(二)精梳准备所用的设备及技术特征

根据具体的精梳准备工艺流程选定精梳准备机械。条卷机、并卷机、条并卷联合机的技术特征分别见表 2-1、表 2-2 和表 2-3。

表 2-1　条卷机的技术特征

机型	A191B	FA331	FA334	SXFA336
并合数(根)	16~20	20~24	20~24	18~24
成卷宽度(mm)	230	230,270,300	250,230	250
条卷定量(g/m)	40~50	45~60	50~70	50~75
牵伸形式	三上三下双区牵伸	二上二下单区牵伸	四上六下曲线牵伸	四上六下曲线牵伸
牵伸(倍)	1.1~1.4	1.1~1.4	1.3~1.96	1.3~2.0
棉卷罗拉直径(mm)	456	410	410	410
成卷速度(m/min)	30~40	50~70	49~69	50、60、65
产量[kg/(台·h)]	80~120	160~240	最大 250	最大 250
备注	与 A201 系列配套	与不同时期的精梳机配套	与 FA344 型并卷机配套	与 FA346 型并卷机配套

表 2-2　部分并卷机的主要技术特征

机型	FA344	SXFA346	E5/4
并卷数	6	6	6
成卷直径×宽度(mm)	450×300	450×300	450×270
喂入定量(g/m)	50~75	50~75	50~70
成卷定量(g/m)	50~75	50~75	60~70
牵伸形式	三上四下曲线牵伸	三上四下曲线牵伸	四上四下
牵伸(倍)	总 5.4~7.1,后区 1.34~1.025	4~9	总 3.96~6.88
成卷速度(m/min)	50~68	50、60、65	120

表 2-3　部分条并卷联合机的主要技术特征

机型	FA355C	SR80	FA356A	E32
制造商	上海纺机总厂	上海纺机总厂	经纬合力	瑞士 Rieter
喂入条子数(根)	20~32	24~32	24~28	24~28
叠合层数(层)	2	2	2	2
成卷宽度(mm)	230,270	270,300	300	300
最大成卷直径(mm)	450	600	550	550
喂入条子定量[g/(5 m)]	12~18	16.5~30	17.5~27.5	16.5~30
输出小卷定量(g/m)	40~70	60~80	50~70	60~80
牵伸形式	二上二下附中间控制辊	二上三下	三上四下	三上三下
罗拉直径(mm)	32×22×35	40×25.5×35	40×25.6×35×35	32×32×32
牵伸(倍)	1.2~2.42	1.37~2.33	1.3~2.27	1.43~3.1
紧压辊形式	一上一下	二上一下	四辊曲线布置	四辊曲线布置
成卷罗拉直径(mm)	410	550	700	700
成卷线速度(m/min)	50~100	80~120	80~120	80~120

三、精梳准备工艺参数设计

引导案例:CJ 13tex K 纯棉针织纱精梳准备工艺设计

1. 精梳准备工艺流程与设备型号

精梳准备工艺流程:预并条→条并卷;对应设备型号:FA306→FA356A。

2. 所选设备技术特征

FA306 型见表1-4-5,FA356A 型见表2-3。

3. 精梳准备主要工艺参数配置(表2-4)

表2-4 精梳准备主要工艺参数配置表

机型	喂入干定量	并合数(根)	输出干定量	牵伸(倍)		配合率	输出速度(m/min)
				实际	机械		
FA306	20 g/(5 m)(生条)	6	19.7 g/(5 m)(预并条)	6.091	6.152	1.01	280
FA356A	19.7 g/(5 m)(预并条)	24	62 g/m(小卷)	1.525	1.540	1.01	100

注 现代精梳机因锡林速度快,所以喂入小卷定量可偏重掌握,以提高锡林梳理效率和产量。

4. FA356A 型条并卷联合机传动与工艺计算

FA356A 型条并卷联合机的传动图如图2-1所示,其变换轮参见表2-5。

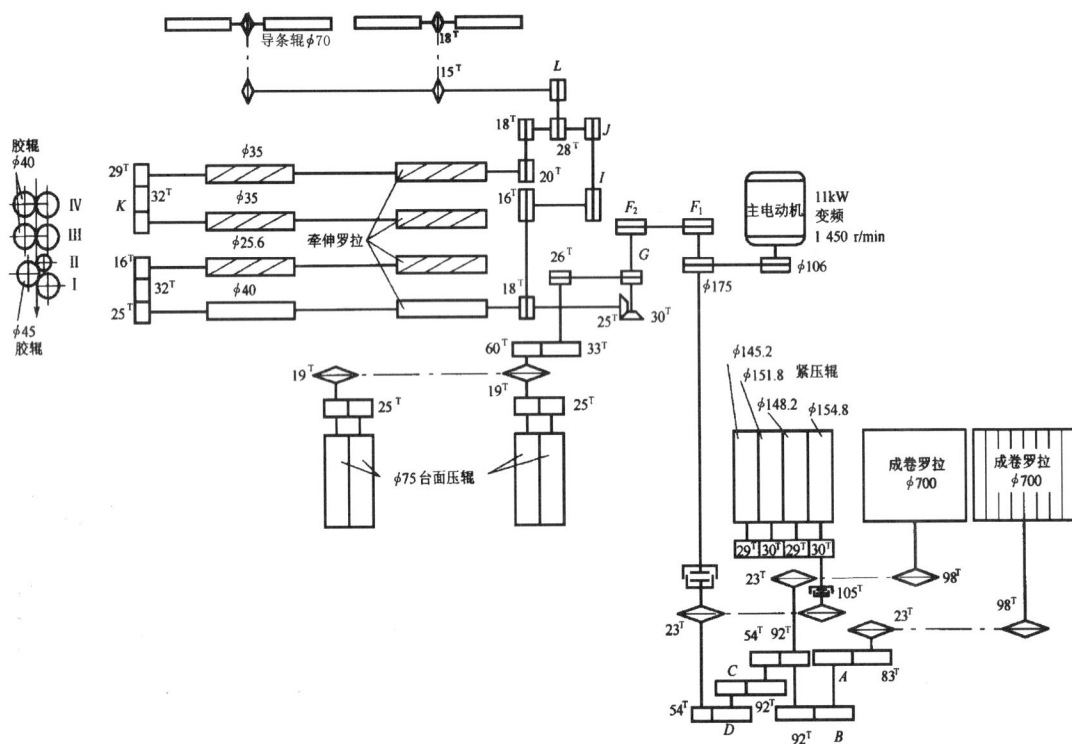

图2-1 FA356A 型条并卷联合机传动图

表 2-5 FA356A 型条并卷联合机变换轮符号及齿数范围

名称	符号	变换范围	名称	符号	变换范围
前成卷罗拉齿轮	A	82~93	台面张力调节齿轮	F_1	22~25
	B	91~103		F_2	33~37
后成卷罗拉齿轮	C	49,50,52~59		G	29~32
	D	82,83,86~88,90~93,95~98	牵伸分配齿轮	K	26,27,28
牵伸齿轮	I	44,55	喂入张力齿轮	L	53,54,55
	J	64,66,68,70,72,74,76,78			

FA356A 型条并卷联合机的有关工艺计算如下:

(1) 速度

① 成卷罗拉转速

$$n(\text{r/min}) = 30f \times \frac{106 \times 54 \times C \times 54 \times 92 \times A \times 23}{175 \times D \times 92 \times 92 \times B \times 83 \times 98} = 1.628f \times \frac{C \times A}{D \times B}$$

式中: f ——变频器输出频率(Hz);

A、B、C、D ——均为变换齿轮(参见图 2-1),齿数选择参见表 2-5。

② 成卷罗拉线速度

$$V(\text{m/min}) = \frac{\pi \times 700 \times n}{1000} = 2.199n$$

输出速度选择 100 m/min。

(2) 牵伸计算

$$E_{\text{实}} = \frac{\text{喂入预并条干定量}[\text{g}/(5\text{ m})] \times \text{并合数}}{\text{输出小卷干定量}(\text{g/m}) \times 5} = \frac{19.7 \times 24}{62 \times 5} = 1.525(\text{倍})$$

说明:喂入条子并合数一般为 24~28 根,如黏卷严重,可减少并合数,并相应降低总牵伸;同时,预并条机的并合数为 6 根,其牵伸小于 6 倍。

$$E_{\text{机}} = E_{\text{实}} \times \text{牵伸配合率} = 1.525 \times 1.01 = 1.54(\text{倍})$$

$$\text{总牵伸 } E = \frac{700 \times 18 \times L \times J \times 16 \times 25 \times F_2 \times 54 \times C \times 54 \times 92 \times A \times 23}{70 \times 15 \times 28 \times I \times 18 \times 30 \times F_1 \times D \times 92 \times 92 \times B \times 83 \times 98} =$$

$$0.028\,45 \times \frac{L \times J \times F_2 \times C \times A}{I \times F_1 \times D \times B}$$

式中: A、B、C、D、L、I、J、F_1、F_2 ——均为变换齿轮(参见图 2-1)齿数,选择参见表 2-5。

另外,总牵伸可用下式计算:

$$E = E_1 \times E_2 \times E_3 \times E_4 \times E_5 \times E_6 = 1.298 \sim 2.550(\text{倍})$$

● 各部分牵伸计算

① 前罗拉~后罗拉牵伸 $E_1 = \frac{40}{35} \times \frac{20}{18} \times \frac{J}{I} \times \frac{16}{18} = 1.128\,7 \times \frac{J}{I}$

② 后罗拉~导条辊牵伸 $E_2 = \frac{35}{70} \times \frac{18}{15} \times \frac{L}{28} \times \frac{18}{20} = 0.019\,3 \times L$

211

纺纱工艺设计与实施

L 取 53,则 $E_2 = 1.022$(倍)

③ 台面压辊~前罗拉牵伸 $E_3 = \dfrac{75}{40} \times \dfrac{25}{30} \times \dfrac{G}{26} \times \dfrac{33}{60} = 0.033\,1G$

G 取 31,则 $E_3 = 1.026$(倍)

④ 前紧压辊~台面压辊牵伸 $E_4 = \dfrac{154.8}{75} \times \dfrac{60}{33} \times \dfrac{26}{G} \times \dfrac{F_2}{F_1} \times \dfrac{23}{105} = 21.373 \times \dfrac{F_2}{G \times F_1}$

G 取 31,F_1 取 23,F_2 取 34,则 $E_4 = 1.019$(倍)

⑤ 后成卷罗拉~前紧压辊牵伸 $E_5 = \dfrac{700}{154.8} \times \dfrac{105}{23} \times \dfrac{54}{D} \times \dfrac{C}{92} \times \dfrac{54}{92} \times \dfrac{23}{98} = 1.669 \times \dfrac{C}{D}$

C 取 54,D 取 90,则 $E_5 = 1.002$(倍)

⑥ 前成卷罗拉~后成卷罗拉牵伸 $E_6 = \dfrac{700}{700} \times \dfrac{98}{23} \times \dfrac{92}{B} \times \dfrac{A}{83} \times \dfrac{23}{98} = 1.108\,4 \times \dfrac{A}{B}$

A 取 85,B 取 94,则 $E_6 = 1.002$(倍)

由总牵伸 $E = E_1 \times E_2 \times E_3 \times E_4 \times E_5 \times E_6 =$

$$E_1 \times 1.022 \times 1.026 \times 1.019 \times 1.002 \times 1.002 = 1.54(\text{倍})$$

212

得 $\quad E_1 = \dfrac{\text{总牵伸}}{E_2 \times E_3 \times E_4 \times E_5 \times E_6} =$

$$\dfrac{1.54}{1.022 \times 1.026 \times 1.019 \times 1.002 \times 1.002} = 1.435(\text{倍})$$

再由 $\qquad E_1 = \dfrac{40}{35} \times \dfrac{20}{18} \times \dfrac{J}{I} \times \dfrac{16}{18} = 1.128\,7 \times \dfrac{J}{I}$

J 取 70,I 取 55,则 $E_1 = 1.437$(倍)

表 2-6 J 和 I 与 E_1 对照表

	J	64	66	68	**70**	72	74	76	78
I	44	1.642	1.694	1.745	1.796	1.847	1.899	1.950	2.001
	55	1.314	1.355	1.396	**1.437**	1.478	1.519	1.560	1.601

(3)满卷定长 可预置设定,一般为 250 m/卷

(4)台时产量的计算

$$N_t = G_{\text{干}} \times (1 + 8.5\%) \times 1000 = 62 \times (1 + 8.5\%) \times 1000 = 67\,270\,(\text{tex})$$

注:小卷干定量为 62 g/m,成卷罗拉输出速度为 100 m/min。

① $G_{\text{理}} = \dfrac{60 \times V \times N_t}{1000 \times 1000} = \dfrac{60 \times 100 \times 67\,270}{1000 \times 1000} = 403.62\,[\text{kg/(台·h)}]$

② $G_{\text{定}} = G_{\text{理}} \times$ 时间效率 $= 403.62 \times 88\% = 355.19\,[\text{kg/(台·h)}]$

注:条并卷机的时间效率为 80%~90%。

表 2-7 条并卷工艺单

纱线品种：CJ 13 tex K

种类	机型	回潮率(%)	定量(g/m)		线密度(tex)	牵伸(倍)		配合率	并合数(根)	输出速度(m/min)	小卷质量(kg)
			湿重	干重		实际	机械				
纯棉	FA356A	7.0	66.34	62.00	67 270	1.525	1.54	1.01	24	100	16.585

小卷定长(m)	罗拉握持距(mm)		罗拉加压(MPa)	牵伸分配(倍)						定额产量[kg/(台·h)]
	前区	后区	前×中×后	E_1	E_2	E_3	E_4	E_5	E_6	
250	38	40	0.35×0.3×0.3	1.437	1.022	1.026	1.019	1.002	1.002	
变换齿轮齿数				$J=70$ $I=55$	$L=53$	$G=31$	$F_1=23$ $F_2=34$	$C=54$ $D=90$	$A=85$ $B=94$	355.19

注 小卷质量＝小卷长度×小卷湿定量＝$\dfrac{250×66.34}{1000}=16.585$ (kg)。

2.3 精梳机上机工艺参数配置

一、精梳机工艺过程与运动配合

（一）精梳机工艺过程

FA269 型精梳机的工艺过程如图 2-2 所示。小卷放在一对承卷罗拉 7 上，随承卷罗拉的回转而退解棉层，经导卷板 8 喂入置于钳板上的给棉罗拉 9 与给棉板 6 组成的钳口之间。给棉罗拉周期性间歇回转，每次将一定长度的棉层（给棉长度）送向上、下钳板 5 组成的钳口。钳板做周期性的前后摆动，在后摆中途，钳口闭合，上、下钳板有力地钳持棉层，使钳口外棉层呈悬垂须丛状。此时，锡林 4 上的梳针面恰好转至钳口下方，针齿逐渐刺入棉层进行梳理，清除棉层中的部分短绒、结杂和疵点。随着锡林针面转向下方位置，嵌在针齿间的短绒、结杂、疵点等被高速回转的圆毛刷 3 刷下，经风斗 2 吸附在尘笼的表面，剥落后由机外风机吸入尘室。锡林梳理结束后，随着钳板的前摆，须丛逐步靠近分离罗拉 11 的钳口。与此同时，上、下钳板逐渐开启，梳理好的须丛因本身弹性而向前挺直（须丛抬头），分离罗拉倒转，将前一周期的棉网倒入机内一定长度后再顺转。钳板钳口外的须丛头端到达分离钳口后，与倒入机内的前一周期棉网相叠合而由分离罗拉输出。在张力牵伸的作用下，棉层挺直，顶梳 10 插入棉层，被分离钳口抽出（分离）的纤维尾端从顶梳片的针隙间拉拽通过，尾端黏附的部分短纤、结杂和疵点被阻留于顶梳片后的须丛中，待下一周期锡林梳理时除去。当钳板到达最前位置时，分离钳口不再有新纤维进入，分离结合工作基本结束。之后，钳板开始后退，钳口逐渐闭合，准备进行下一个工作循环。由分离罗拉输出的棉网，经过一个有导棉板 12 的松弛区后，通过一对输出罗拉 13，穿过设置在每眼一侧并垂直向下的喇叭口 14 而聚拢成条，由一对导向压辊 15 输送到输棉台上。各眼输出的棉条分别绕过导条钉 16 并转过 90°，进入与水平线呈 60°倾角的三上五下曲线牵伸装置 17，经牵伸后，由一根输送带 20 托持，通过圈条集束器及一对检测压辊 21 后圈放在条筒 23 中。

精梳机主要型号　国产：A201 系列、FA251 系列、FA261 系列、FA266、FA269；国外：Rieter E62、E65、E75 等。

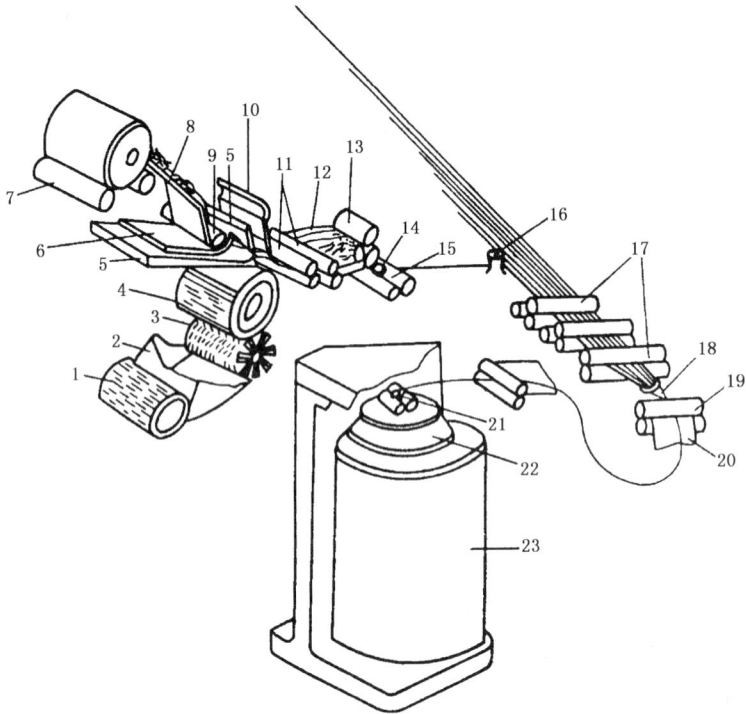

图 2-2　FA269 型精梳机的工艺过程

1—尘笼　2—风斗　3—毛刷　4—锡林　5—上、下钳板　6—给棉板
7—承卷罗拉　8—导卷板　9—给棉罗拉　10—顶梳　11—分离罗拉
12—导棉板　13—输出罗拉　14—喇叭口　15—导向压辊　16—导条钉
17—牵伸装置　18—集束喇叭　19—输送带压辊　20—输送带
21—圈条集束器及检测压辊　22—圈条斜管　23—条筒

（二）精梳机工作的四个阶段

重要术语

• 分度：锡林轴的外端装有一表面有刻度的圆盘，称为分度盘。分度盘被划分为 40 等份，每等份称为一分度，每一分度为 9°。

• 钳次：锡林转一转时，分度盘转一转，钳板前后摆动一次，精梳机完成一个工作循环，称为一个钳次。

精梳机每一钳次可分为相互连续的四个阶段，即锡林梳理阶段、分离前的准备阶段、分离接合与顶梳梳理阶段和锡林梳理准备阶段。各运动机件的运动见图 2-3 所示。对不同机型，各个阶段所对应的分度以及所占有的分度数不同，FA269 型精梳机的运动配合见图 2-4 所示，四个阶段的机件运动状态见表 2-8。

（a）锡林梳理阶段　　　　　　　　（b）分离前的准备阶段

（c）分离接合与顶梳梳理阶段　　　　（d）锡林梳理前的准备阶段

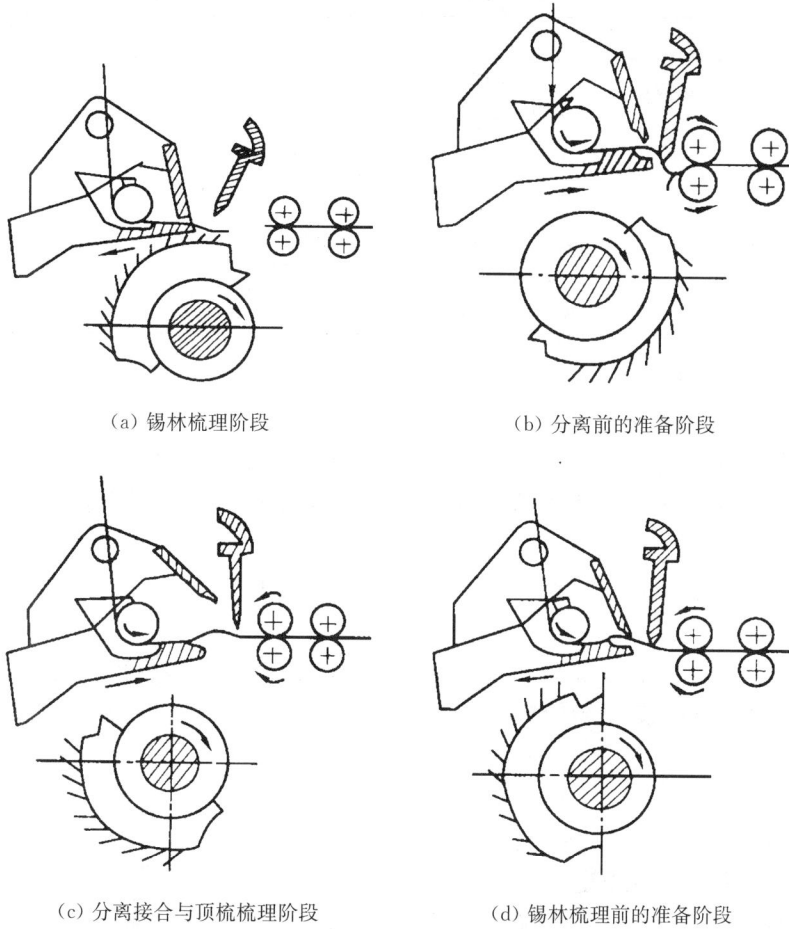

图 2-3　精梳机一个工作循环四个阶段的示意图

	刻度盘分度								
	5°	10°	15°	20°	25°	30°	35°	40°	5°
钳板摆动		前进					后退		前进
钳板启闭	10°	逐渐开启			逐渐闭合		34°		
锡林梳理									
分离罗拉运动		倒转	15°～17°	顺转					
分离工作区段									
顶梳工作区段									
一个工作循环的四个阶段	分离前的准备		分离接合		锡林梳理准备		锡林梳理		
	16.5°		24°		34.3°		4.5°		

图 2-4　FA269 型精梳机运动配合图

表 2-8　FA269 型精梳机四个阶段的机件运动状态

四个阶段	锡林	钳板	给棉罗拉	顶梳	分离罗拉
锡林梳理	梳理须丛	先后摆再前摆,钳口闭合	不给棉	随钳板运动	顺转
分离前的准备	继续回转,不参与梳理	前摆,上钳板逐渐开启	前进给棉(或不给棉)	随钳板运动	基本静止,倒转→顺转
分离接合与顶梳梳理	继续回转,不参与梳理	前摆,钳口逐渐开至最大	不给棉	插入须丛梳理尾端	顺转
锡林梳理准备	梳针接近钳板钳口	后摆,上钳板逐渐闭合下压须丛	后退给棉(或不给棉)	脱离分离丛的尾端,随钳板运动	继续顺转

二、精梳工艺配置

(一)精梳机工艺配置原则

(1)精梳工序应以剔除短绒、结杂为主,兼顾其他。精梳落棉率的高低直接影响精梳产品的质量和制成率,落棉率应根据纺纱品种、原棉条件、精梳准备工艺和产品质量要求合理控制。

(2)根据成纱的品种及质量要求合理选择精梳锡林的规格及种类,合理确定精梳机速度、小卷定量和给棉工艺参数。

(3)合理的定时、定位及隔距有利于减少精梳棉结、杂质,提高精梳条质量。

(二)精梳机主要工艺参数配置

> **精梳工艺设计内容**
>
> (1)速度:锡林速度、毛刷转速。
> (2)小卷定量与精梳条定量。
> (3)给棉工艺:喂给长度(短给棉与长给棉)、给棉方式(前进给棉与后退给棉)。
> (4)牵伸工艺:实际总牵伸、机械总牵伸、车面罗拉牵伸。
> (5)隔距:梳理隔距、落棉隔距、牵伸罗拉中心距与隔距、顶梳隔距、毛刷隔距。
> (6)定时和定位:钳板定时、分离罗拉顺转定时、锡林弓形板定位。

1. 速度

(1)锡林速度　精梳机的生产水平通常用锡林速度表示,它直接影响精梳机的产量和质量,是一个重要的工艺参数。一般规律是:当产品质量要求高时,锡林速度适当慢些;当产品质量要求一般时,锡林速度可快些。不同机型的锡林速度见表 2-9。

表 2-9　不同型号精梳机的速度范围

机型	锡林速度(钳次/min)	毛刷转速(r/min)
A201 系列	145～165	1000～1200
FA251 型	180～215	1100～1300
FA261 型	180～300(实用 250 以下)	1000～1200
FA266 型	最高 350(实用 300 以下)	905、1137
FA269 型	最高 400(实用 360 以下)	905、1137

（2）毛刷转速　毛刷转速影响锡林针面的清洁工作,对锡林梳理作用的影响很大,需要根据锡林转速、纤维长度以及毛刷直径等因素确定。若锡林转速快、纤维长度长、毛刷直径小,毛刷转速应适当加快。一般要求锡林表面速度和毛刷表面速度之比 $V_c : V_m = 1 : 6 \sim 1 : 7$,毛刷转速见表2-9。

2. 小卷定量与精梳条定量

（1）小卷定量（属精梳准备工艺）　小卷定量与精梳机的产量和质量的关系较大,应根据机械性能、产质量要求、喂给长度、纺纱线密度等因素决定。

小卷定量加重:①可提高精梳机产量;②分离罗拉输出的棉网厚,棉网接合牢度大,棉网破洞、破边及缠绕现象可得到改善,还有利于上、下钳板对棉网的横向握持;③棉丛的弹性大,钳板开口时棉丛易抬头,在分离接合过程中有利于新旧棉网的搭接;④有利于减少精梳小卷的黏卷;⑤小卷定量过重时,会增加锡林梳理负担及精梳机牵伸负担。

若纺纱线密度高、产量要求高、质量要求一般、喂给长度短、机械状态好,小卷定量可加重,否则应减轻。小卷定量选择范围一般随机型而有所不同。

（2）精梳条定量　精梳条定量根据小卷定量、纺纱线密度、精梳机总牵伸确定。

当小卷定量和给棉长度确定后,精梳条定量对精梳梳理质量的影响不大,故精梳条定量一般偏重掌握,以免总牵伸过大而增加精梳条的条干不匀,一般为 $15 \sim 25 \, \text{g}/(5 \, \text{m})$。

3. 给棉工艺配置

精梳机给棉工艺主要包括给棉方式、给棉长度、喂给系数、小卷张力等,它们与精梳机梳理质量和落棉率等密切相关。精梳机给棉方式有前进给棉与后退给棉两种。大多数精梳机均有这两种给棉机构。

（1）给棉长度　精梳机一个工作循环内喂给的长度,有短给棉与长给棉之分。

① 短给棉　有利于提高梳理质量,但产量受到限制,故有时配以小卷定量加重的方法。

② 长给棉　可提高产量,但小卷质量要求高(纤维伸直度要好),否则将增加锡林梳理负担,落棉增多。所以,只有在纤维长度长、小卷定量轻、准备工艺良好时,才可采用长给棉。

给棉罗拉喂给长度可参见表2-15。

（2）给棉方式　有前进给棉与后退给棉之分。

① 前进给棉　钳板向前摆动(前进)时喂给一定长度,给棉长度较长、重复梳理次数较少、梳理效果较差,适应于纤维长度较长或质量要求一般的精梳产品。落棉率控制在 $8\% \sim 16\%$。

② 后退给棉　钳板向后摆动(后退)时喂给一定长度,给棉长度较短、重复梳理次数较多、梳理效果好,适应于质量要求高的精梳产品。落棉率控制在 $14\% \sim 20\%$。

（3）给棉方式与给棉长度的调整方法　给棉方式可通过改变给棉机构进行调整,给棉长度通过喂卷调节齿轮和给棉罗拉棘轮进行调节。

4. 牵伸工艺

（1）总牵伸

① 实际牵伸　精梳机的实际牵伸由小卷定量、车面精梳条并合数、精梳条定量确定。

$$精梳机的实际牵伸 = \frac{小卷定量(\text{g/m}) \times 5}{精梳条定量[\text{g}/(5\,\text{m})]} \times 车面精梳条并合数$$

精梳机的实际牵伸一般为 40～60 倍(并合数为 3～4 根时)、80～120 倍(并合数为 8 根时)。车面精梳条并合数及牵伸形式见表 2-15。

② 机械总牵伸 机械总牵伸由实际牵伸、精梳落棉率决定。

$$机械总牵伸 = 实际牵伸 \times (1 - 精梳落棉率)$$

精梳落棉率:前进给棉时为 8%～16%,后退给棉时为 14%～20%。

(2) 部分牵伸 精梳机的主要牵伸区为给棉罗拉与分离罗拉之间的分离牵伸以及车面的罗拉牵伸。

① 分离牵伸 给棉罗拉与分离罗拉之间的牵伸称为分离牵伸。由于给棉罗拉与分离罗拉都是周期性变速运动,所以,分离牵伸的数值用有效输出长度与给棉长度的比值表示,即:

$$分离牵伸 = \frac{有效输出长度}{给棉长度}$$

对于一定型号的精梳机,有效输出长度是一定值,所以,当给棉长度确定后,分离牵伸的数值就可以确定了。国产精梳机的分离牵伸值参见表 2-10。

表 2-10 国产精梳机的分离牵伸值

机型	有效输出长度(mm)	给棉长度(mm)	分离牵伸值(倍)
A201 系列	46.5(B 型)、37.24(D 型)	5.72、6.68	5.575～8.129
FA251 系列	33.78	5.2～7.1	4.758～6.496
FA261 型	31.71	4.2～6.7	4.733～7.550
FA266 型	31.71	4.7～5.9	5.375～6.747
FA269 型	26.48	4.7～5.9	4.488～5.634
CJ40 型	26.59	4.7～5.9	4.507～5.657

② 车面罗拉牵伸 新型精梳机的车面罗拉牵伸普遍采用曲线牵伸,多为三上五下。三上五下曲线牵伸分为前后两个牵伸区(见图 2-5)。后牵伸区的牵伸有三档,分别为 1.14 倍、1.36 倍、1.50 倍;前牵伸区为主牵伸区,根据不同纤维长度、不同品种的需要,总牵伸可在 9～19.3 倍范围内调整。车面罗拉牵伸不宜太大,以免影响精梳条条干,常用 16 倍以下。

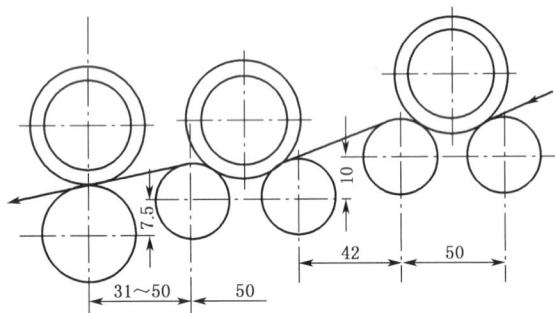

图 2-5 精梳机三上五下曲线牵伸

5. 隔距

(1) 锡林梳理隔距 指锡林梳理阶段锡林针尖与上钳板钳唇下缘之间的距离。一般梳理隔距小,梳理作用强,但纤维和梳针易损伤;反之,梳理隔距大,梳理作用减弱,棉网质量下降。一般锡林最紧点梳理隔距掌握在 0.4 mm。

(2) 顶梳隔距及顶梳梳针密度

① 顶梳针尖与后分离罗拉表面的进出隔距 当顶梳摆动到最前位置时(A201 型为 19 分度,FA261 型、FA266 型、FA269 型为 24 分度),顶梳针尖和后分离罗拉表面间的进出隔

距为 1.5 mm,以防止顶梳在运动过程中与分离罗拉相碰。调节方法是采用顶梳进出定规进行调节,如图 2-6 所示。

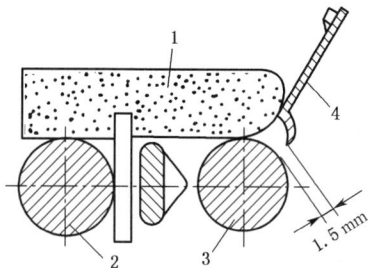

图 2-6 精梳机顶梳进出位置调节

1—进出定位工具 2,3—前后分离罗拉 4—顶梳

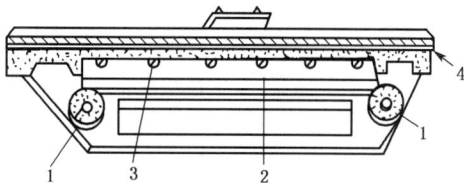

图 2-7 精梳机顶梳高低位置调节

1—偏心旋钮 2—梳针片 3—螺丝 4—托架

应注意:如分离距离变化(即落棉隔距与落棉率变化),顶梳必须重新校正,使顶梳定位保持一致。

② 顶梳的深度(顶梳针尖与分离罗拉表面的高低) 如图 2-7 所示,FA261 型、FA266 型、FA269 型精梳机的顶梳高低使用偏心旋钮进行调节,共分为五档,标值分别为:−1、−0.5,0,+0.5,+1。标值越大,顶梳刺入须丛的深度越深,且每增减一档,落棉率将随之增减 1% 左右。一般采用−0.5 标值。不同标值对应的顶梳插入深度见表 2-11。

表 2-11 不同标值对应的顶梳插入深度

顶梳插入标值	+1.0	+0.5	0	−0.5	−1
顶梳插入深度(mm)	53.5	53	52.5	52	51.5

③ 顶梳梳针密度 顶梳梳针密度可分为三档:26 针/cm,用于生产一般品种;30 针/cm,用于生产细特纱;32 针/cm,用于生产高档品种。

(3)落棉隔距

① 落棉隔距的定义 指钳板摆动到最前位置时下钳板钳唇前缘与分离罗拉表面间的距离。可用隔距块校正、测量。

② 落棉隔距对落棉及棉网质量的影响 增大落棉隔距,精梳落棉率增加,棉网质量提高,成本也高。落棉隔距每增减 1 mm,落棉率随之增减 2%~2.5%。

③ 落棉隔距的调节方法 调节落棉刻度盘上的刻度值,刻度大,落棉隔距大。这属于整体调节,用于控制整机台的落棉率。改变一个刻度可调节落棉率 2% 左右。

FA261 型、FA266 型、FA269 型精梳机的落棉刻度与落棉隔距的关系参见表 2-12。

表 2-12 精梳机落棉刻度

落棉刻度	5	6	7	8	9	10	11	12
落棉隔距(mm)	6.34	7.47	8.62	9.78	10.95	12.14	13.34	14.55

(4)毛刷与锡林间的隔距 一般为−3~−2 mm。

6. 定时和定位

定时是指确定分离罗拉开始顺转的时间(分度值);定位实质上是确定锡林梳针通过分

离罗拉与锡林最紧点的时间(分度值)。

（1）锡林定位　锡林定位也称为弓形板定位,目的是调节锡林与钳板、锡林与分离罗拉运动的配合关系,以满足不同纤维长度及不同品种的纺纱要求。

锡林定位的早晚,影响锡林第一排及末排针与钳板钳口相遇时的分度数(即开始梳理与结束梳理时间),也影响锡林末排针通过锡林与分离罗拉最紧点隔距时的分度数。

锡林定位时应首先考虑纤维长度,纤维长度越长,锡林定位(分度)宜适当早些。若定位迟,长纤维更易被末排针抓走,成为落棉。锡林定位(分度)与适纺纤维长度的关系可参见表2-13。

纺纱工艺设计与实施

表 2-13　锡林定位与适纺纤维长度的关系

机型	锡林定位(分度)	适纺纤维长度(mm)
FA251	22	31 以上
	23	27～31
	24	27 以下
FA261 FA266	36	31 以上
	37	27～31
	38	27 以下
FA269	35	31 以上
	36	27～31
	37	27 以下

220

锡林定位实际是校正锡林梳针通过分离罗拉与锡林最紧点的定时。在生产中,纤维愈长,分离罗拉的顺转时间也愈早,结果在锡林针齿未完全通过与分离罗拉的最紧点时留在分离罗拉后方以及倒入的棉网长度均较大,从而使梳针与倒入机内的棉网尾端纤维相接触,如果接触长度足够大,纤维会被"拉走"进入落棉。因此,锡林定位不能太迟,但也不能随意提早,否则锡林第一排梳针到达钳口下方的时间会提早,使钳板闭合定时也随之提早。由于闭合早则开口迟,使分离接合受到影响。所以,加工纤维长度长、分离罗拉顺转定时早的机台,FA261 型、FA266 型的锡林定位可选 36 分度、37 分度;加工纤维长度短、分离罗拉顺转定时迟的机台,可选 38 分度,但应将落棉率的增加控制在 0.2%～1% 的范围内。FA269型的锡林定位可比 FA261 型、FA266 型提前 1 分度。

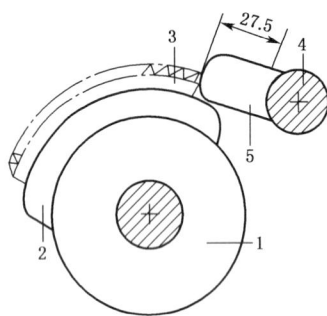

图 2-8　FA261 型、FA266 型、FA269 型精梳机的锡林定位

1—锡林　2—锡林针齿座　3—锯齿　4—后分离罗拉　5—锡林定规

（三）分离罗拉顺转定时

1. 分离罗拉顺转定时的概念

分离罗拉顺转定时指分离罗拉开始顺转时的分度值,也称搭头刻度。

2. 分离罗拉顺转定时的确定原则

分离罗拉顺转定时影响分离接合工作,即对棉网接合和外观质量有直接的影响,其定时应根据纤维长度、给棉方式和喂给长度确定。分离罗拉顺转定时的确定原则如下:

（1）应保证开始分离时分离罗拉的顺转速度大于钳板的喂给速度（钳板前进速度），否则在棉网整个幅度上会出现横条弯钩；如果分离罗拉的顺转速度略大于钳板的喂给速度，虽不致造成弯钩，但因分离牵伸太小，新分离丛的前端因没有被充分牵伸而使分离丛的长度较短，且前一循环的棉网尾端较薄，接合时由于这两部分的纤维层厚度差异过大，相互间结合力较弱，在棉网张力的影响下，新分离丛的头端容易翘起，在棉网上呈现"鱼鳞斑"。

（2）为了防止产生弯钩和鱼鳞斑，在选择分离罗拉顺转定时时，应考虑纤维长度、给棉长度、给棉方式。若采用纤维长或长给棉或前进给棉时，分离罗拉顺转定时应适当提早。

（3）分离罗拉顺转定时提早后，倒转时间也相应提早。为了避免锡林末排梳针通过分离罗拉与锡林最紧点时抓走倒入分离丛的尾端纤维，锡林定位也应提早，使末排梳针通过时间相应提早。但是，锡林定位提早，刚开始梳理时的梳理隔距变化较大，会影响梳理质量。故在确定分离罗拉顺转定时的时候，如果不产生弯钩和鱼鳞斑，锡林定位也不宜过早。

3．分离罗拉顺转定时的调节方法

FA261 型、FA266 型、FA269 型精梳机车头的锡林轴端 143^T 齿轮上装有定时调节盘，定时调节盘上刻有刻度，刻度值（−2～＋2）越大，分离罗拉顺转定时越迟，棉网接合长度越短。

不同长度的纤维对应的分离罗拉顺转定时见表 2-14。

表 2-14 适纺纤维与分离刻度

纤维长度（mm）	分离刻度	
	FA261 型	FA266 型、FA269 型、SXFA289 型
小于 25	＋2～＋1	−0.75～−1
25～29	＋1～0	0～＋0.25
29～31	0～−0.75	＋0.25～＋0.5
31 以上	−0.75～−1	＋0.75～＋1

2.4 精梳引导案例分析

纱线品种：C J 13 tex K 纯棉针织纱精梳工艺设计

设计步骤
▶ 分析原料性能特点、成纱质量特点
▶ 所选用精梳机的技术性能
▶ 配置精梳机主要工艺参数

1．分析原料性能特点、成纱质量特点

纯棉针织品的特点	针织纱的特点	针织用纱对原棉的要求
针织品要求柔软、丰满	条干和强力要求均匀，细节、疵点、棉结少	色泽乳白，长度一般，长度整齐度好，短绒少，纤维柔软，强力较高，未成熟纤维和疵点少，轧花质量好

CJ 13 tex 纯棉针织纱配棉综合指标：

平均品级	平均长度(mm)	成熟系数	含杂率(%)	短绒率(%)
1.95	29.75	1.78	1.8	12.6

2. 精梳机技术特征

所选精梳机为 FA269 型，其技术特征见表 2-15。

表 2-15　部分国产精梳机的技术特征

机型		A201E	FA261	FA266	**FA269**	CJ40
眼数		6	8	8	8	8
小卷宽度(mm)		230	300	300	300	300
小卷定量(g/m)		40~55	50~70	50~70	60~80	60~80
并合数(根)		6	8	8	8	8
输出精梳条数		1	1	1	1	1
有效输出长度(mm)		37.34	31.71	31.71	26.48	26.59
给棉长度(mm)	前进	5.72, 6.68	5.2, 5.9, 6.7	5.2, 5.9	5.2, 5.9	—
	后退	—	4.2, 4.7, 5.2, 5.9	4.7, 5.2, 5.9	4.7, 5.2, 5.9	4.7, 5.0, 5.2, 5.9
罗拉牵伸	形式	二上二下单区牵伸	三上五下曲线牵伸	三上五下曲线牵伸	三上五下曲线牵伸	三上五下曲线牵伸
	罗拉直径(mm)	31.75×25.4	35×27×27×27	35×27×27×27	35×27×27×27	35×27×27×32×32
	后牵伸(倍)	—	1.33	1.14, 1.36, 1.50	1.14, 1.36, 1.50	1.15~1.51
	总牵伸(倍)	3.85~8.10	8.6~19.6	9~16	9~19.3	8~20
精梳机总牵伸(倍)		40~60	80~120	80~120	80~120	80~120
条筒尺寸(mm)		400×1 100	600×1 200	600×1 200	600×1 200	500, 600×1 200
落棉率(%)		10~19	5~25	5~25	5~25	10~25
出条定量[g/(5 m)]		12~23	15~30	15~30	15~30	15~30
锡林速度(钳次/min)		145~175	最高 300 实用 250 以下	最高 350 实用 300 以下	最高 400 实用 360 以下	最高 400 实用 190~360
产量[kg/(台·h)]		16	60	60	60	60
适纺纤维长度(mm)		25~38	25~50	25~50	25~50	25~50
整机功率(kW)		2.3	8.15	8.25	8.25	7

3. 配置精梳机主要工艺参数

FA269 型精梳机的传动图如图 2-9 所示。

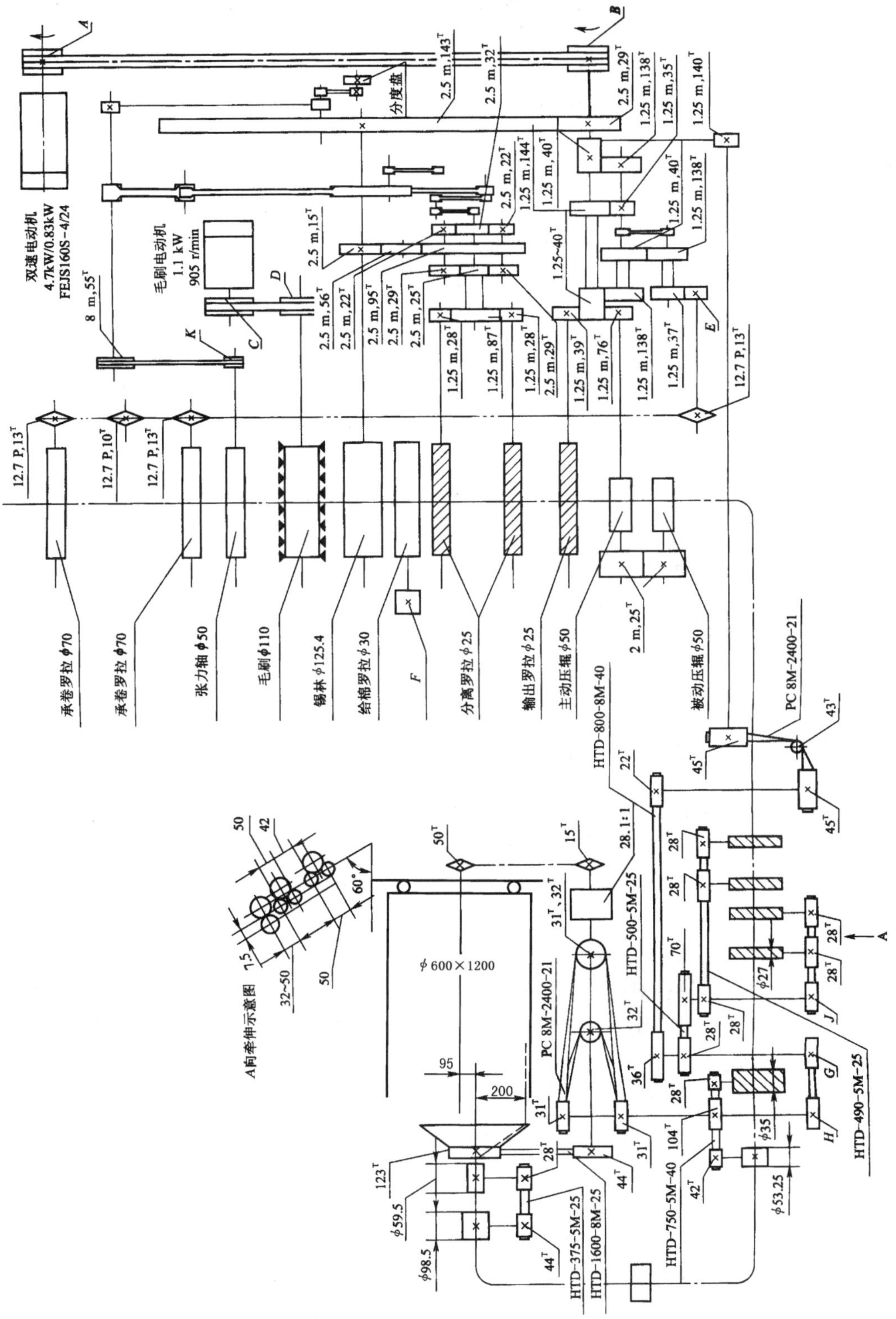

图 2-9　FA269 型精梳机传动图

FA269 型精梳机的变换轮见表 2-16。

表 2-16　FA269 型精梳机变换轮

变换项目	变换轮名称	代号	变换皮带轮直径或齿轮齿数		
锡林转速	主电动机皮带轮(mm)	A	144，154，168，180		
	副轴皮带轮(mm)	B	126，144，154，168		
毛刷转速	毛刷电动机皮带轮(mm)	C	109，137		
	毛刷轴皮带轮(mm)	D	109		
喂给量	喂卷调节齿轮齿数	E	43，44	49，50	54，55
	给棉罗拉棘轮齿数	F	16	18	20
罗拉牵伸	变换带轮齿数	G	30，33，38，40，45		
	变换带轮齿数	H	28，30，33，38，40		
	后牵伸变换带轮齿数	J	32，38，42		
	变换带轮(mm)	K	32(前进给棉)，38(后退给棉)		

(1) 速度

① 锡林速度　FA269 型的锡林速度范围为 250～400 钳次/min。当喂入小卷定量重时,锡林速度应适当加快,以保证梳理质量。因此,本产品锡林速度选用 320 钳次/min,其算式如下:

$$锡林速度\ n_1 = 1440 \times \frac{A \times 29}{B \times 143} = 292.028 \times \frac{A}{B} = 320(钳次/min)$$

选择皮带轮 $A = 168$ mm, $B = 154$ mm。

② 毛刷速度　选择较快的一档,为 1 100 r/min,此时 C 轮为 137 mm。

(2) 精梳条定量　精梳条定量随所纺纱线的粗细而定,对精梳质量的影响不大,但影响精梳机产量及后道工序的牵伸分配。一般纺纱细度越细,精梳条定量越轻。本品种选择精梳条(干)定量为 19.5 g/(5 m)。

(3) 给棉方式　选用不同的给棉方式时,梳理效果、精梳落棉率及精梳条质量有很大差别。采用后退给棉时,锡林对棉丛的梳理强度比前进给棉大,这对降低棉结杂质、减少短绒率、提高纤维伸直平行度有利。FA269 型精梳机有前进给棉和后退给棉两种给棉方式,本产品采用后退给棉。

选择 K 轮直径为 38 mm。

(4) 给棉长度　给棉长度长,精梳机产量高,分离罗拉输出的棉网厚,有利于减少棉网破洞和破边,但会增加梳理负担。所以,本产品采用的给棉长度为 5.2 mm。

① 给棉罗拉喂给长度 $P = \dfrac{\pi \times 30}{F} = 94.248 \times \dfrac{1}{F} = 5.2$ (mm)

选择给棉罗拉棘轮 $F = 18$。

② 给棉罗拉～承卷罗拉之间的张力牵伸 e_1 选择 1.08 倍,其算式如下:

$$e_1 = \frac{P}{L} = \frac{94.248 \times E}{237.485 \times F} = \frac{94.248 \times E}{237.485 \times F} = 0.397 \times \frac{E}{F} = 1.08(倍)$$

选择喂卷调节齿轮 $E=49$。

（5）牵伸工艺与工艺计算

① 实际牵伸

$$E_实 = \frac{喂入小卷定量(g/m) \times 5}{输出精梳条定量[g/(5\ m)]} \times 并合数 = \frac{62 \times 5}{19.5} \times 8 = 127.179(倍)$$

②机械总牵伸

$$E_机 = E_实 \times (1 - 落棉率) = 127.179 \times (1 - 17\%) = 105.559(倍)$$

注：精梳落棉率选择为17%。

又 FA269 型精梳机的机械总牵伸 $E_机 = 1.567 \times \dfrac{E \times G}{H} = 105.559(倍)$

故选择变换皮带轮 $G=45$，$H=33$。

③ 车面罗拉牵伸　罗拉牵伸的后牵伸选择1.36倍。FA269 型精梳机的后区牵伸（第三牵伸罗拉～第四牵伸罗拉之间的牵伸）e_6 的算式如下：

$$e_6 = \frac{\pi \times 27 \times J \times 28}{\pi \times 27 \times 28 \times 28} = \frac{J}{28} = 1.36(倍)$$

选择后牵伸变换带轮 $J=38$。

（6）隔距

① 落棉隔距　增大落棉隔距，精梳落棉率增加，棉网质量提高，成本也高。落棉隔距每增减 1 mm，落棉率随之增减 2%～2.5%。

落棉隔距通过调节落棉刻度盘上的刻度值来改变：刻度大，落棉隔距大。这属于整体调节，用于控制整机台的落棉率。FA269 型精梳机的落棉刻度与落棉隔距的关系见表 2-12。

本产品选择落棉刻度为9，相应的落棉隔距为10.95 mm。

② 顶梳位置　顶梳针尖与后分离罗拉表面的进出隔距为1.5 mm。

顶梳的深度（顶梳针尖与分离罗拉表面的高低）：标值越大，顶梳刺入须丛深度越深，且每增减一档，落棉率随之增减 1% 左右。不同标值对应的顶梳插入深度可参见表 2-11。

本产品选用的标值为 -0.5。

③ 毛刷隔距　毛刷与锡林的隔距为 -2 mm。

（7）定时和定位

① 分离罗拉顺转定时　分离罗拉顺转定时影响分离接合工作，即对棉网接合和外观质量有直接的影响，其定时应根据纤维长度、给棉方式和喂给长度确定。不同长度的纤维对应的分离罗拉顺转定时可参照表 2-14。

本产品分离罗拉顺转定时选择分离刻度值"+0.35"。

② 锡林弓形板定位　FA269 型精梳机的锡林定位有 35 分度、36 分度、37 分度，本产品选择36 分度。

（8）精梳机产量计算

① 理论产量 $G_理$　由小卷设计定量 g(g/m)、锡林转速 n_1(r/min)、给棉长度 P(mm)、

每台眼数 a（对于 FA269 型精梳机，$a=8$）和落棉率 q 等因素决定。

$$G_{理}[\text{kg}/(\text{台}\cdot\text{h})] = g\times P\times n_1\times 60\times a\times(1-q)\times 10^{-6} =$$
$$0.000\,48\times g\times P\times n_1\times(1-q)$$

② 定额产量 $G_{定}$

$$G_{定}[\text{kg}/(\text{台}\cdot\text{h})] = G_{理}\times 时间效率$$

现代精梳机的时间效率一般为 90% 左右。

③ 计算实例　本精梳纱设计品种为：C J 13 tex K 纯棉针织用纱，喂入小卷设计干重为 62 g/m，锡林转速为 320 r/min，给棉长度 5.2 mm（后退给棉），选用精梳机型号为 FA269，每台眼数为 8 眼，落棉率为 17%，其理论产量和定额产量计算如下：

$$G_{理} = 0.000\,48\times 62\times(1+8.5\%)\times 5.2\times 320\times(1-17\%) = 44.60[\text{kg}/(\text{台}\cdot\text{h})]$$

$$G_{定} = G_{理}\times 时间效率 = 44.60\times 90\% = 40.14[\text{kg}/(\text{台}\cdot\text{h})]$$

注：小卷设计标准定量 = 小卷设计干重 ×（1+8.5%）= 62×（1+8.5%）= 67.27（g/m）
精梳工艺单见表 2-17。

表 2-17　精梳工艺单

纱线品种：　C J 13 tex 针织用纱

原料	机型	回潮率（%）	小卷定量（g/m）		精梳条定量[g/(5 m)]		牵伸			
			湿重	干重	湿重	干重	实际（倍）	机械（倍）	配合率	罗拉后区（倍）
纯棉	FA269	6.5	66.03	62	20.77	19.5	127.179	105.559	0.83	1.36

落棉率（%）	搭头刻度	毛刷隔距（mm）	顶梳位置		落棉刻度	锡林定位（分度）	锡林速度（钳次/min）	给棉	
			进出（mm）	深度（标值）				方式	长度（mm）
17	+0.35	−2	1.5	−0.5	9	36	320	后退	5.2

变换轮齿数或直径									
A(mm)	B(mm)	C(mm)	D(mm)	E	F	G	H	J	K(mm)
168	154	137	109	49	18	45	33	38	38

2.5　精梳条质量指标及控制

一、小卷及精梳条质量指标及测试

小卷的质量指标主要有小卷质量不匀率、小卷结构等；精梳条质量控制指标主要有落棉

226

率、精梳条质量不匀率、条干不匀率、棉结杂质、短绒率、落棉含短绒率等。

精梳质量要根据企业实际情况制定,与纺纱线密度、所用原料、成纱质量要求、使用机型等密切相关。精梳工序质量控制项目及参考范围参见 2-18。

表 2-18 精梳工序质量控制项目及参考范围

控制项目	参考范围	试验周期
小卷每米质量不匀率(%)	0.9~1.10	每月每台试验 1~2 次,每次 30 段或整个小卷
精梳条质量不匀率(%)	<1.0	每周每台试验 1~2 次
Uster 条干 CV(%)	<3.8	每月每台至少试验 2 次
Y311 型条干不匀率(%)	<18	每月每台试验 1~2 次
棉结杂质(粒/g)	由企业自定(一般棉结<20 粒/g,杂质<30 粒/g)	每周每台至少 1 次
精梳棉条含短绒率(%)	<8	—
落棉率(%)	根据纺纱线密度和成纱质量不同有所不同,参见表 2-19	每月每台 1~2 次,每次试验的试样不少于 300 g
精梳棉条回潮率(%)	6~7	结合精梳条质量不匀率试验
落棉含短绒率(%)	>60	—

精梳机落棉率的测定包括两个方面:

① 每台车落棉率测定 测定前清洁机台,然后将小卷喂入机内,开车运转一定时间或精梳条满筒后,称出精梳棉条和每台车的落棉总质量,按下式计算:

$$每台车落棉率 = \frac{落棉总质量}{精梳条质量 + 回条 + 落棉总质量} \times 100\%$$

② 逐眼落棉率测定 测定前将小卷连同筒管分别逐一称重,然后喂入机内,开车运转一定时间或满筒后,将剩余的小卷取下连同筒管称重,两者之差即为小卷的喂入质量,落棉也逐眼称重,最后按下式计算:

$$逐眼落棉率 = \frac{逐眼落棉质量}{逐眼小卷喂入质量} \times 100\%$$

二、提高精梳条质量的技术措施

(一) 对小卷的质量要求及解决黏卷的技术措施

1. 对小卷的质量要求

(1) 尽可能使小卷中的纤维伸直平行、分离度好,以减少精梳加工过程中的纤维损失及梳针的损伤。

(2) 尽可能使小卷的结构均匀(包括纵向及横向),使钳板的横向握持均匀,有利于改善梳理质量、精梳条的条干 CV 值及质量不匀率,减少精梳落棉。

(3) 尽可能使精梳小卷成形良好、层次清晰、不黏卷。

2. 解决黏卷的技术措施

黏卷是指小卷在进行精梳加工退卷时,棉层之间发生粘连,外观上表现为毛卷。黏卷破坏了精梳小卷原有的横向均匀度,对精梳条的均匀度也有破坏作用,增大了挡车工的工作量,降低了生产效率,严重时甚至无法正常生产。

227

（1）小卷退卷时黏连的原因

① 精梳准备工艺中总牵伸过大。过大的总牵伸,虽然使小卷中纤维的伸直平行度大大提高,却削弱了小卷中纤维的抱合力,退卷时容易产生黏连。

② 成卷压力过大。成卷时加在小卷上的压力过大,易使小卷层次不清,导致黏卷。

③ 原棉成熟度差、含糖高。

④ 车间相对湿度过高。

（2）解决黏卷的方法　根据黏卷的实际情况,适当降低总牵伸、对不同的小卷定量选用适应的成卷压力,能起到好的防黏效果。控制好车间温湿度、新型条并卷联合机(如FA356A 型、E32 型)的四个紧压辊呈 S 形曲线布置等措施,可减少黏卷现象。

（二）控制精梳落棉率

1. 控制精梳落棉率的目的

精梳落棉率的多少,对整个产品的产量与质量的关系十分密切。一方面,精梳的主要任务之一是排除生条中的短绒,以提高纤维的整齐度,提高成纱的条干与强度,降低成纱强度不匀;另一方面,在提高成纱质量的前提下,尽量降低成本。因此,必须合理制定和调整精梳落棉率,以满足上述两方面的要求。

2. 精梳落棉率控制的范围

精梳落棉率的一般规律是:当成纱质量要求越高、所纺纱线线密度越细、所用原棉短绒含量高时,精梳落棉率要偏大掌握。具体的控制范围参见表 2-19,瑞士立达公司推荐精梳落棉的一般范围见表 2-20。

表 2-19　不同成纱品种及不同纺纱线密度的精梳落棉率参考值

项目	成纱品种	落棉率(%)	项目	线密度范围	落棉率(%)
半精梳、全精梳及特种精梳纱的落棉率	半精梳纱	12~15	纺纱线密度(tex)	30~14	14~16
	全精梳纱	14~20		14~10	15~18
	特种精梳纱	21~24		10~6	17~20
	—	—		6~4	19~23

注　所谓半精梳纱,目前国家没有统一的规定,现在有三种说法。第一种说法,将精梳落棉率较少的称为半精梳;第二种说法,喂入头道并条机的条子中,一部分是精梳条,另一部分是普梳条,生产的纱称为半精梳纱;第三种说法,通过提高清梳效能,调整清梳工艺,增加清梳落棉率,所生产的普梳纱的成纱质量与精梳纱接近或相当,这种普梳纱称为半精梳纱。较多专家学者比较认同后两种说法。

表 2-20　瑞士立达公司推荐的精梳落棉一般范围

质量指标	纺纱线密度(tex)				
	20	14.5	10	5.8	4.2
纤维长度(mm)	25.4	26.98	28.1	38.1	47.6
落棉率(%)	15	17	19	19	21

3. 精梳落棉率的调节控制方法

调节精梳落棉率的多少,主要通过以下几个方面:

（1）调节落棉隔距　落棉隔距越大,落棉率越多。落棉隔距增减 1 mm,落棉率相应增减 2%～2.5%。在调节落棉隔距、变动落棉刻度时,必须重新检查并调整顶梳隔距,以免顶梳与分离皮辊等部件相碰。调节落棉隔距是调整精梳落棉率的主要方法。

(2) 调节给棉长度 给棉长度长时,精梳落棉多。采用前进给棉时,给棉棘轮改变一齿,落棉率约改变 0.7%～1%;采用后退给棉时,给棉棘轮改变一齿,落棉率约改变 2%。

(3) 改变给棉方式 给棉方式改变后,落棉率可改变 4%～6%。如前进给棉改为后退给棉,落棉率将增加 4%～6%。对于质量要求一般的产品,可采用前进给棉,落棉率为 8%～17%;对于质量要求高的产品,采用后退给棉,落棉率为 15%～25%。

(4) 改变锡林针齿密度 锡林针齿密度增加,落棉率增加 1.5%～2%。

(5) 调节顶梳插入深度 顶梳插入深度改变一档,落棉率可改变 2%左右。

(6) 弓形板定位、钳板闭合定时及分离罗拉顺转定时 影响锡林第一排针与钳口相遇的时间,即影响钳口闭合定时。当锡林第一排到达钳板钳口时,钳口必须闭合,否则落棉增多。钳板闭定时、弓形板定位及分离罗拉顺转定时必须密切配合。

4. 精梳落棉率与棉网质量的关系

在原棉、工艺及设备相同的条件下,改变落棉隔距,试验得到精梳落棉与棉网质量的关系见表 2-21。

表 2-21 精梳落棉与棉网质量的关系

精梳落棉率(%)	短绒排除率(%)	精梳条含短绒率(%)	精梳条中棉结杂质粒数(粒/g)(棉结/杂质)
9.92	33.77	10.59	29/37
15.9	49.28	6.09	24/22
18.6	66.76	6.01	26/15
21.05	77.06	5.62	24/17
24.23	78.07	4.92	24/14

由表 2-21 可知:精梳落棉率增大,精梳条中的短绒含量减少,棉网中的棉结和杂质减小,对成纱质量有利。

(三) 减小精梳条质量不匀率

1. 控制精梳条质量不匀率的目的

精梳条质量不匀率是指精梳条 5 m 片段之间的质量不匀率,习惯上以平均差系数表示,它影响后工序半制品的质量不匀率、质量偏差以及成纱百米质量 CV 值及成纱质量偏差。

2. 控制精梳条质量不匀率的方法

(1) 定期测试精梳机的落棉率,控制台差小于±1%、眼差小于±2%,发现落棉率差异过大时要及时调节。

(2) 同品种同机型,各机台的工艺统一。

(3) 加强保全保养,确保机械状态良好,保证工艺上车,并加强设备管理。

(4) 严格执行运转操作规程,防止换卷及包卷时的接头不良。

(5) 控制好车间温湿度,防止黏卷、棉网破边或破洞。

(6) 做好定期清洁工作,如定期或不定期校正毛刷与锡林的隔距、检查毛刷状态、适当延长毛刷清洁时间的缩短清刷的间隔时间。

（四）降低精梳条条干不匀率

1. 控制精梳条条干不匀率的目的

控制精梳条条干不匀率，目的是便于及时发现和改进生产中的缺陷，为减少成纱纱疵、提高成纱质量打下基础。

2. 精梳条条干不匀率的控制范围（表 2-22）

表 2-22　精梳条条干不匀率参考值

精梳条条干 Uster 2001 公报 CV(%)		精梳条萨氏条干(%)	
5%水平	2.74~2.95	9.7 tex 以上	<16
50%水平	3.04~3.38	9.7~5 tex	<18
95%水平	3.60~3.80	—	—

3. 精梳条条干不匀率的产生原因

（1）牵伸工艺不合理，使得牵伸波增加，如总牵伸偏大、牵伸罗拉隔距过大、胶辊加压不足等。

（2）精梳机牵伸装置机械状态不良，如牵伸罗拉及胶辊弯曲、轴及牵伸齿轮磨灭等。

（3）棉网成形不良，如棉网中的纤维前弯钩、鱼鳞斑、破洞等。棉网成形不良的原因有两方面：一是工艺设计不合理，如弓形板定位、钳板闭开口定时、分离罗拉顺定时配合不当；二是机械状态不良，如锡林针齿损伤嵌花、分离胶辊和分离罗拉弯曲、钳板与分离罗拉运动不正常等。

（4）小卷、棉网及台面棉条张力过大，意外牵伸大。

4. 精梳条条干不匀率的控制方法

（1）减少牵伸波对条干的影响　合理布置罗拉牵伸机构的摩擦力界（如曲线牵伸、合理加压与隔距等），控制罗拉牵伸的总牵伸，有利于提高精梳条的条干质量。目前，新型精梳机的罗拉牵伸已由 20 倍降至 16 倍。一般情况下，高档特种精梳纱用 14~15 倍，中高档细特精梳纱用 11~13 倍，一般精梳纱在 11 倍以下。有资料表明，提高精梳条定量，降低罗拉牵伸后，其条干 CV 值明显下降。

（2）减少机械波对条干的影响　加强对皮辊、罗拉、加压机构、牵伸传动等元件的保全保养工作。

（3）改善半制品结构　一方面，提高纤维伸直平行度、分离度，如采用偶数准则；另一方面，尽可能减少棉结杂质，以减少结杂对牵伸区纤维运动的干扰。

（4）减少"鱼鳞斑"　根据纺纱品种、纤维长度，正确选择分离罗拉的顺转定时、钳板闭合定时以及锡林定位，以减少棉网分离接合处的接合波（俗称"鱼鳞斑"）。

（5）合理配置小卷、棉网及台面精梳条张力，避免意外牵伸

（五）减少精梳条棉结杂质

1. 减少精梳条棉结杂质的目的

减少精梳条中的棉结杂质，既可以减小结杂对纤维运动的干扰，提高条干均匀度，又可以减少成纱结杂数量，提高成纱质量。一般，通过精梳加工可以清除生条中 17% 左右的棉结、50% 左右的杂质，使成纱外观光洁、杂疵少。

2. 精梳条棉结杂质的控制范围

精梳条棉结杂质的控制范围随原料质量、成纱线密度、成纱质量的不同而不同，一般棉

结数<20粒/g,杂质数<30粒/g。与生条相比,精梳条中的结杂数量要求降低60%～70%。

3. 降低精梳条棉结杂质的方法

(1) 合理选择原料　成纱质量要求高,应选用成熟度适中、强度高、长度长、含结杂少的原料。

(2) 严格控制生条中的短绒率及结杂　减少纤维损伤,增加短绒与结杂的排除。

(3) 加强精梳工序的温湿度控制　合理的温湿度(尤其是湿度)是提高精梳机排除结杂能力的前提条件,所以精梳车间的相对湿度不宜过高,一般宜控制在55%～60%。

(4) 合理选择金属锯齿整体锡林的规格　金属锯齿整体锡林表面的针齿规格有一分割、二分割、三分割、四分割、五分割、六分割共六种,每一分割上的针齿规格相同,所以分割数越多,针齿规格多;一分割适用于纺一般档次的精梳纱,二分割、三分割适用于纺中档精梳产品,四分割、五分割、六分割适用于纺高档精梳纱。

(5) 定期检查毛刷的工作状态　合理调整毛刷清刷锡林的时间、毛刷插入锡林的深度,毛刷插入锡林的深度过大或过小对锡林的清洁都不利,且易产生棉结,一般为2.5 mm。

(6) 合理制定给棉工艺　采用后退给棉、短给棉,可提高梳理效果,减少结杂。

(7) 放大落棉隔距　可使钳口外棉丛的梳理长度增加,锡林针齿对棉丛的重复梳理次数增大,有利于排除棉结杂质。

(8) 根据所纺纤维长度,合理制定并定期检查锡林定位、锡林的梳理隔距、钳板闭合定时,合理调节顶梳插入深度,并选好胶辊以控制纤维,防止破边与缠花。

(六) 控制精梳条短绒率

1. 控制精梳条短绒率的目的

短绒率越大,成纱条干CV值越大,纱疵越多,成纱强度越低,强度CV值越大。所以,要控制精梳条的短绒率。

2. 精梳条短绒率的控制范围

精梳条短绒率的控制范围随原料质量、成纱质量要求的不同而不同,一般为7%～9%。

3. 控制精梳条短绒率的措施

(1) 合理控制落棉率　根据不同原料、不同成纱品种,合理控制落棉率。

(2) 做好清洁工作　保持气流除杂吸尘通道清洁,毛刷表面清洁,插入锡林深度不变。

(3) 加强保全保养　经常检查锡林及顶梳的针齿状态,发现问题及时处理。

(4) 合理的梳理工艺　根据不同的原料、不同的成纱品种,选择正确的梳理隔距、落棉隔距、锡林定位。

任务实施 >>>

> **工作任务**
>
> 某棉纺厂生产若干纯棉精梳环锭纱纱线品种,请以工艺员角色,根据给定纱线品种,制定精梳准备以及精梳机工艺设计方案。
>
> 任务完成后提交精梳工艺设计工作报告。

表 2-23　纯棉精梳纱线品种实例及分组表

品种序号	纱 线 品 种	分组序号
1	CJ 60^S(筒子纱,机织用经纱)	1
2	CJ 50^S(筒子纱,机织用经纱)	2
3	CJ 45^S(筒子纱,机织用经纱)	3
4	CJ 40^S(筒子纱,针织用纱)	4
5	CJ 42^S(筒子纱,针织用纱)	5
6	CJ 38^S(筒子纱,针织用纱)	6
7	CJ 32^S(筒子纱,针织用纱)	7
8	CJ 36^S(筒子纱,机织用经纱)	8

工作准备

资料准备:

(1) 查阅《棉纺手册(第三版)》P396～479

重点参考
- 精梳准备机械技术特征、传动和工艺配置:P396～427
- 精梳机技术特征和传动计算:P428～470
- 精梳机工艺配置:P471～476
- 精梳棉条质量控制:P477～479

(2)《精梳机产品说明书》

(3) 上网搜索或到棉纺企业收集精梳工艺设计案例

设备与专用工具:精梳机,精梳机隔距与牵伸变换齿轮调配专用工具。

测试仪器:条粗测长仪,称重天平,电容式条粗条干均匀度仪或电容式条干仪(测 CV 值)或机械式条粗条干均匀度仪(萨氏条干)。

工作步骤与要求

(1) 制定小组工作计划

(2) 完成精梳工艺设计方案

▶ 精梳纱用途以及质量要求(分析本设计精梳纱用途及质量要求)

▶ 精梳纱配棉特点(说明精梳纱配棉的总体指标)

▶ 精梳准备工艺流程及精梳准备机械的主要工艺参数(说明精梳准备工艺流程,并配置精梳准备机械的主要工艺参数,填写"精梳准备工艺单"即表 2-24 和表 2-25)

▶ 精梳机技术特点(说明所选用精梳机的技术特点)

▶ 配置精梳机主要工艺参数(说明参数选择的依据,列出详细计算过程,填写"精梳工艺单"即表 2-26)

▶ 精梳质量指标控制范围以及提高精梳条质量的主要技术措施

(3) 精梳机上机工艺试纺

(4) 质量测试与分析

测试:① 精梳条质量不匀率

② 精梳条质量偏差

③ 精梳条条干不匀率

提交成果

（1）根据分组设计的精梳纱线产品实例，提交该纱线的精梳工艺设计工作报告

（2）制作 PPT 和 Word 电子文档，对你的精梳工艺设计方案进行答辩

答辩内容……

说明你所设计的精梳纱用途及质量要求

① 说明精梳纱配棉特点

② 说明精梳准备工艺流程及精梳准备机械的主要工艺参数

③ 所选精梳机的技术特点

④ 精梳机主要工艺参数配置及选择依据

⑤ 精梳质量指标控制范围以及提高精梳条质量的主要技术措施

表 2-24 并条工艺单

纱线品种：_____

道别	机型	回潮率(%)	定量[g/(5 m)]		线密度(tex)	牵伸(倍)		配合率	并合数(根)
			干重	湿重		机械	实际		

牵伸分配(倍)			皮辊加压(N/单侧)	压力棒调节环直径(mm)	罗拉中心距(mm)		喇叭口直径(mm)
前张力	前区	后区	后张力	(前~后)	前区	后区	

紧压罗拉(压辊)输出速度		变换轮齿数或直径				定额产量	
m/min	r/min	皮带盘(mm)	轻重牙	冠牙	牵伸阶段牙	前区牵伸变换牙	kg/(台·h)	kg/(台·天)

表 2-25 条并卷工艺单

纱线品种：_____

种类	机型	回潮率(%)	定量(g/m)		线密度(tex)	牵伸(倍)		配合率	并合数(根)	输出速度(m/min)	小卷质量(kg)
			湿重	干重		实际	机械				

小卷定长(m)	罗拉隔距(mm)		罗拉加压(MPa)	牵伸分配(倍)			产量	
	前区	后区	前×中×后				kg/(台·h)	kg/(台·天)
	变换轮							

纺纱工艺设计与实施

表 2-26　精梳工艺单

纱线品种：_____

原料	机型	回潮率(%)	小卷定量(g/m)		精梳条定量[g/(5 m)]		牵伸			
			湿重	干重	湿重	干重	实际(倍)	机械(倍)	配合率	罗拉后区(倍)

落棉率(%)	搭头刻度	毛刷隔距(mm)	顶梳位置		落棉刻度	锡林定位(分度)	锡林速度(钳次/min)	给棉	
			进出(mm)	深度(标值)				方式	长度(mm)

变换轮齿数或直径										
A(mm)	B(mm)	C(mm)	D(mm)	E	F	G	H	J	K

课后 >>> 自测

一、名词解释

(1) 偶数准则　　　　(2) 前进给棉　　　　(3) 后退给棉

(4) 锡林梳理隔距　　(5) 落棉隔距　　　　(6) 钳板闭合定时

(7) 锡林定位　　　　(8) 顶梳的进出隔距　(9) 顶梳的高低隔距

(10) 分离罗拉顺转定时

二、填空题

1. 精梳工序的任务是①_____ ②_____ ③_____。

2. 精梳准备工序的任务是①_____ ②_____。

3. 精梳准备工序的机械有①_____ ②_____ ③_____ ④_____;常见三种组合方式是①_____ ②_____ ③_____。

4. 精梳机一个工作循环可分为①_____ ②_____ ③_____ ④_____ 四个工作阶段。

5. 钳板机构的启闭规律是:钳板闭合定时早,开启时间_____,开口量_____;钳板闭合定时迟,开启时间_____,开口量_____。

6. 为了实现前后纤维层的周期性接合、分离和输出,分离罗拉呈周期性运动特点为:_____。

三、选择题(A、B、C、D 四个答案中只有一个是正确答案)

1. 与同品种的普梳棉纱相比,精梳纱的特点是(　　)。

(A) 强力高、棉节杂质少、条干均匀、表面光洁毛羽少

(B) 强力低、棉节杂质多、条干均匀、表面光洁毛羽少

(C) 强力高、棉节杂质多、条干差、表面光洁毛羽少

(D) 强力高、棉节杂质少、条干均匀、表面毛羽多

2. 下列品种的纱,一般需经过精梳加工的是( )。

 (A) 16 tex 棉纱 (B) 13 tex 涤纶纱 (C) 13 tex 涤/棉纱 (D) 13 tex 人棉纱

3. 精梳前准备工序一般采用( )工艺。

 (A) 1 道 (B) 2 道 (C) 3 道 (D) 4 道

4. 精梳机上后退给棉方式是指( )。

 (A) 给棉长度短,梳理效果好,落棉较多,产量低

 (B) 给棉长度长,梳理效果好,落棉较多,产量高

 (C) 给棉长度短,梳理效果差,落棉较多,产量低

 (D) 给棉长度长,梳理效果差,落棉较少,产量高

5. 下列精梳机钳板摆动机构中,锡林梳理隔距变化最大的是( )。

 (A) 下支点式摆动机构 (B) 上支点式摆动机构

 (C) 中支点式 (D) 都是

6. 决定精梳机的产量的主要因素是( )。

 (A) 锡林转速、小卷定量、给棉长度和落棉率

 (B) 锡林转速、精梳条定量和给棉长度

 (C) 锡林转速、精梳条定量和落棉率

 (D) 棉卷定量、给棉长度和落棉率

7. 一套精梳设备一般配备( )台精梳机。

 (A) 1 台 (B) 2~3 台 (C) 4~6 台 (D) 6~8 台

四、判断题(正确的打√,错误的打×)

1. 大多数化纤纱都经过精梳工序加工。 ( )

2. 精梳机各部件都是连续工作的。 ( )

3. 精梳棉条的条干均匀度好于生条的条干均匀度。 ( )

4. 预并条机→条卷机准备工艺的小卷质量好。 ( )

5. FA269 型精梳机只有前进给棉方式。 ( )

6. 精梳机的钳板摆动是匀速运动。 ( )

五、简答题

1. 简述给棉钳板部分的作用。

2. 对钳板机构运动的工艺要求是什么?

3. 什么是前进给棉? 什么是后退给棉? 比较两种给棉方式的特点。

4. 锡林定位的迟早一般如何选择?

5. 对分离罗拉的运动要求有哪些?

6. 精梳条的质量控制指标有哪些?

7. 简述减少精梳条棉结杂质和精梳纱疵的措施。

8. 简述降低精梳条干不匀率的措施。

六、计算题

 某厂采用 FA261 型精梳机生产精梳棉条,已知:锡林转速为 236 r/min,喂入小卷定量为 48 g/m,给棉罗拉的给棉长度为 5.2 mm,精梳落棉率为 16%,8 根并合,时间效率为 90%。求:(1) 精梳机的理论产量;(2) 定额产量。

纺纱工艺设计与实施

学习情境 3

混纺纱工艺设计

任务描述 >>>

  由两种或两种以上的纤维混合在一起所纺的纱线叫混纺纱线。与单一纤维纱线相比,混纺纱线可以实现不同纤维性能的优势互补,改善服用性能,形成新的服饰产品。由于混纺纱的品种较多,所选用的各种纤维的性能差异很大,为了保证成纱质量,在制定混纺纱工艺时,首先要了解不同种类纤维的工艺性能,再根据纱线质量和用途要求,合理选择纤维的混合方法、工艺流程,设计纺纱工艺参数,以生产出符合国家标准及客户要求的纱线。

学习目标 >>>

- 能进行纱线原料分析
- 能根据纱线质量的要求进行化纤原料选配工作
- 能根据混纺纱线要求制定纺纱工艺流程
- 能根据混纺比,正确进行投料计算,并合理配置纺纱工艺参数
- 能够完成混纺纱的工艺设计

提交成果 >>>

- 混纺纱工艺设计报告

混纺纱线产品生产任务单(表3-1)

表3-1 混纺纱线产品生产任务单

品种序号	纱线品种	产量(吨/月)
1	涤/棉 T/C 65/35 J 60^{S}混纺纱(筒子纱,机织用经纱)	25
2	棉/涤 C/T 70/30 J 45^{S}混纺纱(筒子纱,机织用经纱)	30
3	涤/棉 T/C 55/45 J 40^{S}混纺纱(筒子纱,针织用纱)	20
4	涤/黏 T/R 65/35 40^{S}混纺纱(筒子纱,针织用纱)	35
5	涤/棉 T/C 80/20 J 42^{S}混纺纱(筒子纱,针织用纱)	32
6	棉/黏 C/R 50/50 32^{S}混纺纱(筒子纱,针织用纱)	20
7	涤/腈 T/A 70/30 30^{S}混纺纱(筒子纱,机织用经纱)	50
8	棉/涤 C/T 60/40 26^{S}混纺纱(筒子纱,机织用经纱)	45

知识准备

>>>混纺纱工艺设计

学习内容

3.1　化纤原料性能特点与选配
3.2　混合工艺设计与工艺流程选择
3.3　不同类型纤维条混合的混比及投料计算
3.4　纺化纤工艺参数配置要点

3.1　化纤原料性能特点与选配

查一查，想一想

☞　关于化学纤维,你知道多少?

· 化学纤维有哪些品种?
· 每种化纤有哪些主要性能特点?
· 化纤有哪些规格?
· 你能写出几种化纤的代号及公定回潮率?

一、化纤分类与性能

1. 化纤常用分类方法

(1) 按高聚物的来源分

① 再生纤维素纤维:黏胶纤维、铜氨纤维、Modal 纤维、Tencel 纤维、竹黏胶纤维、麻黏胶纤维等。

② 再生蛋白质纤维:大豆纤维、牛奶纤维。

③ 合成纤维:涤纶、锦纶、腈纶、丙纶、维纶、氯纶、氨纶等。

(2) 按纤维的形态结构分

① 长丝:单丝、复丝、变形丝。

② 短纤维:棉型纤维(长度 33～44 mm),

　　　　　中长纤维(长度 51～76 mm),

　　　　　毛型纤维(用于精毛纺:长度 64～76 mm;用于粗毛纺:长度 76～114 mm)。

2. 化纤的主要性能指标

由于化纤的品种不同,其性能指标也存在较大的差异,进行化纤原料选配时,应对纤维的主要质量指标做充分了解。以下为部分品种的化纤质量标准:

(1) 涤纶纤维

参见 GB/T 14464—2017《涤纶短纤维》标准,具体见表 3-1。

涤纶短纤维根据线密度可以分为三种类型:棉型纤维,其线密度为 0.8～2.2 dtex;中长型纤维,其线密度为 2.2～3.3 dtex;毛型纤维,其线密度为 3.3～6.0 dtex。

涤纶短纤维产品标识:以纤维名义线密度(dtex)× 名义长度(mm)表示。例如:

237

1.33 dtex×38 mm,其中1.33 dtex表示名义线密度,38 mm表示名义长度。

涤纶纤维质量等级分为优等品、一等品、二等品,低于合格品为等外品。

表 3-1　涤纶短纤维质量标准

序号	项目		棉型			中长型		
			优等	一等	二等	优等	一等	二等
1	断裂强度(cN/dtex)	$\geqslant$	5.50	5.30	5.00	4.3	4.1	3.9
2	断裂伸长率(%)		$M_1\pm4.0$	$M_1\pm5.0$	$M_1\pm8.0$	$M_1\pm6.0$	$M_1\pm8.0$	$M_1\pm12.0$
3	线密度偏差率(%)	$\pm$	3.0	4.0	8.0	4.0	5.0	8.0
4	长度偏差率(%)	$\pm$	3.0	6.0	10.0	3.0	6.0	10.0
5	超长纤维率(%)	$\leqslant$	0.5	1.0	3.0	0.3	0.6	6.0
6	倍长纤维[mg/(100 g)]	$\leqslant$	2.0	3.0	15.0	2.0	6.0	30.0
7	疵点含量[mg/(100 g)]	$\leqslant$	2.0	6.0	30.0	3.0	10.0	40.0
8	卷曲数[个/(25 mm)]		$M_2\pm2.5$	$M_2\pm3.5$		$M_2\pm2.5$	$M_2\pm3.5$	
9	卷曲率(%)		$M_3\pm2.5$	$M_3\pm3.5$		$M_3\pm2.5$	$M_3\pm3.5$	
10	180 ℃干热收缩率(%)		$M_4\pm2.0$	$M_4\pm3.0$		$M_4\pm2.0$	$M_4\pm3.0$	
11	比电阻(Ω·cm)		$M_5\times10^8$	$M_5\times10^9$		$M_5\times10^8$	$M_5\times10^9$	
12	10%定伸长强度(cN/dtex)	$\geqslant$	3.00	2.60	2.30	—	—	—
13	断裂强度变异系数(%)	$\leqslant$	10.0	15.0		13.0		

注　M_1为断裂伸长率中心值,棉型在18.0%~35.0%,中长型在25.0%~40.0%,毛型在35.0%~50.0%;M_2为卷曲数中心值,在8.0~14.0个/(25 mm),由供需双方协商选定;M_3为卷曲率中心值,在10.0%~16.0%,由供需双方协商选定;M_4为180 ℃干热收缩率中心值,棉型$\leqslant$7.0%,中长型$\leqslant$10.0%;M_5在1.0~10.0。

(2) 腈纶纤维

参见 GB/T 16602—2008《腈纶短纤维和丝束》标准,具体见表3-3。

使用范围:1.11~11.11 dtex的半消光、有光腈纶短纤维与丝束。

腈纶纤维产品规格标识:以生产工艺代号、光泽代号、名义线密度(dtex)、(短纤维)名义长度(mm)或(丝束)名义千特数表示(图3-1)。其中:

生产工艺代号:Ⅰ——湿法(一步法);Ⅱ——湿法(二步法);Ⅲ——干法工艺。

光泽代号:Y——有光;X——半消光。

例如:ⅢY1.67 dtex×38 mm,表示干法纺丝工艺生产的名义线密度为1.67 dtex、名义长度为38 mm的有光腈纶短纤维。

图 3-1　腈纶产品规格标识

腈纶纤维质量等级分为优等品、一等品、合格品,低于合格品为等外品。

表 3-2 腈纶短纤维质量标准

项目		优等品	一等品	合格品
线密度偏差率(%) ±		8	10	14
断裂强度(cN/dtex)		$M_1 \pm 0.5$	$M_1 \pm 0.6$	$M_1 \pm 0.8$
断裂伸长率(%)		$M_2 \pm 8$	$M_2 \pm 10$	$M_2 \pm 14$
长度偏差率(%) ±	≤76 mm	6	10	14
	>76 mm	8	10	14
倍长纤维[mg/(100 g)] ≤	1.11~2.21 dtex	40	60	600
	2.22~11.11 dtex	80	300	1000
卷曲数[个/(25 mm)]		$M_3 \pm 2.5$	$M_3 \pm 3.0$	$M_3 \pm 4.0$
疵点[mg/(100 g)] ≤	1.11~2.21 dtex	20	40	100
	2.22~11.11 dtex	20	60	200
上色率(%)		$M_4 \pm 3$	$M_4 \pm 4$	$M_4 \pm 7$

注 M_1 为断裂强度中心值,1.11~2.21 dtex 的断裂强度下限值为 2.21 cN/dtex,2.22~6.67 dtex 的断裂强度下限值为 1.9 cN/dtex,6.68~11.11 dtex 的断裂强度下限值为 1.6 cN/dtex;M_2 为断裂伸长率中心值,由供需双方或企业自定;M_3 为卷曲数中心值,1.11~2.21 dtex 的下限值为 6 个/(25 mm),2.22~11.11 dtex 的下限值为 5 个/(25 mm);M_4 为上色率中心值,由供需双方或企业自定。

(3)锦纶纤维

参见 FZ/T 52002—2012《锦纶短纤维》标准,具体见表 3-3。

锦纶短纤维的分类标准,根据其纤维品种不同而存在差别,其中:

锦纶 6 短纤维分为:棉型,其线密度为 0.89~2.21 dtex;中长型,其线密度为 2.22~3.32 dtex;毛型,其线密度为 3.33~14.00 dtex。

锦纶 66 短纤维分为:棉型,其线密度为 0.89~2.21 dtex;中长型,其线密度为 2.22~3.32 dtex;毛型,其线密度为 3.33~6.11 dtex。

锦纶短纤维质量等级分为优等品、一等品、合格品,低于合格品为等外品。

表 3-3 锦纶短纤维质量标准

序号	项目		棉型			中长型			毛型		
			优等品	一等品	合格品	优等品	一等品	合格品	优等品	一等品	合格品
1	线密度偏差率(%) ±		9.0	11.0	13.0	8.0	10.0	12.0	6.0	8.0	10.0
2	长度偏差率(%) ±		8.0	10.0	12.0	8.0	10.0	11.0	6.0	8.0	10.0
3	断裂强度(cN/dtex) ≥		3.80	3.60	3.40	3.80	3.60	3.40	3.80	3.60	3.40
4	断裂伸长率(%)		$M_1 \pm 12.0$	$M_1 \pm 14.0$	$M_1 \pm 16.0$	$M_1 \pm 12.0$	$M_1 \pm 14.0$	$M_1 \pm 16.0$	$M_1 \pm 12.0$	$M_1 \pm 14.0$	$M_1 \pm 16.0$
5	疵点[mg/(100 g)] ≤		15.0	25.0	50.0	10.0	20.0	40.0	10.0	20.0	40.0
6	倍长纤维[mg/(100 g)] ≤		20.0	40.0	70.0	20.0	40.0	70.0	20.0	60.0	80.0
7	卷曲数[mg/(100 g)]		$M_2 \pm 2.0$	$M_2 \pm 2.5$	$M_2 \pm 3.0$	$M_2 \pm 2.0$	$M_2 \pm 2.5$	$M_2 \pm 3.0$	$M_2 \pm 2.0$	$M_2 \pm 2.5$	$M_2 \pm 3.0$

注 M_1 为断裂强度中心值,由供需双方自定;M_2 为卷曲数中心值,由供需双方自定。

（4）黏胶短纤维

参见 GB/T 14463—2008《黏胶短纤维》标准，具体见表 3-4。

黏胶短纤维的主要类型：棉型，其线密度为 1.10～2.20 dtex；中长型，其线密度为 2.20～3.30 dtex；毛型，其线密度为 3.30～6.70 dtex；卷曲毛型，其线密度为 3.30～6.70 dtex。

黏胶短纤维产品标识：名义线密度×名义长度。例如：1.33 dtex×38 mm。

黏胶短纤维质量等级分为优等品、一等品、合格品，低于合格品为等外品。

表 3-4　黏胶纤维质量标准

序号	项目		棉型			中长型			毛型		
			优等品	一等品	合格品	优等品	一等品	合格品	优等品	一等品	合格品
1	干断裂强度（cN/dtex）	≥	2.15	2.00	1.9	2.10	1.95	1.80	2.05	1.90	1.75
2	湿断裂强度（cN/dtex）	≥	1.20	1.10	0.95	1.15	1.05	0.90	1.10	1.00	0.85
3	干断裂伸长率（%）		$M_1\pm$ 2.0	$M_1\pm$ 3.0	$M_1\pm$ 4.0	$M_1\pm$ 2.0	$M_1\pm$ 3.0	$M_1\pm$ 4.0	$M_1\pm$ 2.0	$M_1\pm$ 3.0	$M_1\pm$ 4.0
4	线密度偏差率（%）	±	4.0	7.0	11.0	4.0	7.0	11.0	4.0	7.0	11.0
5	长度偏差率（%）	±	6.0	7.0	11.0	6.0	7.0	11.0	7.0	9.0	11.0
6	超长纤维率（%）	≤	0.5	1.0	2.0	0.5	1.0	2.0	—	—	—
7	倍长纤维［mg/(100 g)］	≤	4.0	20	60	4.0	30	80	8.0	50.0	120.0
8	残硫量［mg/(100 g)］	≤	12.0	18	28	12.0	18	28	12.0	20	35
9	疵点［mg/(100 g)］	≤	4.0	12	30	4.0	12	30	6.0	15	40
10	油污黄纤维［mg/(100 g)］	≤	0	5	20	0	5	20	0	5	20
11	干断裂强度变异系数（%）	≤	18.0			17.0			18.0		
12	白度（%）		$M_2\pm$ 3.0	—	—	$M_2\pm$ 3.0	—	—	$M_2\pm$ 3.0	—	—
13	卷曲数［个/(25 mm)］		—	—	—	—	—	—	$M_3\pm$ 3.0	$M_3\pm3.0$	

注　M_1 为干断裂伸长率中心值，棉型和中长型不低于 19%，毛型不低于 18%；M_2 为白度中心值，棉型和中长型不低于 65%，毛型不低于 55%；M_3 为卷曲数中心值。中心值也可由供需双方自定。

二、化纤原料选配

1. 选配的目的

（1）提高产品质量和服用性能　充分利用化学纤维的各种特性，取长补短，提高使用价值。

（2）增加花色品种　通过不同纤维纯纺或混纺，制成各种风格、用途的产品，满足社会的各种需要。

（3）改善可纺性能　在合成纤维中混用吸湿性能较高的棉或黏胶，可改善可纺性能。

（4）降低产品成本　在保证服用要求的情况下，混用部分价格低廉的纤维，可降低生产成本。

2. 化纤品种的选择和混比确定

化纤品种的选用应考虑以下因素:产品用途,如衣着用或工业用、内衣用或外衣用;产品的性能要求,如织物的强力、挺括性等;织物的生产成本。

(1)化纤纯纺 化纤纯纺有单唛和多唛之分。单唛纺不易产生色差;多唛混纺时必须进行染色试验,按色泽深浅程度排队,供选配时参考。主要品种有纯涤纱、纯腈纱、纯黏纱等。

(2)化纤混纺 主要品种有涤/黏纱、涤/腈纱等。

(3)棉与化纤混纺 主要品种有涤/棉纱、腈/棉纱、维/棉纱、黏/棉纱等。棉起提高产品吸湿性、可纺性和服用性能的作用。

(4)混纺比的确定 混纺比的确定应考虑以下因素:织物的性能,如强力、风格等;织物的成本及产品价格。混纺纱的常用混比有 50/50、55/45、60/40、65/35;也有部分产品采用棉占主导,如棉/涤 80/20、70/30 等,称之为涤/棉低比例。比例多的纤维,其性质对纱线性质的影响较大,成纱更具有此纤维的性能。

3. 化纤原料性质的选配

化纤品种和混纺比例确定以后,还应考虑纤维的长度、线密度、强度、伸长度等性质,才能确定产品的实际性能。

(1)长度和线密度 化学纤维的长度和线密度相互配合可构成棉型、中长型、毛型等不同规格。棉型纤维的长度有 32 mm、35 mm、38 mm,线密度为 1.1~1.7 dtex,常用于生产细特纱和质地较紧密的薄型织物;中长型纤维的长度为 51~76 mm,线密度为 2.2~3.3 dtex,常用于生产中特纱和质地较厚的毛型风格织物。棉纺设备主要使用棉型或中长型化纤原料。化学短纤维的长度 L (mm)和线密度 N_t (dtex)的比值一般为 23 左右。当 $L/N_t > 23$ 时,纤维强度高,手感柔软,可纺更细的纱,生产细薄织物;过大时,纺纱过程中易产生绕罗拉、绕皮辊、绕皮圈现象,成纱棉结增多。当 $L/N_t < 23$ 时,织成的织物挺括并具有毛型风格,可生产外衣;过小时,成纱发毛,可纺性差。

(2)强度和伸长率 化纤的强伸度对成纱强力有一定影响,当混纺纱受拉伸时,断裂伸长率低的纤维先断裂,使成纱强力降低,所以,应选断裂伸长率相近的纤维进行混纺,对提高成纱强力有好处。同时,两种纤维的混比选择应尽量避开临界混纺比。

(3)与成纱结构有关的纤维性质 两种纤维混纺时,纤维细长、卷曲小、初始模量小的纤维容易分布在纱条的内层,纤维粗短、卷曲大、初始模量大的纤维易分布在纱条的外层。外层纤维影响织物的表面性能,如耐磨、手感、外观等。因此,要适当选配纤维性质,使某些纤维处于纱条外层,另一种纤维处于纱条内层,以达到充分利用纤维性质的目的。

(4)热收缩性 多唛混用时,应使不同型号纤维的热收缩性相接近,避免成纱在蒸纱定捻时或印染加工受热后产生不同的收缩率,造成印染品出现布幅宽窄不一,形成条状皱痕。

(5)色差 在纺同一品种纱线时,通过目测熟条、粗纱和管纱上的细纱发现存在明显的色泽差异,以及在络纱筒子上发现不同色泽层次的现象,称为色纱。原纱的色差,会使印染加工染色不匀,产生色差疵布。在化纤配料时,对染色性能差异大的原料,应找出合适的混纺比,减少原料的白度差异,接批时要做到勤调少调和交叉抵补。一般选 1~2 种可纺性较好的纤维为主体成分,在原料供应充分的情况下,最好采用同一牌号化纤多包混配。

三、化纤原料选配要求

1. 黏胶纤维的选配(表 3-5)

表 3-5　黏胶纤维选配表

项目	要求
纤维类型	普通黏胶纤维的断裂强度较低,一般要求细特纱≥2.12 cN/dtex,中粗特纱≥1.94 cN/dtex 富纤接近原棉,断裂强度高,湿强比黏胶大,断裂伸长率低,一般与涤混纺或纯纺
纤维规格	纺中细特纱,≤1.67 dtex,36~40 mm;粗特纱,2.2~2.8 dtex,35~38 mm
含油率	夏季:0.15%~0.22%,若<0.1%,筵棉成块状,棉条实心,粗细纱紧硬,圈条成形不良,易产生三绕 春秋冬季:0.18%~0.25%,若>0.3%,成卷蓬松,外层碎落,粗纱松烂,也易产生三绕
疵点含量	倍长纤维含量:细特纱<0.01%,粗特纱<0.02%,富纤、毛型黏纤略高 疵点含量:<0.015%,过多则成纱不匀,断头增加,富纤因制造原因其疵点略高 残硫量:<0.015%,过多则色泽黄、硫味大,纤维易老化,打击时易成粉末
回潮率	夏季:10%~12%,若<9%,静电现象严重,半制品松烂,条干恶化,毛羽及纱疵多 春秋冬季:11%~13%,若>14%,纤维易结块,通道易堵塞,刀片易损坏,产生黏卷、堕棉网、绕锡林、绕圈条器、绕罗拉、绕胶辊现象
色泽	有漂白、原色、无光、半光、有光之分,选择时应注意浆粕色差对纤维色泽的影响,棉浆粕比木浆粕色白、强度高

与原棉进行混纺时,原棉的选择要根据产品质量要求而定。一般而言,针织纱的质量要求高,机织纱可适当降低:

针织纱,细绒棉 2~3 级,长度 28~31 mm,短绒率<11%,成熟系数≥1.5;

机织纱,细绒棉 2.5~4 级,长度 27~31 mm,短绒率<13%,成熟系数≥1.4。

2. 涤纶短纤维的选用

(1)纤维类型(表 3-6)

表 3-6　涤纶纤维分类表

涤纶纤维分类		性能特点
按纤维性能分	普通型(低强高伸、中强中伸)	纤维的断裂伸长率大,撕破强力高,耐磨性较好
	高强低伸型	纤维的断裂强度高,成纱强力好
按原料分	大化纤	采用聚酯熔体直接纺丝或聚酯切片间接纺丝而纺制的涤纶短纤维,工艺比较先进,产品色泽好、强力稳定、疵点少,质量优
	中化纤	采用废丝或废丝与聚酯切片混合纺制的涤纶短纤维,质量较差,纤维性能不稳定,疵点较多
	小化纤	采用回收的聚酯瓶片、聚酯回收废丝和废料、聚酯泡泡料或者与聚酯切片混合纺制的涤纶短纤维,产品色泽差异大、强力不稳定、疵点多,质量较差

目前,市场上出现了一种 Recycle 涤纶纤维,也是使用回收材料生产的,质量比小化纤好,已经过环保认证,受到欧美消费者的欢迎,价格比常规产品高很多,但是生产技术难度较大。

（2）纤维规格

① 纤维长度与线密度:常用 38 mm，1.5 D(1.67 dtex)（表 3-7）

表 3-7　纺不同细度的纱所选用的涤纶长度、线密度参考范围

纤维规格指标	纺特细特纱	纺中细特纱	纺粗特纱
长度（mm）	38～42	35～38	32～38
线密度（dtex）	0.5～1.2	1.3～1.7	1.7～2.0

② 长细比：$\dfrac{\text{纤维长度（英寸）}}{\text{纤维细度}(D)} \approx 1$ 或 $\dfrac{\text{纤维长度（mm）}}{\text{纤维细度}(dtex)} \approx 23$

表 3-8　不同长细比对生产应用的影响

长细比	>1（或>23）	<1（或<23）
特点	纤维细而长,比值过大,则纤维强度小,易损伤,成纱棉结多	纤维粗而短,比值过小,则纤维刚性过大,可纺性差,成纱发毛,毛羽多
生产应用	纺较细的纱,用于生产细薄织物	纺较粗的纱,可用于生产外衣织物

（3）纤维含油率

① 夏季 0.10%～0.15%。含油率太多,手感发黏,梳棉时易绕锡林。

② 春秋冬季 0.15%～0.20%。含油率太少,粗糙发涩,棉网静电现象严重,易黏卷,不易成条。

（4）纤维疵点含量

① 倍长纤维　特细特、细特纱≤0.003%,中粗特纱≤0.006%。倍长纤维过多易产生绕角钉、绕刺辊、绕锡林,易产生硬头,抽筋纱、橡皮纱等。

② 疵点（包括异状纤维、硬并丝）　特细特、细特纱≤0.003%,中粗特纱≤0.008%。疵点过多时,梳棉过程中易黏锡林,损伤针布;细纱、织造断头率高,纱疵、织疵率高。

（5）热收缩率　纤维干热或沸水收缩率的差异过大,在蒸纱定捻、印染加工受热处理时产生不同收缩,会造成布幅宽窄不一的不规则条形皱痕。在多种型号、多唛混纺时要求更严。

与棉混纺时,对原棉的要求见表 3-9。

表 3-9　与棉混纺时对原棉的要求

项目	原棉类别	品级	长度（mm）	线密度（dtex）	短绒率（%）	成熟系数	含杂率（%）
特细特	长绒棉或细绒棉	1.2～1.5	≥29	1.27	≤10	≥1.6	≤1.8
中细特	细绒棉	1.5～2.5	27～31	1.54～1.82	≤12	≥1.5	≤2.0

243

纺纱工艺设计与实施

3. 腈纶短纤维的选用(表 3-10)

表 3-10　腈纶纤维选配表

项目	要求
长度	棉纺设备用棉型、中长型短纤维,毛纺设备可用中长型、毛型短纤维
线密度	1.67～2 dtex 纺 15～20 tex 纱,3.3 dtex、6.67 dtex、10 dtex 纺 18～98 tex 纱
倍长纤维含量	棉型倍长纤维<0.015%,毛型倍长纤维<0.030%
疵点含量	<0.015%
纤维含油率	0.2%～0.4%

腈纶选用注意事项:

(1) 混合唛头最多不超过 3 个,有条件应采用单唛混合纺纱。

(2) 腈纶各唛头的吸色速率有差异,采用同浴试验制成样卡对比,尽量选择差异较小的批号使用。

(3) 国产腈纶选择上色率差异≤4%,逐批抽调后,混合纤维的上色率差异≤1%。

对于成品,应严格做到每周分批;仓库按批号堆放,按批号次序发货;针织厂应按批号次序使用。

四、化纤原料单唛使用与混唛使用

1. 化纤原料单唛纺纱

(1) 特点

① 原料品牌型号一致,性能相同,使纺纱质量稳定,产品染色均匀,不易产生色差、色花、裙皱等疵点。

② 便于合理配置工艺,使产品条干均匀,强力稳定,风格一致。

(2) 注意事项

① 单一原料必须质量稳定,可纺性好,产品质量符合用户要求。

② 单一原料需具有足够的储备量,供应渠道要畅通。

③ 更换原料(唛头)时,必须了机清洁。

2. 化纤原料混唛纺纱

(1) 特点　常以一种或两种可纺性较好、质量稳定的原料型号为主体,其他作为变动接替成分,能以较少的原料储备使主体原料保持基本稳定,减少翻改,但总的使用型号一般不宜超过 4 种。

(2) 注意事项

① 原料接替变动百分率不能太大,性能力求一致,否则易产生色花、色档、色差、裙皱等疵点。

② 对原料的混合要求较高。

③ 有光及半光等不能混用。

④ 原料变化较大时要做染色对比试验。

五、化纤排包要求

1. 涤纶纤维排包的特点

目前,随着化纤企业打包机的改进,涤纶纤维的包重越来越大,每包质量普遍为350 kg。圆盘抓棉机的码包容量大约为2 000 kg,因此,导致圆盘能够码放的包数较少,一般掌握在5包左右,码包时内外层不是很明显。由于涤纶纤维弹性好、比较蓬松,码包时要留有适当空隙,供化纤包蓬松时填充,防止排包过多,导致纤维蓬松上升,顶住抓棉机打手小车,严重时会造成设备事故。同时,排包时要保证各配棉成分分布均匀,对于用量少的原料要多点码放,不能仅在一点码放,减少并控制混合不匀。

☞ 涤纶纤维对回花使用有什么要求?

涤纶纤维的静电较大,黏、缠、绕现象严重。进行清花加工时,如果是混纺产品,可以使用部分涤/棉回花,减少静电;如果是纯涤产品,不能使用混回花。

2. 黏胶纤维排包的特点

目前,市场上的黏胶纤维包装规格为:200～250 kg/包。由于黏胶纤维弹性差,可以适当增加排包容量。在圆盘抓棉机中,一般一个圆盘可以码放8～12包,制排包图时分内、外两层码放。

六、化纤配棉典型案例分析

1. 涤纶纤维质量检验案例(表3-11)

表3-11 涤纶纤维检验报告

检验日期	产地	规格(dtex×mm)	批号	回潮率(%)	平均长度(mm)	长度偏差率(%)	超长纤维率(%)	倍长纤维率(%)	比电阻(Ω·cm)	细度(dex)	含油率(%)
01.22	绍兴	1.33×38	023	0.87	37.55	−1.18	0.3	0.5	4.69×10⁷	1.32	0.16
03.09	洛阳	1.33×38	063	0.67	38.05	0.12	0.4	0.6	2.55×10⁸	1.35	0.18
05.08	仪征	0.89×38	060	0.96	38.02	0.05	0.3	1.5	2.9×10⁸	0.92	0.19
11.30	仪征	1.33×38	061	0.56	37.30	−1.84	0.3	0.2	3.36×10⁷	1.29	0.14
12.01	三房巷	1.33×38	062	0.70	38.56	1.47	0.4	0.9	5.59×10⁷	1.37	0.16

2. 涤纶纤维配比案例

(1) 多唛头涤纶配比案例(表3-12)

表3-12 涤纶纤维配棉报告(1)

序号	产地	批次	规格(dtex×mm)	实际线密度(dtex)	实际长度(mm)	回潮率(%)	倍长纤维率(%)	包数
1	三房巷	113	1.56×38	1.51	37.75	0.8	0.4	3
2	洛阳	085	1.56×38	1.49	38.21	0.9	0.5	2
3	回花							1

245

（2）单唛头涤纶配比案例（表 3-13）

表 3-13 涤纶纤维配棉报告（2）

序号	产地	批次	规格（dtex×mm）	实际线密度（dtex）	实际长度（mm）	回潮率（%）	倍长纤维率（%）	包数
1	三房巷	113	1.56×38	1.51	37.75	0.8	0.4	5
2	回花							1

（3）小化纤配比案例（表 3-14）

表 3-14 小化纤配棉报告

序号	产地	批次	规格（dtex×mm）	实际线密度（dtex）	实际长度（mm）	回潮率（%）	倍长纤维率（%）	包数
1	江阴长隆	076	1.67×38	1.63	38.55	0.7	1.1	2
2	慈溪新兴	093	1.67×38	1.57	38.36	0.9	1.0	2
3	浙江富兴	127	1.67×38	1.67	37.92	0.8	0.9	1
4	回花							1

纺纱工艺设计与实施

3.2 混合工艺设计与工艺流程选择

知识要点

- 纤维混合方法的选择
- 工艺流程的设计

一、混合方法与混合工艺道数

1. 混合方法的比较

均匀混合是保证质量的一个重要环节，尤其是混纺纱。若原料混合不匀，不仅影响纱线的物理机械性能，还影响织物的染色均匀性。目前，生产中常用的混合方法如下：

（1）棉包混合 将配棉表所规定的各种成分的棉包，按排包图置于抓棉机的平台上，经抓棉机打手抓取的混合方法，称为棉包混合，适用于纯棉纺纱、纯化纤纺纱、化纤混纺纱。由于棉包松紧差异，打手在各处的抓取能力不同。此混合方法使清梳工序生产顺利、管理方便，但混纺比不易控制，混合效果稍差。当混纺纤维的落棉差异大时，混纺比更难控制。

（2）棉条混合 将不同种类的纤维分别经过开清棉、梳棉、精梳（化纤不需此工序）工序加工成条子后，在并条机上进行混合的方法，称为条子混合，适用于棉与化纤混纺。此方法有利于精确控制混纺比。为保证混合均匀,一般需经过3道并条。

(3) 称重混合 将几种纤维成分按混合比例称重后混合的方法,称为称重混合,适用于混纺比要求较高的化纤混纺。

(4) 两步法混合 维/棉或丙/棉混纺时,为使混比准确,需采用条子混合,但纯维、纯丙的可纺性差,所以,可先用少量的棉与维(或丙)混合,生产维/棉(或丙/棉)混纺条,再与纯棉条进行一定比例的条子混合,即为两步法混合。此法兼顾了保证混比准确和提高可纺性的特点,但生产管理麻烦。

2. 棉与化纤混纺的并条工艺道数

棉与化纤的混合,采用棉条混合时,一般混并前化纤先经过1道预并,以改善化纤条的内在结构,提高纤维分离度和伸直度,降低化纤条的质量不匀率,正确控制化纤条定量,保证混纺纱有较好的匀染性以及棉与化纤的混纺比例符合规定。化纤1道预并之后,混并工艺道数一般采用3道并条。

同样,其他不同性质纤维的混纺,在混并前,宜将内在结构差、质量不匀率较高的某种纤维生条采用预并工艺。若使用清梳联和自调匀整装置,生条质量提高,质量不匀率下降,可根据品种质量要求,选用或不用预并条工艺。但是,混并工艺仍需要3道并条或以上。

3. 涤纶与棉纤维混合的设计实例

涤纶与棉纤维的混纺纱,由于棉纤维与涤纶纤维的工艺性能差异较大,为了保证产品质量,其混合设计一般不采用棉包混合,主要采用棉条混合,其工艺主要有两种:第一种:涤纶生条先预并,再与棉条进行3道并条混合;第二种:涤纶生条不采用预并工艺,直接与棉条进行3道并条混合。一般采用第一种。

涤纶采用预并条的主要原因:

(1) 调整涤纶生条的定量,保证涤条与棉混合比例正确;

(2) 涤纶生条的质量较差(主要是质量不匀率较大),无法满足并条混合均匀的质量要求,需要通过涤预并改善质量不匀率,保证混纺比例准确、稳定;

(3) 涤/棉混纺纱的质量要求较高,涤纶采用预并后,改善了棉条内部结构,提高了纤维平行伸直度,有利于改善成纱条干不匀率,减少棉结,特别在与精梳棉混纺时,可明显提高产品质量。

二、混纺纱工艺流程设计

1. 开清棉加工化纤流程

由于化纤基本不含杂质,在清花工序的加工过程中,主要进行分梳、开松。因此,其工艺流程比较简短。在化纤的清花工艺流程设计中,主要掌握"以梳代打、少伤纤维"的原则。其工艺流程特点为:采用短流程(一抓、一混、一开、一清)、多梳少打的工艺路线,主要采用梳针辊筒开棉机,加强开松,减少纤维损伤,成卷机要防止黏卷。

➤ 加工化纤的开清棉工艺流程设计实例

(1) FA002 型抓棉机×2 台→A006B 型混棉机(附 A045 型凝棉器)→FA106A 型梳针开棉机(附 A045 型凝棉器)→[FA046A 型给棉机(附 A045 型凝棉器)+FA141A 型单打手成卷机]×2 台

(2) FA002 型抓棉机×2 台→FA022 型多仓混棉机→FA106A 型梳针开棉机(附 A045 型凝棉器)→[FA046A 型给棉机(附 A045 型凝棉器)+FA141A 型单打手成卷机]×2 台

（3）FA002 型抓棉机×2 台→FA017 型预混棉机(附 FA051A 型凝棉器)→FA111A 型清棉机(附 FA051A 型凝棉器)→[FA046A 型给棉机(附 FA051A 型凝棉器)＋FA141A 型单打手成卷机]×2 台

2．几种典型混纺纱的纺纱工艺流程实例

（1）涤/棉普梳混纺纱工艺流程设计实例

C(棉)：FA141A 型→FA201 型

T(涤)：FA141A 型→FA201 型→FA306 型(涤预并)

⎫ →FA306 型(3 道)→FA421 型→

FA506 型→AUTO338 型自动络筒机

（2）涤/棉精梳混纺纱工艺流程设计实例

C(棉)：FA141A 型→FA201 型→精梳准备→精梳机

T(涤)：FA141A 型→FA201 型→FA306 型(涤预并)

⎫ →FA306 型(3 道)→FA421 型→

FA506 型→AUTO338 型自动络筒机

（3）涤/黏混纺纱工艺流程设计实例

例 1(采用条混)

R(黏胶)：FA141A 型→FA201 型

T(涤)：FA141A 型→FA201 型

⎫ →FA306 型(3 道)→FA421 型→FA506 型→

AUTO338 型自动络筒机

例 2(采用包混)

T＋R：FA141A 型→FA201 型→FA306 型(2 道)→FA421 型→FA506 型→

1332MD 型络筒机

重要提示

▶ 纤维混合方法要根据纱线质量要求选择,不同的混合方法对产品质量的影响很大。

▶ 纺纱工艺流程的设计要兼顾混合方法的要求,在企业生产实践中,还要考虑设备配置情况。

▶ 混合工艺设计的要求混合均匀、配比准确、质量稳定。

3.3   不同类型纤维条混合的混比及投料计算

一、混纺比类型

1．干重混比

干重混纺比：混纺纱中,各组分纤维的干重分别与各组分纤维干重之和比值的百分率。

在纱线产品标示代号中,混纺比的标识都为干重混比,混纺比允许误差范围±3%。

采用条子混合时,在初步确定条子的混合根数后,应计算各种混合纤维条子的干定量,见下式：

$$\frac{y_1}{N_1} : \frac{y_2}{N_2} : \frac{y_3}{N_3} : \cdots : \frac{y_n}{N_n} = g_1 : g_2 : g_3 : \cdots : g_n$$

式中：y_1，y_2，y_3，$\cdots$，y_n——各种纤维的干重混纺比；

N_1，N_2，N_3，$\cdots$，N_n——各种纤维条的混合根数；

g_1，g_2，g_3，$\cdots$，g_n——各种纤维条的干定量；

n——混合纤维条的种数。

> **问题** 已知干重混比以及不同类型纤维条子的混合根数，如何进行投料计算？

● 举例：涤/棉混纺，设计干重混纺比为 65/35，在并条机上混合，初步确定用 4 根涤条和 2 根棉条喂入头道并条机，已知涤条干定量为 18 g/（5 m），求棉条的干定量。（注：不考虑混用涤/棉混纺后的回花）

方法 1：　　$\dfrac{65}{35} = \dfrac{G_{涤干} \times n_涤}{G_{棉干} \times n_棉}$　　　$\dfrac{65}{4} : \dfrac{35}{2} = 18 : g_2$

则　　$G_{棉干} = \dfrac{35 \times G_{涤干} \times n_涤}{65 \times n_棉} = \dfrac{35 \times 18 \times 4}{65 \times 2} = 19.38 \, [\text{g/（5 m）}]$

方法 2：　　$\dfrac{G_{涤干} \times n_涤}{G_{涤干} \times n_涤 + G_{棉干} \times n_棉} \times 100\% = 65\%$

或：　　$\dfrac{G_{棉干} \times n_棉}{G_{涤干} \times n_涤 + G_{棉干} \times n_棉} \times 100\% = 35\%$

则　　$G_{棉干} = \dfrac{35 \times G_{涤干} \times n_涤}{65 \times n_棉} = \dfrac{35 \times 18 \times 4}{65 \times 2} = 19.38 \, [\text{g/（5 m）}]$

2. 湿重混比

湿重混纺比：混纺纱中，各组分纤维在实际回潮率下的湿重分别与各组分纤维在实际回潮率下的湿重之和的比值的百分率。

> **问题** 如何从干重混比推出湿重混比？

混纺时以干重混纺比为准，根据设计的干重混纺比和实测的实际回潮率，根据下式求湿重混纺比：

$$x_i = \frac{y_i(100 + W_i)}{\sum\limits_{i=1}^{n} y_i(100 + W_i)}$$

式中：x_i——第 i 种纤维的湿重混纺比；

y_i——第 i 种纤维的干重混纺比；

W_i——第 i 种纤维的实际回潮率。

● 举例：涤/黏混纺纱，其设计干重混纺比为 65/35，若涤的实际回潮率为 0.4%，黏的实际回潮率为 11.0%，求两种纤维的湿重混纺比。

解　将已知数据代入上式得：

$$x_1 = \frac{65(100+0.4)}{65 \times (100+0.4) + 35 \times (100+11)} = 62.68\%$$

$$x_2 = \frac{35(100+11)}{65 \times (100+0.4) + 35 \times (100+11)} = 37.32\%$$

投料时,应按涤62.68%、黏37.32%的湿重混纺比计算两种纤维的质量和包数。

二、混纺比配置方法【以涤/棉混纺纱为例】

▶ 以现有的棉条质量为基准,进行涤条质量配置

▶ 以现有的涤条质量为基准,进行棉条质量配置

▶ 以现有的涤、棉条质量为基准,进行并合根数配置

注:当车间现有涤与棉的生条质量都满足品种要求时,进行根数配置,如果能够满足混纺比的要求,就不必再进行设计,可减少车间的工作量,也方便生产。

三、混纺比配置案例分析

1. T/C 65/35 混纺比例的计算与配置

已知:棉生条干定量为 $18.5\ \text{g}/(5\ \text{m})$,并合总数为 8 根,按照 5 涤 3 棉的根数进行配置,根据涤纶排包时混用 1 包涤/棉混纺的回花,由此设计涤预并条的含棉量为 3%,现在进行涤预并条干定量计算:

$$\frac{65}{5} : \frac{35-3}{3} = G_{涤干} : G_{棉干}$$

则

$$G_{涤干} = \frac{65 \times 3 \times G_{棉干}}{32 \times 5} = 22.55\ [\text{g}/(5\ \text{m})]$$

或由 $\dfrac{G_{涤干}(1-3\%) \times 5}{G_{涤干} \times 5 + G_{棉干} \times 3} \times 100\% = 65\%$ 得 $G_{涤干} = 22.55\ [\text{g}/(5\ \text{m})]$

2. T/C 80/20 混纺比例的计算与配置

T/C 80/20,涤纶生条干定量为 $22.5\ \text{g}/(5\ \text{m})$,按照 6 涤 2 棉的根数进行配置,根据涤纶排包时混用 1 包涤/棉混纺的回花,由此设计涤预并条的含棉量为 3%,现在进行棉条干定量计算:

$$\frac{80}{6} : \frac{20-3}{2} = G_{涤干} : G_{棉干}$$

则

$$G_{棉干} = \frac{17 \times 6 \times G_{涤干}}{80 \times 2} = 14.34\ [\text{g}/(5\ \text{m})]$$

3. C/T 60/40 混纺比例的计算与配置

C/T 60/40,现有棉生条干定量为 $18.5\ \text{g}/(5\ \text{m})$,涤纶生条干定量为 $22.5\ \text{g}/(5\ \text{m})$,设计涤预并条的含棉量为 3%,进行混纺比配置,总混合根数为 8 根,设棉生条的根数为 $n_{棉}$,则:

$$\frac{60-3}{n_{棉}} : \frac{40}{8-n_{棉}} = G_{涤干} : G_{棉干}$$

故 $n_{棉} = 5(根)$, $n_{涤} = 8-5 = 3(根)$

3.4　纺化纤工艺参数配置要点

化纤的特点

化学纤维具有整齐度好、长度长、其中合成纤维的回潮率较低、与金属的摩擦因数较大、弹性好、强度高、蓬松、无杂质以及含硬丝、并丝、束丝等少量疵点等特点。另外,化纤中含有少量的超长和倍长纤维,极易产生静电并产生黏卷现象,极易缠绕打手和针布。此外,牵伸时牵伸力大。因此,加工化纤的纺纱工艺与棉有所不同。

这里主要介绍化纤纺纱工艺参数配置要点,以纺涤纶纤维为例。

一、开清棉工艺

在棉纺设备上加工的化纤可分为两类:长度在 40 mm 以下的棉型短纤维和长度为 51～76 mm 的中长化纤。化纤的特点是:无杂质,较蓬松,存在少量硬丝、并丝、束丝等疵点,在加工过程中易产生静电并导致黏卷,因含有少量的超长和倍长纤维而易缠绕打手。

加工化纤开清棉特点

- 打手:采用梳针打手,转速适当降低,避免纤维过度开松,导致纤维层粘连。
- 风扇速度:为了使纤维层紧密,应加大风扇转速,增大风量。
- 打手与给棉罗拉间隔距:由于化纤较长、与金属间的摩擦因数较大,所以清棉机打手与给棉罗拉间的隔距比纺棉时加大。
- 打手与尘棒间隔距:由于化纤较棉纤维长而蓬松,为避免纤维在打手与尘棒间产生搓揉,其隔距要适当加大。
- 尘棒间隔距:因为化纤的含杂、含疵率很低,落棉率比纺棉时大幅减少,落杂区的尘棒间隔距可适当收小。

1. A006B 型混棉机工艺配置

(1)影响自动混棉机产量的主要因素及工艺配置要点

由于涤纶纤维比较蓬松,密度比棉纤维小,为了保证后道机器的原料供应,需加快输棉帘与角钉帘的速度,适当放大均棉罗拉、输棉帘与角钉帘的隔距。

(2)涤纶加工工艺配置举例

根据成卷机的速度与产量进行设计:

① 输棉帘速度:1.5 m/min 或 1.75 m/min;

② 角钉帘速度:80 m/min 或 100 m/min;

③ 压棉帘速度:1.5 m/min 或 1.75 m/min;

④ 剥棉打手与尘棒的隔距:进/出各为 15 mm/19 mm;

⑤ 均棉打手与角钉帘的隔距:60～80 mm;

⑥ 压棉帘与角钉帘:70～80 mm;

251

⑦ 摆斗摆动次数:25 次/min。

2. FA106A 型梳针开棉机工艺配置

涤纶纤维在清花工序中只要一道 FA106A 型梳针开棉机,就可以满足开松要求,其主要影响因素及配置要点为:

棉箱斜板开口放大,加快喂棉罗拉速度,豪猪打手速度适当降低。

① 打手速度:480 r/min;

② 给棉罗拉速度:60 r/min;

③ 给棉罗拉~打手隔距:11 mm;

④ 尘棒:49 根/3 组;尘棒间隔距:进/出各为 7 mm/5 mm;

⑤ 尘棒~打手隔距:进/中/出各为 17 mm/19 mm/21 mm。

3. 给棉机、成卷机工艺配置

(1) FA046A 型给棉机工艺配置 输棉帘、角钉帘速度加快,振动棉箱容量加大。

① 角钉帘速度:68 m/min;

② 输棉帘速度:15 m/min

③ 振动频率:205 次/min;振幅:10 mm。

(2) FA141 型成卷机工艺配置 加工化纤时,黏卷是非常突出的一个问题。造成化纤黏卷的原因:一是化纤的卷曲少且在加工过程中易消失,纤维间的抱合力小;二是化纤蓬松,回弹性大;三是回潮率小,与金属间的摩擦因数大,易产生静电。

防止化纤黏卷的措施

- 采用凸凹罗拉防黏装置
- 增大上下尘笼的凝棉比
- 增大紧压罗拉的压力
- 对棉卷采取渐增加压
- 在第二、三紧压罗拉内安装电加热丝
- 在化纤棉卷间夹粗纱
- 采用重定量、短定长工艺

由于涤卷纤维比较蓬松,为了提高棉卷质量,成卷长度宜较短设计,棉卷质量(净重)不宜过重(控制在 10~15 kg);如果棉卷质量过大,则棉卷直径较大,容易破损,成形较差,也不便搬运。

① 棉卷长度:27.45 m;

② 棉卷罗拉速度:13.3 r/min;

③ 导棉罗拉速度:30 r/min;

④ 风机速度:1 300 r/min;

⑤ 打手速度:900 r/min;

⑥ 打手~尘棒隔距:10/18 mm;

⑦ 尘棒间距:5 mm。

为了提高棉卷质量不匀率水平,改善棉卷质量,采用自调匀整系统,废除铁炮匀整系统。

二、FA201型梳棉机工艺配置

进行化纤加工时,因化纤性能对梳棉机分梳过程产生的显著影响见表3-15。

表3-15 化纤性能对梳棉工艺的影响

项目	产生原因	影响与措施
静电	化纤的回潮率低,抗静电剂比例不当	易黏,绕刺辊、锡林、道夫,需增加纤维回潮率,调整针布型号与分梳元件速度
蓬松性	纤维回弹性好,黏胶纤维除外	易堵喇叭口,需加大喇叭口径,降低棉网张力
长度	化纤一般比棉纤维长,特别是中长纤维	影响分梳,需要更换部分工艺元件,调整工艺参数
含疵	没有杂质,疵点含量低	调整落棉工艺,降低落棉率

加工化纤时,梳棉机分梳元件的选择原则如下:

- 锡林针布:要求具有良好的穿刺与握持能力,以齿形工作角较大、齿密较稀、齿高较低、转移能力强为主要选择依据。
- 道夫针布:要求针齿工作角更小,以高齿、低密为主。
- 盖板针布:要求齿密稀、针粗、针高低,不易充塞纤维。
- 刺辊针布:选择针齿工作角大、齿密稀、齿形薄的针布。

1. 给棉刺辊部分

(1) 给棉板工艺:给棉罗拉加压增大,给棉板～刺辊隔距为0.30 mm(12英丝)。

(2) 刺辊:针布型号采用AT5610×05611化纤针布(也可以用棉型),速度配置800 r/min。

(3) 除尘刀～刺辊隔距:第一/第二各为15英丝/12英丝。

(4) 分梳板:分梳板～刺辊隔距配置进/出各为0.66 mm/0.61 mm(26英丝/24英丝);型号采用QFT204-000B型化纤分梳板。

2. 锡林、盖板、道夫部分

① 锡林:针布型号采用AC2520×01560化纤针布,速度配置330 r/min;

② 锡林～刺辊:0.18 mm(7英丝);

③ 锡林～盖板:0.30 mm(12英丝)、0.25 mm(10英丝)、0.23 mm(9英丝)、0.23 mm(9英丝)、0.25 mm(10英丝);

④ 锡林～大漏底:0.51 mm(20英丝);

⑤ 锡林～道夫:0.13 mm(5英丝);

⑥ 锡林～前固定盖板:0.28 mm(11英丝)、0.25 mm(10英丝)、0.23 mm(9英丝);

⑦ 锡林～后固定盖板:0.30 mm(12英丝)、0.36 mm(14英丝);

⑧ 道夫速度:31 r/min;AD4030×01890针布;

⑨ 盖板针布:MCB38-3型;

⑩ 盖板速度:72.3 mm/min;

⑪ 道夫～剥棉罗拉:0.30 mm(12英丝)。

3. 剥棉、成条、圈条部分

棉网张力配置:张力牙齿数21;张力牵伸为1.169倍。

4．定量设计

定量设计为 18～25 g/(5 m)。根据纱线质量要求与纤维状况,可适当偏大掌握,如 22.5 g/(5 m)。

三、并条工艺设计

由于化纤具有整齐度好、长度长、卷曲数比棉多、纤维与金属之间的摩擦因数较大等特点,在牵伸过程中牵伸力较大。因此采用"重加压、大隔距、通道光洁、防缠防堵"等工艺措施,以保证纤维条质量。

1．并条工艺道数选择

纯化纤及化纤与化纤混纺,多采用 2 道并条;棉与化纤混纺,如棉与涤纶混纺时,多采用 3 道并条。

涤纶生条先采用 1 道预并条时,可以降低涤纶生条的质量不匀率,控制生条的定量,使涤纶与棉混合时保证混纺比准确,而且可以使化纤条子中纤维的平行度、伸直度改善,在随后的混并机上可以减小化纤与棉之间的张力差异,有利于混并条子的条干均匀度。但涤纶采用预并机,需增加机台占用,增加用工。

从纤维的混合效果看,混并机上条子的径向混合效果较差。近年来,国内出现了采用由多层棉网叠合的混合方式的复并机,可以采用 1 道复并,再经过 1 道混并的工艺过程,代替 1 预 3 混并或 3 道混并的工艺过程。

2．并条并合数选择

在混纺纱工艺设计中,为了保证混合均匀,一般采用较多的棉条根数进行并合,总并合根数不大于 8 根。头道以保证混合比例进行调配;第二、三道一般设计为 8 根并合。

3．并条罗拉握持距选择

化纤混纺时,确定罗拉握持距应以较大成分的纤维长度为基础,适当考虑混合纤维的加权平均长度;化纤与棉混纺时,主要考虑化纤的长度。罗拉握持距大于纤维长度的数值应比纺纯棉时适当放大,并结合罗拉加压大小而定。

表 3-16　罗拉握持距确定依据

牵伸形式	前区握持距(mm)	后区握持距(mm)
三上四下曲线牵伸	$L+3～6$	$L+12～16$
三上三下压力棒曲线牵伸	$L+8～10$	$L+12～16$

注　L 为化纤的名义长度(mm)。

4．皮辊加压

由于化纤条子的牵伸力较大,如果加压不足,会使条干不匀率增大,产生突发性纱疵。所以纺化纤时,皮辊加压一般比纺纯棉时增加 20%～30%。

5．合理配置并条机牵伸

头道并条应少并合、少牵伸或多并合、少牵伸,总牵伸接近或小于并合数,且头并后牵伸较大(1.7～2.0 倍);二道并条应多并合、多牵伸,总牵伸大于并合数,且二并后牵伸较小(化纤纯纺取 1.5 倍左右;涤/棉混纺时,混二并的后区牵伸取 1.3 倍左右,混三并的后牵伸取 1.07～1.6 倍)。

例:头道后区牵伸不低于 1.75 倍,二道后区牵伸掌握在 1.3～1.5 倍,三道 1.5 倍。

四、粗纱工艺配置

1. 粗纱机锭速

根据粗纱捻度要求,在控制前罗拉速度一般不超过 400 r/min 的情况下,合理进行锭速选择。粗纱机加压较大,当前罗拉速度过高时,罗拉扭振明显加剧,发热、振动加大。为了保证粗纱机生产稳定,减小对设备的损害,粗纱机前罗拉转速一般不超过 400 r/min。

2. 捻系数设计

化纤的纤维长度长、化纤之间的摩擦因数大,一般捻系数设计比纯棉小。纤维品种与混合比例不同,捻系数的设计都不相同。在保证细纱能够正常牵伸的情况下,合理选择。

如 T/C 65/35 设计为 60～65 之间。涤纶含量大,捻系数小;涤纶含量小,捻系数大。涤纶纤维细度变细,捻系数减小;纤维长度变短,捻系数加大。当涤纶纤维的细度由 1.67 dtex(1.5D)变为 1.33 dtex(1.2D)时,捻系数要适当调小。

3. 罗拉握持距

根据纤维长度、纤维类别、牵伸形式等因素而定。一般主区为:皮圈架长度＋15～17 mm;后区为:化纤名义长度＋12～16 mm。化纤纯纺时,握持距要偏大设计。随着混纺纱中化纤含量的减少,握持距适当减小。

4. 后区牵伸

后区牵伸不宜过大,一般为 1.08～1.35 倍。纺化纤时,为了防止出硬头或条干恶化,后区牵伸可稍大,使后区牵伸力与握持力相适应。

5. 皮圈钳口隔距

可参考《棉纺手册》进行选择,实践中,在能够保证正常牵伸的状态下偏小选择。

五、细纱工艺配置

1. 合理配置细纱机牵伸工艺参数

由于化纤在牵伸过程中牵伸力较大,牵伸效率较低。因此,加工化纤时,牵伸部分应采用较大的罗拉隔距、较重的罗拉加压和适当减小附加摩擦力界等牵伸工艺。

① 纺 38 mm 的涤纶短纤维时,前、中罗拉中心距一般为 41～43 mm,中、后罗拉中心距一般为 51～60 mm。

② 后区牵伸为 1.1～1.4 倍。化纤品种偏大掌握,混纺品种偏小掌握,在保证牵伸与质量的情况下从紧控制。如涤/棉品种,根据混纺比,其后区牵伸可以在 1.15～1.3 倍之间选择。

③ 胶辊加压:化纤长度较长,摩擦因数较大,在牵伸过程中牵伸力较大。因此,化纤纯纺和混纺时,胶辊加压应比纺纯棉时重 20%～30%。

④ 皮圈钳口隔距:纺化纤时,皮圈钳口隔距比纺纯棉时略大。

2. 锭速

普通的钢领、钢丝圈,锭子实际速度一般不超过 18 000 r/min。合理选择钢领、钢丝圈,是提高锭速的重要途径。一般情况下,当纤维断裂强度大时,其纱线强力也大,锭速可以适当提高。锭速的设计必须保证细纱断头较少,生产顺利。

3. 前罗拉速度

一般不超过 350 r/min,在保证断头较少、生产正常的情况下可适当高速。

4. 钢领直径

主要有 45 mm、42 mm、38 mm、35 mm。根据纱线粗细与锭子速度进行选择,一般

255

29.16 tex 以上（20^S 以下）选 45 mm，14.58～29.16 tex（40^S～20^S）选择 42 mm，14.58 tex 以下（40^S 以上）选 38 mm，9.72 tex 以下（60^S 以上）选 35 mm。在同一纱线细度时，钢领直径小，锭速高；直径大，锭速低。同时，钢丝圈的合理选择对锭速的影响很大。

钢领边宽：PG1 为 3.2 mm，PG1/2 为 2.6 mm；一般 18.22 tex 及以上（32^S 及以下）选 PG1，18.22 tex 及以上（32^S 及以上）选 PG1/2。

5．钢丝圈的质量选用

和纺同线密度（特数）的纯棉纱相比：

① 涤纶纯纺纱，钢丝圈应重 4～8 号；涤/棉混纺纱，钢丝圈应重 2～3 号；涤/黏混纺纱，钢丝圈应重 3～4 号。

② 维纶纯纺纱和维/棉混纺纱，钢丝圈应重 1 号左右。

③ 腈纶纯纺纱，钢丝圈应重 2 号左右。

④ 锦纶纯纺和锦/棉混纺纱，钢丝圈应选重一些。

⑤ 氯纶纯纺、混纺时，钢领容易生锈，一般在其表面涂一层清漆，钢丝圈应减轻 2 号。

⑥ 丙纶纯纺纱，宜采用大通道钢丝圈。

⑦ 黏胶纯纺纱，钢丝圈应重 1～3 号；黏/棉混纺纱，钢丝圈应重 1～2 号；黏/腈混纺纱，钢丝圈参照相同粗细的黏胶纯纺纱选用；黏胶与醋酯纤维混纺纱，钢丝圈应比相同粗细的黏胶纯纺纱重 2～3 号；锦/黏混纺纱，钢丝圈应比相同粗细的黏胶纯纺纱重 1～2 号；涤/黏/醋酯纤维混纺纱，钢丝圈应比相同粗细的黏胶纯纺纱重 2～3 号。

⑧ 中长化纤纱，钢丝圈应比相同粗细的棉型化纤纱重 2～3 号，比纯棉纱重 6～8 号。

6．细纱捻度与捻系数选择

（1）根据对方提供的样品设计

（2）按纱线品种用途及质量要求设计　细纱捻系数的选择主要取决于产品的用途，另外要考虑纤维本身的特性。如涤/棉混纺织物，一般要求具有滑、爽、挺的特点，因此细纱捻系数（360～390）比棉纱高；维/棉混纺时，细纱捻系数比纯棉低 5%～10%；针织用纱的捻系数比机织用纱低 5%～15%。

六、温湿度控制

细纱车间温湿度控制范围，化纤混纺与棉纺基本一致，温度为 22～32℃，相对湿度控制在 55%～65%。

与纯棉纺车间相比，纺化纤细纱车间的温湿度控制更严格。夏季温度不能过高，如高于 32℃，化纤油剂发黏而易挥发，静电现象严重；冬季温度不能过低，如低于 18℃，纤维发硬不易抱合，同时会造成胶辊发硬打滑使断头增多。相对湿度一定要稳定，湿度过高，纤维表面水分增多，纤维发黏易缠罗拉；湿度过低，纤维表面水分易蒸发，容易产生静电现象而缠胶辊。

七、混纺纱工艺设计实例

（一）T/C 65/35 13 tex T 筒子纱工艺设计（工艺单见表 3-17-1、表 3-17-2 和表 3-17-3）

1．混合工艺设计

设计棉生条干定量为 18.5 g/(5 m)，并合总数为 8 根，按照 5 涤 3 棉的根数进行配置，根据涤纶排包时混用 1 包涤/棉混纺的回花，由此设计涤条的含棉量为 3%，现进行涤条干定量计算：

表 3-17-1 配棉表(圆盘码包机)

序号	产地	批次	规格 (D×mm)	实际线密度 (dtex)	实际长度 (mm)	回潮率 (%)	倍长纤维率 (%)	含油率 (%)	倍长纤维率 (mg/100 g)	比电阻 (Ω·cm)	包数	混比 (%)
1	三房巷	113	1.4×38	1.51	37.75	0.8	0.4	0.16	0.9	$5.59×10^7$	3	60
2	洛阳	085	1.4×38	1.49	38.21	0.9	0.5	0.18	0.5	$2.55×10^8$	2	40
平均性能指标			1.4×38	1.50	37.93	0.84	0.44	0.17	0.74	$13.55×10^7$		
回花		大约含65%的涤纶									1	

注　原棉的配棉表在前面的课程中已学习,此处不再叙述与列举。

涤纶上包图

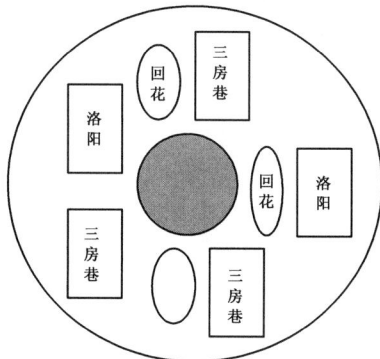

表 3-17-2 开清棉工艺设计

纱线品种：T/C 65/35 13 tex T

			原料混用成分								
	厂家	品级	规格	检验长度(mm)	线密度(dtex)	倍长纤维率(%)	含油率(%)	比电阻(Ω·cm)	回潮率(%)	包数	
涤纶	三房巷/洛阳	优	1.4 dtex×38 mm	37.93	1.50	0.44	0.17	$13.55×10^7$	0.84	5	
	1	回花									

开清棉工艺流程
涤纶:FA002A型自动抓棉机×2台→A006B型混棉机(附FA045B型凝棉器)→FA106A型豪猪式开棉机(附A045B型凝棉器)→A062-Ⅱ型电器配棉器→ [FA046A型振动棉箱给棉机(附A045B型凝棉器)+FA141A型单打手成卷机]×2台

上包图1：	涤纶纤维:350 kg/包
	5包1.4 dtex×38 mm涤纶 + 80 kg回花(涤/棉混回花,含涤约65%)

		棉卷技术规格						
原料	机型	回潮率 (%)	棉卷线密度 (tex)	定量(g/m)		棉卷长度(m)		棉卷净重 (kg)	落卷时间 (min)
				湿重	干重	计算	实际		
纯涤	FA141	0.8	366 460	367.9	365	27.45	26.91	9.90	3.0

			开清棉工艺							
抓棉机	原料	机型	主要隔距			主要速度		产量		
			刀片伸出肋条距离(mm)	打手间歇下降量(mm/次)		打手转速(r/min)	抓棉小车行走速度(m/min)	kg/(台·h)	kg/(台·班)	kg/(台·天)
	涤	FA002	2	2		740	2.3	800		

混棉机械	机型:A006B　　　加工原料:涤纶	
	主要隔距	主要速度
	角钉棉帘～压棉帘:80 mm 角钉棉帘～均棉罗拉:80 mm 打手～尘棒间隔距 角钉(刀片)打手～尘棒:进口15 mm,出口19 mm 尘棒间隔距:10 mm	A006B型传动图及传动计算见《棉纺手册》 输棉帘线速度:1.5 m/min 角钉帘线速度:0.803×D_{m2}=0.803×106=85 m/min 均棉罗拉转速:194 r/min 角钉打手转速:$\frac{443×160}{170}$=416.9r/min

开棉机	原料	机型	主要隔距(mm)						主要速度		产量
			给棉罗拉～打手	尘棒～尘棒		尘棒～打手			给棉罗拉转速 (r/min)	打手转速 (r/min)	kg/(台·h)
				进口	出口	进口	中间	出口			
	涤纶	FA106A	11	7	10	17	19	21	60	480	600

清棉机	原料	机型	主要隔距(mm)				棉卷干定量 (g/m)	主要速度			定额产量
			天平罗拉～打手	打手～尘棒		尘棒～尘棒		风机转速 (r/min)	综合打手转速 (r/min)	棉卷罗拉转速 (r/min)	kg/(台·h)
				进口	出口						
	涤纶	FA141	11	14	20	5	400	1 292.65	921.6	13.34	190.07

纺纱工艺设计与实施

纺纱工艺设计与实施

表3-17-3 纺纱工艺配置表

纺纱品种：T/C 65/35 D 13 tex T

工艺流程：
T：FA002→A006B→FA106A→FA046
→FA141→FA201
C：FA002→A035E→FA106→FA046
→FA141→FA201→FA326
FA326→FA201→FA326A→KGFA001
→EJM128A

注：(1) 棉为普梳加工；
(2) FA326 型无自调匀整。FA326A 型有自调匀整。

原料

种类	平均等级	手扯长度(mm)	回潮率(%)	含杂(%)	细度(dtex)	马克隆值	品质长度(mm)	整齐度	短绒率(%)	单强(cN/dtex)	基数(%)
C棉	2.24	29.3	7.6	1.86	1.64	4.15	31.5	—	14.36	2.25	—
T涤	优	38	0.8	—	1.3	—	—	—	—	5.68	26.5

伸长率(%)	成熟系数
—	1.72
—	—

清棉

种类	机型	手扯长度(mm)	回潮率(%)	定量(g/m)			棉卷长度(m)		棉卷质量(kg)			落卷率(%)	落卷时间(min)	综合打手转速(r/min)	综合罗拉速度(m/min)	棉卷罗拉速度(r/min)	热收缩率(%)	超长纤维率(%)	倍长纤维率(%)
				净重	毛重	允差	计算	实际											
T 13	FA141	0.8	7.0	367.9	390	200 g	27.46	26.91	11.70		0.99	0.6			921	2.86	30	800	330
C 13	FA141	0.8	7.0	417.3	390	200 g	38.58	39.54	17.8		0.95	5.0			921	4.02	27	930	360

梳棉

种类	锡林—道夫(mm)	机型	回潮率(%)	定量(g/5 m)			牵伸(倍)		配合率(%)	实际	锡林速度(r/min)	道夫转速(r/min)	盖板速度(mm/min)	生条棉结(粒/g)	死棉(粒/g)	手拉杂质(粒/g)	含油率(%)	定额产量	
				湿重	干重		机械	实际										kg/(台·h)	kg/(台·班)
T 13	0.18(7)	FA201	2.5	22.68	22.5		80.62	81.11	0.99			0.17	190.07	
C 13	0.18(7)	FA201	2.5	19.80	18.5		100.13	105.4	0.95			225.64	

并条

道别	锡林—道夫(mm)	机型	回潮率(%)	定量(g/10 m)		牵伸(倍)		配合率(%)	并合数	喇叭口口径(mm)	罗拉速度(m/min)	前罗拉输出速度(r/min)	定额产量	
				湿重	干重	机械	实际					kg/(台·h)	kg/(台·天)
头道		FA326	2.5	19.065	18.6	9.258	9.032		5T3C	大			
二道		FA326	2.5	18.04	17.6	8.666	8.455		8				
三道		FA326	2.5	17.94	17.5	8.246	8.045		8				

粗纱

种类	机型	罗拉隔距(mm)	回潮率(%)	定量(g/100 m)		牵伸(倍)		配合率(%)	捻系数		钳口(mm)	锭速(r/min)	定额产量	
		前区 中区 后区		湿重	干重	机械	实际		计算	实际			kg/(台·h)	kg/(台·天)
T/C 13	KGFA4001		2.5	1.292	1.260	7.474	7.291	1.025		338		900	103	2321

细纱

种类	机型	皮辊加压(N/双锭)	罗拉隔距(mm)	皮圈钳口(mm)	回潮率(%)	定量(g/100 m)		牵伸(倍)		捻度(捻/10 cm)		钢丝圈		钢领		锭速(r/min)	输出速度(m/min)	定额产量	
		前 中 后	前区 后区			湿重	干重	机械	实际	计算	实际	型号	号数	型号	直径(mm)			kg/(台·h)	kg/(台·天)
T/C 13	EJM128A	160×120×140	18×32	2.5	2.5			39.24 38.1		93.8		RSS 7/0		PG1/2—3854		17 094		5.68	136.2

注：① 杭纺机隔距用丙工，仿古用英丝。内前用两种单位表示。上面数值单位为 mm，下面括弧内数值单位为英丝；
② 前纺各工序每天工作时间按照 22.5 h 计，细纱车间每天工作时间按照 24 h 计。

$$\frac{65}{5} : \frac{35-3}{3} = G_{涤干} : G_{棉干}$$

则

$$G_{涤干} = \frac{65 \times 3 \times G_{棉干}}{32 \times 5} = 22.55 [g/(5\ m)]$$

2. 纺纱流程选择(棉为普梳)

T:FA002 型→A006B 型→FA106A 型→FA046 型→FA141 型→FA201 型 ⎫
C:FA002 型→A035E 型→FA106 型→FA046 型→FA141 型→FA201 型 ⎭ →FA326

型(头道)→FA326 型(二道)→FA326A 型(三道)→KGFA4001 型→EJM128A 型

注:FA326 型无自调匀整,FA326A 型有自调匀整。

3. 细纱工艺计算

表 3-18　细纱变换齿轮齿数配置表

Z_C								Z_A	Z_B	Z_3	Z_4
48	50	**52**	54	56	58	60	62	**28~74**	**28~74**	72~30	30~72
Z_{13},Z_{14}											$Z_{13}+Z_{14}=94$
31	34	37	39	40	42	43	44	45	47	**48**	51	52	55	60

注　Z_C 为后牵伸变换齿轮;Z_A 和 Z_B 为牵伸变换齿轮;Z_3 和 Z_4 为捻度变换齿轮;Z_{13} 和 Z_{14} 为卷绕密度变换齿轮。

(1)牵伸工艺计算　机型:EJM128A;罗拉直径:前×中×后为 27 mm×25 mm×27 mm;锭盘直径:22 mm。

① 后区牵伸 $E_后$

$$E_后 = \frac{35 \times 34 \times Z_C \times 25}{31 \times 53 \times 28 \times 27} = 0.024 Z_C = 0.024 \times 52 = 1.25(倍)$$

注:Z_C 为 52。

② 总牵伸 $E_总$

T/C 65/35 混纺纱的公定回潮率 $W_K = \frac{65 \times 0.4 + 35 \times 8.5}{100} \times 100\% = 3.2\%$

粗纱线密度=粗纱干定量×(1+混纺纱公定回潮率)=
　　　　4.8×(1+3.2%)×100=495.36(tex)

注:粗纱干定量为 4.8 g/(10 m)。

$$E_实 = \frac{粗纱线密度(tex)}{细纱线密度(tex)} = \frac{495.36}{13} = 38.10(倍)$$

注:牵伸配合率为 1.03。

$$E_机 = E_实 \times 103\% = 38.1 \times 1.03\% = 39.24(倍)$$

$$E_总 = \frac{72 \times 69 \times 62 \times 56 \times 61 \times 35 \times Z_A}{30 \times 46 \times 30 \times 36 \times 30 \times 31 \times Z_B} = 26.57 \times \frac{Z_A}{Z_B} = 26.57 \times \frac{71}{48} = 39.30(倍)$$

其中:$Z_A=71$;$Z_B=48$。

(2)锭子速度 $n_锭$

$$n_锭 = n_{马达} \times \frac{(250+0.8) \times D_1}{(D_4+0.8) \times D_2} \times \frac{f}{50} = 1\ 480 \times \frac{(250+0.8)}{(22+0.8)} \times \frac{210}{200} \times \frac{50}{50} = 17\ 094\ (r/min)$$

259

纺纱工艺设计与实施

其中：$D_1 = 210$ mm；$D_2 = 200$ mm；$D_4 = 22$ mm；$f = 50$ Hz。

D_1 有 220、210、200、180、176、148、136 mm；D_2 有 136、148、176、180、200、210、240 mm。

（2）捻度 T_t 配置

选择细纱捻系数为 338，则 $T_t = \dfrac{\alpha_t}{\sqrt{N_t}} = \dfrac{338}{\sqrt{13}} = 93.8$［捻/(10 cm)］

$$T_t = \frac{(250+0.8)/(D_4+0.8)}{\dfrac{32 \times 33 \times 37 \times 50 \times Z_3 \times \pi d_f}{72 \times 52 \times 52 \times 50 \times Z_4 \times 100}} = 65.14 \times \frac{Z_4}{Z_3} = 65.14 \times \frac{72}{50} = 93.8 ［捻/(10 cm)］$$

其中：$Z_3 = 50$；$Z_4 = 72$。

（4）前罗拉速度 n_f

$$n_f = 1\,480 \times \frac{D_1 \times 32 \times Z_3 \times 33 \times 37 \times 50}{D_2 \times 72 \times Z_4 \times 52 \times 52 \times 50} \times \frac{f}{50} = 5.94 \times \frac{D_1 \times Z_3 \times f}{D_2 \times Z_4} =$$

$$5.94 \times \frac{210 \times 50 \times 50}{200 \times 72} = 216 （r/min）$$

（二）R 19.5 tex K 工艺设计（工艺单见表 3-20-1、表 3-20-2 和表 3-20-3）

1. 黏胶原料选配（表 3-19）

表 3-19 黏胶原料选配表

序号	产地	规格	批号	回潮率	平均长度	长度偏差率	倍长纤维率	细度	包数
		dtex×mm		%	mm	%	%	dtex	
1	唐山	1.33×38	201001071	11.6	37.65	−0.92	0.78	1.29	4
2	兰精	1.33×38	1.264004	11.5	37.89	−0.29	0.54	1.38	4
3	潍坊	1.33×38	V-12-21-3-2	10.5	38.21	0.55	0.25	1.35	2

注 黏胶纤维包重设定为 250 kg/包。

2. 纺纱流程选择

FA002 型→A006B 型→FA106A 型→FA046 型→FA141 型→FA201 型→FA326 型→FA326A 型→KGFA4001 型→EJM128A 型

3. 细纱工艺计算

（1）牵伸工艺计算（机型：EJM128A；罗拉直径：前、中、后均为 25 mm；锭盘直径：22 mm）

① 后区牵伸 $E_后$

$$E_后 = \frac{35 \times 34 \times Z_C \times 25}{31 \times 53 \times 28 \times 27} = 0.024 Z_C = 0.024 \times 52 = 1.25（倍）$$

注：Z_C 为 52。

② 总牵伸 $E_总$

$$E_实 = \frac{粗纱线密度（tex）}{细纱线密度（tex）} = \frac{4.8 \times 100 \times (1+13\%)}{19.5} = 27.8（倍）$$

其中：牵伸配合率取 1.03。

$$E_机 = E_实 \times 1.03 = 27.8 \times 1.03 = 28.64（倍）$$

表 3-20-1 配棉表(圆盘码包机)

产地	规格 dtex×mm	批号	回潮率 %	平均长度 mm	长度偏差率 %	超长纤维率 %	倍长纤维率 %	比电阻 Ω·cm	线密度 dtex	含油率 %	包数 包
唐山	1.33×38	201001071	产地	37.65	0.92	0.2	0.78	$3.76×10^7$	1.29	0.27	4
兰精	1.33×38	1.264004	11.5	37.89	0.29	0.0	0.54	$8.54×10^7$	1.38	0.41	4
潍坊	1.33×38	v—12—21—3—2	10.5	38.21	0.55	0.1	0.25	$9.11×10^7$	1.35	0.2	2

上包图

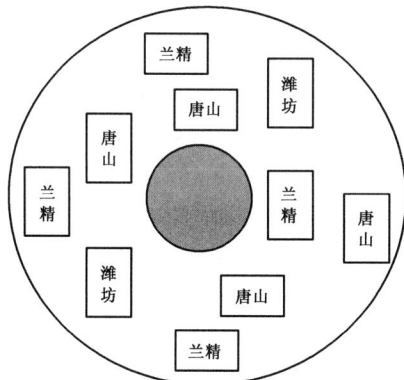

表 3-20-2 开清棉工艺设计

纱线品种: R 19.5 tex K

开清棉工艺流程
FA002A 型自动抓棉机×2 台→A006B 型混棉机(附 FA045B 型凝棉器)→FA106A 型豪猪式开棉机(附 A045B 型凝棉器)→A062－Ⅱ型电器配棉器→[FA046A 型振动棉箱给棉机(附 A045B 型凝棉器)+FA141A 型单打手成卷机]×2 台
上包图: 黏胶纤维:250 kg/包;10 包,见左图

棉卷技术规格

原料	机型	回潮率 (%)	棉卷线密度 (tex)	定量(g/m) 湿重	定量(g/m) 干重	棉卷长度(m) 计算	棉卷长度(m) 实际	棉卷长度(m) 伸长率	棉卷净重 (kg)	落卷时间 (min)
黏胶	FA141	10.0	440 700	429	390	26.86	26.46	1.5%	11.35	3.0

开清棉工艺

	原料	机型	主要隔距 刀片伸出肋条距离(mm)	主要隔距 打手间歇下降量(mm/次)	主要速度 打手转速(r/min)	主要速度 抓棉小车行走速度(m/min)	产量 kg/(台·h)	产量 kg/(台·班)	产量 kg/(台·天)
抓棉机	黏胶	FA002	2	2	740	2.3	800		

	机型:A006B		加工原料:涤纶	
混棉机械	主要隔距		主要速度	
	角钉帘~压棉帘:60 mm 角钉帘~均棉罗拉:60 mm 打手~尘棒间隔距 角钉(刀片)打手~尘棒:进口 15 mm;出口 18 mm 尘棒间隔距:10 mm		A006B 传动图及传动计算见《棉纺手册》 输棉帘线速度=1.5 m/min 角棉帘线速度=$0.803×D_{m2}=0.803×106=85$ m/min 均棉罗拉转速=194 r/min 角钉打手转速=$\frac{443×160}{170}=416.9$ r/min	

	原料	机型	主要隔距(mm) 给棉罗拉~打手	尘棒~尘棒 进口	尘棒~尘棒 出口	尘棒~打手 进口	尘棒~打手 中间	尘棒~打手 出口	主要速度 给棉罗拉转速(r/min)	主要速度 打手转速(r/min)	产量 kg/(台·h)
开棉机	黏胶	FA106 A	11	7	5	17	19	21	60	480	600

	原料	机型	主要隔距(mm) 天平罗拉~打手	打手~尘棒 进口	打手~尘棒 出口	尘棒~尘棒	棉卷干定量 (g/m)	主要速度 风机转速(r/min)	主要速度 综合打手转速(r/min)	主要速度 棉卷罗拉转速(r/min)	定额产量 kg/(台·h)
清棉机	黏胶	FA141	10	14	20	6	390	1 292.65	921.6	13.34	225.8

261

纺纱工艺设计与实施

纺纱工艺设计与实施

262

表 3-20-3　纺纱工艺配置表

纺纱品种：R 19.5 tex K

工艺流程：
R：FA002→A006B→FA106A→FA016→FA141→FA201→FA326→FA326A→KGFA1001→EJM128A
注：FA326 型无自调匀整，FA326A 型有自调匀整。

清棉　R19.5

机型	回潮率(%)	定量(g/m) 湿重	干重	净重	毛重	允差	棉卷长度(m) 计算	实际	伸长率(%)	落卷时间(min)	定额产量 kg/(台·班)
FA141	10	429	390	11.35	13.15±200g	1800 g/根	26.86	26.46	−1.5	3	225.8

棉卷扦质量：1 800 g/根　　棉卷质量(kg)：24.66　定额产量 kg/(台·天)：554.8

梳棉　R19.5

机型	回潮率(%)	定量(g/5 m) 湿重	干重	牵伸(倍) 机械	实际	配合率(%)	落棉率(%)	速度 锡林(r/min)	刺辊(r/min)	道夫(r/min)	盖板(mm/min)	给棉罗拉速度 r/min	m/min
FA201	10	24.75	22.5	86.15	86.67	0.991	0.6	330	800	30	72.3	13.3	9.6

综合打手转速 r/min：900　综合打手—天平罗拉(mm)：10
针布型号：锡林 AC2520×01660　道夫 AD1030×01880　刺辊 AT5610×05611　盖板 MCH28
棉网张力牵伸(倍)：1.4　定额产量 kg/(台·天)：—

并条　R19.5

道别	机型	回潮率(%)	定量(g/5 m) 湿重	干重	牵伸(倍) 机械	实际	配合率(%)	并合数	牵伸分配(倍) 前区	后区
头道	FA326	10	21.56	19.6	9.41	9.18	1.025	8	1.014	1.8
二道	FA326A	10	20.35	18.5	8.69	8.48	1.025	8	1.014	1.5

定额产量 kg/(台·天)：头 3 229　二 3 048

粗纱　R19.5

机型	回潮率(%)	定量(g/10 m) 湿重	干重	牵伸(倍) 机械	实际	配合率(%)	捻系数	捻度(捻/10 cm) 计算	实际	前罗拉速度(r/min)	锭速
KGFA4001	10	5.28	4.8	7.90	7.71	1.025	72	3.1	1.025	1 582	1 000

定额产量 kg/(台·天)：2 551

细纱　R19.5

机型	回潮率(%)	定量(g/100 m) 湿重	干重	牵伸(倍) 机械	实际	配合率(%)	捻系数	捻度(捻/10 cm) 计算	实际	前罗拉速度(r/min)	锭速
EJM128A	10	1.900	1.726	28.64	27.8	1.03	362	82	23.10	211	14 652

定额产量 kg/(台·天)：204.6　　420 锭/台

注　① 棉卷机隔距因厂份沿用英丝，肉面用两种单位表示。上面数值单位为 mm，下面拱括弧内数值单位为英丝。
② 前各工序每天工作时间 22.5 h 计，细纱车间每天工作时间按照 24 h 计。

$$E_{总} = \frac{72 \times 69 \times 62 \times 56 \times 61 \times 35 \times Z_A}{30 \times 46 \times 30 \times 36 \times 30 \times 31 \times Z_B} = 26.57 \times \frac{Z_A}{Z_B} =$$

$$26.57 \times \frac{72}{67} = 28.55 (倍)$$

其中:$Z_A = 72$;$Z_B = 67$。

（2）锭子速度 $n_{锭}$

$$n_{锭} = n_{马达} \times \frac{(250 + 0.8) \times D_1}{(D_4 + 0.8) \times D_2} \times \frac{f}{50} =$$

$$1480 \times \frac{(250 + 0.8)}{(22 + 0.8)} \times \frac{180}{200} \times \frac{50}{50} = 14\,652 \ (r/min)$$

其中:$D_1 = 180 \text{ mm}$;$D_2 = 200 \text{ mm}$;$f = 50 \text{ Hz}$。

（3）捻度 T_t

$$T_t = \frac{(250 + 0.8)/(D_4 + 0.8)}{\dfrac{32 \times 33 \times 37 \times 50 \times Z_3 \times \pi d_f}{72 \times 52 \times 52 \times 50 \times Z_4 \times 100}} = 65.14 \times \frac{Z_4}{Z_3} =$$

$$65.14 \times \frac{72}{57} = 82.3 \ [捻/(10 \text{ cm})]$$

其中:$Z_3 = 57$;$Z_4 = 72$;$D_4 = 22 \text{ mm}$(锭盘直径);$d_f = 25 \text{ mm}$。

（4）前罗拉速度 n_f

$$n_f = 1\,480 \times \frac{D_1 \times 32 \times Z_3 \times 33 \times 37 \times 50}{D_2 \times 72 \times Z_4 \times 52 \times 52 \times 50} \times \frac{f}{50} =$$

$$5.94 \times \frac{D_1 \times Z_3 \times f}{D_2 \times Z_4} = 211 (r/min)$$

工艺优化

> 一份工艺单设计完成后,在具体实施的过程中,还会出现某些问题,诸如:实际定量与设计定量存在差异、细纱断头较大、条干CV值没有达标、棉结较多、混纺比超标。因而要对工艺参数进行调整和工艺优化,以便达到最佳质量。

任务 >>> 实施

工作任务

某棉纺厂欲生产混纺纱线品种,请以工艺员角色,根据给定纱线品种,选择工艺流程,制定工艺设计方案。

任务完成后提交混纺纱工艺设计工作报告。

工作准备

资料准备:

（1）《现代棉纺技术（第三版）》

（2）《棉纺手册（第三版）》

（3）化纤及混纺纱资料

① 化纤质量标准

② 混纺纱质量标准

③ 混纺比测试方法

（4）各工序设备说明书

（5）上网搜索或到棉纺企业收集混纺纱工艺设计案例

设备与专用工具：纺纱设备，各设备工艺调整通用及专用工具。

测试仪器：条粗测长仪，称重天平，生条棉结杂质检验装置，纱线条干仪，缕纱测长仪，纱线捻度试验仪，八篮快速烘箱。

工作步骤与要求

（1）制定小组工作计划

（2）制定混纺纱工艺设计方案

▸ 分析该混纺纱线产品的品种特点及用途

▸ 原料选配（化纤原料选配与混用原棉选配主体性能指标）

▸ 混纺比例计算及纺纱流程选择

▸ 各工序工艺参数配置与计算（说明参数选择依据，列出详细计算过程）

▸ 制定上机工艺单

（3）上机工艺调试

根据设计的混纺纱工艺设计单，上机试纺，填写各工序工艺调整通知单。

（4）质量测试与分析

测试：① 各工序定量、质量不匀率

② 根据实际定量计算混纺比、混纺比测试

③ 梳棉棉结杂质

④ 细纱条干、强力

⑤ 粗纱、细纱捻度

思考：若混纺比超出质量控制范围，请分析原因，并提出工艺改进建议。

提交成果

（1）根据分组设计的纱线产品实例，提交该品种的工艺设计工作报告

（2）制作 PPT 和 Word 电子文档，对你的混纺纱工艺设计方案进行答辩

答辩内容……

① 选择原料的依据

② 混合方法选择的原因

② 纺纱工艺流程特点

③ 各工序主要纺纱工艺参数配置及选择依据

课后 >>>
自测

一、填空题

1. 原料混合的目的是＿＿＿＿＿＿＿＿＿、＿＿＿＿＿＿＿＿＿、＿＿＿＿＿＿＿＿＿。
2. 化纤选配的目的是＿＿＿＿＿＿＿＿＿、＿＿＿＿＿＿＿＿＿、＿＿＿＿＿＿＿＿＿。
3. 棉型化纤是指:长度＿＿＿＿＿＿＿＿＿＿＿＿＿;线密度＿＿＿＿＿＿＿＿＿＿＿＿。

二、选择题(A、B、C、D四个答案中只有一个是正确答案)

1. 纺下列品种的纱时,一般采用条混方法进行混棉的是( )。
   (A) 纯棉纱 (B) 涤/腈混纺纱
   (C) 涤/棉混纺纱 (D) 涤/腈/黏混纺纱

2. 混纺纱的混纺比是指( )。
   (A) 干重时的混纺比 (B) 公定回潮率时的混纺比
   (C) 实际回潮率时的混纺比 (D) 标准回潮率时的混纺比

3. 以下设备中,适合加工化纤的是( )。
   (A) FA104A 型 (B) FA106 型 (C) FA106A 型 (D) FA107 型

4. 与加工棉纤维相比,加工化纤时,开清棉工序中打手和尘棒之间的隔距配置是( )。
   (A) 提高打手转速,减小尘棒之间的隔距
   (B) 降低打手转速,增大尘棒之间的隔距
   (C) 降低打手转速,减小尘棒之间的隔距
   (D) 提高打手转速,增大尘棒之间的隔距

5. 与加工棉纤维相比,加工化纤时,梳棉机锡林针布的工作角和齿密一般为( )。
   (A) 工作角小于纺棉,齿密大于纺棉 (B) 工作角大于纺棉,齿密小于纺棉
   (C) 工作角大于纺棉,齿密大于纺棉 (D) 工作角小于纺棉,齿密小于纺棉

6. 加工化纤时,罗拉隔距依据( )确定。
   (A) 化纤名义长度 (B) 化纤平均长度
   (C) 超长纤维长度 (D) 倍长纤维长度

7. 与加工棉纤维相比,加工化纤时皮辊加压要( )。
   (A) 大于纺棉 (B) 小于纺棉 (C) 等于纺棉 (D) 以上都不是

8. 加工化纤时,粗纱捻系数和纺棉相比,一般( )。
   (A) 大于纺棉 (B) 小于纺棉 (C) 等于纺棉 (D) 以上都不是

三、判断题(正确的打√,错误的打×)

1. 化纤纯纺时,不可以用同品种不同批号的化纤进行纺纱。 ( )
2. 涤纶与棉进行混纺时,一般采用棉条混合的方法进行混合。 ( )
3. 六辊筒开棉机只适用于加工棉纤维。 ( )
4. 加工化纤时,开清棉流程中配置的开清点的数量比加工棉纤维时多。 ( )
5. 纺化纤时,梳棉机盖板速度要比纺棉时大。 ( )
6. 纺化纤时,梳棉机张力牵伸要偏小掌握。 ( )

265

纺纱工艺设计与实施

7. 纺化纤时,罗拉牵伸时的牵伸力要比纺棉时小。 （　　）

8. 化纤与化纤混纺可以采用包混合条混两种方法。 （　　）

9. 并条机纺化纤时,罗拉牵伸隔距比纺棉时大,输出速度比纺棉时小。 （　　）

四、简答题

1. 化纤选配的内容有哪些?

2. 原料混合的方法有哪些? 举例说明分别适用于什么产品,各有何特点?

3. 以 FA 系列设备为例,写出加工化纤的典型的开清棉工艺流程。

4. 简述加工化纤时开清棉工序工艺配置的特点。

5. 简述加工化纤时梳棉工序工艺配置的特点。

6. 纺化纤时如何配置并条机的牵伸工艺?

7. 纺化纤时粗纱捻系数如何选择?

8. 细纱机纺化纤时,如发现"出硬头",该如何解决?

五、计算题

1. 涤/黏混纺,设计干重混纺比为 55/45,若涤的实际回潮率为 0.4%,黏胶的实际回潮率为 13%,求两种纤维的湿重混纺比。

2. 涤/棉混纺,设计干重混纺比为 55/45,在并条机上混合,初步确定用 4 根涤纶条和 4 根棉条喂入头道并条机,涤纶条的设计干定量为 18.4 g/(5 m),求棉条的干定量。

新型纺纱与新型纱线工艺设计

任务描述 >>>

　　传统的纺纱方式为环锭纺,是指通过钢丝圈在钢领上围绕锭子高速旋转加捻形成纱线的纺纱方法;新型纺纱则取消了锭子、钢领、钢丝圈,把纤维喂入部分与加捻部分分开,加捻与卷绕分开,通过一个专用的加捻元件进行加捻而形成纱线。

　　目前应用比较广泛的新型纺纱方法主要有转杯纺、喷气纺、涡流纺、摩擦纺等。其中转杯纺技术成熟,应用非常广泛,发展很快。本学习情境的主要任务是合理配置和设计转杯纺纱机的主要工艺参数,同时需了解环锭纺细纱机纺纱新技术的应用以及新型纱线的开发情况。

267

学习目标 >>>

- 理解转杯纺纱机的工作原理
- 能合理配置转杯纺纱机的主要工艺参数
- 会进行转杯纺纱机工艺计算
- 了解纺纱新技术特点及应用情况

提交成果 >>>

■ 转杯纺工艺设计报告

转杯纺纱线产品生产任务单见表4-0。

表4-0　转杯纺纱线产品生产任务单

品种序号	纱线品种	产量（吨/月）	质量标准
1	OE C 29 tex(机织用经纱)	78	
2	OE C 36 tex Q(起绒用纱)	200	FZ 12001—2015
3	OE C 58 tex(牛仔布用经纱)	164	一等品
4	OE C 42 tex(机织平布用经纱)	87	

品种序号	纱线品种	产量（吨/月）	质量标准
5	OE C 19 tex(针织用纱)	50	
6	OE C 21 tex(针织用纱)	60	FZ 12001—2015 优等品
7	OE C 48 tex Q(灯芯绒用纱)	370	
8	OE C 24 tex(机织用经纱)	80	

4.1　转杯纺纱工艺设计

任务 >>>
描述

　　根据生产任务单要求,对纱线品质要求及原料情况进行分析,制定原料选配表,选择纺纱工艺流程,制定转杯纺纺纱工艺设计方案。

268

>>> *4.1.1*　　转杯纺纱机概述

　　新型纺纱按纺纱原理可分为自由端纺纱和非自由端纺纱两大类。自由端纺纱是将喂入的须条分梳成单纤维状态,然后将单纤维凝聚成为连续的须条,再进行加捻成纱,输出后卷绕成筒纱。自由端纺纱包括:转杯纺纱、摩擦纺纱、涡流纺纱、喷气涡流纺纱等。非自由端纺纱是使由纤维组成的须条自喂入端至输出端呈连续状态,其间没有断裂过程,加捻器置于输入端与输出端之间,对须条施加假捻,纱条获得强力的原因将因为纺纱方法的不同而异。非自由端纺纱包括:自捻纺纱、喷气纺纱和无捻纺纱等。

　　转杯纺纱是发展速度最快、技术较成熟、应用最广泛的一种新型纺纱方法。自 20 世纪50 年代第一台转杯纺纱机诞生以来,在机械性能、纺纱性能与自动化水平上均取得了巨大的发展。转杯纺纱机的发展经历了三个阶段:第一个阶段(20 世纪 60 年代～70 年代中期),速度低、质量差、自动化水平低;第二个阶段(20 世纪 70 年代中期～90 年代),速度、质量有所提高,技术进步明显;第三个阶段(20 世纪 90 年代至今),转杯最高速度达到150 000 r/min,实现全面质量在线监控,自动化水平得到极大的提高。

一、转杯纺纱机工作原理

　　转杯纺纱是通过高速回转的转杯及杯内的负压完成纤维输送、凝聚、并合、加捻成纱的一种新型纺纱方法。如图 4-1-1 所示,转杯纺纱机通过分梳辊将喂入的条子分梳成连续不断的单纤维并随气流均匀地输入转杯,通过转杯的高速回转实现加捻,再由引纱卷绕机构将转杯中的纱引出并卷绕成纱筒,加捻和卷绕分开,解决了高速和大卷装间的矛盾。

转杯纺纱机对原料的要求不高,原料适用范围很广。因此,在生产实践中,转杯纺纱机使用的原料非常广泛,以棉为主,包括化纤、毛、麻、丝等短纤维,废棉和再用棉也达到大量使用。

二、转杯纺工艺流程

转杯纺纱机是一种高效纺纱设备,与传统的环锭纺纱方法相比,节约了很多工序。转杯纺纱的特点是流程短,速度快,产量高,品种适应范围广。

目前,在转杯纺纱的工艺流程设计上,根据产品的质量要求及设备配置情况,主要存在以下方案:

第一种(常规采用):高效开清棉联合机组(附高效除杂装置)→高产梳棉机→2道并条机→转杯纺纱机。

第二种:高效开清棉联合机组(无附加装置)→双联梳棉机→2道并条机→转杯纺纱机。

第三种:高效开清棉联合机组(附高效除杂装置)→高产梳棉机(附加 IDF)→1 道并条机(自调匀整)→ 转杯纺纱机。

第四种:高效开清棉联合机组(附高效除杂装置)→高产梳棉机(附加 IDF)→转杯纺纱机。

三、纺纱器的组成

转杯纺纱机的核心部件是纺纱器,每个纺纱器称之为一头或一锭,主要由以下部分组成(图 4-1-2):

(1)喂入部分(喂给喇叭、喂给板、喂给罗拉)

作用:握持并积极向前输送纤维条。

(2)分梳部分(分梳辊)

作用:将纤维条分梳成单纤维。

(3)排杂装置

作用:排除微尘和细小杂质。

(4)气流与纤维输送(输送通道)

作用:依靠气流使纤维伸直、定向地通过输送管输送到纺纱杯凝聚槽。

(5)纺纱杯(自排风、抽气式):

作用:高速回转,凝聚纤维,并实现对纱条加捻。

(6)隔离盘

作用:隔离纤维与纱条,定向引导纤维流向转杯凝聚槽。

(7)假捻盘

作用:通过假捻盘的假捻作用,使转杯内回转纱条的捻度增加,以达到减少断头的目的。

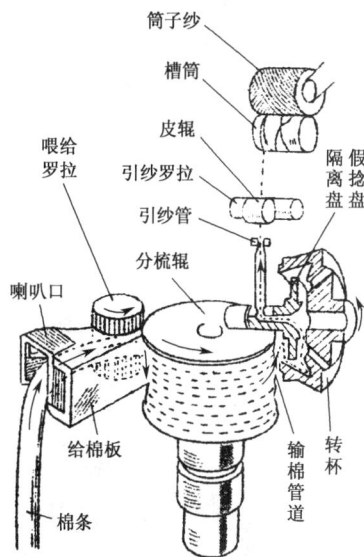
图 4-1-1 转杯纺纱机工艺过程

269

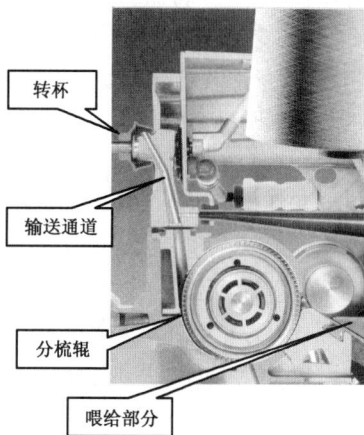
图 4-1-2 纺纱器结构

四、两种类型的转杯纺纱机

1. 自排风式转杯纺纱机

转杯底部有规律地开有小孔,当转杯高速旋转时,通过离心力将气体排出,从而保持转杯内部处于负压状态,保证纤维凝聚在凝聚槽内正常纺纱,见图 4-1-3。

2. 抽气式转杯纺纱机

转杯内部的气流通过一根风管,由风机主动抽走,从而保持转杯内部处于负压状态,保证纤维凝聚在凝聚槽内正常纺纱,见图 4-1-4。

图 4-1-3　自排风式转杯

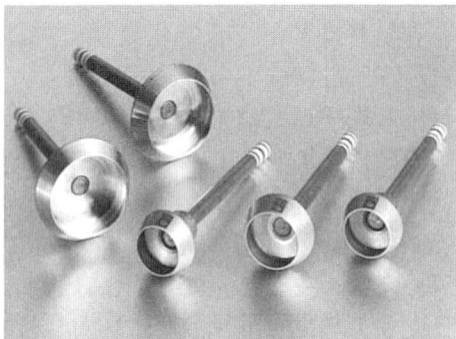

图 4-1-4　抽气式转杯

▶ 两种转杯纺纱机的性能比较

(1) 自排风式转杯纺纱机的转杯体积大、质量较重,相比较而言,速度受到限制,且转杯内部容易积尘,但是能耗低,适合纺粗线密度纱与麻类纤维。

(2) 抽气式转杯纺纱机的转杯体积小、质量轻,速度可以开得很高,转杯内部较卫生,但能耗较高,适合纺品质高、质量好、细度细(纱支高)的产品。

五、转杯纺纱机主要机型

1. 自排风式转杯纺纱机

(1) F1601 型、F1602 型、F1603 型、F1604 型、FA601 型、BD200 系列(经纬纺织机械有限公司)

转杯速度:31 000 ～ 80 000 r/min;适纺原料:棉、棉型化纤。

(2) CR2 型(上海二纺机股份有限公司)

转杯速度:31 000 ～ 60 000 r/min;适纺原料:棉、棉型化纤。

(3) 进口机型(以捷克、日本为代表)

BT905 型(瑞士立达集团)

转杯速度:36 000 ～ 100 000 r/min;适纺原料:棉、亚麻、化纤及其混纺。

2. 抽气式转杯纺纱机

(1) FA611 型(远东机械制造公司)

转杯速度:35 000 ～ 60 000 r/min;适纺原料:棉、麻、化纤及其混纺。

(2) FA622 型(川江机械制造有限公司)

转杯速度:45 000～80 000r/min;适纺原料:棉、麻、棉型化纤及其混纺、绢纺落绵。

(3) TQF4 型(天津市新型纺织机械厂)

转杯速度:33 000 ～ 51 000 r/min;适纺原料:棉、麻、棉型化纤及其混纺、绢纺落绵、毛下脚。

(4) RFRS30 型(浙江日发纺织机械有限公司)

转杯速度:30 000 ～ 100 000 r/min;适纺原料:棉、麻、紬丝、棉型化纤及其混纺。

(5) 进口机型(以德国、瑞士、美国为代表)

① BT923 型:(瑞士立达集团)

转杯速度:36 000～110 000 r/min;适纺原料:棉、亚麻、化纤及其混纺。

② Autocoro312 型、Autocoro360 型(德国赐莱福公司)

转杯速度:40 000 ～ 150 000 r/min;适纺原料:天然纤维、化纤及其混纺。

4.1.2 转杯纺纱机的主要工艺参数

一、转杯纺工艺设计原则

转杯纺纱依靠气流输送纤维并重新凝聚排列,成纱中纤维伸直平行度差,要保证转杯纺纱一定的强力,纱线截面内必须具有一定的纤维根数,因此转杯纺纺制细特纱较为困难。

在转杯纺纱过程中,转杯内尘杂积聚是严重缺陷,所以前纺制条工艺要加强除杂、除微尘、减少短绒含量以及改善纤维的分离度;在并条工序中,要充分利用条子的牵伸和并合作用,提高纤维的伸直平行度,降低熟条质量不匀率。

合理配置分梳辊针布和速度,选择转杯速度时,要注意转杯速度与转杯直径的合理匹配(一般大直径配低速度,小直径配高速度),还要注意转杯直径和纤维长度匹配。

二、转杯纺纱机主要工艺参数配置及依据

1. 纺杯部分

纺杯是转杯纺纱机的核心部件,它的速度高低是衡量转杯纺纱机制造水平的主要指标。

转杯纺纱机通过转杯的高速旋转,给纱条施加捻度。因此,转杯直接影响纺纱的质量与产量。在进行转杯选择时,主要从三个方面考虑:一是转杯直径,它直接制约速度的快慢,转杯直径大,速度低,转杯直径小,速度高;二是转杯的凝聚槽形式,不同的凝聚槽适应不同的纤维,凝聚槽形式对产品质量的影响很大;三是转杯的速度,不同的纤维由于性能不同,能适应的速度不同,速度选择不合理,会造成大量断头,导致效率低下。

2. 分梳辊部分

分梳辊是转杯纺纱机唯一的分梳元件,直接制约纱线产品质量。分梳辊部分的主要工艺参数包括分梳辊速度和分梳辊针布型号。不同的原料、不同的产量,对分梳工艺配置的要求不同。在进行分梳辊工艺设计时,主要考虑两个因素:一是根据原料品种选择分梳辊针布型号;二是根据棉条定量、产量选择分梳辊速度。

3. 牵伸卷绕部分

转杯纺纱机的牵伸能力较大,不同型号、不同厂家的设备在牵伸设计上存在差异。一般而言,较粗的纱牵伸小,较细的纱牵伸大。在工艺设计过程中,掌握在保证产品质量的前提下适当提高牵伸的原则。

271

纺纱工艺设计与实施

卷绕部分包括两个内容：一是卷装成形，目前转杯纺纱机有平行卷装与锥形卷装两种形式，其中平行卷装还有大卷装与小卷装之分，卷装形式根据纱线品种与客户要求选择，一般出厂后保持不变；二是卷绕张力，纱线卷绕张力大则成形紧密，但是纱线强力损失较多，纱线卷绕张力小则成形松软，在包装运输过程中容易变形。

4. 工艺配置

以经纬纺织机械有限公司生产的 F1604 型转杯纺纱机为例，介绍具体的工艺配置要求。

（1）分梳辊

① 分梳辊针布型号的选择　纺纱原料与锯齿型号的关系见表 4-1-1。棉常用 OB20、OK40；化纤（涤纶）常用 OK36。

表 4-1-1　纺纱原料与锯齿型号的关系

工作角(°)	65	100	90	75	78	65
型号	OB20，OK40	OK37	OK36	OK61	OS21	OK74
适纺原料	纯棉（普梳）纯棉（精梳）	再生纤维	化纤及混纺原料（纯涤纶、涤/棉、涤/黏）	纯腈纶、腈/棉、黏/棉、亚麻混纺	化纤与混纺原料	黏胶

② 分梳辊速度选择　F1604 型的分梳辊速度（r/min）主要有 5200、6200、6700、7200、7700、8200、8600、9200、9800。

根据纱线品种、纤维品种、生产状况、质量要求进行选择，一般纺棉纤维用 6000～8000 r/min，纺化纤用 5000～8000 r/min。

提高分梳辊速度，有利于分梳、排杂和转移，成纱条干好，但速度过高会损伤纤维，使成纱强力下降。

（2）转杯

① 转杯直径的选择　转杯直径应和转杯速度与纤维直径相匹配，根据品种、纤维长度、质量要求进行选择。自排风式转杯纺纱机的转杯直径有 66、50、40、54、44、33 mm。

② 转杯速度的选择　转杯速度的高低决定了转杯纺纱机的产量和成纱捻度，一般抽气式转杯速度高于自排风式。在纺制细特纱时，配置的转杯速度较高，主要考虑经济效益问题。转杯速度选择根据品种、生产状况、质量要求进行选择，断头大时要降速。一般速度高时配置小直径转杯，速度低时配置大直径转杯；纤维长度长时采用大直径转杯，纤维长度短时采用小直径转杯。不同机型的转杯速度、转杯直径和纺纱线密度见表4-1-2。

表 4-1-2　不同机型的转杯速度、转杯直径和纺纱线密度

机型	赐莱福 Autocoro360	立达 R40	苏拉 BD-D230	经纬纺机 FA1604	浙江日发 RFRS30	四川川江 FA622
转杯转速（r/min）	40 000～150 000	70 000～150 000	31 000～100 000	30 000～900 000	45 000～100 000	30 000～90 000
转杯直径(mm)	56～28	56～28	56～36	66～33	66～38	40
线密度(tex)	145～10	170～10	250～14.5	240～14.5	120～6	97.2～14.7

　　FA1604 型转杯纺纱机的转杯速度为 30 000～90 000 r/min。转杯纺纱机的转杯直径与速度之间存在显著的关联,一般而言,转杯直径越大,其质量越大,速度越慢;转杯直径越小,速度越快。FA1604 型转杯纺纱机的转杯直径与速度之间的对应关系见表 4-1-3。

表 4-1-3　转杯直径与速度对照表

转杯直径(mm)	66	54 或 50	44 或 40	33
转杯速度(r/min)	30 000～40 000	40 000～50 000	50 000～60 000	60 000 以上

　　(3) 捻系数与捻度

　　① 捻系数　转杯纱的捻系数要根据原料性能、纺纱线密度和纱线用途而定,一般推荐捻系数见表 4-1-4。

表 4-1-4　纱线种类与捻系数

纱线种类	经纱	纬纱	针织纱	针织起绒纱
捻系数	430±50	400±50	370±50	350 以下

　　② 捻度计算　有两种方法,计算式如下:

$$T_t[捻/(10\ cm)] = \frac{\alpha_t}{\sqrt{N_t}}$$

$$T_t[捻/(10\ cm)] = \frac{转杯转速(r/min)}{引纱罗拉线速度(m/min) \times 10}$$

　　(4) 电子清纱器

　　① 粗节通道(S1～S6):6 个;直径值(绝对值):0～450％;长度:0～640 mm。

　　② 细节通道(T1～T2):2 个;直径值(绝对值):0～100％;长度:0～640 mm。

　　③ 支数偏差通道:1 个;直径值(绝对值):0～150％;长度:10 m。

　　④ 报警设置:0～9 个疵点/10 km。

　　(5) 纺纱线密度、条子定量和牵伸

　　纺纱线密度、条子定量和牵伸的参考范围见表 4-1-5。

表 4-1-5　纺纱线密度、条子定量和牵伸参考范围

纺纱线密度(tex)	72～96	29～72	24～29
条子定量[g/(5 m)]	20～25	18～20	16～18
牵伸(倍)	41～69	49～137	110～148

　　转杯纺牵伸可按下式计算:

$$E_机 = \frac{引纱罗拉线速度}{喂给罗拉线速度}$$

>>> **4.1.3**　转杯纺典型工艺设计案例分析

引导案例:OE C 59 tex 工艺设计

一、OE C 59 tex 配棉表 (表 4-1-6)

表 4-1-6　OE C 59 tex 配棉表

产地	批次	商业品级	厂验品级	主体长度(mm)	手扯长度(mm)	短绒率(%)	细度[tex(公支)]	回潮率(%)	包数
淮安	5	329	5	27.44	28.71	17.56	0.17(5760)	6.9	1
铜山	12	328	4	26.85	28.34	14.24	0.18(5450)	7.0	2
大丰	2	427	5	27.13	28.82	16.85	0.18(5500)	5.8	2
精短									6
斩刀									3
破籽									2

二、转杯纺纱工艺流程

开清棉→FA201 型梳棉机→FA306 型并条机→FA306 型并条机→F1604 型转杯纺纱机

其中,开清棉工艺流程为:FA002 型自动抓棉机×2 台(并联)→FA121 型除金属杂质装置→A00B 型自动混棉机→(附 A045 型凝棉器)→FA101 型四刺辊开棉机(附 A045 型凝棉器)→FA061 型强力除尘机→A062 型电气配棉器(2 路)→[A092AST 型振动式双棉箱给棉机(附 A045 型凝棉器)→FA141 型单打手成卷机]×2 台

三、分析转杯纺纱机技术性能

选用转杯纺纱机为 F1604 型,其主要技术特征见表 4-1-7,其传动系统见图 4-1-5。

表 4-1-7　F1604 型转杯纺纱机技术性能

每台锭数	168 或 192	引纱速度(m/min)	20～120
锭距(mm)	200	转杯直径(mm)	400～66
适纺纤维(mm)	<60	排杂及回收方式	小排杂、吸风管
适纺纱线密度(tex)	166～15	卷装:平筒,直径(mm)×宽度(mm)	300×150
喂入线密度(tex)	5000～2200	空管:直径(mm)×宽度(mm)	50×170
转杯速度(r/min)	40 000～75 000	纱筒质量(kg)	4.0
转杯驱动方式	龙带	自动化程度	半自动
分梳辊速度(r/min)	5200～8200	电子清纱器	选配
牵伸(倍)	35～230	卷绕方式	往复式
纺纱器形式	自排风	装机容量(kW)	42

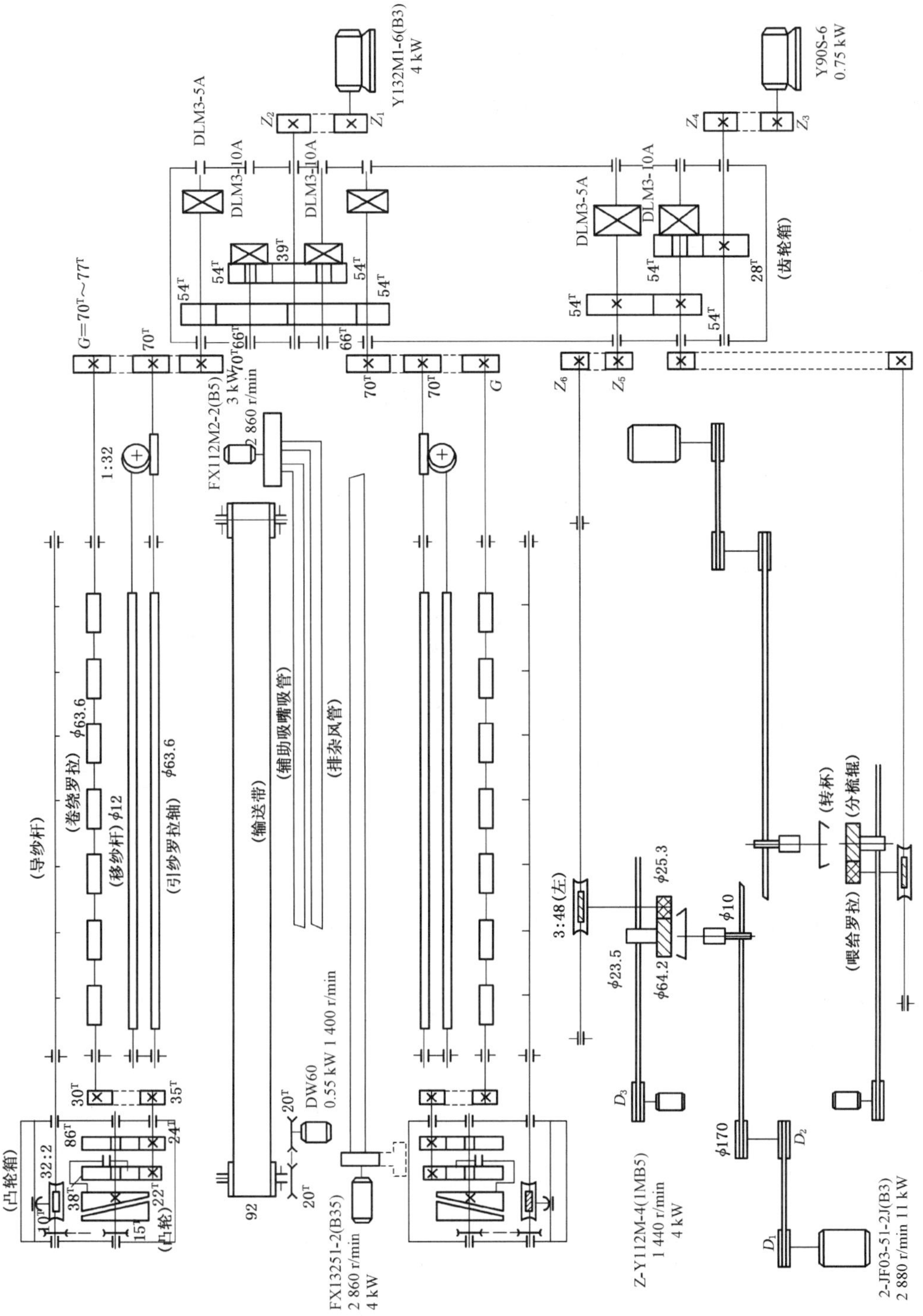

纺纱工艺设计与实施

275

图4-1-5 FA1604型转杯纺纱机传动系统

四、配置转杯纺纱机主要工艺参数

1. 牵伸

$$E_{实} = \frac{喂入熟条线密度(tex)}{纱线线密度(tex)} = \frac{5\ 280}{59} = 89.5(倍)$$

注:熟条设计线密度为 5 280 tex;熟条干定量为 24.33 g/(5 m)。

$$E_{机} = 配合率 \times E_{实} = 0.98 \times 89.5 = 87.71(倍)$$

其中,牵伸配合率根据转杯纺落棉率、纤维损失、捻缩、卷绕张力、牵伸等因素综合确定,一般为 0.98～0.95。

2. 主要速度

(1) 转杯速度

$$转杯转速(r/min) = 2880 \times \frac{D_1}{D_2} \times \frac{170 + \delta}{10}$$

式中:δ——龙带的厚度(2.6 mm);

D_1——电机变换轮直径(142、162、178、182、197、212、227、242 mm);

D_2——转杯变换轮直径(234、201、178、175、160、150 mm)。

选择 $D_1 = 162$ mm,$D_2 = 160$ mm,则

$$转杯转速 = 2880 \times \frac{D_1}{D_2} \times \frac{170 + \delta}{10} = 2880 \times \frac{162}{160} \times \frac{170 + 2.6}{10} = 50\ 330(r/min)$$

(2) 分梳辊转速

$$分梳辊转速(r/min) = 1440 \times \frac{D_3 + \delta}{23.5}$$

式中:D_3——电机变换轮直径(83、100、108、116、124、132、140、150、160 mm)。

选择 $D_3 = 124$ mm,则

$$分梳辊转速 = 1440 \times \frac{D_3 + \delta}{23.5} = 1440 \times \frac{124 + 2.6}{23.5} = 7758(r/min)$$

3. 捻系数与捻度

设计捻系数 $\alpha_t = 465$,则设计捻度

$$T_t = \frac{\alpha_t}{\sqrt{N_t}} = \frac{465}{\sqrt{59}} = 60.5[捻/(10\ cm)]$$

4. 引纱罗拉线速度与引纱频率

$$V_{引}(m/min) = \frac{转杯转速(r/min)}{设计捻度[捻/(10\ cm)] \times 10} = \frac{50\ 330}{60.5 \times 10} = 83(m/min)$$

$$n_{引} = 940 \times \frac{25}{51} \times \frac{70}{70} \times \frac{f_{引}}{50} = 9.216 f_{引}$$

式中:$n_{引}$——引纱罗拉转速;

$f_引$——引纱罗拉频率。

$$V_引 = 0.063\,6 \times \pi \times n_引 = 0.063\,6 \times 3.14 \times 9.216 \times f_引 = 1.842 \times f_引$$

注:引纱罗拉直径为 63.6 mm。

$$f_引 = \frac{V_引}{1.842} = 45\,(\text{Hz})$$

5. 给棉罗拉线速度与给棉频率

由于
$$E_机 = \frac{引纱线速度}{喂给线速度}$$

则喂给线速度
$$V_给 = \frac{V_引}{E_机} = \frac{83}{87.71} = 0.946\,(\text{m/min})$$

$$n_给 = 910 \times \frac{26}{51} \times \frac{38}{38} \times \frac{3}{48} \times \frac{f_给}{50} = 0.58\,f_给$$

式中:$n_给$——给棉罗拉转速;

$f_给$——给棉罗拉频率。

$$V_给 = 0.025\,3 \times \pi \times n_给 = 0.046\,f_给$$

注:给棉罗拉直径为 25.3 mm。

$$f_给 = \frac{V_给}{0.046} = \frac{0.946}{0.046} = 20.56\,(\text{Hz})$$

6. 卷绕张力变换齿轮

卷绕张力牵伸指卷绕辊与引纱罗拉间的张力牵伸,一般控制为 0.96～1.08 倍,对其的要求是卷绕成形既不松弛又不因张力过大而增加断头。一般采用张力变换齿轮来调节卷绕张力牵伸。

$$E_{张力} = \frac{V_卷}{V_引} = \frac{\pi \times 63.6 \times n_卷}{\pi \times 63.6 \times f_引} = 70 \times \frac{1}{G}$$

式中:G——张力变换齿轮齿数(70～77)。

取 $G = 73$,则 $E_{张力}$ 为 0.958 9 倍。

7. 产量计算

① 理论产量　　$G_理 = \dfrac{V_引 \times 60 \times N_t}{1000 \times 1000} = \dfrac{83 \times 60 \times 59}{1000 \times 1000} = 0.294\,[\text{kg/(头·h)}]$

② 实际产量　　$G_实 = G_理 \times 时间效率 = 0.294 \times 97\% = 0.285\,[\text{kg/(头·h)}]$

注:时间效率取 97%。

③ 每台转杯纺纱机每小时的产量 $G_3 = G_实 \times 192 = 54.72\,[\text{kg/(台·h)}]$

注:每台转杯纺纱机为 192 头。

④ 每台转杯纺纱机每天的产量 $G_4 = G_3 \times 24 = 54.72 \times 24 = 1\,313.28\,[\text{kg/(台·天)}]$

表 4-1-8　转杯纺工艺单

纱线品种：OE C 59 tex

纱线线密度（tex）	机型	回潮率（%）	干重[g/（100 m）]	牵伸（倍）		配合率	捻系数	捻度[捻/（10 cm）]	速度	
				实际	机械				给棉（m/min）	引纱（m/min）
59	F1604	7.0	5.438	89.5	87.71	0.98	465	60.5	0.946	83

速度		分梳辊型号	转杯直径（mm）	隔理盘角度（°）	转杯皮带盘（mm）		分梳辊皮带盘（mm）D_3	引纱频率（Hz）	给棉频率（Hz）	张力牙 G
分梳辊（r/min）	转杯（r/min）				D_1	D_2				
7758	50 330	OK40	50	45	162	160	124	45	20.56	73

张力牵伸（倍）	电子清纱器参数设定									
	粗节（截面变化率×长度）						细节		产量	
	S1（%×mm）	S2（%×mm）	S3（%×mm）	S4（%×mm）	S5（%×mm）	S6（%×mm）	T1（%×mm）	T2（%×mm）	kg/（台·h）	kg/（台·天）
0.958 9	300×5	260×10	220×20	180×40	140×80	125×320	60×160	75×320	54.72	1 313.28

注　① 熟条设计线密度为 5 280 tex；熟条干定量为 24.33 g/（5 m）；
　　② 该 F1604 型转杯纺纱机配置 192 头纺纱器。

▶▶▶ 4.1.4　转杯纺纱线特点及其质量控制

一、转杯纱的结构与特点

1. 转杯纱的结构

纱线结构主要反映须条经过加捻后纤维在纱线中的排列形态及纱线的紧密度。不同的加捻成纱过程形成不同的纱线结构，直接影响成纱质量。

对显微镜下获得的转杯纱和环锭纱的照片进行分析，发现转杯纱的结构与环锭纱有显著差异。转杯纱（图4-1-6）由纱芯和外包纤维两部分组成，其内部的纱芯与环锭纱相似，比较紧密，但外包纤维结构松散。转杯纱中呈圆锥形、圆柱形螺旋线排列的纤维约占 24%，而环锭纱（图4-1-7）约占 70%；转杯纱中弯钩、对折、打圈、缠绕纤维约占 76%，环锭纱只有 23% 左右。这说明环锭纱中的纤维形态较好，弯钩、对折较少，打圈、缠绕纤维基本没有；而转杯纱中的弯钩、对折、打圈纤维比较多。

图 4-1-6　转杯纱　　　图 4-1-7　环锭纱

2. 转杯纱的特点

（1）强力　由于转杯纱中弯钩、对折、打圈、缠绕纤维多，内外层转移程度差，当纱线受外力作用时，纤维断裂的不同时性较严重，而且纤维与纤维的接触长度短，受外力时纤维容易滑脱。因此，转杯纱的强力低于环锭纱。纺棉时，约低 10%～20%；纺化纤时，约低 20%～30%。

（2）条干均匀度　环锭纱采用典型的罗拉牵伸形式而可能具有机械波与牵伸波。转杯纺则不用罗拉牵伸，由于分梳辊的分梳作用较强，纤维分离度好，带纤维籽屑、棉束等疵点少，有利于条干均匀度的提高。此外，由于转杯的凝聚过程具有并合作用，也有利于改进条干均匀度。因此，转杯纱的条干一般优于环锭纱，纺中线密度纱时其条干不匀率比环锭纱降低约 10%～15%。

（3）耐磨性　纱线的耐磨性，除与纱线的均匀度有关外，还与纱线结构有密切的关系。环锭纱中，纤维呈有规律的螺旋线，经过反复摩擦，螺旋状纤维逐步变成轴向纤维，纱线因而解体断裂。而转杯纱的外层包有不规则的缠绕纤维，不易解体，因而耐磨性好。一般而言，转杯纱的耐磨性比环锭纱提高约 10%～15%。

（4）弹性与手感　纺纱张力和捻度是影响纱线弹性的主要因素。一般情况下，纺纱张力越大，弹性越差；捻度越大，弹性越好。转杯纺属于低张力纺纱，且捻度比环锭纱大，因此，转杯纱的弹性比环锭纱好得多。

由于转杯纱的捻度大，导致纱线比较硬挺，其织物手感粗硬。

（5）蓬松性与吸湿性　纱线的蓬松性用比容（cm^3/g）表示，比容大，纱线较蓬松；比容小，纱线较紧密。转杯纱中的纤维伸直度低、排列不整齐，且纺纱过程中张力小，外层又具有包缠纤维，因此转杯纱结构蓬松。纱线的吸湿性，除与纤维种类有关，还与纱线的结构存在很大关系。一般而言，同一纤维品种的纱线，结构蓬松的吸湿性好，结构紧密的吸湿性差。纱线的吸湿性在染色与浆纱过程中表现为对浆料与染料的吸附性。转杯纱的染色性与吸浆性较好，染料可节约 15%～20%，浆料浓度可降低 10%～20%。

二、转杯纺生产中需注意的问题

1. 纱线细度问题（转杯纺纱的线密度如何控制）

转杯纺纱机与细纱机不同，属于自由端纺纱，其设计牵伸与实际牵伸差异较大，根据设计工艺上车试纺时，一定要经过试验检测，根据检测结果进行调整，再进行试验，检验纱支质量是否合格，经过数次试验调整合格后方可开车。进行工艺调整时，引纱速度应保持固定不变，调整给棉速度。否则，会影响纱线捻度，造成严重质量问题。

2. 断头率与生产效率

（1）转杯纺纱的断头率　转杯纺纱断头率较高的原因包括转杯速度过高、分梳不足、原料较差、张力太大、疵点高电清切纱频繁、工艺参数选择不当、设备状态较差等，应根据具体生产状况进行分析。

（2）纱疵控制　影响转杯纺纱纱疵的主要因素有配棉质量、前道工序加工质量、分梳辊状况、分梳辊速度配置、转杯状况、排杂通道与风量选择。在配置电子清纱器的转杯纺纱机中，电子清纱器的工艺参数设计对纱疵的影响很大，如果清纱界限设计过松，将导致大量纱疵通过，严重影响成纱质量。

3. 电子清纱器参数设计

电子清纱器参数设计，根据质量要求与原料状况，在保证质量的情况下，可适当放宽，若控制过严，将导致断头率增高，生产效率低下。

三、转杯纺纱质量指标及其控制

1. 转杯纺纱质量指标

目前，关于转杯纺纱，国内只有行业技术标准，即 FZ/T 12001—2015《转杯纺棉本色纱》，主要质量控制指标有单纱强力 CV 值、质量 CV 值、单纱断裂强度、黑板条干、质量偏差;国外有 Uster 公司 2007 公报发布的统计值,包括条干变异系数、毛羽指数、常发性纱疵和拉伸性能等,技术参数比较全面,受到国内外纺织行业的认同。

2. 转杯纱质量标准

即 FZ/T 12001—2015,见表 4-1-9。

表 4-1-9　FZ/T 12001—2015

线密度 (tex)	等级	线密度偏差率 (%) ±	线密度变异系数(%) ≤	单纱断裂强力变异系数(%) ≤	条干均匀度变异系数(%) ≤	单纱断裂强度(cN/tex)≤			千米棉结(+280%)(个/km)≤	十万米纱疵[个/(10⁵ m)]≤
						起绒	机织	针织		
14.1~16.0	优	2.0	2.0	10.0	16.0	10.5	11.5	11.0	160	15
	一	2.5	3.0	13.0	19.0	9.5	10.5	10.0	240	—
	二	3.0	4.0	17.0	23.0	9.0	10.0	9.5	300	—
16.1~21.0	优	2.0	2.0	10.0	15.5	10.5	11.5	11.0	120	15
	一	2.5	3.0	13.0	18.5	9.5	10.5	10.0	180	—
	二	3.0	4.0	17.0	22.5	9.0	10.0	9.5	240	—
21.1~26.0	优	2.0	2.0	9.5	14.5	10.5	11.5	11.0	70	15
	一	2.5	3.0	12.5	17.5	9.5	10.5	10.0	100	—
	二	3.0	4.0	16.5	21.5	9.0	10.0	9.5	120	—
26.1~31.0	优	2.0	2.0	9.5	14.5	10.0	11.0	10.5	60	15
	一	2.5	3.0	12.5	17.5	9.0	10.0	9.5	100	—
	二	3.0	4.0	16.5	21.5	8.5	9.5	9.0	120	—
31.1~34.0	优	2.0	2.0	9.5	14.0	10.0	11.0	10.5	50	15
	一	2.5	3.0	12.5	17.0	9.0	10.0	9.5	90	—
	二	3.0	4.0	16.5	21.0	8.5	9.5	9.0	110	—
34.1~42.0	优	2.0	2.0	9.0	14.0	9.5	10.5	10.5	40	15
	一	2.5	3.0	12.0	17.0	8.5	9.5	9.5	80	—
	二	3.0	4.0	16.0	21.0	8.0	9.0	9.0	100	—
42.1~60.0	优	2.0	2.0	9.0	14.0	10.0	11.0	10.5	35	15
	一	2.5	3.0	12.0	17.0	9.0	10.0	9.5	75	—
	二	3.0	4.0	16.0	21.0	8.5	9.5	9.0	95	—
60.1~89.0	优	2.0	2.0	8.5	14.0	10.0	11.0	10.5	30	15
	一	2.5	3.0	11.5	17.0	9.0	10.0	9.5	50	—
	二	3.0	4.0	15.5	21.0	8.5	9.5	9.0	70	—
89.1~192.0	优	2.0	2.0	8.5	13.5	10.0	11.0	10.5	20	15
	一	2.5	3.0	11.5	16.5	9.0	10.0	9.5	30	—
	二	3.0	4.0	15.5	20.5	8.5	9.5	9.0	50	—

3. Uster 公司提供的转杯纱质量标准

Uster 公司是一家生产纺织检测仪器与质量控制设备的瑞士公司,该公司长期对纱线产品质量进行监测与统计,定期发布纱线产品质量公报。Uster® 统计公报目前是全世界纺织工业中纤维、条子、粗纱和纱线的质量分级的重要参考指标。Uster®—2007 统计公报提供了有关棉纤维、粗纱和纱线的质量指标。在目前的转杯纱质量控制中,企业应用最多的是 Uster®—2007 统计公报。在 Uster® 统计公报中,关于转杯纱的质量指标非常全面。由于指标内容较多,这里仅摘录 Uster®—2007 统计公报中关于转杯纱的几个质量指标。

(1) 不同纱支的支数变异系数 CV_{cb}%水平分布

CV_{cb}:指管纱之间的支数变异系数,等价于百米质量 CV 值,见图 4-1-8。

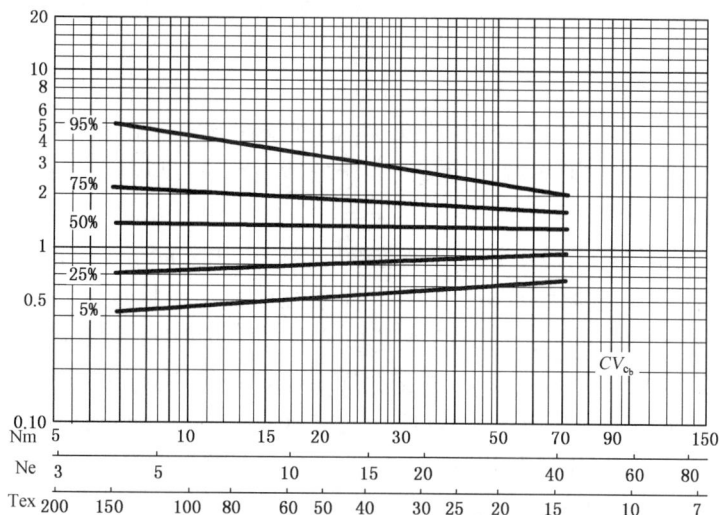

图 4-1-8　支数变异系数 CV_{cb}

(2) 不同纱支的质量变异系数(条干不匀率)CV_{m}%水平分布

CV_{m}:为质量变异系数,即条干变异系数(条干 CV 值),见图 4-1-9。

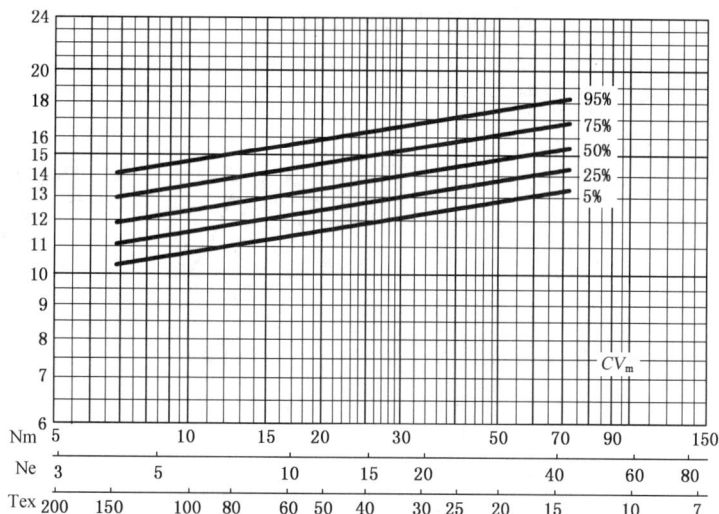

图 4-1-9　质量变异系数(条干不匀率)CV_{m}

4.2　喷气涡流纺纱工艺设计

喷气涡流纺是利用高速旋转气流,将纱条加捻成纱的一种新型纺纱方法。与环锭纺纱相比,喷气纺纱具有产量高、卷装大、工序短等优点。与转杯纺相比,喷气纺没有高速回转部件,减少了机件磨损,可满足更高纺纱速度的要求。喷气纺纱线的毛羽少,条干好,手感偏硬,其织物的耐磨性、拉伸性、透气性、染色性等较好,因而它的产品具有独特风格,是近年来发展最快的一种新型纺纱方法。

喷气涡流纺按其纺纱原理可分喷气纺(MJS)与喷气涡流纺(MVS),两种纺纱机在纺纱原理上存在根本的差别,其中:MJS 喷气纺纱机的纱条在输入与输出之间是连续的,属于非自由端纺纱,即闭端纺纱;MVS 喷气涡流纺纱机的纱条在输入与输出之间是断开的,属于自由端纺纱,即开端纺纱。

日本村田公司是国际上最主要的喷气纺纱机生产企业,自 1982 年推出 No. 801MJS 喷气纺纱机以来,不断地对喷气纺纱技术的牵伸系统和喷嘴结构进行技术革新,相继推出 No. 802MJS 喷气纺纱机和 No. 881MJS 双股纱线喷气纺纱机等,并研制出在喷气纺纱机上纺制包芯纱、花式纱的装置。2004 年,村田公司又推出速度更高的 No. 881MJS(纺单纱)、No. 881HRMJS(纺双股纱)等喷气纺纱机。由于 MJS 喷气纺纱机难以纺出高质量纯棉纱,从 1997 年开始,村田公司研制出一系列能适应纺制纯棉纱的喷气涡流纺纱机,如 No. 810MVS、No. 851MVS、No. 861MVS、No. 81T(纺双股纱)和 No. 870 等机型。

瑞士立达公司自 2003 年开始,相继推出 J10、J20 等喷气纺纱机。近年来,国内的江阴华方新科技公司、华燕航空仪表有限公司分别推出 HFW80 型与 HYF369 型喷气涡流纺纱机,但是其各项性能与村田公司、立达公司相比还存在较大差距。

▶▶▶ 4.2.1　MJS 喷气纺纱机的工作原理

一、MJS 喷气纺纱机的工艺过程

图 4-2-1 所示为日本村田公司 No. 802H 与 No. 8R2HR MJS 型喷气纺纱机。两种机型均为下行式,采用四罗拉双短喷气超大牵伸装置、双喷嘴加捻器。当棉条被牵伸成一定细度后,须条进入由第一、第二喷嘴组成的加捻器加捻成纱,然后由引纱罗拉引出至卷绕罗拉上卷绕成筒纱。在引纱罗拉与卷绕罗拉之间设有清纱器,同时兼做断头与定长监测器。

由于喷气纺纱机采用超大牵伸装置,与环锭纺相比,可适当缩短流程,省

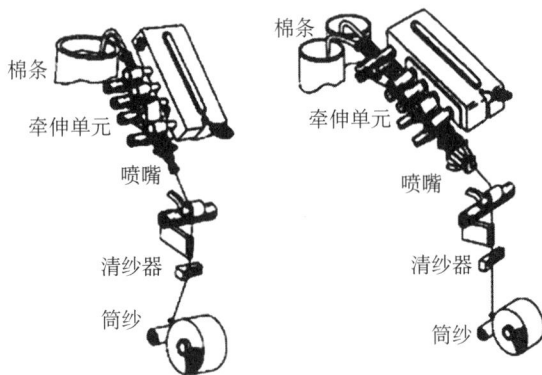

图 4-2-1　No. 802H 与 No. 8R2HR MJS 型喷气纺纱机示意

去粗纱、络筒工序,前纺工艺流程与环锭纺相当。混纺时,工厂一般采用三道混并再喂入喷气纺纱机。如果采用双根粗纱喂入,则必须经过粗纱工序。如果在牵伸罗拉处喂入染色纤维,可生产花色纱。如将两种不同的短纤维条喂入牵伸装置的后罗拉,可生产双重结构的纱,即包芯纱或双股纱,如 No.8R2HR MJS 型喷气纺纱机。

二、MJS 喷气纺纱机的主要机构

(一)牵伸机构

1.牵伸形式

目前,MJS 与 MVS 两种喷气纺纱机的牵伸形式基本相同,一般为四罗拉双短皮圈超大牵伸(有少量机型采用三罗拉及五罗拉),如图 4-2-2 所示,机后设有断头自停装置。四根牵伸罗拉组成三个牵伸区,前罗拉与中罗拉(第二罗拉)之间构成主牵伸区,皮圈安装在中罗拉上;中罗拉与第三罗拉构成中牵伸区,第三罗拉与第四罗拉构成后牵伸区,这两个牵伸区均为简单罗拉牵伸。其中:前罗拉与中罗拉直接与驱动箱连接,第三、四罗拉依靠电磁离合器的作用,在纱线断头时停止转动。牵伸机构如图 4-2-3 所示。

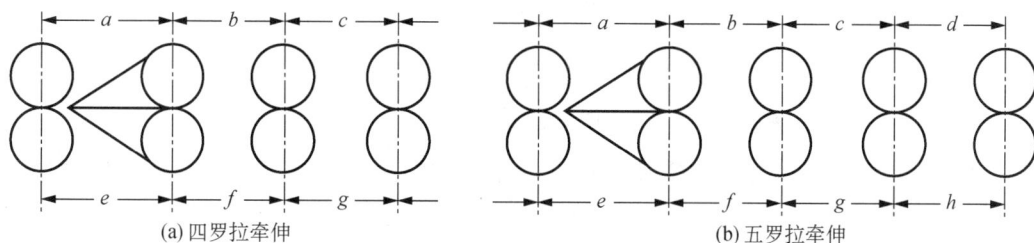

(a)四罗拉牵伸　　　　　　　　　　(b)五罗拉牵伸

图 4-2-2　几种牵伸形式

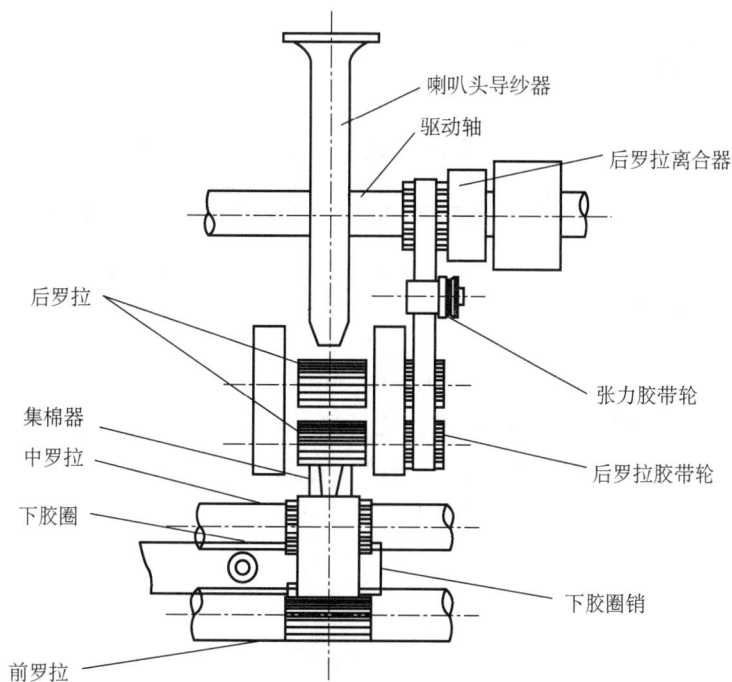

图 4-2-3　牵伸机构

283

2. 主要牵伸元件

喷气纺纱机的牵伸特点是重加压、大牵伸、高速度,因此对牵伸机构及其元件的要求极高。

(1) 罗拉　由于喷气纺纱机的锭距较大,前、中罗拉每两头组成一节,第三、四罗拉为了适应断头,需要每头自成一节。罗拉直径均为 25 mm,中罗拉表面为菱形滚花,其余罗拉均为与轴平行的等距沟槽。由于牵伸倍数大、速度高,罗拉加工精度要求高,径向跳动度小于 0.005 mm。

(2) 胶辊与皮圈　喷气纺纱机要求胶辊具有较高的耐磨性能和抗压缩变形能力,还要有较长的使用寿命,一般硬度在邵氏 A81 度左右。皮圈采用双层胶圈,外层质硬耐磨,硬度在邵氏 A85 度左右;内层质地较软,硬度在邵氏 A81-2 度左右。

(3) 下销　下销采用上托氏曲面下销,如图 4-2-4 所示。

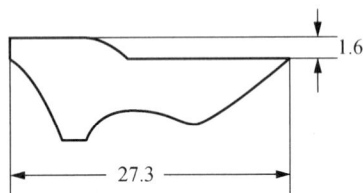

图 4-2-4　下销

(4) 导条管　喷气纺纱机采用棉条喂入,棉条结构松散,经过较大的后区牵伸,棉条的宽度较大,影响成纱质量。因此,采用导条管(图 4-2-5)控制棉条松散度,导条管通道长度为 150 mm,截面呈逐渐收缩状,从而增大牵伸过程中纤维之间的联系力,保证纤维运动稳定。

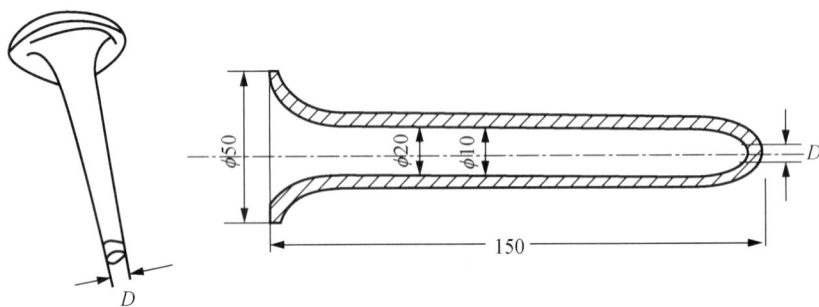

图 4-2-5　导条管

(5) 集束器　为了防止棉条经过后区牵伸后过分扩散,纤维间联系力小,保证棉条具有一定的紧密度并以良好的形态进入前区牵伸,在后区设有集束器,起到控制中罗拉与第三罗拉之间棉条宽度的作用。集束器如图 4-2-6 所示。

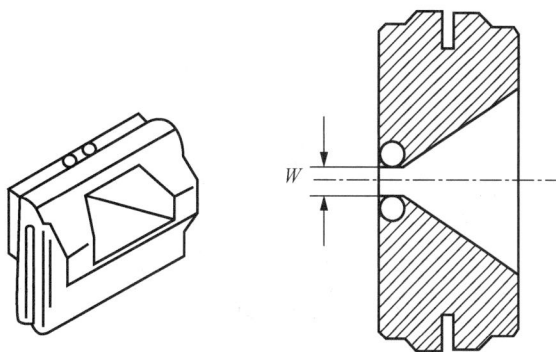

图 4-2-6 集束器

（二）加捻机构

MJS 喷气纺纱机的喷嘴,按个数分有单喷嘴、双喷嘴两种类型,双喷嘴按进气方式又分为单进气与双进气两种。目前,喷气纺纱机大都采用双进气双喷嘴形式。双进气双喷嘴实际上是由两个独立的喷嘴串接而成的,即由靠近前罗拉钳口的第一喷嘴和靠近输出引纱罗拉的第二喷嘴组成。第一喷嘴的主要作用:①产生高速反向的气圈,控制前罗拉处的须条捻度,在前罗拉钳口处形成弱捻区,有利于外缘纤维的扩散和分离;②使头端自由纤维在第一喷嘴管道中做与纱芯相反的初始包缠;③产生一定的负压,以利于引纱。第二喷嘴的作用是对主体纱条(芯纱)起积极的假捻作用,使整根主体纱条上呈现同向捻,在须条逐步退捻时获得包缠真捻。

1. 喷嘴的分类

（1）单喷嘴　单喷嘴主要由吸口、喷射孔、纱道、气室壳体等组成,喷射孔与纱道切向配置。图 4-2-7 为日本丰田单喷嘴结构示意图。为了增加到达加捻点时边缘自由纤维的数量,在加捻器前端离吸口 10～15 mm 处装一个凸钉,纱条气圈回转一圈,受凸钉打击开松一次,使部分纤维从须条中分离出来形成自由纤维,便于加捻。

（2）双进气双喷嘴　双进气双喷嘴由两个独立的单喷嘴串联而成。图 4-2-8 所示为 No. 801 MJS 喷气纺纱机的喷嘴结构。第一、第二喷嘴之间大约有 5 mm 的间距,使第一喷嘴的气流向外排出而不干扰第二喷嘴,这样有利于提高第二喷嘴的加捻效率。由于第一、第二喷嘴的高压空气分别由各气室单独供给,各喷嘴的气压可独立控制,以适应不同品种、不同细度纱线的加工要求。由于第一喷嘴的作用在于控制前罗

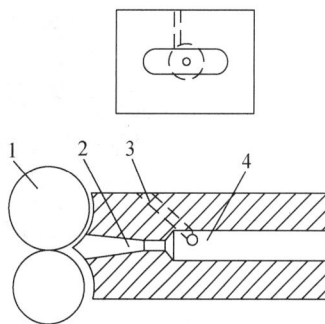

图 4-2-7 日本丰田单喷嘴
结构示意

1—前罗拉　2—吸口
3—喷射孔　4—纱道

拉钳口处的捻度和形成一定的包缠纤维数量,并确保形成初始包缠捻度,故成纱强力得到保证,与单喷嘴相比有显著的优越性。

图 4-2-9 所示为 No. 802 MJS 喷气纺纱机的喷嘴结构,与 No. 801 MJS 喷气纺纱机相比,第二喷嘴的结构设计更加合理,喷孔数量增加为 8 个,孔径减小到 0.35 mm,其尾部也设计为分离式,可以根据品种进行调整。

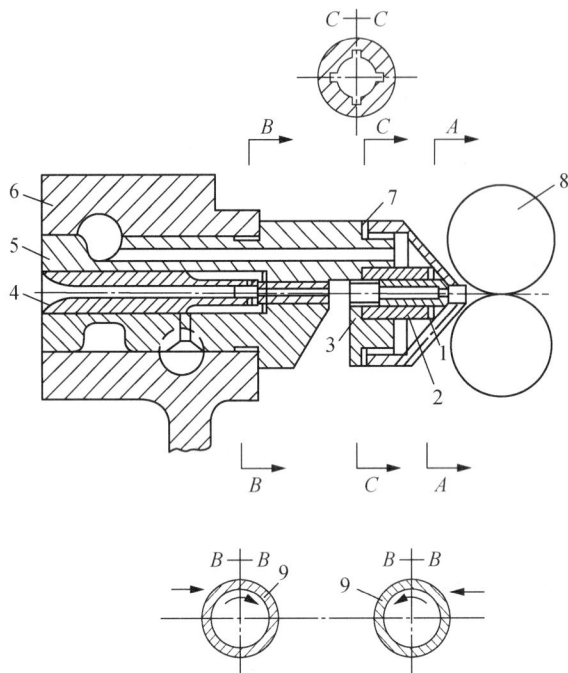

图 4-2-8 No. 801MJS 喷气纺纱机的喷嘴结构示意

1—第一喷嘴 2—第一喷嘴盖 3—中间管 4—第二喷嘴 5—喷嘴壳体
6—喷嘴壳座 7—密封圈 8—前罗拉 9—喷射孔

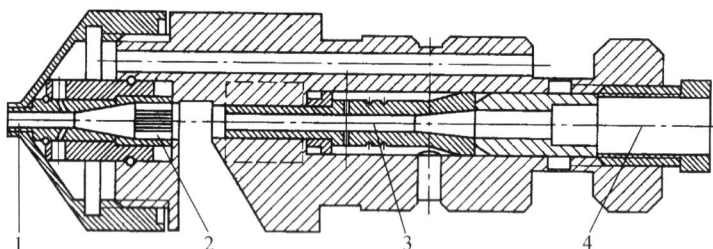

图 4-2-9 No. 802MJS 喷气纺纱机的喷嘴结构示意

1—第一喷嘴 2—开纤管 3—第二喷嘴 4—出口管

2．喷嘴的结构参数

（1）喷射孔 如图 4-2-10 所示,喷射孔与纱道内圆周相切,并与纱道轴线形成一个夹角 α。压缩空气由喷射孔射入纱道的速度为 v_j,在纱道中形成螺旋状旋转气流,这个气流速度可分为沿着轴向的速度 v_s 和垂直轴向的速度 v_r。纱条在纱道中受到 v_r 的作用而产生旋转加捻,受到 v_s 的作用而沿着纱道输出,从而在吸口处形成负压。

（2）喷射角 随着喷射角 α 减小,气流在纱道中的轴向速度 v_s 增大,轴向吸引力增大,但切向速度 v_r 减小,不利于加捻。为了保证既有足够的吸引前罗拉输出纤维的能力,又有较大的旋转速度,第一喷嘴的喷射角一般控制在 $45°\sim55°$,第二喷嘴的喷射角一般控制在 $80°$ $\sim90°$,常以接近于 $90°$ 为宜,可获得较好的加捻效果。

（3）纱道直径及长度 为了获得较高的纱条气圈转速,尽量选择较小的纱道直径,若所

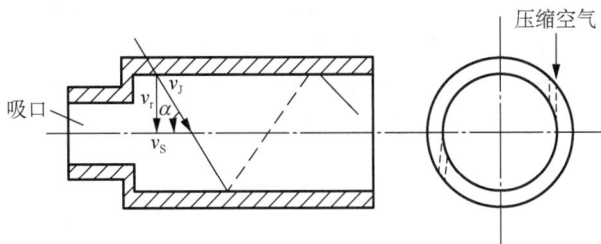

图 4-2-10 喷射孔气流流动

纺纱的线密度大,纱道直径大一点,纱的线密度小则纱道直径小一点。第一喷嘴的纱道直径一般为 2~2.5 mm(入口处为 1~1.5 mm)。为了使纱条在喷嘴内形成稳定的气圈以提高包缠效果,减少排气阻力,第二喷嘴的纱道剖面设计成一定的锥度,一般进口端直径为 2~3 mm(喷射孔截面处),出口端直径为 4~7 mm。

纱道长度以稳定旋涡与气圈为原则,第一喷嘴的纱道长度为 10~12 mm,第二喷嘴的纱道长度为 30~50 mm。日本村田公司的喷嘴型号有 C 型(纺粗号纱)、S(标准)、H(高速)三种。

(4) 喷射孔的数量与直径　喷射孔的数量与直径是两个相互制约的参数。喷射孔数量多,纱道截面的流场均匀性好,反之则差。喷射孔的直径小,对气流的纯净度要求高,对喷射孔的加工精度要求也高。在考虑最经济流量及技术加工条件下,根据实践经验,喷射孔总面积与喷射孔截面积之比不能小于 5,否则流速过高,不利于纺纱,通常为 6 左右比较合适。第一喷嘴的喷射孔直径为 0.3~0.5 mm,喷射孔数量为 2~6 个;第二喷嘴的喷射孔直径为 0.35~0.5 mm,喷射孔数量为 4~8 个。

(5) 中间管　第一喷嘴的中间管又称开纤管,它的作用:一是抑制并稳定气圈形态,消除第二喷嘴气流旋转形成的气圈对第一喷嘴气圈的影响;二是阻止捻度传递的作用,阻碍第二喷嘴旋转加捻的捻回向第一喷嘴前传递。为了减少排气阻力,增加周向摩擦阻力,增加对气圈的撞击作用,使之有利于前钳口处须条扩散成头端自由纤维,所以中间管内壁设计成沟槽状。沟槽有直线式、螺旋式,直线式沟槽数量在 3~8 条,一般为 4 条,槽深、槽宽均为 0.5 mm 左右。中间管长度为 5 mm 左右,中间管与喷射孔的距离一般为 3~6 mm,以保证气旋的完整性。

(6) 吸口　吸口需要保证一定的负压以利于吸引纤维与纱条,也起到控制与稳定气圈的作用,内径一般为 1~1.5 mm。第一喷嘴的吸口长度为 6~15 mm,第二喷嘴的吸口长度一般大于 5 mm。

(7) 第一、第二喷嘴间距　两个喷嘴的间距影响气圈的稳定性,也影响包缠状态,对成纱强力也有影响,一般控制在 4~8 mm,通常为 5 mm。

(8) 气压　气压对加捻效果和纺纱质量有较大影响。一般,第一喷嘴气压低于第二喷嘴气压,第一喷嘴气压一般为 $(2.5~3.5) \times 10^5$ Pa,第二喷嘴气压一般为 $(4.0~5.0) \times 10^5$ Pa。

三、MJS 喷气纺纱机的加捻成纱原理

如图 4-2-11 所示,将须条拉伸成一定的线密度,由前罗拉输出,依靠加捻器中的负压吸入加捻器,接受空气涡流的加捻作用。加捻器由第一喷嘴和第二喷嘴串接而成,两个喷嘴所喷出的气流旋转方向必须相反,须条受到这两股反向旋转气流的作用而获得捻度。第二喷嘴喷出的气流旋向决定成纱上包缠纤维的捻向,第一喷嘴喷出的气流旋向起包缠纤维的作用。因而,喷气纱是由包缠纱及纱芯组成的一种所谓的双重结构纱。加捻后的纱条由引纱罗拉引出,直接卷绕成筒纱。前罗拉的输出速度应稍大于引纱罗拉的输出速度,超喂率一般控制在 1%～3%,使纱条在气圈状态下加捻。

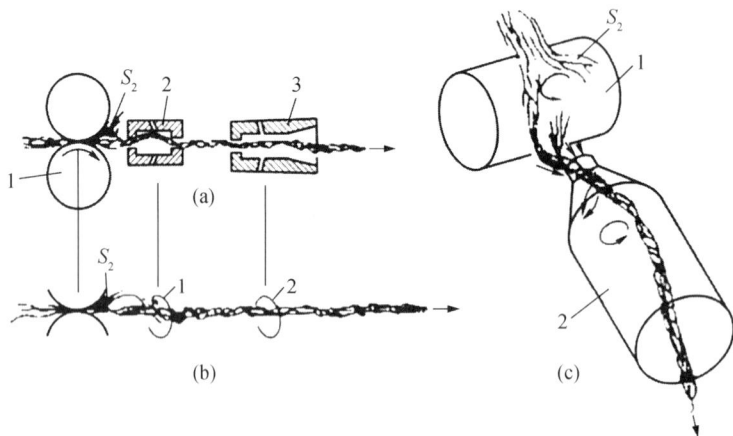

图 4-2-11　纺纱原理示意

1—前罗拉　2—第一喷嘴　3—第二喷嘴

喷气纺纱的加捻是由假捻转化为包缠真捻的过程。须条在前罗拉和引纱罗拉的握持下,其中间部位受到两个不同转向的加捻器的作用,产生捻度。首先,这是一种非自由端的假捻。其次,前罗拉处的须条是连续的,而且前罗拉与第一喷嘴之间的须条上的捻向与第二喷嘴所施加的捻向相同。前罗拉处的须条上,部分纤维的头端在须条气圈作用下偏离须条,呈扩散状态。这种尾端尚处于前钳口处的须条中而头端已从须条中分离出来的纤维,称为头端自由纤维。最终,头端自由纤维形成紧密的包缠真捻而芯纱主体无捻,是喷气纱独有的结构。这种捻度不能用一般常规的退捻法或退捻加捻法进行测量。

单喷嘴与双喷嘴的根本区别在于形成头端自由纤维的方法不同。双喷嘴使头端自由纤维到达第一喷嘴处形成初始包缠,这是确保紧密包缠的重要条件;单喷嘴仅能使边缘纤维与加捻纱条间形成捻回差。虽然两者都是在退捻时获得包缠真捻,但是单喷嘴成纱的包缠捻回较少,而且不可能十分紧密,因而成纱强力必然低于双喷嘴成纱。

四、MJS 喷气纺纱机的工艺流程

由于喷气纺纱的成纱原理,MJS 型喷气纺纱机只适合涤/棉混纺纱及化纤纯纺纱的加工。喷气纺纱机具有超大牵伸装置,其前纺流程及工艺和环锭纺相似。

1. 纯涤纶纱的工艺流程

涤纶:开清棉→梳棉→并条(2～3 道)→ 喷气纺

2. 涤/棉(T/C)普梳混纺纱的工艺流程

棉:开清棉 → 梳棉 →（预并条）

涤纶:开清棉 → 梳棉 →（预并条）　混并(3 道)→ 喷气纺

3．涤/棉(T/JC)精梳混纺纱的工艺流程

棉:开清棉 → 梳棉 → 精梳 ⎫
涤纶:开清棉 → 梳棉 → 预并条 ⎬ 混并(3 道)→ 喷气纺

4．涤/黏混纺纱的工艺流程

涤纶＋黏胶纤维:开清棉→梳棉→并条(2～3 道)→ 喷气纺

▶▶▶ *4.2.2* MVS 喷气涡流纺纱机的工作原理

一、MVS 喷气涡流纺纱机的工艺过程

图 4-2-12 所示为 No.861 MVS 型喷气涡流纺纱机的结构。该机为下行式,主要由牵伸机构、加捻机构、卷绕机构等部分组成。MVS 型喷气涡流纺纱机采用四罗拉双短皮圈超大牵伸装置、涡流喷嘴加捻器,当棉条被牵伸成一定细度后,须条进入涡流喷嘴加捻器,进行加捻成纱,然后由引纱罗拉引出至卷绕罗拉卷绕成筒纱。在引纱罗拉与卷绕罗拉之间设有清纱器,其作用是清除纱疵。

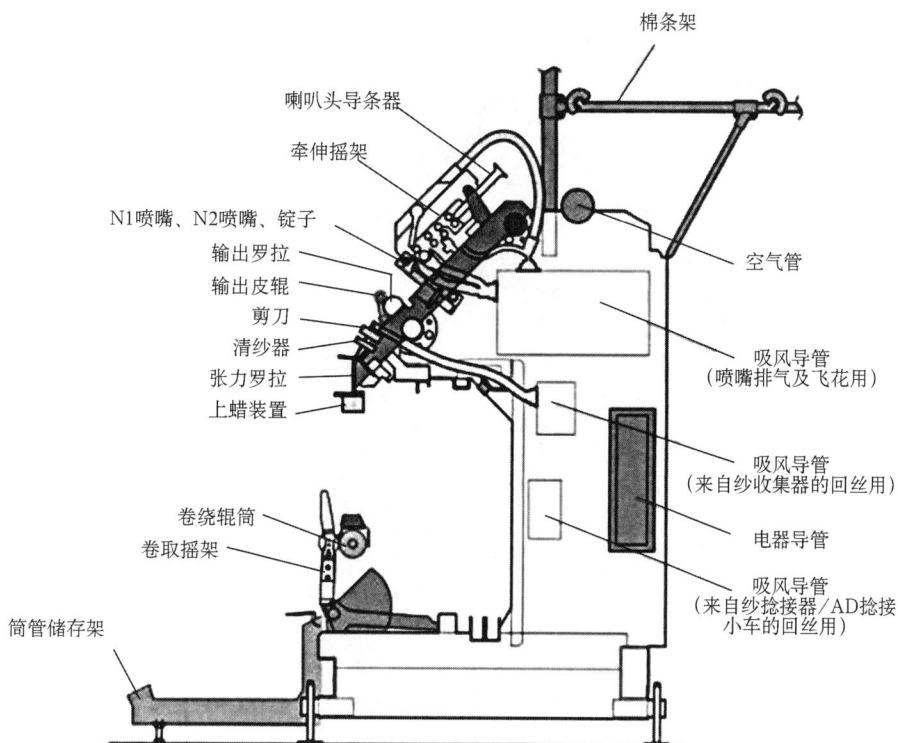

图 4-2-12　No.861MVS 型喷气涡流纺纱机的结构示意

二、MVS 喷气涡流纺纱机的喷嘴结构

MVS 喷气涡流纺纱机的喷嘴结构如图 4-2-13 所示,主要由喷嘴簇射、喷嘴支架、N1喷嘴、锭子、N2 喷嘴、喷嘴支架杠杆组成。

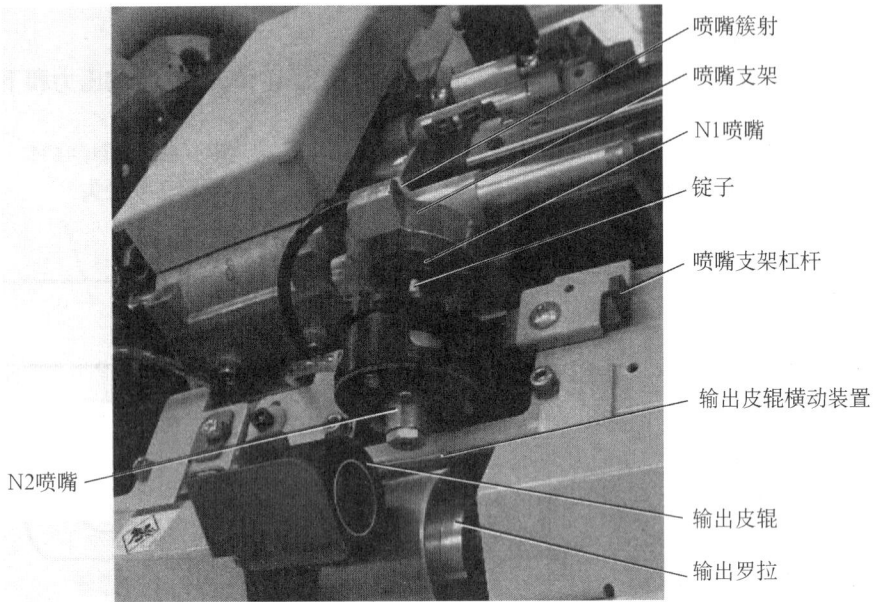

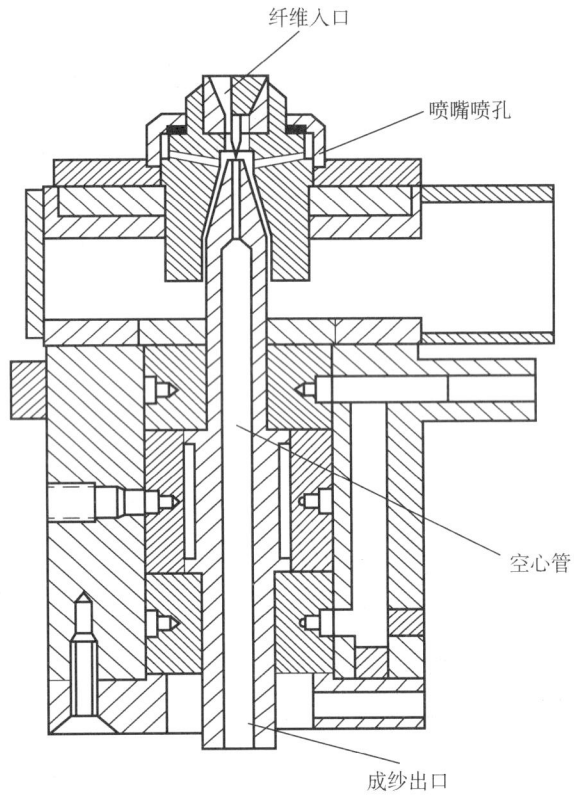

图 4-2-13　MVS 喷气涡流纺纱机的喷嘴结构示意

三、MVS 喷气涡流纺纱机的成纱原理

MVS 喷气涡流纺纱机的纺纱原理和加捻原理分别如图 4-2-14、图 4-2-15 所示。经过牵伸后的纤维束从前罗拉钳口输出，立即进入喷嘴并沿着喷嘴内入口处的螺旋形表面运动，由于导纱针的摩擦，捻度无法传递到前钳口下的纤维须条上，因此须条中的纤维头端以很高的速度进入空心管，而纤维尾端则倾倒在空心管的锥面上，并随着纱条输出，在螺旋形喷管中高速回转的涡流使纤维束加捻。纱体加捻经过喷嘴后，纤维末端因涡流作用而扩张，经过空心锭子的搓捻作用，旋转到纤维纱芯上完成加捻作用而成纱。

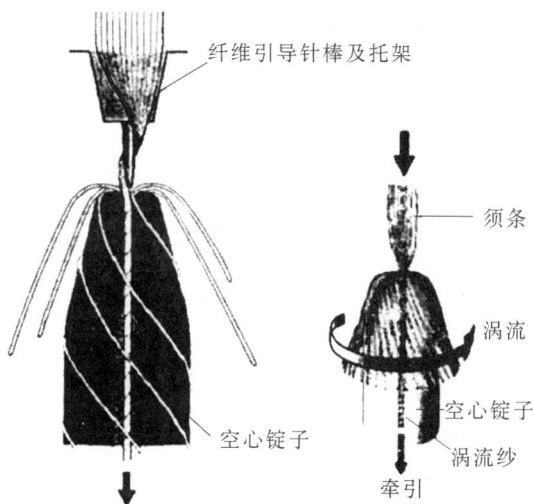

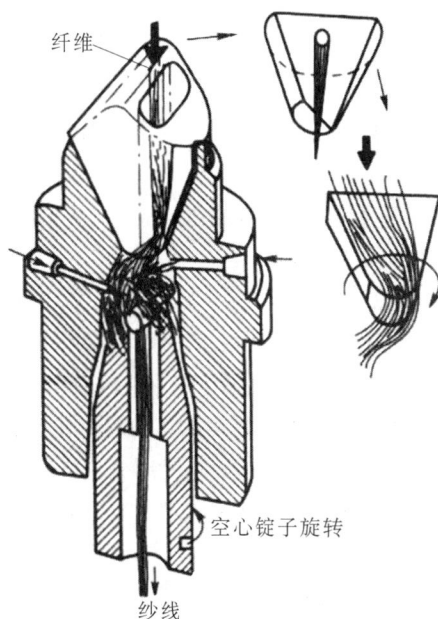

图 4-2-14　MVS 纺纱机的喷气涡流纺纱原理示意　　**图 4-2-15　喷气涡流纺纱加捻原理示意**

MVS 喷气涡流纺纱机的加捻过程分五个步骤，如图 4-2-16 所示。利用压缩空气产生的涡流在圆锥形涡流室内旋转，沿着空心锭子顶端的锥形表面与固定壁的间隙通道下滑，从排气口排出。前罗拉输出的须条，从输棉通道螺旋旋转喂入即步骤①，绕着纤维引导针棒即步骤②，纤维在引导针棒的引导下与空心锭子中的引纱尾搭接即步骤③，纤维另一端则被旋转气流吹散，顺气流旋转倒下，形成一个伞形的状态即步骤④，在空心锭子顶端旋转，给须条加捻，纱由空心锭子顶端内孔引出即步骤⑤。纤维从前罗拉不断喂入添加在伞形纱尾上，并随着气流不断地吹散旋转而连续加捻成纱。在纺纱过程中，由于大部分的短纤维被气流吹走，同时纤维的一端进入纱线的中心，并且被其前面的纤维中后段紧紧包缠，形成特殊的纱线结构。

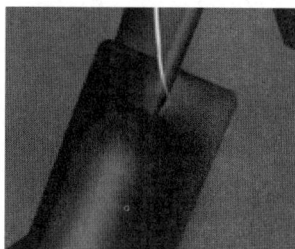

步骤①　　　　　　　　　　　步骤②　　　　　　　　　　　步骤③

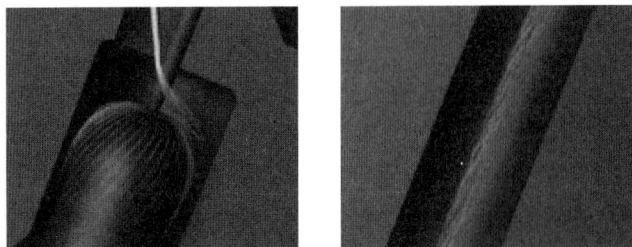

步骤④　　　　　　　　　步骤⑤

图 4-2-16　MVS 喷气涡流纺纱的加捻过程示意

4.2.3　MVS 喷气涡流纺纱机的主要工艺参数

一、牵伸工艺参数

1. 罗拉隔距

No. 861/870MVS 型喷气涡流纺纱机的牵伸机构配置四根罗拉,从前到后分别为前、中、三、四罗拉。前罗拉与中罗拉的距离固定为 44.5 mm。根据纤维种类、长度、细度不同,中罗拉与三罗拉的隔距、三罗拉与四罗拉的隔距会有所不同。一般来说,三～四罗拉的隔距应比中～三罗拉的隔距大。如果罗拉隔距设定过小,虽然有利于品质,但会影响操作。

(1)上罗拉(皮辊)隔距

前皮辊～中皮辊:固定为 49 mm(中心距)。

中皮辊～后三皮辊:根据品种、线密度等因素调整。

后三皮辊～后四皮辊:根据品种、线密度等因素调整。

(2)下罗拉(罗拉)隔距

前罗拉～中罗拉:固定为 44.5 mm(中心距)。

中罗拉～后三罗拉:35～41、43、45、47、49 mm。

后三罗拉～后四罗拉:35～41、43、45、47、49 mm。

2. 罗拉加压

一般来说,前、中、后罗拉的加压设定为 127、215、215 N。对于牵伸力较大的纤维,可以通过调节罗拉隔距、牵伸比的方法;如果还存在不足,可以将后罗拉加压调整至 245 N。

3. 总牵伸比、主牵伸比

牵伸比依赖于纺纱速度,但是总牵伸比、主牵伸比的设定有一定的限制。

4. 后区牵伸比

后区牵伸比(三～四罗拉的线速度之比)为 3 倍时,四罗拉的线速度控制在 1.0～4.67 m/min;后区牵伸比在 2 倍时,四罗拉的线速度控制在 1.5～7.0 m/min。

5. 中间牵伸比

中间牵伸比(中～三罗拉的线速度之比)的设定根据原料不同而不同。一般来说,纺纯棉纱时,为了控制牵伸波,中间牵伸比设定较小;纺纯化纤纱时,中间牵伸比可以设定在 2 倍以上。

6. 集棉器

集棉器根据纱线品种、细度及用途不同进行调整。集棉器开口宽度过小,牵伸力过大,易造成牵伸不良;集棉器开口宽度过大,纤维条松散、控制力弱,不利于纱线条干。集棉器规格按颜色进行分类,不同的颜色对应不同的开口宽度,见表4-2-1。其中:白色、黑色、灰色各有两种。

表 4-2-1　集棉器规格与颜色对照表

集棉器颜色	白色	黑色	灰色	黄色	浅黄色	粉色	蓝色
集棉器开口宽度(mm)	1.5	2.0	3.0	4.0	5.0	6.0	7.0
集棉器颜色	绿色	茶色	白色	红色	黑色	灰色	—
集棉器开口宽度(mm)	8.0	9.0	10.0	11.0	12.0	13.0	—

7.前皮辊宽度

一般而言,纱线线密度不超过 40 tex 时,前皮辊宽度为 18 mm;如果纤维蓬松度高,纤维束宽度大,则前皮辊宽度应调整为 22 mm,同时前皮辊加压调整为 157 N。

8.下销棒高度

下销棒高度对纱线质量与断头有很大的影响。下销棒高度一般控制在±0.05 mm。

9.喇叭头导纱器

喇叭头导纱器与后下罗拉的隔距保持在 8 mm。喇叭头导纱器直径以 7 mm 为标准,根据棉条的蓬松度进行调整,主要有 5.6、7、9 mm 三种。

二、喷嘴工艺参数

1.棉条线密度

根据棉条纤维的种类、纱线的线密度不同,调整棉条的线密度,一般不超过 4300 tex。

2.纺纱速度

纺纱速度越高,纱线越柔软;纺纱速度越低,纱线越硬挺。纺纱速度根据纱线的品种、线密度、用途及客户要求确定。纺纱速度一般控制在 200～450 m/min。

3.喷嘴压力

喷嘴压力取决于喷嘴的种类。改变喷嘴压力,纤维的吸力、反转力和卷绕力产生变化。喷嘴压力增加,纱线变硬;喷嘴压力降低,纱线变软。但是,喷嘴压力过低会造成纺纱不稳定,应避免。喷嘴压力根据纱线线密度、纤维品种、纱线用途不同进行调节。一般喷嘴压力控制在 0.4～0.55 MPa。

4.针固定器(导针)

导针的作用是将从前罗拉输出的纤维稳定导入喷嘴,发挥针固定器的功能。根据原料不同,选择不同规格的针固定器,相应地,前罗拉与锭子之间的距离也需要调整。

5.锭子

根据纤维的种类、纱线的线密度不同,使用不同的锭子。锭子内径从小到大分 A、B、C、D、E 共五种。纱线线密度小,锭子内径小;纱线线密度大,锭子内径大。即使纱线线密度不变,使用不同的锭子,则纱线的强力、毛羽、条干、手感都会变化。

6.前罗拉～锭子隔距

根据针固定器的规格设定前罗拉与锭子之间的隔距,若设定值小于规定值,可能会造成锭子与罗拉碰撞的情况,导致罗拉损伤。

7.喂入比

喂入比是指输出罗拉与前罗拉的线速度之比。喂入比的选择取决于纤维原料的品种。

三、捻接、清纱工艺参数

1．捻接器规格

（1）捻接喷嘴（表 4-2-2）

表 4-2-2 喷嘴规格

喷嘴名称	捻向	纱线品种	适应细度（英支）
G2Z	Z	棉、化纤、混纺	16～60
G8Z	Z	棉、化纤、混纺	16～20
GS	S	棉、化纤、混纺	16～60

（2）解捻管（表 4-2-3）

表 4-2-3 解捻管规格

型号	备注
N2	适用于硬度较大的纱
N55	标准解捻管

2．电子清纱器的主要工艺参数

（1）大肚纱（S）、棉结（Nep）

长度：0～8 cm；粗度：+75%～500%。长度分 A、B、C、D 四级，每级根据粗度分四档。

（2）粗节（L、LL）

长度：8～128 cm；粗度：+30%～150%，分 E、F、G 三级。

（3）细节（T、TT）

长度：8～128 cm；细度：-20%～50%，分 H1、H2、I1、I2 四级。

▶▶▶ 4.2.4 MVS 喷气涡流纺纱机的典型产品案例分析

一、原料选择

黏胶纤维主要选择兰精产和唐山产，其中，唐山黏胶纤维占 71.8%，兰精黏胶纤维占 28.2%，选定规格为 1.33 dtex×38 mm。原料选配见表 4-2-4，排包图见表 4-2-5。

表 4-2-4 黏胶纤维选配表

原料产地	原料规格	代号	排包数	配棉比例（%）	质量（kg）	平均包重（kg）
兰精	1.33 dtex×38 mm	D	6	28.2	1800	200
唐山	1.33 dtex×38 mm	C	18	71.8	4572	254
总计			24	100	6372	

表 4-2-5 黏胶纤维排包图

C	C		C		D		C		C		C		C		C		D		C		C		C		C
D																								D
C		C		C		C		D		C		C		C		D		C					

二、纺纱工艺流程

BO-A2300 型往复式抓棉机→BR-FD500 送风机→BR-CIO 凝棉器→MX-06 型多仓混棉机→CL-C1 型精清棉机→BR-FD425 型送棉风机→DFK＋TC5-1 型梳棉机→FA313B 型并条机 → FA313B 型并条机 → TD8-600 型并条机 → No.861MVS 型喷气涡流纺纱机。

三、纺纱工艺参数设计

1. 线速度

本案列选择 400 m/min。

2. 牵伸工艺计算

① 实际牵伸

$$实际牵伸 = \frac{棉条线密度}{所纺纱线线密度} = \frac{4\,008.5}{19.5} = 205.6(倍)$$

② 总牵伸比 TDR：输出罗拉/后四罗拉的线速度之比。

$$TDR = 实际牵伸 \times 牵伸配合率\ \eta$$

牵伸配合率 η 根据纤维品种、纤维损失、捻缩、卷绕张力、牵伸、回潮率等因素确定，一般为 1.0～0.99，针织用纱偏小掌握，机织用纱偏大掌握。本案例选择 0.995。

$$TDR = 实际牵伸 \times 牵伸配合率 = \frac{输出罗拉的线速度}{后四罗拉的线速度} = 204.6(倍)$$

③ 主牵伸比 MDR：输出罗拉/中罗拉的线速度之比。

$$MDR = \frac{输出罗拉的线速度}{中罗拉的线速度} = 29(倍)$$

④ 中间牵伸：中罗拉/后三罗拉的线速度之比。

$$中间牵伸 = \frac{中罗拉的线速度}{后三罗拉的线速度} = 2.4(倍)$$

⑤ 后牵伸 BDR：后三罗拉/后四罗拉的线速度之比。

$$BDR = \frac{后三罗拉的线速度}{后四罗拉的线速度} = 3.0(倍)$$

⑥ 喂入比：输出罗拉/前罗拉的线速度之比。

$$喂入比 = \frac{输出罗拉的线速度}{前罗拉的线速度} = 0.98(倍)$$

⑦ 张力比 TRR：张力罗拉/输出罗拉的线速度之比。

$$TRR = \frac{张力罗拉的线速度}{输出罗拉的线速度} = 0.99(倍)$$

⑧ 卷取比：卷绕罗拉/输出罗拉的线速度之比。

$$卷取比 = \frac{卷绕罗拉的线速度}{输出罗拉的线速度} = 1.0(倍)$$

295

⑨ 启始率 $BR(\%)$：捻接时后罗拉的增速比。

最终设计的喷气涡流纺纱工艺单见表 4-2-6。

表 4-2-6　喷气涡流纺纱工艺设计单

品种：R30ˢK　　　　　　　　　　　　　　　　　　　　　　　　2018 年 6 月 6 日

机型	线密度 (tex)	定量[g/(100 m)]		实际回潮率(%)	棉条线密度 (tex)	纺纱速度 (m/min)	TDR (倍)	MDR (倍)	BDR (倍)	中间牵伸 (倍)
		实际	干燥							
No.870	19.5	1.907	1.726	10.5	4 008.5	400	204.6	29	3.0	2.4
张力比 (倍)	喂入比 (倍)	卷取比 (倍)	BR(%)		张力扭力 (mN)	罗拉中心距(mm)	皮辊中心距(mm)		纺锭型号	
0.99	0.98	1	100		120	44.5×41×45	49×41×45		M1	

<table>
涡流纺纱机

集棉器开口宽度 (mm)	喷嘴距离 (mm)	筒纱质量(g)	上蜡控制	加捻工艺			
				气压(MPa)	加捻器型号	解捻管型号	解捻开始时间(s)
4	20	2040	无	0.5	G2	N2	0.65
加捻工艺				电子清纱器工艺			
解捻时间(s)	加捻开始时间(s)	加捻时间(s)	捻接长度位置(mm)	锭间φ报警+	锭间φ报警-	锭内φ报警+	锭内φ报警-
0.25	1.085	0.1	3	6%	6%	4.50%	4.50%
电子清纱器工艺							
HD检测偏差上限	HD检测偏差下限	HDave检测偏差上限	HDave检测偏差下限	CV%检测偏差上限	CV%检测偏差下限	棉结(%)	S(%)
普通20%	普通25%	普通7%	普通20%	普通2%	普通2%	220	90
S(cm)	L(%)	L(cm)	T(%)	T(cm)	LL(%)	LL(cm)	TT(%)
3	30	20	25	20	15	100	15
电清工艺	纱线耐磨指数	皮圈弹簧压力(N)	喷嘴压力(MPa)		皮圈隔距(mm)	皮辊硬度邵氏硬度	喇叭头导纱器mm
TL(cm)			N1	N2			
150	150	29.4	0.53	0.4	2.4	78	7
</table>

▶▶▶ 4.2.5　喷气涡流纺纱线的特点与质量控制

一、纱线特点

（一）MJS 喷气纺纱线的结构与性能

1. 结构

MJS 型喷气纺纱机纺制的纱具有复合结构（图 4-2-17），即一部分是无捻的芯纱，另一部分是包缠在芯纱外部的包缠纤维。包缠纤维将向心的应力施加于内部芯纤维上，给纱体必要的抱合力而承受外部应力。外包纤维的包缠是随机性的，呈多种形态，分为螺旋包缠、无规则包缠和无包缠三类。螺旋包缠又可分为螺旋紧包缠、螺旋松包缠及规则螺旋包缠三种；无规则包缠可分为捆扎包缠、紊乱包缠两种；无包缠可分为螺旋无包缠、平行无包缠两种。

（1）螺旋包缠　外包纤维呈螺旋捻回状包缠在芯纤维上，没有明显的倾角和螺距，包缠的程度有松有紧，当包缠较紧时呈波浪状。有时，包缠的倾角和螺距都比较规则，有时则没有规则。

（2）无规则包缠　外包纤维紊乱、松散地包缠在芯纤维上，没有明显的倾角和螺距，有时呈90°紧紧地捆扎在芯纤维的外层，形成匝状结构。

（3）无包缠　外包纤维和芯纤维间没有明显的界限。有时，所有纤维基本平行于纱轴，形成平行无包缠结构。有时，所有纤维呈规则的螺旋排列，形成螺旋无包缠结构。

图 4-2-17　MJS 喷气纱的结构

喷气纱的强力主要取决于外包纤维对芯纤维的包缠。当纱线受拉伸时，外包纤维由于受到张力作用，对芯纤维产生挤压力，使芯纤维间的摩擦抱合力增加，表现为纱的强力增大。因此，外包纤维的包缠数量和包缠紧密度是影响纱线强力的重要因素。

包缠纤维的数量和包缠状态决定了成纱的强力与手感。包缠纤维数量多，则纱线手感硬；包缠纤维数量少，则芯纤维的结合松散，纱线强力低；包缠纤维数量太多，则承受外力的芯纤维数量过少，纱线强力也低。因此，应根据成纱用途和要求适当选择包缠纤维数量。由于喷气纱主要是包缠成纱，纱的密度小，结构蓬松，纱线直径较粗，因此手感粗糙。同等线密度时，喷气纱的直径比环锭纱大 4%～5%。

2. 性能

喷气纺纱的特殊结构导致喷气纱的性能与环锭纱存在明显差异。表 4-2-7 列出了喷气纱与环锭纱的质量对比。

表 4-2-7　喷气纱与环锭纱的质量对比

品种	断裂强力（cN）	强力 CV（%）	条干 CV（%）	细节（个/km）	粗节（个/km）	棉结（个/km）
涤/棉环锭纱	19.8	15.3	15.13	142	40	103
涤/棉喷气纱	16.2	13.7	15.84	108	160	112
JC 环锭纱	19.04	6.4	15.52	81	60	160
JC 喷气纱	10.43	10.9	14.38	73	39	142

上表表明，喷气纺涤棉混纺纱的断裂强力只有环锭纱的 80% 左右，但强力不匀率较环锭纱低。喷气纺纯棉纱的断裂强力较环锭纱低 40%～45%，强力不匀率较大，但是条干较好。试验还表明，喷气纱 3 mm 及以上毛羽较环锭纱少。由于喷气纱是表层纤维头端包缠结构，纱线具有方向性，其摩擦性能也具有方向性，纱线前进方向的耐磨性能远大于反向；然而，喷气纺纱总的耐磨性能优于环锭纺纱；喷气纺纱结构蓬松、密度低，染色性能好。

（二）MVS 喷气涡流纺纱的结构与性能

MVS 喷气涡流纺纱是利用压缩空气产生的涡流，使纤维头端向纱线中心汇聚，纤维的中后端则包缠在后面纤维的前端，同时纤维的一端进入纱线的中心，并且被前面的纤维中后段紧紧包缠，这种特殊的纱线结构使纱线更加牢固、不易变形，同时这种特殊的成纱原理与纱线结构极大程度地控制了纱线毛羽的产生，使 MVS 纱线成为短纤维纺纱中纱线表面3 mm 毛羽最少的纱线。图 4-2-18 比较了 MVS 纱和其他纱线的结构。

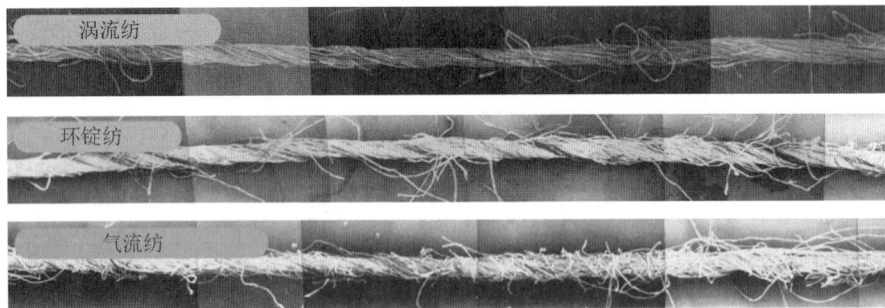

图 4-2-18　MVS 纱与其他纱线的结构比较

MVS 喷气涡流纺纱具有以下特点：毛羽少，其织物表面光洁；抗起球性和耐磨性优良；吸湿性和耐洗涤性优良；不易变形；纱线扭矩低。MVS 喷气涡流纺纱与其他纱线的性能比较如图 4-2-19～图 4-2-23 所示。

(a) 19.44 tex(30ˢ)黏胶纤维纱线

(b) 19.44、29.16 tex(20ˢ)涤纶纤维纱线

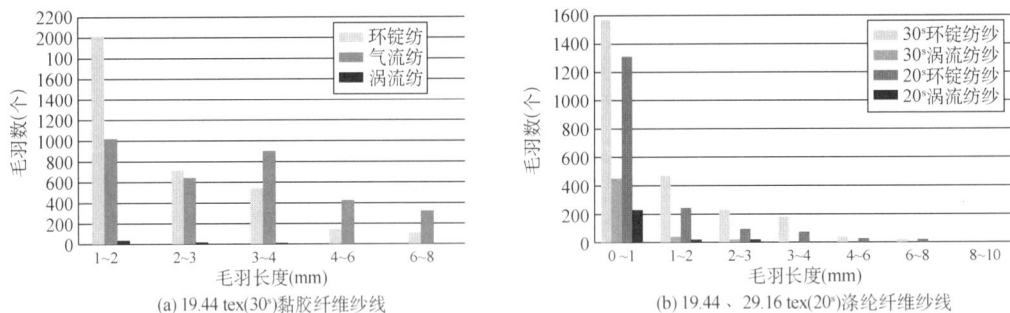

图 4-2-19　不同纺纱方法的纱线毛羽比较

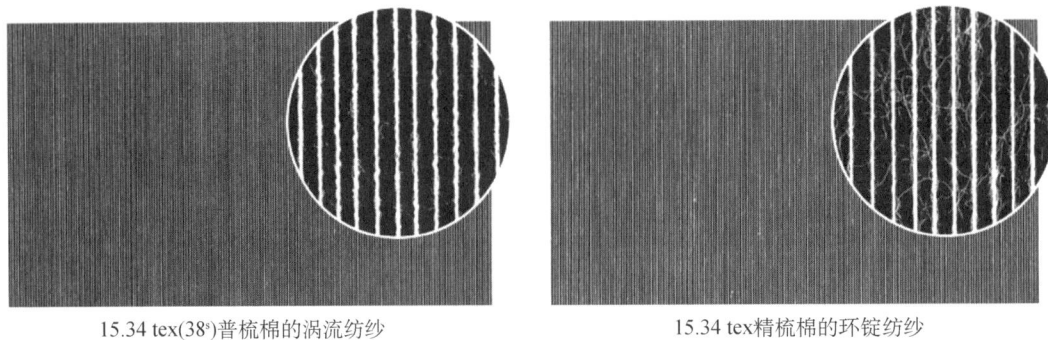

15.34 tex(38ˢ)普梳棉的涡流纺纱

15.34 tex精梳棉的环锭纺纱

纺纱工艺设计与实施

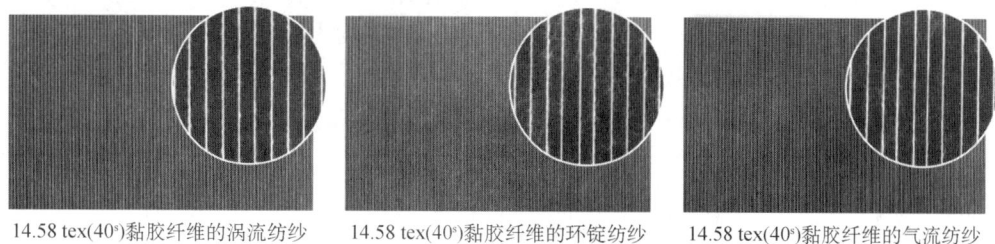

14.58 tex(40ˢ)黏胶纤维的涡流纺纱　　14.58 tex(40ˢ)黏胶纤维的环锭纺纱　　14.58 tex(40ˢ)黏胶纤维的气流纺纱

图 4-2-20　不同纺纱方法的纱线外观比较

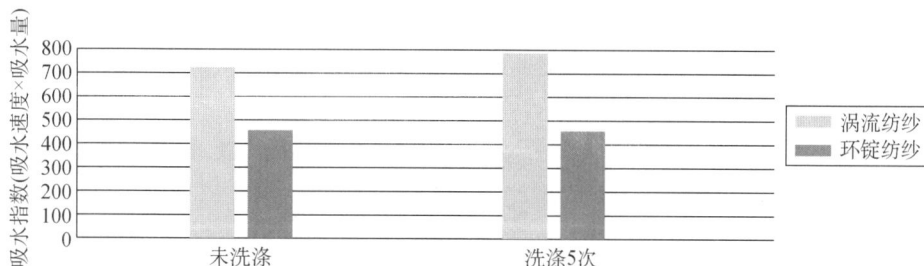

图 4-2-21　不同纺纱方法的纱线织成的全棉毛巾吸水性比较

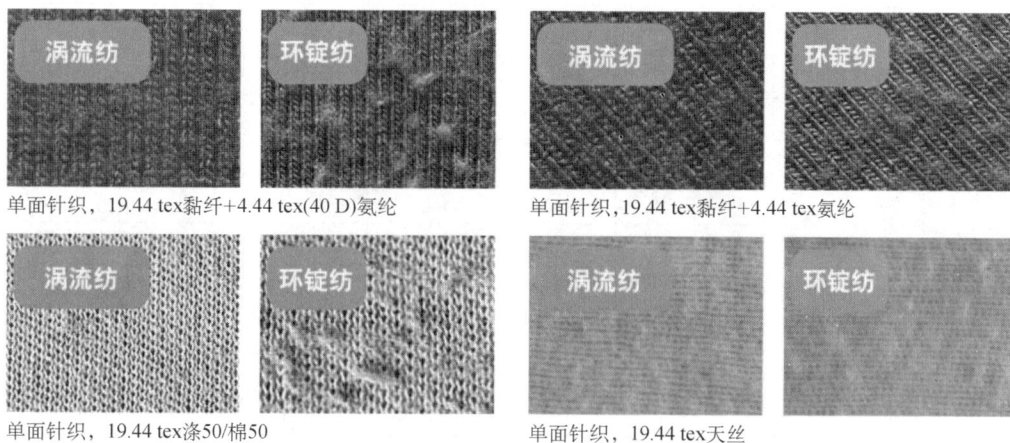

单面针织，19.44 tex黏纤+4.44 tex(40 D)氨纶　　　　单面针织，19.44 tex黏纤+4.44 tex氨纶

单面针织，19.44 tex涤50/棉50　　　　单面针织，19.44 tex天丝

图 4-2-22　不同纺纱方法的纱线织成的针织面料的抗起毛起球性比较

机织床单，14.22 tex(41ˢ)涤50/棉50

图 4-2-23　不同纺纱方法的纱线织成的机织面料的抗起球性比较

二、喷气涡流纺纱线质量标准

行业标准《喷气涡流纺黏纤纯纺及涤黏混纺本色纱》(FZ/T 12039—2013)(表 4-2-8、表 4-2-9)，对喷气涡流纺黏纤纯纺及涤黏混纺本色纱的产品分类、标记、要求、试验方法等做

299

纺纱工艺设计与实施

了规定。该标准适用于喷气涡流纺黏胶纤维纯纺及涤纶纤维含量在 50% 及以上的涤黏混纺本色纱,质量等级分为优等品、一等品、二等品,低于二等品均为等外品,以质量指标考核项目中的最低一项进行评等。

表 4-2-8 喷气涡流纺黏纤本色纱的技术要求

线密度（tex）	等级	单纱断裂强力变异系数（%）≤	线密度变异系数（%）≤	单纱断裂强度（cN/tex）≥	线密度偏差（%）≤	条干均匀度变异系数（%）≤	千米棉结（+200%）（个）≤	十万米纱疵（个）≤
11.1~13.0	优	11.0	1.2	10.0	±1.5	16.0	90	15
	一	12.0	1.8	9.0	±2.0	17.5	110	35
	二	13.0	2.5	8.0	±2.5	19.0	130	—
13.1~15.0	优	10.0	1.2	10.5	±1.5	15.0	50	15
	一	11.0	1.8	9.5	±2.0	16.5	70	35
	二	12.0	2.5	8.5	±2.5	18.0	90	—
15.1~19.0	优	9.0	1.2	11.0	±1.5	14.0	40	15
	一	10.0	1.8	10.0	±2.0	15.5	60	35
	二	11.0	2.5	9.0	±2.5	17.0	80	—
19.1~22.0	优	8.0	1.2	11.5	±1.5	13.0	25	15
	一	9.0	1.8	10.5	±2.0	14.5	45	35
	二	10.0	2.5	9.5	±2.5	16.0	65	—
22.1~28.0	优	7.0	1.2	12.0	±1.5	12.0	10	15
	一	8.0	1.8	11.0	±2.0	13.5	25	35
	二	9.0	2.5	10.0	±2.5	15.0	40	—
28.1~37.0	优	6.0	1.2	12.5	±1.5	10.5	5	15
	一	7.0	1.8	11.5	±2.0	12.0	15	35
	二	8.0	2.5	10.5	±2.5	13.5	30	—

表 4-2-9　喷气涡流纺涤黏混纺本色纱的技术要求

线密度（tex）	等级	单纱断裂强力变异系数（%）≤	线密度变异系数（%）≤	单纱断裂强度（cN/tex）≥	线密度偏差（%）≤	条干均匀度变异系数（%）≤	千米棉结（+200%）（个）≤	十万米纱疵（个）≤
11.1~13.0	优	11.5	1.2	18.0	±1.5	16.6	50	15
	一	12.5	1.8	17.0	±2.0	18.0	70	35
	二	13.5	2.5	16.0	±2.5	19.5	90	—
13.1~15.0	优	10.5	1.2	19.0	±1.5	15.0	30	15
	一	11.5	1.8	18.0	±2.0	16.5	50	35
	二	12.5	2.5	17.0	±2.5	18.0	70	—

线密度 (tex)	等级	单纱断裂 强力变异 系数(%) ≤	线密度变 异系数(%) ≤	单纱断裂 强度 (cN/tex) ≥	线密度 偏差(%) ≤	条干均匀度 变异系数 (%) ≤	千米棉结 (+200%)/ (个) ≤	十万米纱疵/ (个) ≤
15.1~19.0	优	9.5	1.2	20.0	±1.5	14.0	15	15
	一	10.5	1.8	19.0	±2.0	15.5	30	35
	二	11.5	2.5	18.0	±2.5	17.0	45	—
19.1~22.0	优	8.5	1.2	21.0	±1.5	13.5	10	15
	一	9.5	1.8	20.0	±2.0	15.0	20	35
	二	10.5	2.5	19.0	±2.5	16.5	30	—
22.1~28.0	优	7.5	1.2	22.0	±1.5	12.5	5	15
	一	8.5	1.8	21.0	±2.0	14.0	15	35
	二	9.5	2.5	20.0	±2.5	15.5	25	—
28.1~37.0	优	6.5	1.2	21.0	±1.5	11.0	3	15
	一	7.5	1.8	20.0	±2.0	12.5	10	35
	二	8.5	2.5	19.0	±2.5	14.0	18	—

涤黏混纺纱的纤维含量允许偏差为±1.5%,如果纤维含量偏差超过±1.5%,评定该批产品为等外品。MVS T/R 65/35 18.5 tex 的纤维含量:涤纶在63.5%~66.5%,黏胶纤维含量在36.5%~33.5%;超过该范围,无论检测指标如何,均评定为等外品。

三、适纺原料

1. 纤维要求

由于喷气纱主要呈包缠结构,对纤维的要求如下:

① 具有一定长度,刚性不宜过大,能达到足够的包缠效果。

② 纤维包缠后,纱线的强度主要来源于纤维间的摩擦力和抱合力,因此纤维表面要有一定的摩擦性能(即摩擦因数不能太小)。

③ 适纺纤维:棉型化纤及 51 mm 以下的中长纤维。以涤纶、黏胶纤维为最佳,混纺可为 T/C(涤/棉)、T/R(涤/黏)、T/A(涤/腈)。

2. 适纺线密度

喷气纺有别于其他新型纺纱的特点,特别适合纺制中、低线密度纱。

3. 优势产品

① 低线密度纱合股:由于纱线的包缠结构,股线质量优于环锭股线,条干均匀且强度大,合股后强度增值比环锭合股时大。

② 包芯纱:由于喷气纺的特殊成纱原理,纺包芯纱时,包缠牢固,不易剥离,质量比环锭包芯纱好。

③ 磨绒织物:由于喷气纱的短毛羽多,其织物经磨绒加工不会损伤纱体,短毛羽形成绒毛,织物强度损失少,绒面平整、坚牢。

④ 色织物:因喷气纱的直径粗,纱体蓬松,上色效果好,染色鲜艳。

4.3　纺纱新技术应用(紧密纱、赛络菲尔纱、包芯纱、竹节纱、赛络纱)

一、紧密纺纱

(一) 什么是紧密纺

1988 年,Ernst Fehrer 博士提出使用柔和的空气作为动力,在牵伸之后、加捻以前将须条集聚起来,减小加捻三角区。1999 年 6 月,在巴黎第 13 届国际纺织机械展览会上,紧密纺纱机首次登台亮相,推向市场。目前,国际上比较有代表性的紧密纺纱系统主要有:瑞士立达公司的 Com 纺纱系统和罗卡托夫特公司的 Rocos 纺纱系统,德国绪森公司的 Elite 纺纱系统和青泽公司的 Compact 纺纱系统,日本丰田公司的 RX240-EST 纺纱系统,意大利马佐里公司的 Olfil 纺纱系统。我国对紧密纺纱系统的研究进展非常快,目前已经有部分厂家在技术上日趋成熟,市场占有率越来越高,成为紧密纺纱领域中非常重要的力量。

1. 紧密纺纱原理

紧密纺纱是指纤维须条经过环锭纺纱机的主牵伸区后进入加捻区时,利用气流或者机械的作用,使须条中比较分散的纤维向纱干中心集聚,减少或者消除加捻三角区,从而使纤维进一步平行,形成毛羽很少、表面光洁、纱条紧密的纱线。紧密纺纱装置与环锭纺纱相比,除增加紧密纺纱系统或装置外,其余基本相同。紧密纺纱机仍然以传统的三罗拉纺纱装置为基础,保留了中、后罗拉牵伸系统,在前罗拉处增加一套纤维集聚装置,使经过牵伸的纤维须条集聚,缩小前罗拉钳口处的须条宽度,最大限度地减小了加捻三角区,从而大幅减少纱线的毛羽,增加纱线强力,提高纺纱效率,改善纱线品质。

紧密纺要求遵循两条原则:一是集聚纤维和收缩加捻三角区的作用必须在前罗拉输出纤维须条时及时而有效地出现,或者集聚纤维和收缩加捻三角区的作用必须达到前罗拉的钳口线,并且不会对牵伸后的须条产生任何副作用;二是集聚纤维和收缩加捻三角区的作用必须与纺纱加捻卷绕良好衔接,并且不会产生负面影响。

2. 紧密纺纱系统或装置的作用

紧密纺纱系统或装置的作用主要有三个方面。

(1) 紧密集聚纤维　根据紧密纺纱的基本原则,在纤维集聚区内,紧密纺纱系统或装置应能对离开前钳口的所有纤维加以有效控制,使须条边缘的纤维向纱干紧密收拢集聚,纤维排列进一步平行,减少毛羽的产生,便于加捻卷绕顺利进行。

(2) 收缩须条宽度　须条宽度是指纤维从前罗拉钳口输出形成的须条宽度,即加捻三角区内须条的横向宽度,也是加捻三角区的底边宽度。紧密纺纱技术具有收缩须条宽度的作用,意味着大幅度减小加捻三角区的面积,有利于须条集聚。须条的横向宽度减小,一方面使加捻三角区边缘的纤维减少,利于减少毛羽和飞花;另一方面,使加捻三角区边缘和中间的纤维张力差异大幅度下降,成纱内部的纤维受力进一步均匀,这利于提高纤维强力的利用率,使纱线强力增加。

(3) 减小包围弧　在紧密纺纱过程中,纱线在前罗拉表面的包围角接近为零,包围弧基本消失,从而使加捻三角区面积接近为零,意味着该处的纱线强力增加,这利于减少纺纱断头,提高产品质量,而且产量增加。

3. 紧密纺纱系统类型

紧密纺纱技术的关键在于合理利用气流或机械作用,实现对牵伸后的纤维须条先进行紧密集聚,再进入加捻卷绕系统,完成纺纱过程。紧密纺纱系统按照其集聚原理,可分为以下几种类型:

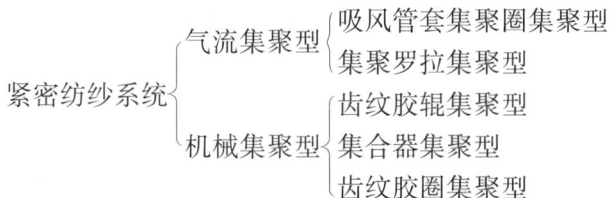

$$
\text{紧密纺纱系统}
\begin{cases}
\text{气流集聚型}
\begin{cases}
\text{吸风管套集聚圈集聚型}\\
\text{集聚罗拉集聚型}
\end{cases}\\
\text{机械集聚型}
\begin{cases}
\text{齿纹胶辊集聚型}\\
\text{集合器集聚型}\\
\text{齿纹胶圈集聚型}
\end{cases}
\end{cases}
$$

(1) 气流集聚型紧密纺装置　气流集聚型紧密纺是利用负压气流将牵伸后的纤维须条横向收缩、聚拢和紧密,使须条边缘纤维有效地向纱干中心集聚,最大限度地减小加捻三角区,从而大幅度减少纱线毛羽,提高纤维利用系数和成纱强力。世界上大多数的紧密纺设备都采用气流集聚型紧密纺系统,包括瑞士立达公司的 COM4 紧密纺系统、德国绪森公司的 Elite 紧密纺系统、德国青泽公司的 CompACT 紧密纺系统、日本丰田公司的 RX240-EST 紧密纺系统、意大利马佐里的 Olfil 紧密纺系统等。它们的优点是集聚效果高,毛羽少;缺点是需要吸风系统产生负压,存在一定的能源消耗。

(2) 机械集聚型紧密纺装置　机械集聚型紧密纺系统利用集聚元件的几何形状、材料的性质和结构特征将牵伸后的纤维收缩、集合和紧密,使须条边缘纤维有效地向纱干中心集中,最大限度地减小加捻三角区,减少毛羽和改善成纱质量。这种紧密纺装置对纤维的集聚效果比气流集聚稍差,形成的纱中存在较多的微毛羽(<3 mm);其优点是纺纱过程中没有能源消耗,节约能源。世界上具有代表性的是瑞士罗托卡夫特公司(罗氏公司)市场的 RoCoS 型机械集聚紧密纺系统。

3. 紧密纺纱的特点

(1) 毛羽少　由于紧密纺纱消除或减小了加捻三角区,使被加捻的须条中纤维尾端的受控性能显著提高,从而使纱线毛羽极大地减少,特别是 3 mm 以上对后道工序危害比较大的毛羽下降 50%~80%。

(2) 单纱断裂强度高　紧密纺纱减少了纱线毛羽,使原来附在纱线主干表面的纤维毛羽被加捻而进入纱线的主干,在纱线拉伸过程中,承受拉力的纤维根数增加,提高了纤维强力利用率;另一方面,由于纱线比较紧密,纤维间的抱合力、摩擦力增加,从而有效地提高了纱线强力。因此,紧密纺纱与普通环锭纺纱相比,其纱线断裂强度明显提高,纺棉纤维时提高 5%~15%,纺化纤时提高 10%左右。

(3) 条干好　纤维须条从前罗拉输出后即受到集聚气流或机械的控制,并且须条在集聚时轴向受到一定张力,因此须条中的纤维伸直度提高,纱线的条干均匀度更好,其纱疵状况也得到明显改善。

4. 紧密纺纱加工性能

① 细纱断头率比同规格普通环锭纱低 50%。

② 同一强度,捻度比同规格普通环锭纱低 20%~25%。

③ 浆料用量比同规格普通环锭纱节省 50%。

④ 整经断头率比同规格普通环锭纱低 30%。

（二）典型紧密纺纱系统

1．气流集聚型

（1）瑞士立达（Rieter）COM4 集聚纺纱系统　该集聚纺纱系统有以下特点：

① 负压吸风集聚装置　负压吸风集聚装置安装在牵伸区与加捻区之间，包括集聚罗拉、安装在集聚罗拉上面的输出胶辊、组装在集聚罗拉内的吸风插件和与之相连的负压系统。如图 4-3-1 所示。

② 独特的前罗拉结构　将细纱机牵伸机构中的实芯前罗拉改为钢质管状网眼滚筒（即集聚罗拉）。集聚罗拉的直径比一般前罗拉大很多，内有吸风插件或组件，外接负压气流系统。集聚罗拉上装有两个胶辊，第一个胶辊（新增加的输出胶辊）与集聚罗拉组成纱条加捻的握持钳口或阻捻钳口，第二胶辊（原前胶辊或牵伸胶辊）与集聚罗拉组成牵伸区的牵伸钳口，即把原环锭纺的前钳口分开形成两个钳口，一个是牵伸钳口，另一个是阻捻钳口。如图 4-3-1 所示。

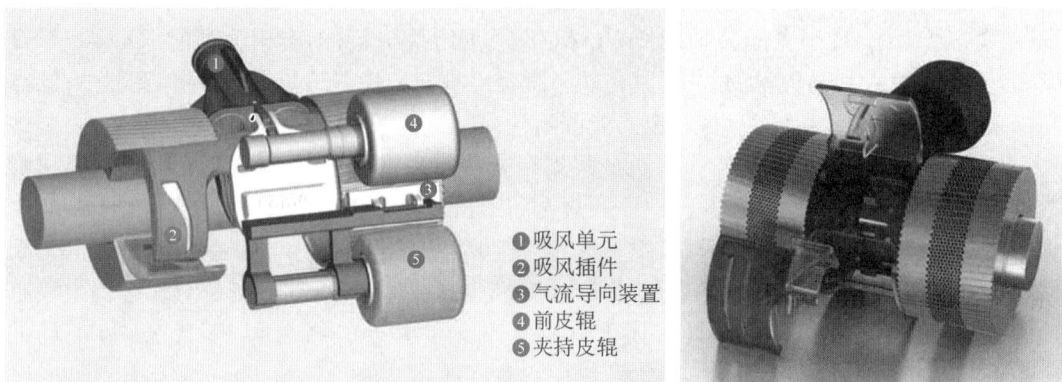

❶ 吸风单元
❷ 吸风插件
❸ 气流导向装置
❹ 前皮辊
❺ 夹持皮辊

图 4-3-1　立达公司 COM4 集聚装置

③ 独立的气流集聚区　牵伸钳口和阻捻钳口构成一个新的纤维须条气流集聚区。这个气流集聚区与牵伸区紧密衔接。纤维须条一离开牵伸钳口，立即进入气流集聚区，由于所设计的集聚罗拉兼有牵伸和集聚的作用，因而对纤维的集聚作用实际上在须条还没有离开主牵伸区时就开始发生了。如图 4-3-2 所示。

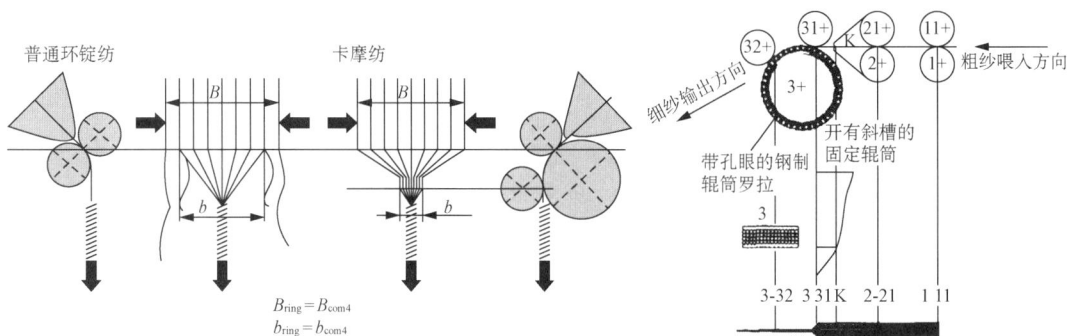

$$B_{ring} = B_{com4}$$
$$b_{ring} = b_{com4}$$

图 4-3-2　立达公司 COM4 集聚纺纱

如图 4-3-2 所示，在纺纱过程中，集聚罗拉与输出胶辊握持着由钳口输出的牵伸而未加捻的纤维须条,进入由集聚罗拉及其内部吸风插件组成的集聚区,负压气流透过集聚罗拉上的小孔将须条边缘发散的纤维按照吸风口的形状向须条中心线集聚。集聚过程中,随着集聚罗拉的回转,集聚效应一直延伸到集聚罗拉与阻捻胶辊组成的阻捻钳口之下,从阻捻钳口输出的须条即是一根紧密的线形体,加捻时是一个圆柱体,几乎没有加捻三角区。工作原理是在牵伸区和纱线形成区之间增加了一个中间区域,当经过主牵伸区牵伸的须条离开牵伸钳口时,纤维借助于气流作用力,受真空作用被吸附在集聚罗拉的斜槽吸风口部位,并向前送到输出钳口处。因受负压作用,集聚区的纤维结构得到有效集聚,须条宽度逐渐变窄,加捻三角区缩小,纤维能被融合到纱的主体中去,所以成纱毛羽大幅度减少,纱条紧密坚固而光滑。这种紧密纺系统目前是集聚效果最好、纱线毛羽最少的纺纱系统。

(2) 德国青泽(Zinser)公司 CompACT3 紧密纺系统　青泽公司的紧密纺细纱机型包括适用于短纤维的 Zinser 700 AirComTex 和适用于长纤维的 Zinser 800 AirComTex 两种,自2002 年开始以"CompACT3"作为品牌推向市场。CompACT3 紧密纺纱系统主要包括钻孔皮圈、集聚罗拉、皮圈清洁、支撑轨、吸风装置等组成。如图 4-3-3 所示。

图 4-3-3　CompACT3 紧密纺装置

CompACT3 紧密纺装置是通过使用钻孔皮圈将牵伸后的纤维在两个夹持点间聚扰而实现的,与金属集聚辊筒相比,这种技术不易产生飞花。这种技术的关键是钻孔的皮圈,在皮圈的中央有一排小孔,空气经过小孔被吸走的同时,将纤维束沿小孔排列;由于孔的大小和互相距离是根据纤维长度设计的,因此既能牢固地定位纤维束,又避免了以外的纤维损失。

CompACT3 紧密纺的特点是当皮圈上部的吸风管路开始工作时,空气经过皮圈上的这排小孔被吸走的同时,将纤维束推向小孔并将其牢牢的固定住;由于对纤维束的集聚不仅是通过静压,还有空气的气流,即使纤维流没有排列在皮圈中间,气流的推动作用也能将其调整到正确位置;因此,这种紧密纺技术并不要求纤维束严格排列在皮圈中央,通过合理的设计和优化的气流控制保证了正确的纤维束转移,穿孔皮圈以接近于零牵伸的速度转动,并将纤维束的宽度收缩到接近成纱的尺寸。在集聚区中的纤维有三种状态,既仍受牵伸罗拉钳口控制的纤维,由气流定位在皮圈小孔附近的纤维以及将离开集聚区但尾段仍留在其中的纤维。见图 4-3-4。

CompACT3 紧密纺根据纤维长度不同,相应的紧密纺纺纱装置的结构设计不同。因此,CompACT3 紧密纺适用于中、长纤维的毛型紧密纺装置与适用于短纤维的棉型紧密纺装置主要区别在于它的通气管装置的位置:棉型紧密纺装置,通气管、钻孔皮圈安装在

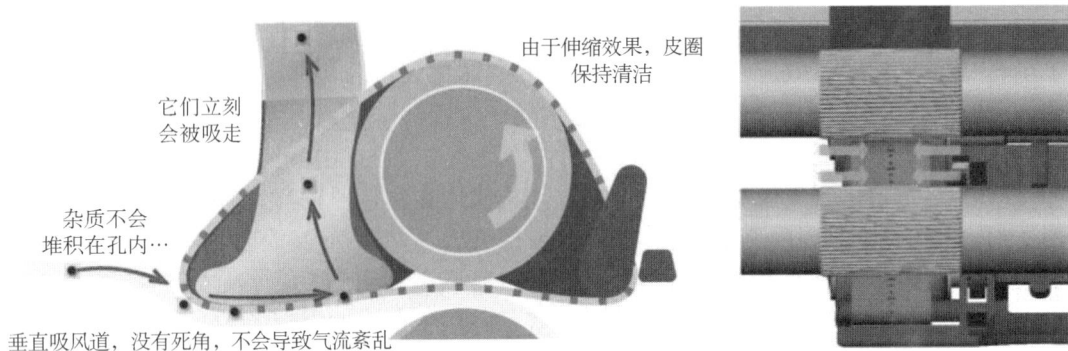

由于伸缩效果，皮圈保持清洁

它们立刻会被吸走

杂质不会堆积在孔内…

垂直吸风道，没有死角，不会导致气流紊乱

图 4-3-4　CompACT3 紧密纺装置纤维集聚原理

是上罗拉处，棉纤维在钻孔皮圈下面、在钻孔皮圈下表面集聚；毛型紧密纺装置，通气管、钻孔皮圈安装在下罗拉处，毛纤维在钻孔皮圈上面、在钻孔皮圈上表面积聚。如图 4-3-5 所示。

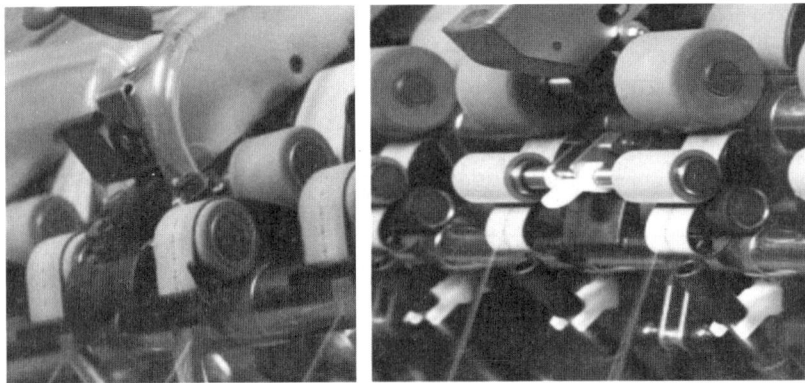

图 4-3-5　两种 CompACT3 紧密纺装置

（3）德国绪森（Suessen）公司 Elite 紧密纺系统　绪森公司的紧密纺装置的注册商标为 EliTe®，其纱线也称为 EliTe® 纱。由于绪森公司的 EliTe® 紧密纺装置特别适合于老机改造，可大幅度降低投资成本，因此其紧密纺系统受到了市场的广泛欢迎。我国国内已有多家企业引进了绪森公司的 EliTe® 紧密纺系统，以对传统环锭机进行改造，例如无锡第一棉纺织厂，结合国产 FA506 型细纱机的特点进行改造；又如新疆溢达纺织有限公司在 RieterG5/1 型细纱机上进行改造，加装了 EliTe® 紧密纺装置等。

Elite 紧密纺系统工作过程：纤维须条离开前罗拉钳口时，受到集聚区内吸风管空气负压的作用，纤维须条被吸附到微孔织物圈上对应有吸风口的部位处，使纤维紧紧地处于压缩集聚状态，并随同微孔织物圈向前运动——纤维须条的牵连运动，以输出紧密纱条；由于吸风口长度方向与微孔织物圈的运动方向呈一定的倾斜角，在吸风气流力的作用下，须条还同时沿着垂直于吸风口方向且紧贴于微孔织物圈表面进行滚动，向纱干集中——纤维须条的相对运动，使边缘纤维和浮游纤维的末端牢固地嵌入到纤维束中。在牵连运动和相对运动的共同作用下，纤维须条最终沿着吸风口的倾斜方向向前运动到输出钳口，在此运动过程中，消除了加捻三角区，纤维须条逐渐收缩、集聚成为紧密纱。

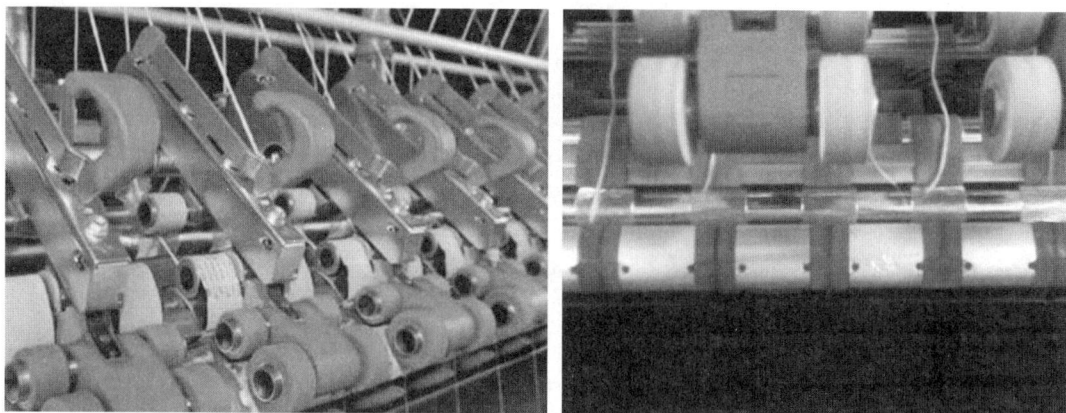

图 4-3-6　EliTe® 紧密纺装置

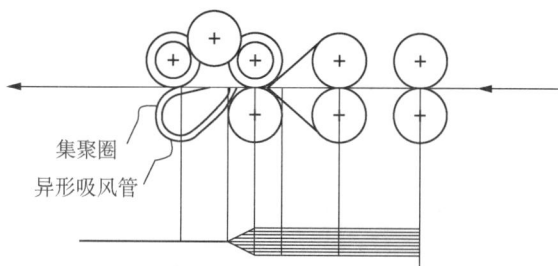

集聚圈
异形吸风管

图 4-3-7　EliTe® 紧密纺的工作原理

EliTe 紧密纺系统有以下特点:

① 紧密纺装置的安装　EliTe 紧密纺系统属于吸风管套集聚圈集聚型紧密纺,其最大特点是保持原牵伸装置的部件和工艺尺寸不变,在其前罗拉出口出加装一套 EliTe 紧密纺装置。这样非常有利于老机改造。

② 吸风套管集聚圈型　其主要结构包括:一个异形截面的负压吸风管,外套柔性材料制成的集聚圈;一个输出胶辊及其传动机构。牵伸胶辊和输出胶辊各配装一个传动齿轮,通过相互啮合的中间过桥齿轮同向传动。牵伸胶辊与输出胶辊,两者组合在一起成为一个紧凑型的套件,能方便地从摇架上拆装。输出胶辊的直径稍大于牵伸胶辊,可使牵伸钳口与输出钳口之间产生一定的张力牵伸,有利于处于两者之间被集聚的纤维须条始终处于适当的张紧状态。纤维须条受到纵向张力牵伸的作用,可使弯曲的纤维被拉直,提高了纤维的伸直平行度,确保纤维在集聚区内受到负压吸风的作用而有效集聚。

③ 异形吸风管设计　其负压吸风管为非圆形也称为异形截面吸风管或异形吸风管。一根异形吸风管对应多个定位,并与负压源相连。在吸风管上部工作面对应每个定位的位置上开有一个吸气缝(吸风口)。吸风口的长度与纤维须条和微孔织物圈的接触长度相匹配。负压吸风管的工作表面为流线型设计。为了适应不同原料或纺制不同线密度的纱线,可采用开有不同长度和倾斜角度吸风口的负压吸风管(通常配有 6 个不同吸风口倾角的吸风管)。

④ 专用集聚圈设计　EliTe 紧密纺系统的集聚圈为微孔织物圈,它采用极为耐磨的合成纤维长丝经特殊工艺织造而成。集聚圈上的织物组织孔隙很细小,约为 3000 孔/cm²,类似于滤网结构,因而适用于纺制包括超细纤维在内的各类纤维。

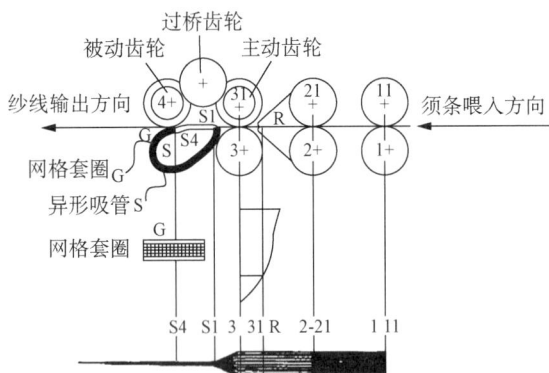

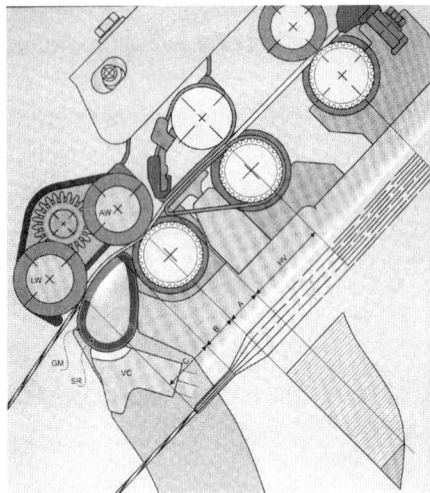

图 4-3-8　绪森公司 Elite 集聚装置

1—后罗拉　11—后罗拉加压胶辊　2—中下罗拉　21—中上罗拉　3—前罗拉　31—前罗拉加压胶辊
4—输出加压胶辊　S—异形吸管　S1,S4—异形吸管斜槽的两个端点　G—网格套圈

微孔织物圈套在异形截面负压吸风管上，与输出胶辊组成加捻握持钳口，并由输出胶辊摩擦传动。输出胶辊与织物圈之间的摩擦因数比微孔织物与钢制异形吸风管间的摩擦因数高 10 倍以上，可保证微孔织物的运行速度准确稳定。输出胶辊有橡胶包覆，对其微孔织物圈的加压由摇架作用在牵伸胶辊的加压延伸而来。

⑤ 适用性广　EliTe 紧密纺系统的集聚装置是与现有细纱机配套加装的，原有牵伸机构没有变化，因此符合目前的生产标准，对可加工的纤维没有任何限制。EliTe 紧密纺细纱机主要有 FiomaxE1 型棉型紧密纺细纱机、FiomaxE2 型毛型紧密纺细纱机，及生产紧密纺股线（EliTwist）的纺纱技术，进一步改进了纺纱纤维的应用价值，所生产的紧密纺股线的毛羽和纱疵少，条干更好，强力也显著提高。

（4）日本丰田 RX240NEW-EST 紧密纺系统　丰田公司的 RX240NEW-EST 细纱机是在 RX240NEW 型细纱机的基础上装配紧密纺纱系统形成的，在牵伸机构的罗拉上增加了由负压吸引槽和多孔皮圈组成的紧密纺装置，该紧密纺装置采用 4 锭一个单元。RX240E 紧密纺装置为四罗拉牵伸传动，异形管负压吸风，吸口为狭长开槽，前罗拉为特制带齿罗拉，又增加一根带齿的小罗拉，与过桥齿轮传动，异形管组件由异形管、带齿小罗拉、网格圈及其张力架组成。负压系统采用变频调速技术控制，可根据不同品种优化选择适宜的负压值。网格圈在集聚胶辊与带齿小罗拉的夹持下形成积极传动。RX240E 紧密纺装置如图 4-3-9 所示。

丰田公司的 EST 型紧密纺系统中，吸风管 5 位于纤维集聚区的下部，每根吸风管 5 对应四个纺纱锭位，每 48 锭对应一根负压管道。EST 型紧密纺系统中的集聚圈 6 并不只套在吸风管 5 上，而是套在吸风管 5 与输出罗拉 3 上，并由输出罗拉 3 传动。吸风管 5 的截面设计近似于三角形，也属于异形截面，可使两端尽量靠近牵伸钳口和输出钳口，使纱线在前罗拉 1 表面的包围弧完全消失，纤维须条在离开牵伸钳口后立即受到负压气流作用，并且集聚作用能尽量靠近输出钳口。吸风管 5 配置在罗拉基座的上部，使构造简洁，配管路径达到最短。丰田公司的 EST 型紧密纺如图 4-3-10 所示。

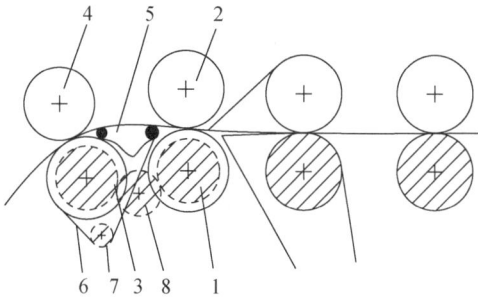

图 4-3-9　丰田公司 RX240NEW-EST 紧密纺纱系统

1—前罗拉　2—前皮辊　3—输出罗拉　4—输出皮辊
5—负压吸风管　6—集聚网格圈　7—张力撑杆　8—过桥齿轮

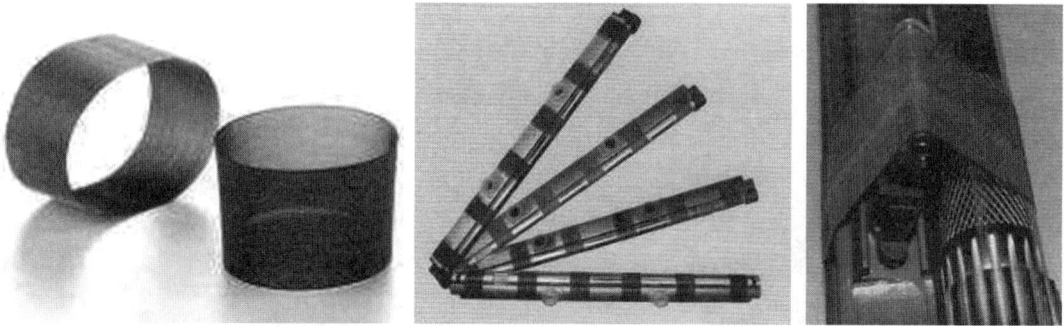

图 4-3-10　丰田公司 RX240NEW-EST 紧密纺系统的主要部件

　　丰田公司的 EST 型紧密纺系统非常适合传统细纱机改造,在传统细纱机原前罗拉 1 的前方加装一根输出罗拉 3,在输出罗拉 3 与前罗拉 1 之间设置一根与输出罗拉 3 圆弧面相配合的异形截面负压吸风管 5。输出罗拉 3 与同时加装的输出胶辊 4、吸风管 5 和套在输出罗拉 3 与吸风管 5 上的集聚圈 6 一起形成 EST 型紧密纺系统中的吸风集聚机构。吸风管 5 与负压源相连,吸风管 5 上每个纺纱锭位都开有后宽前窄的细长吸风口,吸风口倾斜于须条的运动方向。纺纱过程中,经牵伸的纤维须条在离开前罗拉钳口线时即受到吸风管内的空气负压作用,须条被吸附到集聚圈上对应吸风口的部位,并沿着倾斜的吸风口边集聚边向前运动至阻捻钳口,此时纤维须条已逐渐集聚、收缩为紧密的成纱宽度,加捻三角区消失。这种紧密纺改造比较简单,成本不高,对皮辊直径没有严格要求,在目前传统细纱机进行紧密纺改造中应用最为广泛。

2. 机械集聚型

　　目前,机械集聚型紧密纺装置中最成熟、应用最广泛的主要是瑞士罗卡托夫特公司的 RoCoS 紧密纺系统(图 4-3-11)。RoCoS 紧密纺系统最主要的特征是不使用负压吸风系统,而设计了独特的磁铁集聚器,安装在集聚区内,采用几何-机械式方法集聚纤维。RoCoS 紧密纺系统是唯一一种不使用气流作为集聚动力的商业化紧密纺装置。

　　RoCoS 紧密纺系统的结构如图 4-3-12 所示,采用三罗拉四胶辊牵伸集聚结构,在传统

图 4-3-11　RoCoS 紧密纺系统

前罗拉 1 上用牵伸胶辊 2 和输出胶辊 3 代替原来的前胶辊,前罗拉直径为 27 mm,牵伸胶辊和输出胶辊之间装有 SUPRA 磁铁陶瓷集聚器(集束器)4、牵伸胶辊 2、胶辊支架 7、支撑梁 5、导纱器 6 以及加压弹簧片 8 等装配成一套 RoCoS 型紧密纺组合件(图 4-3-13)。

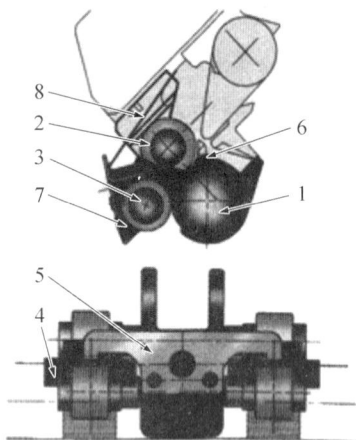

图 4-3-12　RoCoS 紧密纺系统结构示意

图 4-3-13　RoCoS 紧密纺系统组合件

　　RoCoS 紧密纺系统采用几何-机械原理,通过磁铁陶瓷集聚器实现纤维须条的集聚。集聚器的须条通道为专门设计渐缩形状(图 4-3-14),利用这种几何形状的变化使得所通过的纤维须条得以横向集聚紧密。该装置结构简单,维护方便,除胶辊外无易损件,长期运行的保养工作少,纺纱过程中不需要外加风机抽真空,能耗和普通环锭纺一样,运行成本极低。所纺纱线的紧密程度由集聚器凹槽出口的尺寸大小来决定。集聚器有多种规格,纺纱时可根据纱线品种和细度分 3 档更换凹槽尺寸不同的集聚器,因此能确保纺制细度不同的低、中、高特紧密纱,并能最大限度地去除长毛羽。纤维须条的紧密度通过集聚器凹槽而逐渐增加,并且只有在集聚器凹槽出口处才达到其最大值,因此能保留部分短毛羽。由于小于 2 mm 的毛羽在纱线表面能产生良好的覆盖作用,保留短毛羽有利于保持纱线风格。

　　RoCoS 紧密纺系统的工作原理(图 4-3-15):利用集聚器的几何形状和固态物体约束力

将牵伸后的纤维横向收缩、集聚和紧密,使边缘纤维快速有效地向须条中心汇聚,再从阻捻钳口输出,加捻三角区宽度由 b_1 减小为 b_2,纤维束中的每根纤维几乎都能集聚到纱体中,形成毛羽少、强力高的紧密纱。

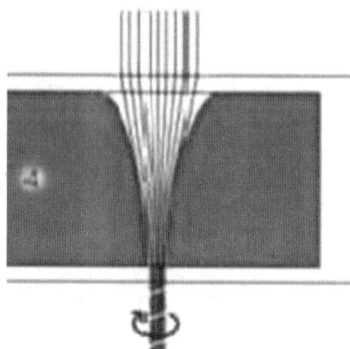

图 4-3-14 集聚器

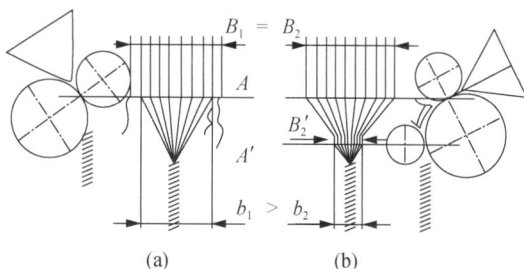

图 4-3-15 RoCoS 紧密纺系统的工作原理

二、赛络菲尔纺纱与包芯纱

(一)什么是赛络菲尔纱

将一根粗纱须条与一根长丝保持一定距离并平行地喂入,在前罗拉钳口下游汇合,再加捻成纱(图 4-3-16)。图 4-3-17 所示为赛络菲尔纱与包芯纱的比较。

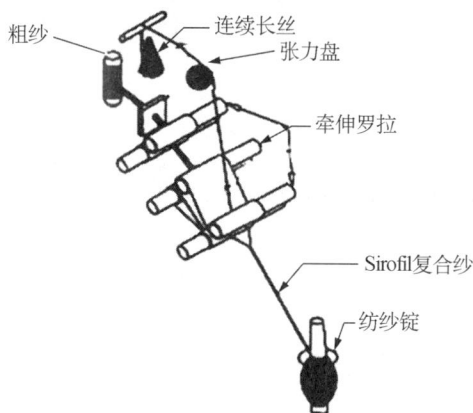

图 4-3-16 赛络菲尔纺纱过程示意

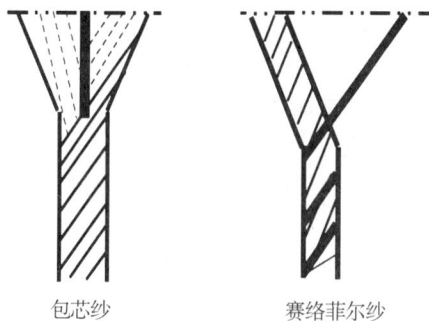

图 4-3-17 赛络菲尔纱与包芯纱比较

(二)赛络菲尔纱的生产装置

在细纱机粗纱架的下方,安装两个平行罗拉,放置卷装成形的长丝,粗纱条仍从细纱机的牵伸装置通过,而长丝通过摇架上的一个导丝轮引入前罗拉,这样化纤长丝和粗纱须条在前罗拉钳口处汇合后一起输出,再经加捻而卷绕在细纱筒管上。在赛络菲尔纺纱中,化纤长丝可以是涤纶、尼龙长丝等。这种纱也称为包覆纱。

赛络菲尔纺与氨纶包芯纱装置基本相似,差别在于赛络菲尔纺中的长丝只受到很小的张力牵伸,而包芯纱中的氨纶丝受到 3~5 倍的预牵伸。

(三)赛络菲尔纱的特点

1. 成纱结构

短纤维须条与长丝的抗弯刚度和抗扭刚度不同,造成两者在成纱结构中的位置分布有

311

差异,长丝呈螺旋状包覆在短纤维须条外。

2. 成纱性能

成纱断裂强度、断裂伸长率优于同规格股线,条干均匀度优于同规格单纱,毛羽明显减少。

(四) 环锭纺棉/氨包芯纱

1. 氨纶纤维概况

(1) 优点　高伸长、高弹性,同时具有密度小、质量轻、回缩力小而回弹性强的特性,穿着时感到舒适,没有橡皮筋线那种压迫感,拉伸变形后能回复原状。

(2) 缺点　吸湿性差,公定回潮率仅为 1.3%,强度也较其他纺织纤维低,所以一般很少单独使用。

(3) 用途　以氨纶为芯丝外包棉纤维的氨纶弹力包芯纱织成的织物在国内外十分流行,因为织物具有舒适自如、合身适体、透气吸湿、弹性回复率高等服用性能。氨纶弹力纱织物除了用于运动衣之外,还可用作衬衣、外衣和裙子面料。

2. 棉/氨包芯纱纺制原理

(1) 棉/氨包芯纱纺制过程　棉粗纱从细纱机的牵伸装置通过,而氨纶丝经过退绕机构后先经一定的预牵伸,再从细纱机的前罗拉钳口喂入,这样,氨纶丝与棉须条在前罗拉钳口汇合后一起输出,加捻后卷绕在细纱筒管上。

(2) 影响棉/氨包芯纱弹性的主要因素　棉/氨包芯纱织物的弹性由纱线的延伸性和弹性回复率确定,而纱线的弹性回复率(一般要求 10%～60%)主要由下面几个因素决定:

① 棉/氨包芯纱所采用的氨纶丝的线密度,一般芯丝线密度越大,成纱弹力越高;

② 对芯丝的(预)牵伸大小,牵伸越大,成纱弹性越高;

③ 氨纶在成纱中的百分率,比例越大,成纱弹力越高。

3. 氨纶丝线密度的选用

氨纶丝常用规格有 4.4 tex(40 D)、7.7 tex(70 D)、15.4 tex(140 D)、30.8 tex(280 D)。选择时应注意以下要点:

(1) 根据纺纱线密度选择　细特纱选用 4.4 tex(40 D),中特纱选用 7.7 tex(70 D),粗特纱选用 15.4 tex(140 D)。

(2) 根据织物的弹力要求选择　弹力要求大时,可选用线密度(特数)高的;反之,选用线密度(特数)低的。

(3) 根据织物用途选择　机织物的弹性伸长一般要求为 10%～20%,运动衣掌握在 20%～40%,滑雪衣、内胸衣为 40% 以上。

(4) 根据织物中氨纶丝的含量选择　机织物中的氨纶含量一般为 2%～5%,其他产品可在 10% 以上。

4. 氨纶丝的预牵伸

(1) 氨纶丝的弹性回缩力(弹力)与氨纶伸长率的关系　伸长率越大,回缩力越大,牵伸应越大。

(2) 氨纶丝的预牵伸计算

$$氨纶丝的预牵伸 = \frac{细纱机前罗拉线速度}{氨纶丝输出罗拉线速度} = 1 + 氨纶伸长率 \leqslant$$

$$1 + 氨纶断裂伸长率$$

氨纶断裂伸长率一般在400%以上,所以生产过程中为了保证氨纶丝不断,氨纶丝的预牵伸应小于5倍。

(3) 氨纶丝的预牵伸选择范围　氨纶丝的预牵伸一般选择2~5倍。使用4.4 tex(40 D)、7.7 tex(70 D)、15.4 tex(140 D)氨纶丝纺包芯纱时,预牵伸可选3~4.5倍。根据经验,预牵伸选用3.8倍,可以保证织物的弹力伸长率为25%~35%。

(4) 根据织物用途选择　如针织弹力内衣和弹力袜,使用16~18 tex(36^S~32^S)氨纶包芯纱时,7.7 tex(70 D)氨纶丝的预牵伸选3.5~4倍;经向弹力灯芯绒和弹力牛仔布,使用中、粗特棉/氨包芯纱时,可选大一些,一般氨纶丝预牵伸选3.8~4.5倍,以保证弹力裤穿着时臀部、膝盖部位有较好的回弹力。

(5) 根据氨纶线密度选择　15.4 tex(140 D)氨纶丝,选择预牵伸4~5倍;7.7 tex(70 D)氨纶丝,选择预牵伸3.5~4.5倍;4.4 tex(40 D)氨纶丝,选择预牵伸3~4倍。

5. 包芯纱线密度与芯丝含量的计算

(1) 包芯纱线密度

$$C_s = C + \frac{S}{E} \quad \text{或} \quad C = C_s - \frac{S}{E}$$

式中:C_s——棉/氨包芯纱线密度(tex);

C——外部包覆棉纤维纺出线密度(tex);

S——氨纶丝线密度(tex);

E——预牵伸(倍)。

(2) 氨纶丝含量M

$$\text{理论含量} M_1 = \frac{\frac{S}{E}}{C_s} \times 100\% = \frac{S}{E \times C_s} \times 100\%$$

但是,纺纱中氨纶的实际含量M_2略高于理论计算值,原因是氨纶丝离开前罗拉时要发生回缩,即实际得到的预牵伸小于理论值。也就是说,经过预牵伸的氨纶丝的线密度(tex)小于包芯纱中氨纶丝的线密度(tex),这样就使得纱中的实际含量略大于理论含量。美国杜邦公司对此采用配合系数K值(杜邦公司取$K=1.16$),即:

$$M_2 = \frac{S}{E \times C_s} \times K \times 100\%$$

因此,氨纶弹力包芯纱线密度(特数)的计算式应为:

$$C_s = C + \frac{S}{E} \times K$$

式中:$\frac{S}{E} \times K$——氨纶丝有效线密度(tex)(若用"D"作单位,则称有效旦数)。

(3) 包芯纱芯丝含量分析　主要采用切断称重法,即在公定回潮率下,将包芯纱按一定长度剪断,进行称重;再从中抽出芯丝,进行称重;计算芯丝质量与包芯纱质量比值的百分率,作为包芯纱芯丝含量的百分比。

313

纺纱工艺设计与实施

例如切取 5 段 20 cm 包芯纱,在标准温湿度下放置 24 h,折算到公定回潮率时包芯纱的质量为 0.027 9 g;从中把芯丝抽出,称重为 0.001 5 g。则纱线中芯丝的含量为:

$$\frac{0.001\ 5}{0.027\ 9} \times 100\% = 5.4\%$$

6. 捻系数的选择

氨纶丝的伸长大,为了防止外包纤维松散脱落,棉/氨包芯纱的捻系数应稍大。一般情况下,每英寸捻度应比同特普通纱增加 1～2 个捻回(相当于特数制捻度增加 4～8 个捻回)。

7. 棉/氨包芯纱的规格

根据 2002 年 7 月 1 日实施的纺织行业标准《棉氨纶包芯本色纱》,氨纶的公定回潮率为 1.3%,品种代号按原料、混纺比、纺纱工艺、纱线线密度、氨纶长丝规格(加圆括号)以及用途表示。

例如针织用精梳氨纶包芯本色纱的线密度为 13 tex,氨纶长丝的规格为 44.4 dtex(40 D),棉与氨纶的混纺比例为 C/S 93/7,其品种代号为:C/S 93/7 J 13[44.4 dtex(40 D)]K。其中,C 表示棉,S 表示氨纶。

有的工厂也使用习惯表示法,上例则表示为:C 13 tex+S 40 D 或 C 45^s+S 40 D。

8. 氨纶包芯纱常见纱疵及产生原因

(1) 无外包覆纤维　纺制细特氨纶包芯纱或氨纶长丝较粗时,易产生该类纱疵。工厂习惯上称之为裸丝。

(2) 无芯纱　一是钢丝圈与钢领配置不当,使氨纶长丝断裂所致;二是由操作(氨纶断头未能及时发现)、工艺不当(预牵伸过大)所造成。

(3) 包覆效果不佳(包偏)　氨纶长丝与棉粗纱须条的相对位置配置不当,或氨纶长丝没有通过集合器失去控制而造成。

三、竹节纱

(一) 什么是竹节纱

通过改变细纱的引纱速度或者喂入速度,使纺出的纱沿轴向出现竹节似的节粗节细的现象,这种纱叫竹节纱(图 4-3-18 和图 4-3-19)。

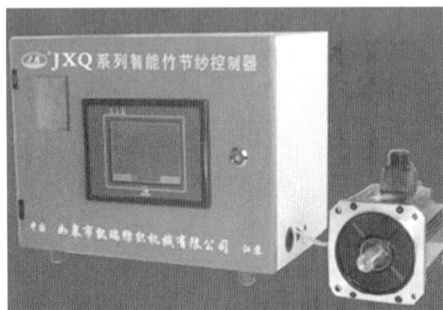

图 4-3-18　竹节纱纺纱装置

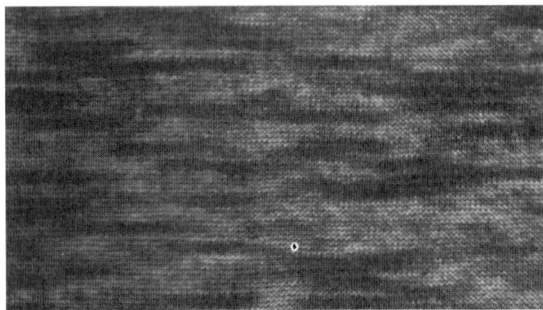

图 4-3-19　竹节纱布面效果

(二) 竹节纱的生产设备

竹节纱中竹节的产生方式有前罗拉降速法与中后罗拉加速法两种方法,两者各有优点。目前,市场上销售的主要是中后罗拉加速法产生竹节的竹节纱装置,其特点是:生产效率高,满足大部分竹节纱的质量要求。前罗拉降速法产生竹节的竹节纱装置的特点是:竹节非常准确,可以生产 3 cm 以下的竹节,但生产效率低下,目前市场上很少销售。

(三) 竹节纱的特点

竹节纱的主要参数有竹节粗度、竹节长度及竹节间距。由于竹节纱的特殊结构,布面风格与上述参数密切相关,它们之间的组合决定了特殊的布面风格,其方法主要有:

(1) 由于竹节纱的竹节部分较粗,纺纱时加在竹节部分的捻度较少,竹节段的纤维较松散,使竹节纱染色时粗段和细段对染料的吸收不一致,再根据竹节长短不同会形成雨点或雨丝的风格。

(2) 原料不同,形成的风格有很大差异,不同原料的组合可以形成各种风格独特的面料。如用普通棉、涤纶原料纺制的单纱织制的竹节纱织物,竹节比较明显;采用异形纤维如阳离子涤纶、强光涤纶、黏胶等形成较细竹节,然后与普通纱加捻成线,可制成高档面料。

(3) 采用转杯纺纱机生产的竹节纱,已在很多面料中得到应用。如转杯纺纱 C 48.6～58.3 tex (12^S～10^S)竹节纱,其竹节可高于正常纱 1.3～1.8 倍,配合竹节间距与长度的变化,可织制具有麻织物风格的高档面料。

(4) 利用竹节纱竹节部分的长短不同、粗细不同、节距不同、原料不同进行组合,生产适合机织和针织使用的竹节纱,可开发丰富多彩、风格各异的面料品种。

(四) 竹节纱如何分析

1. 竹节纱外观的主要参数

竹节纱主要参数见图 4-3-20,主要包括基纱线密度、竹节粗度、竹节长度及竹节间距。

2. 竹节纱的线密度

竹节纱的线密度目前没有国家标准,实际生产中以客户认可为标准。在企业的生产实践中,竹节纱的线密度有两种表示办法。

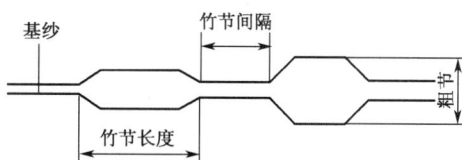

图 4-3-20 竹节纱主要参数示意图

(1) 以基纱线密度(特数)为准,并考虑竹节部分的线密度,采用基纱加竹节的方法,如:C 18.5 tex＋36 tex 竹节纱。

(2) 实测纱线百米质量,以纱线百米标准质量的 10 倍表示竹节纱的线密度,如:C 18.5 tex 竹节纱。

3. 竹节纱分析

竹节纱的竹节分析方法主要有黑板条干法、切断称重法、电子条干仪法。

(1) 黑板条干法 把竹节纱摇成黑板,黑板上竹节纱的竹节非常明显,它的长度、粗度、分布一目了然。进行测量、分析,记录竹节纱的规格参数(节长、节距)。

(2) 切断称重法 把竹节部分和节距部分(基纱)从纱线上剪下来,进行称重、测长,确定竹节纱粗细比,即竹节线密度(特数)与基纱线密度(特数)之比值。

(3) 电子条干仪法 用电子条干仪对竹节纱进行分析,并制成电子黑板,可以获得比较详细的数据信息。目前,具有竹节纱分析能力的电子条干仪主要为 Uster 4(或 5)条干仪,其他条干仪很难进行这方面的分析。

4. 竹节纱布样分析

例如:客户提供一块机织或针织竹节纱布样,要求分析后打样试制。具体分析步骤如下:

(1) 测量竹节长度和节距。拆不少于 30 根不短于 30 cm 的竹节纱,测量竹节间距、竹节长度,检查间距和长度的差异,观察节粗,确定竹节纱的竹节长度、竹节间距。

(2) 测量粗细比(粗度)。通常采用切断称重法,即切取单位长度的基纱与竹节,然后分别在扭力天平上称其质量,用单位长度的竹节质量除以单位长度的基纱质量,便得到粗细比。单位长度一般选 10 mm。

可使用 Y171 型纤维切断器,在纤维切断器的下夹板上用漆画一条垂直于夹板边缘的线,操作时由一人将竹节中段紧贴于下夹板的漆线上,另一人将上夹板夹拢并向下按切刀,将试样切断。因夹板的宽度为 10 mm,所以试样的长度为 10 mm。此方法既方便又准确,通常测 5 组试样求其均值,确定竹节纱粗细比。

(3) 计算基纱线密度

$$基纱线密度(tex) = \frac{纱的平均线密度}{基纱比例 + 粗细比 \times 竹节比例}$$

例如:仿制竹节纱的平均线密度为 36.9 tex(16^S)

① 基纱长度(节距)和竹节长度(节长)占纱的总长度的百分比(一个循环)

$$基纱长度(节距)总和 = 160 + 320 + 600 + 450 = 1530(mm)$$
$$竹节长度(节长)总和 = 75 + 75 + 75 + 85 = 310(mm)$$
$$总长度 = 1530 + 310 = 1840(mm)$$

$$基纱长度(节距)占总长度的百分比 = \frac{1530}{1840} \times 100\% = 83.2\%$$

$$竹节长度(节长)占总长度的百分比 = \frac{310}{1840} \times 100\% = 16.8\%$$

② 计算基纱线密度

$$基纱线密度 = \frac{36.9}{83.2\% + 3 \times 16.8\%} = 27.6(tex)$$

注:粗细比(粗度)为 3 倍。

(4) 对竹节纱布样再进行拆纱,制成黑板,并留样,待打样后进行对比。

(5) 根据测量的结果,制定试纺工艺设计单,准备上机试纺打样。

(6) 对细纱机进行工艺调整,试纺竹节纱。

(7) 对试纺竹节纱取样,进行测试,并与样品对比,若符合样品质量则进行生产,不符合要求则进行工艺调试,重新试纺,然后再进行测试、对比……如此循环往复,直至符合样品才能进行生产。

应注意,如果客户所提供的样品无法拆出 30 根或者长度无法达到 30 cm,可根据情况进行调整;如果样品较大,尽量多拆一些试样,保证样品代表的准确性。

(8) 制定竹节纱参数分析表(表4-3-1)。

表4-3-1 竹节纱参数分析

样品类别:	布样:经向(√) 纬向( )		纱样 ( )		
竹节长度(节长)(mm)	160,320,600,450				
基纱长度(节距)(mm)	75,75,75,85				
节长总和(mm)	310	节距总和(mm)	1530	节粗(粗度)	3
总长度(mm)	1840				
细纱平均线密度(tex)	36.9	细纱干重[g/(100 m)]		3.401	
基纱线密度(tex)	$\dfrac{36.9 \times 1840}{1530 + 3 \times 310} = 27.6$				

四、赛络纺纱

(一)什么是赛络纺

将两根粗纱须条保持一定距离平行地喂入同一牵伸机构,在前罗拉钳口下游汇合,再加捻而成的纱。

(二)赛络纺纱设备

赛络纺纱为了保证两根粗纱均匀、平行地喂入,采用双眼粗纱喂入喇叭口,并安装在细纱横动杆上,在细纱的粗纱架上则增加一倍的粗纱支架或者粗纱吊锭,其他与普通细纱机相同(图4-3-21和图4-3-22)。

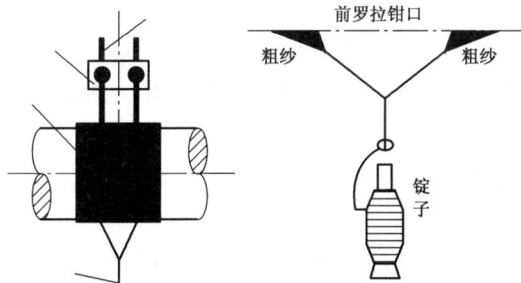

图4-3-21 赛络纺纱原理

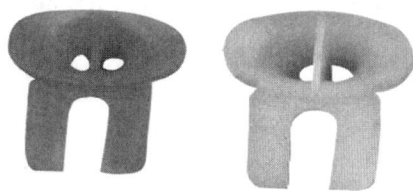

图4-3-22 赛络纺双眼粗纱喂入喇叭口

双眼粗纱喂入喇叭口的规格如下:

间距(mm)×孔径(mm):3.5×2.5,4.0×2.5,6×2.5,8.0×4.0;其中,棉纺用为3.5×2.5、4.0×2.5,毛纺用为6.0×2.5、8.0×4.0。

(三)赛络纺纱的特点

(1)成纱结构 成纱表面纤维排列整齐,纱线结构紧密,外观光洁。

(2)成纱性能 成纱断裂强度较高,断裂伸长率较大,毛羽大幅度减少,条干好。

(3)织物性能 与股线织物相比,手感柔软,表面光洁,透气性、悬垂性好。

(四)赛络紧密纺纱

1. 赛络紧密纺的原理

紧密赛络纺是由紧密纺和赛络纺结合组成的一种纺纱方法,即在赛络纺的基础上,采用

317

紧密纺技术,将两根粗纱须条保持一定距离,平行喂入同一牵伸机构,经过牵伸后形成两根松散纤维须条,再在前罗拉处分别经过集聚系统使纤维紧密地抱合在一起,形成两根紧密、光洁的纤维条,最后经导向胶辊下游输出并汇合加捻成纱。

2. 赛络紧密纺的应用

赛络紧密纺纱具有良好的性能,已得到广泛应用。赛络紧密纺纱系统主要有立达公司的 Com4® 合股纱纺纱装置、绪森公司的 EliTwist 纺纱装置(绮丽紧密赛络纺)、丰田公司的 RX240 赛络紧密纺装置等。

赛络紧密纺与普通紧密纺的纺纱系统的主要差别在于集聚吸风管上的凝聚槽不同:普通紧密纺采用一个凝聚槽;赛络紧密纺采用两个凝聚槽,它们分别对两根纤维条进行集聚,形成两根紧密、光洁的纤维条,再汇合加捻。因此,在普通紧密纺设备上进行赛络紧密纺改造比较方便,技术也比较成熟,在企业中已得到普遍应用。

3. 赛络紧密纺纱的特点

(1) 紧密赛络纺纱的特殊成纱机理使得纱线表面光滑,纤维排列整齐顺直,毛羽少;紧密赛络纱中的两股纤维束与纱线为同向同步加捻,纱线结构更加清晰紧密,类似于股线结构,退捻后能明显看出其双股结构。

(2) 紧密赛络纱的强伸性能、耐磨性能、条干均匀度及棉结、粗细节指标都优于普通赛络纱、紧密纱和传统环锭纱;紧密赛络纱的毛羽数,尤其是 3 mm 以上的有害毛羽,明显减少。

五、多通道纺纱

(一) 什么是多通道纺纱?

在细纱机纺纱过程中,采用多根粗纱喂入,每根粗纱分别经过独立控制的牵伸区完成牵伸,然后形成一根纱线的生产技术,称为多通道纺纱。目前,棉纺中技术成熟并得到广泛应用的多通道纺纱技术主要是双通道纺纱,而三通道与四通道纺纱技术在规模化生产中还存在技术不完善问题,应用较少。利用多通道纺纱技术,沿纱线长度方向,可在直径粗细、纤维组成、颜色分布等方面产生不断的变化,根据设计要求获得千变万化的效果,因此具有独特的风格,不仅富有层次变化与立体感,还具有丰富的色彩变化,更符合时尚潮流。多通道纺纱技术为纱线产品开发提供了宽广的空间,丰富了纱线产品设计,其中段彩纱是多通道纺纱中生产最多、应用最广泛的一个纱线品种。段彩纱面料如图 4-3-23 所示。

但是,段彩纱生产方法有多种,按其成纱方式分为印染法、混合法及混合染色法等。印染法是对纱线进行分段染色产生段彩;混合法是在纱线的长度方向采用不同颜色的纤维形成段彩;混合染色法是在纱线长度方向采用不同的纤维品种,再利用其染色性能的差异,通过染色获得段彩。三种段彩纱分别具体独特的效果。其中,混合法又分为在混棉处混合、在并条处混合和在细纱处混合三种。多通道纺纱技术生产的段彩纱就是在细纱处混合生产的段彩纱,由于这种段彩纱的可设计性强、控制准确、成本低,纱线风格独特,市场应用广泛。

(二) 双通道纺纱

在细纱机牵伸区,采用两根粗纱喂入,两根粗纱独立控制,形成两个纺纱通道的的纺纱技术,为双通道纺纱技术。目前市场上广泛应用的段彩纱就是采用这种方法生产的。

双通道纺纱技术根据其纺纱原理不同,分为三种形式。

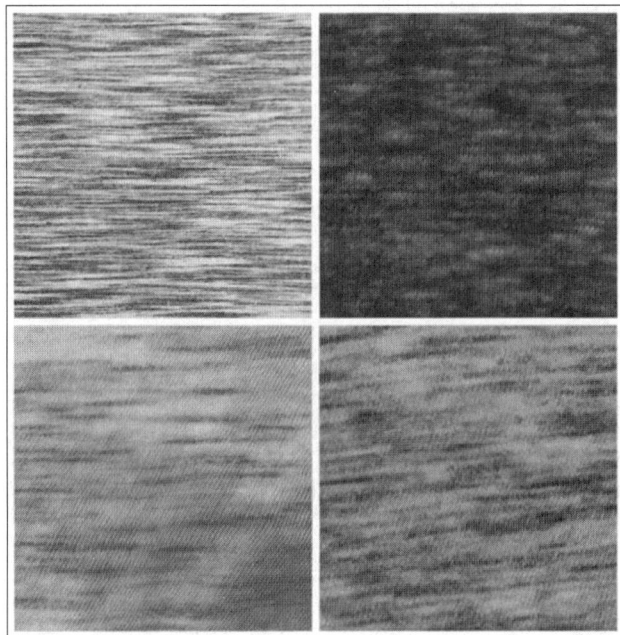

图 4-3-23 段彩纱面料

1. 后罗拉法

如图 4-3-24 所示,后罗拉法是利用细纱机的三罗拉牵伸机构,并加以简单的改动形成的方法,后罗拉的传动采用独立电动或机械装置控制。主纱从中罗拉皮圈处喂入,辅纱从后罗拉处喂入,主纱和辅纱分别经过牵伸后在前罗拉处并合形成一根须条,经过加捻成纱。为了保证主纱、辅纱的汇聚、并合效果良好,防止辅纱被吸棉管吸走而产生缺失,段彩纱纺纱装置一般需要进行紧密纺改造。紧密纺改造的目的是保证两根输出纱线能够集聚形成一根纱,避免被吸风笛管吸走。主纱 A 连续喂入,辅纱 B 间歇喂入产生段彩,这种段彩纱是竹节段彩。

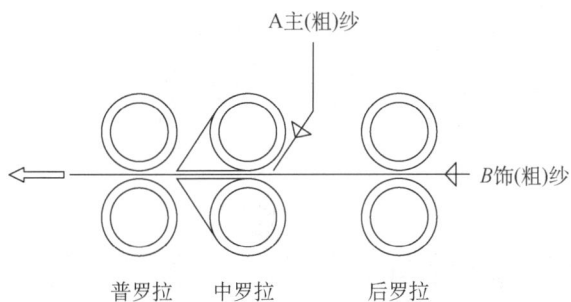

图 4-3-24 竹节段彩纱纺纱原理

　　如图 4-3-25 所示,竹节段彩纱的结构特征是以一根纱为主干纱,间断附着另一根纱,由于两根纱线的颜色不同形成段彩,段彩处是粗节,类似于竹节纱结构。这种段彩纱主要通过辅纱间断附着形成段彩,其在纱线径向呈泾渭分明的两元结构,类似于 AB 色纺。

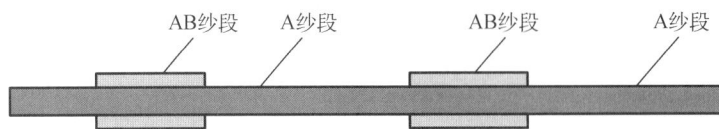

图 4-3-25　竹节段彩纱结构示意

2. 前后皮圈法

　　如图 4-3-26 所示,前后皮圈法是在细纱机三罗拉牵伸的基础上,中、后罗拉分别采用独立电机传动,与细纱机三罗拉牵伸系统不同的是,在中罗拉与后罗拉处分别安装窄皮圈,形成前皮圈(中罗拉处)、后皮圈(后罗拉处)。前皮圈由中罗拉传动,与前罗拉构成一个牵伸区;后皮圈由后罗拉传动,与前罗拉构成一个牵伸区。两个牵伸区相互独立,特别要注意的是需要把中铁辊加工成阶梯结构,两个牵伸区互不干扰。一根粗纱从中罗拉喂入,另一根粗

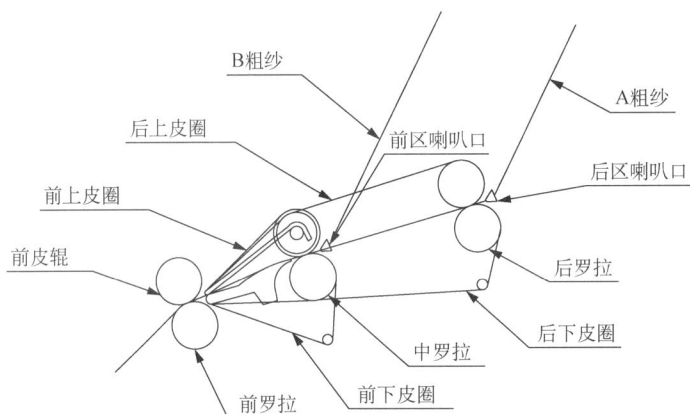

图 4-3-26　渐变段彩纱纺纱原理

纱从后罗拉喂入,两根颜色不同的粗纱通过前后皮圈即可以轮流间断喂入,经过牵伸后在前罗拉处汇合,前后相连,形成一根段彩纱,这就是渐变段彩纱;两根粗纱也可以同时喂入,经过不同的牵伸,形成两根纱的比例不断变化的赛络纺纱或 AB 纱。同样,为了保证两根纱的汇聚、并合效果良好,防止被吸棉管吸走,需要加装紧密纺系统。

如图 4-3-27 所示,渐变段彩纱的结构特征是两种颜色纱线间断轮流形成一根纱线,一段是一种颜色纱线,一段是另一种颜色纱线,两种颜色纱线交错间隔,是一种真正意义上的段彩纱。这种段彩纱在结构上可分为三段(A 段、AB 过渡段、B 段),因此纱线颜色实际上有三种(A 色、AB 色、B 色),所以称为渐变段彩纱。

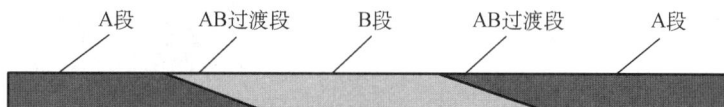

图 4-3-27　渐变段彩纱结构示意

3. 辅助罗拉法

如图 4-3-28 所示,辅助罗拉法是在细纱机三罗拉牵伸区内加装一根辅助罗拉,后罗拉的上皮辊被分割成两段,后罗拉也分为两段,分别与两段后皮辊对应,分别握持喂入两根粗纱;后罗拉一段安装有活套装置,它通过齿型带与辅助罗拉连接。后罗拉与辅助罗拉分别由独立电机传动,分别控制两根粗纱的喂入速度。两根粗纱既可以轮流喂入,也可以同时喂入,在第一罗拉和第二罗拉构成的主牵伸区内,两根纱集合,实现段彩纱效果。这种纺纱方法与前后皮圈法相比,前后皮圈法采用单区牵伸,而此方法中两根粗纱都经过双区牵伸,但是结构复杂,制造困难,且间断喂入的粗纱经过两次牵伸导致段彩长度较长,制约了段彩纱的品种开发。

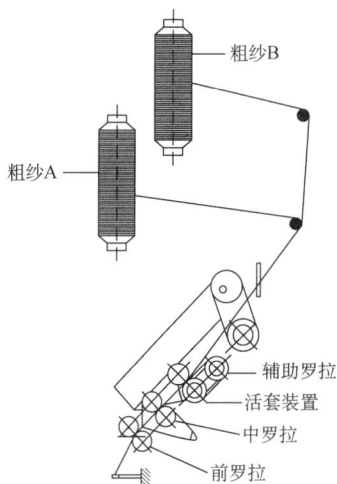

图 4-3-28　四罗拉段彩纱纺纱原理

(三) 三通道纺纱

三通道纺纱牵伸结构如图 4-3-29 所示,其中三根粗纱(1、2、3),从三个后皮辊(4、5、6)分别对应的三个后罗拉(7、8、9)组成相互独立的三个纺纱通道喂入,三个后罗拉分别与中罗拉(11)构成三个独立的后牵伸区,中罗拉和前罗拉(13)组成前牵伸区,集聚皮辊(14)和集聚槽(15)组成三通道纺纱的集聚装置。由五台电动机分别控制前罗拉、中罗拉和三个同轴心、同外径的后罗拉,使喂入的三根粗纱以不同的后罗拉速度进入牵伸区,通过各纺纱通道罗拉,对喂入粗纱设计不同的牵伸倍数,实现混纺比的调控,控制段彩纱各色段的长度、粗度的变化,形成颜色、粗细可产生不同变化的段彩纱。

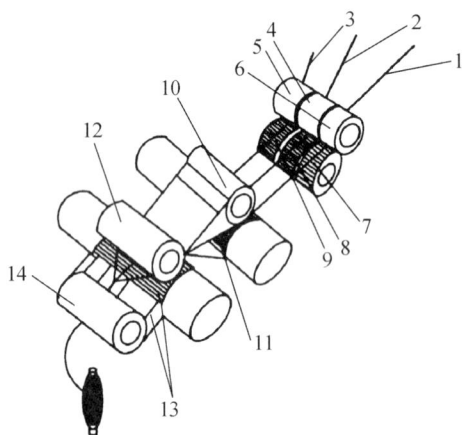

图 4-3-29　三通道纺纱原理

322

六、引导案例分析

● 案例1:C D 19.5 tex K 竹节纱工艺设计(表 4-3-2~表 4-3-5)

粗纱干定量 6.2 g/(10 m),粗纱线密度 $N_t = 6.2 \times (1 + 8.5\%) \times 100 = 672.7$ tex;竹节纱基纱设计线密度为 19.5 tex;细纱实测平均线密度为 22.5 tex;细纱机为 FA506 型,420 锭/台。

1. 牵伸工艺计算(罗拉直径:前、中、后均为 25 mm)

(1) 后区牵伸 $E_后$

$$E_后 = \frac{22 \times 80 \times Z_M}{26 \times 64 \times Z_H} = 1.0577 \times \frac{Z_M}{Z_H} = 1.0577 \times \frac{32}{27} = 1.254(倍)$$

注:Z_M 取 32;Z_H 取 27。

(2) 总牵伸 $E_总$

$$E_实 = \frac{粗纱线密度(tex)}{细纱线密度(tex)} = \frac{672.7}{19.5} = 34.5(倍)$$

$$E_总 = \frac{22 \times Z_E \times 95 \times Z_K \times 104 \times 28}{26 \times Z_D \times 25 \times Z_J \times 48 \times 28} = 6.9667 \times \frac{Z_E \times Z_K}{Z_D \times Z_J} =$$

$$6.9667 \times \frac{79 \times 81}{52 \times 25} = 34.29(倍)$$

表 4-3-2　牵伸变换齿轮齿数选配表

Z_H		Z_M						Z_J		Z_K		Z_E				
27	22	27	28	29	30	31	**32**	**25**	44	**81**	62	71	**79**	80	81	82	83
Z_E				Z_D								$Z_J + Z_K = 106$				
84	85	86	87	34	38	42	47	**52**	58	64	71	79				

2. 锭子速度 $n_{锭}$

$$n_{锭} = n_{马达} \times \frac{(250+0.8) \times D_1}{(D_4+0.8) \times D_2} = 1460 \times \frac{(250+0.8)}{(22+0.8)} \times \frac{190}{210} = 14530(\text{r/min})$$

表 4-3-3　锭盘直径 D_4、电动机皮带轮 D_1、主轴皮带轮 D_2 选配表

D_4 (mm)			D_1 和 D_2 (mm)									
20.5	**22**	24	160	170	180	**190**	200	**210**	220	230	240	250

3. 捻度 T_t

设计捻系数 α_t 为 395，则设计捻度 $T_t = \dfrac{\alpha_t}{\sqrt{N_t}} = \dfrac{395}{\sqrt{19.5}} = 89.44[\text{捻}/(10\ \text{cm})]$

实际配置捻度 $T_t = \dfrac{(250+0.8)/(D_4+0.8)}{\dfrac{32 \times Z_A \times Z_C \times 104 \times 28 \times \pi d_f}{96 \times Z_B \times 104 \times 48 \times 28 \times 100}} =$

$\dfrac{250.8}{22.8} \times \dfrac{96}{32} \times \dfrac{75}{45} \times \dfrac{104}{37} \times \dfrac{48}{104} \times \dfrac{28}{28} \times \dfrac{100}{3.14 \times 25} = 90.89[\text{捻}/(10\ \text{cm})]$

表 4-3-4　捻度变换齿轮齿数选配表

$Z_A + Z_B = 120$									Z_C								
32	38	**45**	52	60	68	**75**	82	88	31	32	33	34	35	36	**37**	38	39

4. 前罗拉速度 n_f

$$n_f = 1460 \times \frac{D_1 \times 32 \times Z_A \times Z_C \times 104 \times 28}{D_2 \times 96 \times Z_B \times 104 \times 48 \times 28} =$$

$$1460 \times \frac{190 \times 32 \times 45 \times 37 \times 104 \times 28}{210 \times 96 \times 75 \times 104 \times 48 \times 28} = 203.65\,(\text{r/min})$$

表 4-3-5　C D 19.5 tex K 竹节纱细纱工艺设计表

纱线细度	百米干重	回潮率	牵伸(倍)		配合率	牵伸分配(倍)		捻度 [捻/(10cm)]	捻系数	速度(r/min)		锭盘直径	罗拉直径 (mm)
			实际	机械		前区	后区			前罗拉	锭子	mm	前×中×后
tex	g	%											
19.5	1.797	7.0	34.5	34.29	1.00	—	1.254	91	395	203.65	14530	22	25×25×25

上罗拉加压 (N/双锭)			上罗拉偏移 (mm)			皮圈钳口	罗拉隔距 (mm)		钢领	钢丝圈	竹节设计			
前	中	后	前	中	后	mm	前区	后区			节粗	节长 (mm)	节距 (mm)	规格形式
137	98	137	+3	—2	0	3.5	18	28	PG1-4254	6802 2/0	+70%	60	200	无规律分布

轻重牙		后牵伸牙		牵伸对牙		中心对牙		中心牙	棘轮	卷绕成对牙		成形凸齿轮	管纱动程 (mm)	皮带盘 (mm)		理论产量
Z_E	Z_D	Z_H	Z_M	Z_K	Z_J	Z_A	Z_B	Z_C	齿/次	Z_F	Z_G			D_1	D_2	kg/(台·h)
79	52	27	32	81	25	45	75	37	6/1	52	70	1:3	56	190	210	8.51

● 案例2:ＪＣＤ14.5 tex＋20 D 氨纶包芯纱工艺设计(表4-3-6)

表4-3-6　ＪＣＤ14.5 tex＋20 D 氨纶包芯纱细纱工艺设计表

纱线细度	百米干重	回潮率	牵伸(倍)		配合率	牵伸分配(倍)		捻度[(捻/(10 cm)]	捻系数	速度(r/min)		锭盘直径	罗拉直径(mm)
			实际	机械		前区	后区			前罗拉	锭子	mm	前×中×后
tex	g	%											
14.5	1.336	7.0	40.4	41.2	1.02	35.21	1.17	99.7	380	184	14 532	22	25×25×25

上罗拉加压(N/双锭)			上罗拉偏移(mm)			皮圈钳口	罗拉隔距(mm)		钢领	钢丝圈	氨纶结构设计			
前	中	后	前	中	后	mm	前区	后区			氨纶规格	牵伸(倍)	齿轮配置	氨纶比例
137	98	137	+3	−2	0	2.5	18	28	PG1/2-4254	RSS4/0	22.2 dtex(20 D)	3.66	15/32	4.1%

轻重牙		后牵伸牙		牵伸对牙		中心对牙		中心牙	棘轮	卷绕成对牙		成形凸齿轮	管纱动程(mm)	皮带盘(mm)		理论产量
Z_E	Z_D	Z_H	Z_M	Z_K	Z_J	Z_A	Z_B	Z_C	齿/次	Z_F	Z_G			D_1	D_2	kg/(台·h)
86	47	27	30	81	25	45	75	33	4/1	50	72	1:3	56	190	210	8.51

注　粗纱干定量为5.4 g/(10 m)。

1. 氨纶丝预牵伸

$$E = 7.82 \times \frac{Z_1}{Z_2} = 3.66(倍)$$

其中:$Z_1=15$;$Z_2=32$。

2. 氨纶丝含量 M_2

$$C_S = C + \frac{S}{E} \times K = 14.5 + \frac{20}{9 \times 3.66} \times 1.16 = 14.50 + 0.70 = 15.20(tex)$$

$$M_2 = \frac{S \times K}{E \times C_S} \times 100\% = \frac{\frac{20}{9} \times 1.16}{3.66 \times 15.20} \times 100\% = 4.63\%$$

其中:C_S 为氨纶包芯纱线密度(tex);C 为外部包覆纤维的线密度(tex);S 为氨纶丝的线密度(tex);预牵伸 $E=3.66$(倍);配合系数值 $K=1.16$。

● 案例3:ＪＣＤ18.5 tex K 赛络纱工艺设计(表4-3-8和表4-3-9)

1. 总牵伸 $E_总$

$$E_实 = \frac{粗纱线密度 \times 2}{细纱线密度} = \frac{347.2 \times 2}{18.5} = 37.54(倍)$$

$$E_总 = \frac{22 \times Z_E \times 95 \times Z_K \times 104 \times 28}{26 \times Z_D \times 25 \times Z_J \times 48 \times 28} = 6.966\,7 \times \frac{Z_E \times Z_K}{Z_D \times Z_J} = 6.966\,7 \times \frac{81 \times 81}{47 \times 25} = 38.90(倍)$$

2. 牵伸配合率

由于赛络纺采用双粗纱喂入,牵伸力较大,其牵伸配合率较大。

表4-3-7　牵伸变换齿轮齿数选配表

Z_H		Z_M						Z_J		Z_K			Z_E				
27	22	27	28	29	30	31	32	25	44	81	62	71	79	80	81	82	83
Z_E				Z_D										$Z_J + Z_K = 106$			
84	85	86	87	34	38	42	47	52	58	64	71	79					

表 4-3-8　J C D18.5texK 赛络纱细纱工艺设计表

纱线线密度	百米干重	回潮率	粗纱干定量 [g/(10 m)]		牵伸（倍）		牵伸配合率	牵伸分配（倍）		捻度 [捻/(10 cm)]	捻系数	速度(r/min)	
tex	g	%	粗纱1	粗纱2	实际	机械		前区	后区			前罗拉	锭子
18.5	1.705	7.0	3.2	3.2	37.54	38.90	1.036	30.6	1.25	86	350	226	15 295

上罗拉加压 (N/双锭)			上罗拉偏移 (mm)			皮圈钳口 (mm)	罗拉隔距 (mm)		钢领	钢丝圈	罗拉直径 (mm)	锭盘直径 (mm)
前	中	后	前	中	后		前区	后区			前×中×后	
137	98	137	+3	−2	0	2.5	18	28	PG1-4254	6802 2/0	25	22

轻重牙	后牵伸牙	牵伸对牙	中心对牙	中心牙	棘轮	卷绕成对牙		成形	管纱动程	皮带盘		理论产量
Z_E	Z_D	Z_H	Z_M	Z_K	Z_J	Z_A	Z_B	Z_C	齿/次	Z_F	Z_G	凸齿轮	mm	D_1	D_2	kg/ (台·h)
81	47	27	32	81	25	45	75	39	5/1	52	70	1:3	56	200	210	8.294

● 案例4:C 18.5 tex 竹节段彩纱工艺设计(表4-3-9)

表 4-3-9　C 18.5 tex 竹节段彩纱工艺设计表

纱线线密度	百米干重	回潮率	粗纱干定量 [g/(10 m)]		牵伸(倍)		段彩粗度 (%)	捻度 [捻/(10 cm)]	捻系数	速度(r/min)		罗拉隔距 (mm)	
tex	g	%	粗纱 A	粗纱 B	A 纱	B 纱				前罗拉	锭子	前区	后区
18.5	1.705	7.0	4.8	4.8	36	60	60	92	395	211	15 295	20	28

上罗拉加压 (N/双锭)			上罗拉偏移 (mm)			皮圈钳口 (mm)	钢领	钢丝圈	段彩分布（cm）					
前	中	后	前	中	后				节长 1	节距 1	节长 2	节距 2	节长 3	节距 3
137	98	137	+3	−2	0	2.5	PG1-4254	6802 2/0	8	25	12	20	10	30

任务实施

工作任务

　　某棉纺厂生产转杯纱线品种,请以工艺员角色,根据给定纱线品种,制定转杯纱工艺设计方案。

　　任务完成后提交转杯纱工艺设计工作报告。

工作准备

资料准备:

(1)《现代棉纺技术(第三版)》P344~382

(2)《棉纺手册(第三版)》P687~725

(3)《转杯纺纱机产品说明书》

设备与专用工具:转杯纺纱机,转杯纺纱机工艺部件调配专用工具。

测试仪器:缕纱测长仪,称重天平,条干检验仪,纱线捻度试验仪,条粗测长仪。

工作步骤与要求

(1)制定小组工作计划

(2)完成转杯纺纱工艺设计方案

▶ 分析该转杯纺纱线产品的品种特点及用途

▶ 说明原料选配特点

▶ 说明转杯纺纱工艺流程

▶ 所选用转杯纺纱机的技术特点

▶ 转杯纺纱机工艺参数配置与计算(说明参数选择依据,列出详细计算过程)

▶ 制定转杯纺上机工艺单(说明参数选择的依据,列出详细计算过程,填写"转杯纺工艺单"即表4-3-10)

(3)转杯纺纱机上机工艺调试

根据设计的并条机熟条定量,上机试纺,填写工艺调整通知单(见下表)

上 机 工 艺 试 纺 通 知 单		
试纺地点:<u>纺纱实训中心</u>;试纺设备:转杯纺纱机; 机型:_____ 试纺小组:_____		试纺日期: 年 月 日
品种		备注:
工艺项目	要求	
分梳辊转速(r/min)		
转杯转速(r/min)		
引纱速度(m/min)		
给棉速度(m/min)		
引纱频率(Hz)		
给棉频率(Hz)		
张力牙		

(4)质量测试与分析

测试:① 熟条质量不匀率

② 转杯纱质量不匀率

③ 转杯纱条干

④ 转杯纱捻度

思考:若转杯纱质量超出控制范围,请分析原因,并提出工艺改进建议。

提交成果

(1) 根据分组设计的纱线产品实例,提交该纱线的转杯纱工艺设计工作报告

(2) 制作 PPT 和 Word 电子文档,对你的转杯纱工艺设计方案进行答辩

 答辩内容……

① 说明原料选配特点

② 所选转杯纺纱机技术特点

③ 转杯纺纱主要工艺参数配置及选择依据

④ 转杯纱质量指标及主要控制措施

⑥ 环锭纺细纱机新技术应用

表 4-3-10 转杯纺工艺单

纱线线密度(tex)	机型	回潮率(%)	百米干重(g)	牵伸			捻系数	捻度(捻/10 cm)	速度	
				实际(倍)	机械(倍)	配合率			给棉(m/min)	引纱(m/min)

速度		分梳辊型号	转杯直径(mm)	隔理盘角度(°)	转杯皮带盘(mm)		分梳辊皮带盘(mm)D_3	引纱频率(Hz)	给棉频率(Hz)	张力牙
分梳辊(r/min)	转杯(r/min)				D_1	D_2				G

张力牵伸(倍)	电 子 清 纱 器 参 数 设 定									
	粗节(截面变化率×长度)						细节		产量	
	S1(%×mm)	S2(%×mm)	S3(%×mm)	S4(%×mm)	S5(%×mm)	S6(%×mm)	T1(%×mm)	T2(%×mm)	kg/(台·h)	kg/(台·天)

注 完成转杯纺纱机工艺设计方案 Word 文档。

课后 >>> 自测

一、填空题

1. 新型纺纱按成纱原理可以分为＿＿＿＿纺纱和＿＿＿＿纺纱。

2. 转杯纺纱机按排风方式可以分为＿＿＿＿式和＿＿＿＿式。

3. 转杯纺纱机的喂给机构由＿＿＿＿、喂给板、＿＿＿＿组成。

4. 转杯纱由＿＿＿＿和缠绕纤维两部分组成。

5. 转杯纺纱机的分梳辊可分为＿＿＿＿辊和＿＿＿＿辊两种。

6. 非自由端纺纱是指＿＿＿＿点与＿＿＿＿点之间的纤维须条是连续的,须条两端被握持,借助假捻、包缠、黏合等方法使纤维抱合在一起,从而使纱条获得强力。

7. 自由端纺纱是指＿＿＿＿点与＿＿＿＿点之间的纤维须条是断开的,形成自由端,

自由端随加捻器一起回转使纱条获得真捻。

8. 纺制棉氨包芯纱,一般氨纶丝的预牵伸范围在_____。

9. 喷气涡流纺纱按其纺纱原理可分_____和_____两种纺纱方法。

10. MJS 喷气纺纱中,纱条在输入与输出之间是连续的,属于_____;MVS 喷气涡流纺纱中,纱条在输入与输出之间是断开的,属于_____。

11. MJS 喷气纱具有外包纤维包缠在芯纤维上的双层包缠结构,外包纤维的包缠随机性地呈多种形态,并可归纳为_____、_____和_____三类。

12. 根据纤维种类、纱线线密度不同,MVS 纺纱机使用不同的锭子,锭子内径从小到大分_____、_____、_____、_____、_____共五种。

13. MJS 喷气纺纱机的牵伸特点是_____、_____、_____。

14. MJS 纺纱机的喷嘴结构按喷嘴个数分,主要有_____、_____两种类型。

15. MVS 纺纱机针固定器导针的作用是_____
_____。

16. 紧密纺纱系统或装置主要有三个方面的基本作用:_____、_____
_____、_____。

17. 按集聚原理,紧密纺纱系统或装置有_____、_____两种类型。

18. 赛络菲尔纱是将一根粗纱须条与一根长丝_____,
_____,_____。

19. 双通道纺纱技术根据纺纱原理不同,分为三种形式:_____、_____、_____
_____。

20. 段彩纱的生产方法有多种,按成纱方式可分为_____、_____、_____
____等。

二、判断题

1. 转杯纺是一种非自由端纺纱技术。 ( )
2. 转杯纺纱机的喂给机构由喂给喇叭、喂给罗拉和喂给板组成。 ( )
3. 转杯纱的强力一般高于同线密度环锭纱。 ( )
4. 赛络纺、赛络菲尔纺都属于环锭纺新技术。 ( )
5. 紧密纺的优点是能够放大加捻三角区。 ( )
6. 紧密纺根据纺纱方法可分为三种类型。 ( )
7. 紧密纺纱的一个突出特点是毛羽比普通环锭纱大大增加。 ( )
8. MVS 纺纱中,纺纱速度越高,纱线越柔软;纺纱速度越低,纱线越硬。 ( )
9. MVS 纺纱中,喷嘴压力取决于喷嘴种类。改变喷嘴压力,纤维的吸力、反转力和卷绕力也发生变化。喷嘴压力增加,纱线变软;喷嘴压力降低,纱线变硬。 ( )
10. 喷气涡流纺纱线质量等级分为优等品、一等品、二等品,低于二等品均为三等品。 ( )
11. MVS 纱线是短纤维纺纱中纱线表面 3 mm 毛羽最少的纱线。 ( )
12. 赛络纺是多通道纺纱技术的一种形式。 ( )

三、问答题

1. 请写出一条转杯纺纱工艺流程。

2. 写出竹节纱的三要素。

3. 紧密纺纱线有什么特点?

4. 赛络纱具有怎样的性能特点?

5. 传统纺纱技术的缺点是什么?

6. 简述赛络纺纱的工艺过程。

7. 简述棉氨包芯纱的工艺过程。

8. 影响棉氨包芯纱弹性的主要因素有哪些?

9. 如何计算棉氨包芯纱的氨纶丝含量?

10. 写出竹节纱产生竹节的原理。

11. 简述 MVS 涡流纺纱加捻过程的五个步骤。

12. MVS 涡流纺纱具有哪些特点?

13. 简述 RoCoS 紧密纺纱系统的工作原理。

14. 简述 COM4 集聚纺纱系统的纺纱原理。

15. 简述 Elite 紧密纺纱系统的工作过程。

16. 渐变段彩纱的结构特征是什么?

17. 什么是多通道纺纱技术?

329

学习情境 **5**

生产计划调度

任务 描述 >>>

计划调度是纺织企业的生产指挥中心,其主要职能是根据纱线产品订单,合理进行机台安排,进行生产进度控制、产量控制,保证交货期,提高生产效率。

本学习情境即以纺纱厂计划调度员的角色,针对多个纱线品种,合理进行机台调配,编制完成纺部机台配备表。

学习 目标 >>>

- 能根据具体纱线品种合理设计纺纱工艺流程
- 能合理设计并选择纺纱各工序的主要工艺参数
- 能根据纱线产品订单计算细纱总产量及各工序产量
- 理解消耗率、制成率的意义
- 理解生产效率、设备运转率并计算设备配备台数

提交 成果 >>>

■ 编制纺部机器配台表

多品种纱线生产任务单见表5-1。

表5-1　多品种纱线生产任务单

分组序号	纱线品种	月产量(吨/月)	分组序号	纱线品种	月产量(吨/月)
1	C D J 14.5 tex(针织用纱)	90	5	C D 19 tex(针织用纱)	100
	C D 18.5 tex(针织用纱)	100		C D 14.5 tex(针织用纱)	110
2	C D J 13 tex(机织用纱)	110	6	C D J 14.5 tex(针织用纱)	120
	C D 19 tex(针织用纱)	120		C D 22 tex(机织用经纱)	80
3	C D J 16.5 tex(机织用经纱)	90	7	C D 27.8 tex(机织用纱)	120
	C D 22.5 tex(机织用经纱)	80		C D 36 tex(机织用纱)	80
4	C D J 19.5 tex(机织用经纱)	150	8	C D J 9.7 tex(针织用纱)	150
	C D 27.5 tex(机织用经纱)	80		C D 29 tex(机织用经纱)	120

知识准备

>>>生产计划调度

学习内容

> 5.1　纱线产品订单内容及技术要求
> 5.2　纺部工艺流程及设备选择
> 5.3　纺部机器配备及生产调度
> 5.4　机器配台典型案例

5.1　纱线产品订单内容及技术要求

计划调度员一旦接到产品订单,就要分析订单内容,合理进行机台安排、人员协调,对产量和生产进度进行控制,以保证交货期。因此,计划调度是纺织企业的生产指挥中心,具有非常重要的作用。

一、纱线产品订单的内容

纱线产品的销售合同一般按照"工业产品销售合同"样本执行,经双方法定代表人、委托代理人签字,并加盖合同专用章后生效,其合同内容主要包括:

(1) 产品名称、规格、数量、单价、总金额、税率。

(2) 执行的技术标准、包装形式:国际标准或者国家标准或者企业标准。

(3) 付款方式:甲方货到乙方公司　　日后结清货款。

(4) 供货周期:　　年　　月　　日前到货。

(5) 交货方式:货由汽车送到乙方公司,运费由　　方承担。交货地点:　　　　。

(6) 质量要求:甲方严格按照合同约定进行制作。乙方在收到货后进行验收,若有异议于　　天内提出,逾期则视乙方认同产品合格。质保期　　年。乙方在正常使用的情况下出现产品质量问题,乙方有权要求甲方无条件更换。

(7) 风险承担:本合同约定的货物在到货前的毁损、灭失的风险由甲方承担。

(8) 争议的解决:友好协商,协商不成,可向甲方所在地人民法院诉讼。

(9) 其他约定事项:上述条款中没有涵盖,双方又必须约定的事项。

二、技术要求

1. 双方执行的质量标准

双方约定的质量执行标准,对今后可能发生的争议提供技术保证。

2. 质量要求

关于产品质量,除国家标准外,客户对质量有特别要求或者国家标准又没有的情况下双方约定的质量,也具有法律效力。

3. 按样品生产

客户提供样品,而我方能够接受并能够进行生产的产品,双方都应该保留样品、封样存档,在双方发生争议时,可作为标准提供。

附件 1:C D 18. 5 tex K 销售合同案例

附件 2:C D J 20^S 漂白纱销售合同案例

附件 3:新品种上机通知单

331

附件 1：ＣＤ18.5 tex K 销售合同案例

工 业 产 品 销 售 合 同

合同编号：ZX090701
签订地点：南 通
签订时间：2009.05.01

供方：南通市　　　　纺 织 有 限 公 司　（简称甲方）
需方：＿＿＿＿＿＿＿＿＿＿＿＿＿＿＿（简称乙方）

一、产品名称、型号

序号	产 品 名 称	规 格 型 号	数量	单 价	总 金 额	备注
1	纯棉 18.5 tex 针织用纱	CD 18.5 tex K	90 吨	￥20 700.00	￥1 863 000.00	
2						

注明：1. 合同签订当日，乙方预付甲方￥150 000.00 定金

2. 货到乙方公司三日后付清货款，任何一方毁约将向另一方支付合同金额的 35％作为违约金

合计：（含 17％增值税票）壹佰捌拾陆万叁仟圆整	￥1 863 000.00
技术标准	国标 GB 398—93 质量标准一等品
其他事项	颜色：本色纱，无"三丝"
包　装	白色聚丙烯编织袋，3°30′纸管，25 kg（净重）

二、付款方式：甲方货到乙方公司三日后结清货款。

三、供货周期：2009 年 7 月 8 日前到货。

四、交货方式：货由汽车送到乙方公司仓库，运费由乙方承担。

五、质量要求：甲方严格按照合同约定进行制作。乙方在收到货后进行验收，若有异议于十天内提出，逾期则视乙方认同产品合格。质保期一年。乙方在正常使用的情况下出现产品质量问题，确定为甲方原因造成，乙方有权选择要求甲方更换。

六、风险承担：本合同约定的货物在到货前的毁损、灭失的风险由甲方承担。

七、争议的解决：友好协商，协商不成，可向甲方所在地人民法院诉讼。

八、其他约定事项：

　　　　1. 本合同由甲、乙双方协商签订，经双方签字盖章后生效，具有法律效力。

　　　　2. 本合同一式两份，甲、乙双方各执一份（传真件合同文本有效）。

甲方：南通市　　　纺织有限公司	乙方：
单位地址：江苏省南通市	地址：
委托代理人：	法定代表人：
开户银行：	委托代理人：
账号：	开户银行：
户名：	账号：
电话：	电话：
传真：	传真：

附件 2：ＣＤＪ20^{S}漂白纱销售合同案例

工业产品销售合同

合同编号：TH9100200C
签订地点：上海
签订时间：2010.06.10

供方：_____ 纺织有限公司 （简称甲方）
需方：_____ 有限公司 （简称乙方）

一、产品名称、数量、价格及交提货时间

产品名称	数量(吨)	单价(元/吨)	合计金额(元)	交期	交(提)货时间及地点
ＣＤＪ20^{S}漂白纱	45	29 000	￥1 305 000.00 人民币(大写)： 壹佰叁拾万伍仟圆整	6月20日起每天保证2吨,23天交清	送到乙方仓库

二、质量标准

1. ＣＤＪ20^{S}漂白纱要求为自络纱,喷气织机用纱,既可做漂白也可做染色坯,每100米坯布三丝、油污纱不超过30处。
2. 特别要求所供纱线物理指标：单纱强力≥550 cN;单强 CV≤6.2％;无强捻、弱捻、小辫子纱等质量问题。
3. 每只纱筒1.67 kg,定重定长。

三、包装要求

白色聚丙烯编织袋,每袋25 kg(净重),包装袋外必须标注规格、产地、批号、净重、生产日期等,特别注意纸管质量,并避免外表损伤。

四、产品验收

1. 物理指标以乙方厂检为准,如指标达不到乙方要求,乙方有权要求退货。
2. 漂白、染色后,乙方因三丝、油污纱、竹节疵点超标而产生的修布费用由甲方全额负责。
3. 若因甲方所供的纱包含隐性质量问题(如染色后的色差、棉结等),乙方有权在染整后提出,由于原料问题造成的损失由甲方负担。

五、运输方式及到达地点费用负担：货由汽车送到乙方公司仓库,运费由乙方承担。

六、结算方式、时间及期限：货到后凭增值税发票付款,20天账期,以承兑结算。

七、解除合同纠纷的方式：友好协商解决或向乙方所在地人民法院起诉。

八、其他约定事项：

1. 本合同由甲、乙双方协商签订,经双方签字盖章后生效,具有法律效力。
2. 本合同一式两份,甲、乙双方各执一份(传真件合同文本有效)。

甲方： 纺织有限公司	乙方：
单位地址：	单位地址：
法定代理人：　　委托代理人：	法定代表人：　　委托代理人：
开户银行：　　账号：	开户银行：　　账号：
税号：	税号：
电话：　　传真：	电话：　　传真：

333

纺纱工艺设计与实施

附件 3：新品种上机通知单

分厂：二分厂技术科　　　　　　　　　　　　　　　　　　　　接单部门：销售部

品种	CJ 50^S	数量	100 吨	交期	30 天	客户	广东佛山

配棉成分	30％新疆长绒棉（用 00025♯配棉） 70％细绒棉（用 00025♯配棉）						

<table>
<tr><td rowspan="10">技术要求</td><td>条干 CV（％）　＜</td><td>14.0</td><td>捻度（捻/10 cm）</td><td></td><td>116～122</td><td>黑板棉结/疵点　＜</td><td>25/30</td></tr>
<tr><td>细节（－50％）＜</td><td>10</td><td>捻度 CV（％）</td><td>＜</td><td>3.0</td><td>毛羽（3 mm 以上）＜</td><td>10</td></tr>
<tr><td>粗节（＋50％）＜</td><td>48</td><td>质量 CV（％）</td><td>＜</td><td>1.7</td><td></td><td></td></tr>
<tr><td>棉结（＋140％）＜</td><td>500</td><td>质量偏差（％）</td><td></td><td>0～＋1.0</td><td></td><td></td></tr>
<tr><td>棉结（＋200％）＜</td><td>70</td><td>A3＋B3＋C3＋D2　＜</td><td></td><td>1.5</td><td></td><td></td></tr>
<tr><td>强力（cN）　　＞</td><td>200</td><td>A2</td><td>＜</td><td>5.0</td><td></td><td></td></tr>
<tr><td>强力 CV（％）　＜</td><td>8.5</td><td>B2</td><td>＜</td><td>1.9</td><td></td><td></td></tr>
<tr><td>伸长率（％）　　＞</td><td>5.6</td><td>C2</td><td>＜</td><td>1.0</td><td></td><td></td></tr>
<tr><td colspan="7">主要指标：A2＋B2＋C2 纱疵、黑板棉结、强力、毛羽</td></tr>
</table>

包装要求	纸管		筒子个数	15	kg（磅）/袋（箱）	20	包装	袋	批次	DH2-1	配棉号	00025♯
	包装质量要求： 1. 编织袋＋垫板 2. 筒子间质量差异不大于 50 g 3. 包装外观整齐，唛头清晰											

备注	日产量 1.5 吨以上

负责人签字：　　　　　　　　　　　　　　　　　　　　　　　2005 年 11 月 13 日

334

5.2 纺部工艺流程及设备选择

一、纱线品种与工艺流程

棉纺设备加工的纱线产品主要有以下六大类:

(1) 纯棉纱(普梳纱、精梳纱、色纺纱)

(2) 纯化纤纱(纯涤纱、纯腈纱、纯黏纱等)

(3) 棉与化纤混纺纱(如涤/棉、棉/黏、腈/棉、维/棉、棉/锦等混纺)

(4) 化纤与化纤混纺纱(涤/黏、涤/腈、涤/莫代尔等混纺)

(5) 新型纺纱线(转杯纱、喷气纺、涡流喷气纺等)

(6) 特殊新型纱线(对环锭细纱机进行技术改造,加工紧密纺纱、包芯纱、竹节纱、赛络纺纱等)

> 你能写出这五个纱线品种的工艺流程吗?

> 品种1:C D 18.5 tex
>
> 品种2:C D J 14.5 tex
>
> 品种3:T/C 65/35 D J 13 tex
>
> 品种4:T/R 60/40 D 13 tex
>
> 品种5:OE 36 tex

二、纺纱设备选择

1. 新建棉纺厂设备选型及老厂设备更新

对于新建厂,在制定产品方案和工艺流程后,就要进行机器设备的选择,其基本原则如下:

(1) 机器的选择应与主导纱线品种以及工艺流程紧密地结合。

(2) 技术上可行、经济上合理、供应有保证。因此,必须调查研究,熟悉性能;掌握供应情况;对新型号,必须了解有关鉴定资料。

(3) 要有较高的性价比,即不能用高档设备生产低档产品(设备质量过剩),同样不能用低档设备生产高档产品,应选择产量高、质量好、有利于提高劳动生产率的高效能机台。

当然,一旦设备定型购买并安装后,就必须根据现有设备,加强各项管理,提高产品产质量和档次,增加产品品种的适应性。

(4) 设备应具有一定的灵活性与适应性,选型时要注意标准化、通用化、系列化以及优质的售后服务。

(5) 设备机构简单、耐用、噪声低、振动小,便于看管和维护,零件具有互换性,占地面积小。

2. 老厂设备更新

在规模较大的企业中,生产设备的型号较多,其运转状况的差别很大。对于什么档次的产品用什么档次的设备进行生产,要慎重考虑、统筹兼顾,质量要求高的产品采用较好的设备生产,低端产品则采用较差的设备生产。如果设备配置无法满足纱线质量要求,应与销售部门联系,调整交期、品种,不可不顾质量盲目生产。

3.充分了解所选用的纺纱设备并熟练掌握其技术性能

对所选用的纺纱设备,必须详细查阅该纺纱设备的《设备说明书》,充分了解并熟练掌握该设备的技术性能和传动系统,尤其要充分了解下列技术参数:

(1)产量;

(2)适纺纤维的品种与规格,纤维品种包括棉、棉型化纤、中长化纤、精短毛、羊绒、亚麻,纤维规格指纤维的长度和细度;

(3)适纺产品的线密度:特克斯(或纱支);

(4)主要机件的速度与规格,主要部件的输出速度包括梳棉机的锡林速度、刺辊速度、道夫速度、盖板速度和并条机出条速度及粗纱机、细纱机锭速等;

(5)并合数、牵伸形式、总牵伸、罗拉直径、罗拉隔距、罗拉加压范围等;

(6)喂入与输出卷装;

(7)全机功率。

4.国内纺机制造厂

现有三大集团,见表5-2。

第一集团:经纬宏大股份集团,原纺织部定点纺机制造企业,包括郑州、青岛、沈阳、天津、山西经纬纺机厂;

第二集团:上海太平洋机电股份集团,原上海各纺织机械厂;

第三集团:其他,如江苏金坛、马佐里(东台)、无锡宏源、湖北天门、陕西宝鸡宝成、河北石家庄太行、浙江日发、浙江泰坦。

表5-2　国内三大纺机集团

纺纱设备		第一集团	第二集团	第三集团
开清棉设备		郑州、青岛		金坛
梳棉机		青岛、郑州		金坛
精梳机		山西经纬	上海纺机总厂	马佐里(东台)、常德、无锡
并条机		沈阳	上海纺机总厂	天门、宝成
粗纱机		天津	上海二纺机	无锡宏源、河北太行、马佐里(东台)
细纱机		山西经纬	上海二纺机	马佐里(东台)
转杯纺纱机		山西经纬		浙江日发、浙江泰坦
络筒机	自动	青岛	上海二纺机	
	普通	天津		
并纱机		沈阳、天津	上海二纺机	浙江日发
捻线机	环锭			湖北宜昌纺机
	倍捻	经纬	上海二纺机	浙江日发、浙江泰坦、宜昌纺机、无锡宏源

5．国外纺机制造商(表 5-3)

表 5-3　国外主要纺机制造商

纺纱设备	德国	瑞士	日本	意大利
开清棉设备	特吕茨勒	立达		马佐里
梳棉机	(Trutzschler)	(Rieter)		(Marzoli)
精梳机		立达		
并条机	特吕茨勒	立达		马佐里
粗纱机	青泽(Zinser)	立达	丰田(Toyota)	马佐里
细纱机	青泽	立达	丰田	
转杯纺纱机	赐莱福(Schlafhorst)	立达		
络筒机	赐莱福		村田(Muratec)	萨维奥(Savio)
并纱机		SSM	村田	
倍捻机		苏拉(Saurer)	村田	萨维奥

5.3　纺部机器配备及生产调度

一、纱线品种与机台配置

销售部门签订纱线订货合同后,由计划调度员进行产量计算,再会同生产部门协商,进行机台配置,将品种生产调度单下达到车间及生产技术部。计划调度员在安排生产时,要重点考虑以下问题:

(1)纱线品种的质量要求　接到客户订单后,生产部门要研究对方的产品质量要求,有针对性地进行生产组织与安排,同时要考虑原料状况与交货期。

(2)机台配置与质量要求　在规模较大的企业中,生产设备的型号较多,状况差别很大,选用设备,要慎重考虑、统筹兼顾,质量要求高的产品采用较好的设备生产,低端产品采用较差的设备生产。

(3)确定长期品种　在市场经济中,纺织企业的品种生产与安排完全根据订单要求进行,以销定产,而不是以产定销。在长期的生产运行中,企业接单有时会出现不能满足生产的情况,在部分规模较大的纺织企业中,经常会确定部分常规品种(即市场需求量大、使用范围广的产品)作为长期品种,对生产进行调节,保证企业生产具有连续性,生产经营稳定。例如纯棉 21^S、32^S、40^S 和 45^S 精梳或普梳的机织、针织用纱,经常作为企业的长期品种进行生产。

二、生产进度与机台配置

1．产品需求进度

产品交货期是销售部门的重要工作,与企业的经济效益紧密相关。生产部门要尽量保证交期,因此,对于生产进度,调度人员要准确掌控。在进行生产调度时,对于特殊品种的产品,产量控制非常重要,超过订单数量的产品可能会成为企业的库存,影响经济效益。

2．品种安排

在品种安排上应统筹兼顾,既要考虑生产,也要考虑技术要求。对于同一配棉的产品,尽量安排同期生产或者前后衔接生产。对特殊品种要考虑技术特点,既要保证特殊产品的质量也要保证其他产品不受特殊产品的影响。例如色纺纱的生产,要考虑色纤对其他品种的污染问题。

3．均衡生产

生产安排要统筹兼顾,做到细水长流、均衡生产,切忌频繁进行大面积的突击品种调整。否则会导致车间品种翻改频繁,工作量很大,管理难度大,工作人员疲于应付,同时也会造成纺织器材严重不足,如粗纱、细纱的纱管及颜色、细纱皮辊、钢领、钢丝圈等专件器材的准备和配置不足。

三、产量统计与计算

(一) 产量统计

1．盘存

纺织企业应定期进行针对成品、半成品及在制品的存量统计。它是企业生产管理的一个重要内容,可分为月度盘存、季度盘存和年度盘存。

2．产品总产量

指纺纱企业生产的、符合质量标准或合同要求的实物数量。

3．入库量

指报告期间经检验入库的产品产量,或者未入库但已检验、打包、办理入库手续的产品产量。

4．自用量

按一定手续交付给本企业耗用部门的产量。

5．不合格品量

指生产的纱线中不符合产品质量标准或用户合同要求的产品,也包括坏纱线、错纤维纱线、不同线密度的混杂纱线、油污纱线等。

(二) 产量计算

1．各工序理论单产计算

> ➤ 写一写：各工序理论产量计算公式

工序	单位	计算公式
清棉机	kg/(台·h)	$\dfrac{棉卷罗拉线速(m/min)\times 60\times 棉卷定量(g/m)}{1000}$
梳棉机	kg/(台·h)	$\dfrac{道夫线速(m/min)\times 道夫至小压辊张力牵伸\times 60\times 生条定量[g/(5\,m)]}{1000\times 5}$
条卷机	kg/(台·h)	$\dfrac{条卷罗拉线速(m/min)\times 60\times 条卷定量(g/m)}{1000}$
精梳机	kg/(台·h)	$\dfrac{喂给长度(mm)\times 锡林速度(r/min)\times 台面并合数\times(1-落棉率)\times 60\times 条卷定量(g/m)}{1000\times 1000}$
并条机	kg/(台·h) 注:2眼/台	$\dfrac{压辊线速(m/min)\times 60\times 并条定量[g/(5\,m)]}{1000\times 5}\times 2$

工序	单位	计算公式
粗纱机	kg/(锭·h)	$$\frac{前罗拉线速(\text{m/min})\times60\times粗纱定量[\text{g/(10 m)}]}{1000\times10}$$
细纱机	kg/(锭·h)	$$\frac{前罗拉线速(\text{m/min})\times60\times细纱定量[\text{g/(100 m)}]\times(1-捻缩率)}{10000\times100}$$
络筒机	kg/(锭·h)	$$\frac{槽筒线速(\text{m/min})\times60\times线密度(\text{tex})}{10000\times10000}$$
并纱机	kg/(锭·h)	$$\frac{槽筒线速(\text{m/min})\times60\times并合根数\times线密度(\text{tex})}{10000\times10000}$$
捻纱机	kg/(锭·h)	$$\frac{罗拉线速(\text{m/min})\times60\times股线定量[\text{g/(100 m)}]\times(1-捻缩率)}{10000\times100}$$
摇纱机	kg/(锭·h)	$$\frac{纱框转速(\text{r/min})\times纱框周长(\text{m})\times60\times绞纱定量[\text{g/(100 m)}]}{10000\times100}$$
转杯纺纱机	kg/(锭·h)	$$\frac{卷绕罗拉线速(\text{m/min})\times60\times纱线定量[\text{g/(100 m)}]}{10000\times100}$$

● 细纱捻缩率

细纱在加捻过程中,由于纱线的捻度导致纱线沿长度方向产生收缩的现象,称为捻缩;细纱前罗拉输出长度与加捻后的纱线长度之差和细纱前罗拉输出长度的比值,叫细纱捻缩率。细纱捻缩率与细纱捻系数成正比,随着捻系数的增加而增大。表5-4所示为细纱在不同捻系数下的捻缩率参考值。

表5-4 不同捻系数对应的细纱捻缩率

捻系数	285	295	304	309	314	323	333	342	352
捻缩率(%)	1.84	1.87	1.90	1.92	1.94	2.00	2.08	2.16	2.26
捻系数	357	361	371	380	390	399	404	409	418
捻缩率(%)	2.31	2.37	2.49	2.61	2.74	2.90	2.98	3.17	3.28
捻系数	428	437	447	451	456	466	475		
捻缩率(%)	3.54	3.96	4.55	4.90	5.41	6.70	8.71		

2. 各工序计划单产计算

各工序计划单产＝各工序理论单产×生产效率×设备运转率

(1)生产效率 指棉纺各设备在规定工作时间内所达到的有效生产时间的一种衡量指标,其影响因素有断头、换筒、换管、空锭、落纱、坏车、运转维修、工艺调整、出落棉等。各工序棉纺设备生产效率参考值见表5-5。

表5-5 棉纺设备生产效率参考值

工序	清棉	梳棉	条卷	精梳	并条	粗纱	细纱(经/纬)	络筒	并纱(筒并)	捻线	摇纱
生产效率(%)	80~90	85~95	82~95	90~95	82~92	82~92	92~99/85~98	65~95	94~98	95~99	90~93

(2)设备运转率 指设备全部利用的运转时间内扣除各种休止时间后的实际运转效

率,其影响因素为保全保养、电气维修、计划停车、重大坏车、品种翻改、缺人停车、技术改造等。各工序棉纺设备运转率参考值见表 5-6。

表 5-6　棉纺设备运转率参考值

工序	清棉	梳棉	条卷	精梳	并条	粗纱	细纱	络筒
设备运转率(%)	90～95	90～95	92～97	91～95	94～98	90～97	95～98.5	90～95

3. 各工序日产量计算

(1) 细纱日产量　细纱日产量是整个机台配备的基础,可计算如下:

细纱日产量(kg/天)＝细纱计划单产[kg/(台·h)]×台数×每天实际运转时间(h)

其中:细纱每天实际运转时间按 24 h 计(吃饭不停车,轮流吃饭)。

(2) 前纺各工序日产量

前纺各工序日产量(kg/天)＝前纺各工序计划单产[kg/(台·h)]×台数×
每天实际运转时间(h)

其中:前纺各工序实际运转时间按 22.5 h 计。

四、用棉指标

(一) 原料的消耗

1. 单位用纤维量

指生产 1 吨或 1 件纱线(100 kg)耗用的天然纤维及化学纤维的数量。

▶ 纯棉精梳纱的用棉量(到细纱止):1300～1450 kg/吨纱;

▶ 纯棉普梳纱的用棉量(到细纱止):1080～1200 kg/吨纱;

▶ 涤纶纤维纱的用棉量(到细纱止):1010～1060 kg/吨纱;

▶ 转杯纺纱的用棉量(到细纱止):1074 kg/吨纱。

根据混用情况以及生产过程分为:

(1) 单位混用棉量　指 1 吨或 1 件纱线耗用的原棉、回花及再用棉的混合数量,反映企业生产技术管理水平。

(2) 单位净用棉量　指 1 吨或 1 件纱线耗用的原棉数量,反映企业生产管理与技术水平,是企业的重要经济技术指标。

(3) 细纱止单位混用棉量及单位净用棉量

2. 回花量

指回用的回卷、回条、粗纱头及皮辊花的称见质量。

3. 混棉量

指本期混用的原棉、回花、再用棉数量的总和。

4. 再用棉量

指回用的抄针棉、盖板棉、精梳落棉及三吸落棉的称见质量。

5. "回、再、下"的使用

(1) 回卷回条,一般本支回用或者降支使用。

(2) 清花落棉、梳棉盖板花、精梳落棉、粗纱开松花,在气流纺或者低支纱中使用。

(3) 皮辊花、细纱风箱花及扫地花等,只能在副牌纱中使用。

（4）使用回花、回条及其他再用棉时，一定要考虑它们的成分，不能把化纤混入纯棉中，以免造成质量事故。

（二）制成率与消耗率

1. 制成率

指制成量对喂入量的百分率。根据统计方法可分为本间制成率和累计制成率。

$$本间制成率 = \frac{本间制成质量}{本间喂入质量（即上间制成量）} \times 100\%$$

$$本车间止累计制成率 = \frac{本车间止制成质量}{混用棉质量} \times 100\%$$

或　　　　　　本车间止累计制成率 = 本车间制成率 × 上车间累计制成率

注：本车间（工序）的喂入质量一般为上车间（工序）的半制品制成质量。

2. 消耗率

消耗率均对细纱产量而言。细纱以前各工序的消耗均大于100%，细纱以后各工序的消耗率均小于100%。消耗率计算如下：

$$某工序消耗率 = \frac{某工序半制品产量}{细纱产量} \times 100\%$$

或　　　　　　$$某工序消耗率 = \frac{某工序累计制成率}{细纱累计制成率} \times 100\%$$

$$某工序半制品产量 = 细纱产量 \times 该工序消耗率$$

纯棉普梳纱、纯棉精梳纱、纯涤纶的各工序消耗率参见表5-7，部分混纺纱的各工序消耗率参见表5-8。

表 5-7　各工序消耗率参考范围

工序	纯棉普梳纱消耗率（%）	纯棉精梳纱消耗率（%）	纯涤纶纱消耗率（%）
清棉	110	134	105
梳棉	103	125	103
预并条	—	124.5	102.8
条卷、条并卷	—	124	—
精梳	—	104	—
头并	102.5	102.5	102.5
二并	102.5	102.5	102.5
粗纱	102	102	102
细纱	100	100	100
络筒	99.9	99.9	99.9
并纱	99.85	99.8	99.8
捻线	99.80	99.7	99.7
络筒	99.75	99.65	99.6
摇纱	纱99.7/线99.4	纱99.6/线99.5	99.5

341

表 5-8　混纺纱各工序消耗率参考范围

工序	普梳涤/棉(65/35)混纺纱消耗率(%)（采用并条混合）	精梳涤/棉(65/35)混纺纱消耗率(%)（采用并条混合）	涤/黏(50/50)混纺纱消耗率(%)（采用棉包混合）
清棉	T:105×63.21%=66.37 C:110×36.79%=40.47	T:105×63.21%=66.37 C:134×36.79%=49.30	T:105×47.05%=49.4 R:105×52.95%=55.6
梳棉	T:103×63.21%=65.11 C:103×36.79%=37.89	T:103×63.21%=65.11 C:125×36.79%=45.99	103
预并条	—	T:102.8×63.21%=64.98 C:124.5×36.79%=45.80	—
条卷、条并卷	—	C:124×36.79%=45.61	—
精梳	—	C:104×36.79%=38.26	—
头并	102.5	102.5	102.5
二并	102.5	102.5	102.5
三并	102.5	102.5	102.5
粗纱	102	102	102
细纱	100	100	100
络筒	99.9	99.9	99.9
并纱	99.8	99.8	99.8
捻线	99.7	99.7	99.7
络筒	99.6	99.6	99.6
摇纱	99.5	99.5	99.5

特别注意

混纺纱混合前各工序的消耗率＝该种纤维纯纺时的消耗率×该种纤维公定回潮率下的湿重混比

- T/C 65/35 湿重混纺比的计算(公定回潮率:T 为 0.4%,C 为 8.5%)

$$x_T = \frac{65(100+0.4)}{65×(100+0.4)+35×(100+8.5)} = 63.21\%$$

$$x_C = \frac{35(100+8.5)}{65×(100+0.4)+35×(100+8.5)} = 36.79\%$$

- T/R 50/50 湿重混纺比的计算(公定回潮率:T 为 0.4%,R 为 13%)

$$x_T = \frac{50×(100+0.4)}{50×(100+0.4)+50×(100+13)} = 47.05\%$$

$$x_R = \frac{50×(100+8.5)}{50×(100+0.4)+50×(100+13)} = 52.95\%$$

3. 影响消耗率的因素

(1) 在具体生产过程中,由于企业管理水平和产品质量要求不同,各工序消耗率在不同企业会存在较大差别。

（2）清花、梳棉、精梳工序的消耗率与该工序的落棉率直接相关,落棉率大则消耗率大。因此,这几个工序的消耗率应该根据工艺落棉率的设计而决定。

（3）络筒工序的消耗率根据络筒设备的型号不同而有所变化,普通络筒机的消耗率较低,自动络筒机的消耗率较高。

五、棉纱折合标准品计算

（1）折合线密度　标准品 C D 29 tex(20^s)。

（2）计算公式

$$折合标准品单位产量＝实际单位产量×折合率×影响系数$$

注:不同线密度纱的折合率可参考《棉纺手册(第三版)》P1194 表 7-1-7;影响系数可参考《棉纺手册(第三版)》P1195 表 7-1-8。

（3）折合标准品产量的意义　为了便于对不同品种纱线的生产水平进行比较而建立的标准,衡量各企业的生产技术与管理水平,同时帮助企业分析并发现自身在生产与技术上的不足,找出差距,提高水平。

六、纺部工艺参数的选择与机台配置

(一) 纺部工艺参数的选择依据

1. 原料选配

首先根据用户对产品质量的要求、用途,明确优先保证且必须达到的成纱质量指标,例如细节、捻度、条干、三丝、色差等,而强力、毛羽等指标则可以作为辅助指标。根据这些质量要求,对仓库中的原棉进行分类选择,确定需要选用哪些原料能够达到产品质量的要求,而且不会造成成本的浪费。重点关注原棉敏感性指标,包括:①原棉长度与线密度;②原棉的棉结;③短绒含量;④马克隆值;⑤原棉含杂率;⑤原棉有害疵点含量;⑥原棉的回潮率。

根据所选原料的品质性能,对各工序特别是清花、梳棉、精梳的落棉指标做到心中有数,以有效控制用棉成本;根据成品质量要求,对各半制品应达到的质量情况做到心中有数,以利于投产过程中生产的第一批纱即达到预期质量。

2. 确定纺纱工艺流程和选择设备

根据纱线产品订单,分析纱线产品类别、质量要求及用途,确定纺纱工艺流程,并进一步确定具体设备型号。

3. 选择并确定各工序主要工艺参数

```
主要工艺参数
```

（1）半制品的定量或线密度(tex)

注意:如为混纺纱且采用纤维条混合,需根据混比确定不同纤维条定量之间的关系。

（2）并合数和牵伸计算

（3）捻系数选择和捻度计算

（粗纱捻系数、细纱捻系数、转杯纱、股线、捻缩率和伸长率）

（4）速度

各工序速度选择(输出速度、粗纱锭速、细纱锭速)

● 定量选择的基本原则

（1）各工序设备在较佳的牵伸范围内，且对牵伸进行微调时，齿轮室内相应的齿轮数目充足，特别要保证细纱与并条工序的齿轮调配。

（2）综合考虑各半制品定量的品种适应性，即充分考虑工厂的机台配台情况，使前后纺的各品种配台尽可能合理，而不是仅考虑此次投产的一个品种。例如生产纯棉 CJ 32^S，选择粗纱定量时，同时要考虑以后有 30^S 和 36^S 以至于 40^S 等品种订单时清花至粗纱可以不进行品种翻改，即要兼顾生产这些品种时细纱的牵伸。再如精梳定量的选择，可同时考虑高比例棉/涤混纺高档用纱，在接到这类品种订单时，精梳以前的工序无需翻改。

（3）根据所选的原料以及产品质量预期和本企业的设备状态、空调、操作等实际情况，对各工序的定量进行详细的设定和计算。然后根据齿轮数目，特别是牵伸齿轮以及牵伸专件情况，对各工序的定量进行细微修订，形成一份完整的工艺设计表。

各工序定量设计应以保证质量与工艺要求为前提，不能单纯为保证生产供应而进行设计。工艺设计表完成后，各工序产量基本确定。

● 速度选择

一般略高于平均水平，但要充分考虑设备性能特点、权衡产量与质量、纱线品种特点（特细特、细特、中特、粗特）。粗纱与细纱工序，一般先确定锭速，再根据捻度确定前罗拉转速。

● 牵伸选择

在机台允许范围内，并考虑在最佳牵伸范围内，有利于稳定成纱质量。

● 捻系数选择与捻度计算

（1）粗纱捻系数的选择，主要根据所纺品种、纤维长度和粗纱定量而定，还要参照温湿度条件、细纱后区工艺、粗纱断头情况等多种因素。几种粗纱的捻系数选择参见表 5-9。

表 5-9　几种粗纱的捻系数选择

细纱品种	纯棉机织纱	纯棉针织纱	棉型化纤混纺纱	CVC棉/涤混纺纱	棉/腈混纺针织纱	黏/棉混纺纱	纤维素纤维纯纺纱	中长涤/黏混纺纱
粗纱捻系数	90～115	105～120	55～70	65～75	80～90	65～75	65～80	50～55

① 化纤的粗纱捻系数一般较纯棉纱小，纺棉型化纤时为纺纯棉时的 50%～60%，纺中长化纤时约为纺纯棉时的 40%～50%，具体应视原料种类和定量而定。

② 为减少针织纱的细节，需加强细纱机后牵伸区的摩擦力界作用，为此针织纱的粗纱捻系数应高于同线密度的机织纱，以提高条干。

③ 细纱机的牵伸机构完善、加压条件好，粗纱捻系数一般可偏大掌握。

④ 夏季温湿度大，纤维发涩黏连，捻系数可偏小控制；冬季纤维发硬，捻系数可偏大控制，并结合实际灵活掌握。

（2）细纱捻系数的选择，主要取决于最后纱线产品的用途以及对细纱品质的要求。

(二)纺部机台配置

1.细纱机台配置

(1)根据订货量及供货时间确定细纱工序的日产量 订货合同签订后,销售部门下达品种生产单到生产计划处,生产调度根据交货期确定日产量,再会同生产部门协商,进一步进行机台配置。

例如某企业接到一份每月 90 吨 C 18.5 tex(32^S)针织用筒子纱的订单,计划 30 天完成生产。

设络筒工序的消耗率为 99.75%,细纱总需求量 $=\dfrac{\text{络筒总生产量(吨)}}{\text{络筒工序消耗率}}$

$$\text{细纱日产量}=\frac{\text{细纱总需求量(kg)}}{\text{每月生产天数(30 天)}}=\frac{90\times1\,000}{30\times0.997\,5}=3\,007.52\text{(kg/ 天)}$$

(2)计算细纱机单台日产量

$$\text{细纱机单台日产量[kg/(台·天)]}=\text{细纱计划单产[kg/(台·h)]}\times\\\text{每天实际运转时间(h)}$$

其中:细纱每天的实际运转时间按 24 h 计(吃饭不停车,轮流吃饭)。

$$\text{细纱机计划单产[kg/(台·h)]}=\text{细纱理论单产[kg/(锭·h)]}\times\text{每台锭数}\times\\\text{生产效率}\times\text{设备运转率}$$

(3)确定所需细纱机台数量

$$\text{细纱机配备台数}=\frac{\text{细纱日产量(kg/天)}}{\text{细纱机单台日产量[kg/(台·天)]}}$$

2.前纺机台配置

(1)根据细纱日产量确定前纺各工序日产量 考虑各工序的消耗率,并依据各工序相对于细纱的消耗率计算各工序日产量。

$$\text{各工序日产量}=\text{细纱日产量}\times\text{该工序消耗率}$$

(2)前纺机台配置

$$\text{前纺各工序配备台数}=\frac{\text{各工序日产量(kg/天)}}{\text{各工序设备单台日产量[kg/(台·天)]}}$$

$$\text{前纺各工序设备单台日产量[kg/(台·天)]}=\text{设备计划单产[kg/(台·h)]}\times\\\text{每天实际运转时间(h)}$$

注:(1)前纺各工序每天的实际运转时间为 22.5 h。

(2)清花机台与并、粗、细不同,一台机器可进行多品种纺纱,在圆盘码包时调整品种,每次码包品种可以不同。但必须注意,纯棉与化纤不能使用一套清花,否则,纯棉品种混入涤纶,会造成严重质量事故,同时工艺更改幅度较大。

345

纺 纱 工 艺 设 计 与 实 施

5.4　机器配台典型案例

> 编制纺部机器配台表步骤

1. 分析生产任务单(详细了解纱线品种规格、用途、质量要求、生产量及交货期)
2. 纺纱工艺流程及设备选型
3. 各工序主要参数选择(定量、并合数、牵伸、输出速度、捻系数、捻度)
4. 各工序理论产量计算(按照各工序理论单产公式计算,注意单位)
5. 计算各工序计划单产和每台计划日产
   (1) 各工序计划单产[kg/(台·h)]=各工序理论单产×生产效率×设备运转率
   (2) 每台计划日产[kg/(台·天)]=各工序计划单产×每天实际运转时间
6. 日产量计算
   (1) 细纱日产量(kg/天)=$\dfrac{细纱总需求量(kg)}{生产天数}$
   (2) 前纺各工序日产量(kg/天)=细纱总产量×该工序消耗率
7. 各工序配备台数计算

   $$各工序配备台数=\dfrac{各工序日产量(kg/天)}{各工序设备单台计划日产量[kg/(台·天)]}$$

346

● 案例 1:CD 18.5 tex 3 吨日产量机台配置实例

一、分析生产任务单

某企业和客户签订了一份生产 90 吨 CD 18.5 tex 针织用筒子纱的销售合同,计划 30 天完成生产。通过分析订单内容,确定细纱工序日产量。设络筒工序的消耗率为 99.75%,则

$$细纱总需求量=\dfrac{络筒总生产量(吨)}{络筒工序消耗率}$$

$$细纱日产量=\dfrac{细纱总需求量(kg)}{每月生产天数(30 天)}=\dfrac{90×1000}{30×0.9975}=3\,007.52(kg/天)$$

二、制定纺纱工艺流程和设备选型

该纱线品种为纯棉普梳 CD 18.5 tex K 针织用筒子纱,故采用纯棉普梳纱工艺流程:

开清棉→FA201→FA306→FA306→TJFA458A→FA506→Auto338

其中开清棉为:FA002A 型自动抓棉机×2 台→A035E 型混开棉机(附 FA045B 型凝棉器)→FA106B 型豪猪式开棉机(附 A045B 型凝棉器)→A062-Ⅱ型电器配棉器→[FA046A 型振动棉箱给棉机(附 A045B 型凝棉器)+FA141A 型单打手成卷机]×2 台

三、各工序主要参数选择

1. 各工序半制品设计线密度与设计定量(表 5-10)

表 5-10 各工序输出半制品线密度与定量设计

设备型号	FA141	FA201	FA306(头道)	FA306(二道)	TJFA458A	FA506	Auto338
半制品名称	棉卷	生条	半熟条	熟条	粗纱	细纱	筒子纱
设计线密度 (tex)	400 000	4400	4000	4000	620	18.5	18.5
设计定量	400 g/m	22 g/(5 m)	20 g/(5 m)	20 g/(5 m)	6.2 g/(10 m)	1.85 g/(100 m)	1.85/(100 m)

2. 各工序实际牵伸计算

$$梳棉牵伸 = \frac{400\ 000}{4400} = 90.91(倍)$$

$$头道并条牵伸 = \frac{4400 \times 8}{4000} = 8.8(倍)$$

注:并合数为 8 根。

$$二道并条牵伸 = \frac{4000 \times 8}{4000} = 8(倍)$$

$$粗纱牵伸 = \frac{4000}{620} = 6.45(倍)$$

$$细纱牵伸 = \frac{620}{18.5} = 33.51(倍)$$

3. 捻系数与捻度的选择

(1) 按照客户要求,细纱设计捻系数为 370,则

$$设计捻度 = \frac{\alpha_t}{\sqrt{N_t}} = \frac{370}{\sqrt{18.5}} = [86\ 捻/(10\ cm)]$$

(2) 该纱线为针织用纱,采用较大的粗纱捻系数,选择为 117,则

$$粗纱设计捻度 = \frac{\alpha_t}{\sqrt{N_t}} = \frac{117}{\sqrt{620}} = 4.7[捻/(10\ cm)]$$

(3) 各工序输出速度选择(表 5-11)

$$粗纱前罗拉转速\ n_f = \frac{n_{锭} \times 100}{\pi \times D_f \times T_t} = \frac{1000 \times 100}{3.14 \times 28 \times 4.7} = 242(r/min)$$

$$细纱前罗拉转速\ n_f = \frac{n_{锭} \times 100}{\pi \times D_f \times T_t} = \frac{14\ 930 \times 100}{3.14 \times 25 \times 86} = 221(r/min)$$

表 5-11 各工序输出速度表

设备型号	FA141	FA201	FA306(头道)	FA306(二道)	TJFA458A	FA506	Auto338
输出罗拉名称	棉卷罗拉	道夫	输出压辊	输出压辊	前罗拉	前罗拉	槽筒
输出罗拉直径 (mm)	230	706	60	60	28	25	—

设备型号	FA141	FA201	FA306(头道)	FA306(二道)	TJFA458A	FA506	Auto338
输出转速度 （r/min）	**12.31**	**28**	1 592	1 592	**242**	**221**	—
输出线速度 （m/min）	8.89	62.07	**300**	**300**	21.28	17.35	**1 200**
锭速(r/min)					**1 000**	**14 930**	

四、各工序理论产量计算

1. FA141

$$G_{理} = \frac{\pi \times 230 \times 棉卷罗拉转速(\text{r/min}) \times 60 \times 棉卷定量(\text{g/m})}{1000 \times 1000} =$$

$$\frac{3.14 \times 230 \times 12.31 \times 60 \times 400}{1000 \times 1000} = 213.37[\text{kg/(台·h)}]$$

2. FA201

$$G_{理} = \frac{\pi \times 706 \times 道夫转速(\text{r/min}) \times 小压辊 \sim 道夫张力牵伸 \times 60 \times 生条定量(\text{g/m})}{1000 \times 1000 \times 5} =$$

$$\frac{3.14 \times 706 \times 28 \times 1.40 \times 60 \times 22}{1000 \times 1000 \times 5} = 22.94[\text{kg/(台·h)}]$$

注:梳棉机张力牵伸取 1.40 倍。

3. FA306(头道)

$$G_{理} = \frac{V_{压辊} \times 60 \times 半熟条定量(\text{g/m})}{1000 \times 5} \times 2 = \frac{300 \times 60 \times 20}{1000 \times 5} \times 2 = 144[\text{kg/(台·h)}]$$

注:每台并条机 2 眼。

4. FA306(二道)

$$G_{理} = \frac{V_{压辊} \times 60 \times 熟条定量(\text{g/m})}{1000 \times 5} \times 2 = \frac{300 \times 60 \times 20}{1000 \times 5} \times 2 = 144[\text{kg/(台·h)}]$$

注:每台并条机 2 眼。

5. TJFA458A

$$G_{理} = \frac{\pi \times 28 \times 前罗拉转速(\text{m/min}) \times 60 \times 粗纱定量[\text{g/(10 m)}]}{1000 \times 1000 \times 10} =$$

$$\frac{3.14 \times 28 \times 242 \times 60 \times 6.2}{1000 \times 1000 \times 10} = 0.791\ 5[\text{kg/(锭·h)}]$$

6. FA506

$$G_{理} = \frac{\pi \times 25 \times 前罗拉转速(\text{m/min}) \times 60 \times 细纱定量[\text{g/(10 m)}] \times (1-细纱捻缩率)}{1000 \times 1000 \times 100} =$$

$$\frac{3.14 \times 25 \times 221 \times 60 \times 1.85 \times (1-1\%)}{1000 \times 1000 \times 100} = 0.019\ 06[\text{kg/(锭·h)}]$$

348

注:细纱捻缩率1%。

7. Auto338

$$G_{理} = \frac{V_卷 \times 60 \times 纱线线密度(tex)}{1000 \times 1000} = \frac{1200 \times 60 \times 18.5}{1000 \times 1000} = 1.332[kg/(锭 \cdot h)]$$

五、计算各工序计划单产和每台计划日产

1. 各工序计划单产计算(表 5-12)

各工序计划单产[kg/(台·h)]=各工序理论单产[kg/(台·h)]×生产效率×设备运转率

表 5-12　各工序计划单产计算表

工序	理论单产[kg/(台·h)]	生产效率(%)	设备运转率(%)	计划单产	备注
开清棉	213.37	85	90	213.37×0.85×0.9=326.46[kg/(套·h)]	每套为2台
梳棉	22.94	85	95	22.94×0.85×0.95=18.52[kg/(台·h)]	
头并	144	85	95	144×0.85×0.95=116.28[kg/(台·h)]	每台2眼
二并	144	85	95	144×0.85×0.95=116.28[kg/(台·h)]	每台2眼
粗纱	0.791 5 kg/(锭·h)	90	95	0.791 5×0.90×0.95=0.676 7[kg/(锭·h)]	每台120锭
细纱	0.019 06 kg/(锭·h)	97	98	0.019 06×0.97×0.98=0.018 12[kg/(锭·h)]	每台420锭
络筒	1.332 kg/(锭·h)	90	98	1.332×0.9×0.98=1.175[kg/(锭·h)]	每台60锭

2. 每台计划日产计算(表 5-13)

每台计划日产[kg/(台·天)]=各工序计划单产×每天实际运转时间

表 5-13　各工序每台计划日产计算表

工序	各工序计划单产	各工序计划每台日产
开清棉	326.46(kg/套·h)	326.46×22.5=7 345.35[kg/(套·天)]
梳棉	18.52[kg/(台·h)]	18.52×22.5=416.7[kg/(台·天)]
头并	116.28[kg/(台·h)]	116.28×22.5=2 616.3[kg/(台·天)]
二并	116.28[kg/(台·h)]	116.28×22.5=2 616.3[kg/(台·天)]
粗纱	0.676 7×120=81.20[kg/(台·h)]	81.21×22.5=1 827.23[kg/(台·天)]
细纱	0.018 12×420=7.610[(kg/台·h)]	7.610×24=182.64[kg/(台·天)]
络筒	1.175×60=70.49[kg/(台·h)]	70.49×22.5=1 586.01[kg/(台·天)]

注　每天工作时间:细纱24 h;其他工序22.5 h。

六、日产量计算

细纱工序日产量为3 007.52 kg/天,各工序日产量计算见表5-14。

各工序日产量=细纱日产量×该工序消耗率

纺纱工艺设计与实施

表 5-14　各工序日产量计算

工序	消耗率(%)	各工序日产量(kg/天)
清棉	110	$3\,007.52 \times 1.10 = 3\,308.27$
梳棉	103	$3\,007.52 \times 1.03 = 3\,097.74$
头并	102.5	$3\,007.52 \times 1.025 = 3\,082.71$
二并	102.5	$3\,007.52 \times 1.025 = 3\,082.71$
粗纱	102	$3\,007.52 \times 1.02 = 3\,067.67$
细纱	100	$3\,007.52 \times 1.00 = 3\,007.52$
络筒	99.75	$3\,007.52 \times 0.9975 = 3\,000$

七、各工序配备台数计算

$$各工序配备台数 = \frac{各工序日产量(kg/天)}{各工序设备单台计划日产量[kg/(台 \cdot 天)]}$$

1. 开清棉 FA141

$$配备台数 = \frac{3\,308.27(kg/天)}{7\,345.35[kg/(台 \cdot 天)]} = 0.5(套) \quad (取 1 套)$$

2. 梳棉 FA201

$$配备台数 = \frac{3\,097.74(kg/天)}{416.7[kg/(台 \cdot 天)]} = 7.4(台) \quad (取 8 台)$$

3. 头并 FA306

$$配备台数 = \frac{3\,082.71(kg/天)}{2\,616.3[kg/(台 \cdot 天)]} = 1.2(台) \quad (取 2 台)$$

4. 二并 FA306

$$配备台数 = \frac{3\,082.71(kg/天)}{2\,616.3[kg/(台 \cdot 天)]} = 1.2(台) \quad (取 2 台)$$

5. 粗纱 TJFA458A

$$配备台数 = \frac{3\,067.67(kg/天)}{1\,827.23[kg/(台 \cdot 天)]} = 1.7(台) \quad (取 2 台)$$

6. 细纱 FA506

$$配备台数 = \frac{3\,007.52(kg/天)}{182.64[kg/(台 \cdot 天)]} = 16.5(台) \quad (取 17 台)$$

7. 络筒 Auto338

$$配备台数 = \frac{3\,000(kg/天)}{1\,586[kg/(台 \cdot 天)]} = 1.89(台) \quad (取 2 台)$$

案例1：C D 18.5 tex 3 吨日产量机台配置实例

C D 18.5 tex（32ˢ）3 吨日产量设备配备

机型：FA506 — 1. 细纱产量（420 锭/台）

序号	品种	细纱定量 g/(100 m)	细纱锭速 r/min	前罗拉转速 r/min	捻度 捻/(10 cm)	1—捻缩率 %	生产效率 %	设备运转率 %	理论锭产 kg/(锭·h)	计划锭产 kg/(锭·h)	计划台日产量 kg/(台·天)	消耗率 %	日产量(kg/天) 计划	设备配置(台) 计算	设备配置(台) 实际
1	C32ˢ	1.85	14 930	221	86	99	97	98	0.019 06	0.018 12	182.64	100	3 007.52	16.5	17

机型：TJFA458A — 2. 粗纱配备（120 锭/台）

序号	品种	粗纱定量 g/(10 m)	粗纱捻度 捻/(10 cm)	粗纱锭速 r/min	罗拉直径 mm	前罗拉转速 r/min	生产效率 %	设备运转率 %	理论锭产 kg/(锭·h)	计划锭产 kg/(锭·h)	计划台日产量 [kg/(台·天)]	消耗率 %	日产量(kg/天) 计划	设备配置(台) 计算	设备配置(台) 实际
2	C32ˢ	6.2	4.7	1 000	28	242	90	95	0.791 5	0.676 7	1 827.2	102	3 067.67	1.7	2

机型：FA306 — 3. 并条配备（2眼/台）

序号	品种	并条定量 g/(5 m)	输出速度 m/min	生产效率 %	设备运转率 %	理论产量 kg/(台·h)	计划单产 kg/(台·h)	计划台日产量 kg/(台·天)	消耗率 %	日产量(kg/天) 计划	设备配置(台) 计算	设备配置(台) 实际	
3	C32ˢ	20	300	85	95	144	116.28	2 616.3	102.5	3 082.7	1.2	2	末道
	C32ˢ	20	300	85	95	144	116.28	2 616.3	102.5	3 082.7	1.2	2	头道

机型：FA201 — 4. 梳棉机配备

序号	品种	生条定量 g/(5 m)	道夫转速 r/min	道夫直径 mm	生产效率 %	设备运转率 %	理论产量 kg/(台·h)	计划单产 kg/(台·h)	计划台日产量 kg/(台·天)	消耗率 %	日产量(kg/天) 计划	设备配置(台) 计算	设备配置(台) 实际	备注 张力牵伸(倍)
4	C32ˢ	22	28	706	85	95	22.94	18.52	416.7	103	3 097.7	7.4	8	1.40

机型：FA141 — 5. 清棉机配备

序号	品种	棉卷定量 g/m	输出转速 r/min	罗拉直径 mm	生产效率 %	设备运转率 %	理论产量 kg/(套·h)	计划单产 kg/(套·h)	计划日产量 kg/(套·天)	消耗率 %	日产量(kg/天) 计划	设备配置(套) 计算	设备配置(套) 实际
5	C32ˢ	400	12.31	230	85	90	426.73	326.45	7 345.35	110	3 308.3	0.5	1

机型：Auto338 — 6. 络筒机配置（60锭/台）

序号	品种	细纱线密度 tex	机台锭数 锭/台	卷绕速度 m/min	生产效率 %	设备运转率 %	理论产量 kg/(锭·h)	计划单产 kg/(台·h)	计划台日产量 kg/(台·天)	消耗率 %	日产量(kg/天) 销售	日产量(kg/天) 计划	设备配置(台) 计算	设备配置(台) 实际
6	C32ˢ	18.5	60	1 200	90	98	1.332	70.49	1 586.0	99.75	3 000	3 000	1.9	2

注 ① 各工序半制品定量为公定回潮率下的设计定量；
② 各工序每天工作时间：细纱 24 h，前纺各工序为 22.5 h。

案例 2：T 18.5 tex 5 吨日产量机台配置实例

T 18.5 tex(32^S)5 吨日产量设备配备

机型：FA506 1. 细纱产量(420 锭/台)

序号	品种	细纱定量	细纱锭速	罗拉转速	捻度	1—捻缩率	生产效率	设备运转率	理论锭产	计划锭产	计划台日产量	消耗率	日产量(kg/天)	设备配置(台)	
		g/(100 m)	r/min	r/min	捻/(10 cm)	%	%	%	kg/(锭·h)	kg/(锭·h)	kg/(台·天)	%	计划	计算	实际
1	T18.5	1.85	16 600	268	79	99	97	98	0.023 37	0.021 99	221.67	100	5 012.5	22.6	23

机型：FA492 2. 粗纱配备(120 锭/台)

序号	品种	粗纱定量	粗纱捻度	粗纱锭速	罗拉直径	前罗拉速度	生产效率	设备运转率	理论锭产	计划锭产	计划台日产量	消耗率	日产量(kg/天)	设备配置(台)	
		g/(10 m)	捻/(10 cm)	r/min	mm	r/min	%	%	kg/(锭·h)	kg/(锭·h)	kg/(台·天)	%	计划	计算	实际
2	T18.5	6.5	2.1	900	28	488	82	90	1.674 36	1.235 68	3 336.3	102	5 112.7	1.5	2

机型：FA306 3. 并条配备(2 眼/台)

序号	品种	并条定量	输出速度	生产效率	设备运转率	理论产量	计划单产	计划台日产量	消耗率	日产量(kg/天)	设备配置(台)		
		g/(5 m)	m/min	%	%	kg/(台·h)	kg/(台·h)	kg/(台·天)	%	计划	计算	实际	
3	T18.5	24	300	85	95	172	138.89	3 125.0	102.5	5 137.84	1.6	2	末道
	T18.5	24	300	85	95	172	138.89	3 125.0	102.5	5 137.84	1.6	2	头道

机型：FA201B 4. 梳棉机配备

序号	品种	生条定量	道夫转速	道夫直径	生产效率	设备运转率	理论产量	计划单产	计划台日产量	消耗率	日产量(kg/天)	设备配置(台)	
		g/(5 m)	r/min	mm	%	%	kg/(台·h)	kg/(台·h)	kg/(台·天)	%	计划	计算	实际
4	T18.5	25	31	706	85	95	28.87	23.31	524.53	103	5 162.91	9.8	10

机型：FA141 5. 清棉机配备

序号	品种	棉卷定量	输出转速	罗拉直径	生产效率	设备运转率	理论产量	计划单产	计划台日产量	消耗率	日产量(kg/天)	设备配置(套)	
		g/m	r/min	mm	%	%	kg/(套·h)	kg/(套·h)	kg/(套·天)	%	计划	计算	实际
5	T18.5	440	12.31	230	85	90	469.7	359.32	8 084.71	110	5 513.78	0.7	1

机型：GA015 6. 络筒机配置

序号	品种	细纱线密度	机台锭数	卷绕速度	生产效率	设备运转率	理论产量	计划单产	计划台日产量	消耗率	日产量(kg/天)		设备配置(台)	
		tex	锭/台	m/min	%	%	kg/(台·h)	kg/(台·h)	kg/(台·天)	%	销售	计划	计算	实际
6	T18.5	18.5	120	640	70	96	81.84	55	1 237.39	99.75	5 000	5 000.0	4.0	4

注 ①各工序半制品定量为公定回潮率下的设计定量；
②梳棉张力牵伸为 1.40 倍；
③各工序每天工作时间：细纱 24 h，前纺各工序 22.5 h。

案例3：CJ 18.5 tex 6吨日产量机台配置实例

CJ 18.5 tex（32ˢ）6吨日产量设备配备

机型：**FA506**　　　1. 细纱产量（420锭/台）

序号	品种	细纱定量 g/(100 m)	细纱锭速 r/min	罗拉转速 r/min	捻度 捻/(10 cm)	一一捻缩率 %	生产效率 %	设备运转率 %	理论锭产 kg/(锭·h)	计划锭产 kg/(锭·h)	计划台日产量 kg/(台·天)	消耗率 %	日产量(kg/天) 计划	设备配置(台) 计算	设备配置(台) 实际
1	CJ18.5	1.85	15 500	243	81.3	99	97	98	0.021 19	0.019 94	200.99	100	6 015.0	29.9	30

机型：**HY493**　　　2. 粗纱配备（120锭/台）

序号	品种	粗纱定量 g/(10 m)	粗纱捻度 捻/(10 cm)	粗纱锭速 r/min	罗拉直径 mm	前罗拉速度 r/min	生产效率 %	设备运转率 %	理论锭产 kg/(锭·h)	计划锭产 kg/(锭·h)	计划台日产量 kg/(台·天)	消耗率 %	日产量(kg/天) 计划	设备配置(台) 计算	设备配置(台) 实际
2	CJ18.5	6.2	4.7	1 000	28.5	238	90	95	0.791 5	0.676 7	1 827.15	102	6 135.3	3.4	4

机型：**FA306**　　　3. 并条配备（2眼/台）

序号	品种	并条定量 g/(5 m)	输出速度 m/min	生产效率 %	设备运转率 %	理论产量 kg/(台·h)	计划单产 kg/(台·h)	计划台日产量 kg/(台·天)	消耗率 %	日产量(kg/天) 计划	设备配置(台) 计算	设备配置(台) 实际	
3	CJ18.5	20	300	85	95	144	116	2 616.3	102.5	6 165.4	2.4	3	末道
	CJ18.5	20	300	85	95	144	116	2 616.3	102.5	6 165.4	2.4	3	头道

机型：**FA269**　　　4. 精梳机配备

序号	品种	精梳条定量 g/(5 m)	锡林速度 钳次/min	条卷定量 g/m	给棉长度 mm	落棉率 %	生产效率 %	设备运转率 %	理论产量 kg/(台·h)	计划单产 kg/(台·h)	计划台日产量 kg/(台·天)	消耗率 %	日产量(kg/天) 计划	设备配置(台) 计算	设备配置(台) 实际
4	CJ18.5	21	300	70	5.24	17	90	93	43.8	36.69	825.62	104	6 380.8	7.7	8

机型：**FA356A**　　　5. 条并卷联合机

序号	品种	小卷定量 g/m	输出速度 m/min	生产效率 %	设备运转率 %	理论产量 kg/(台·h)	计划单产 kg/(台·h)	计划台日产量 kg/(台·天)	消耗率 %	日产量(kg/天) 计划	设备配置(台) 计算	设备配置(台) 实际
5	CJ18.5	70	100	85	95	420	339.15	7 630.88	124	7 458.6	0.98	1

机型：**FA306**　　　6. 预并条配备（2眼/台）

序号	品种	并条定量 g/(5 m)	输出速度 m/min	生产效率 %	设备运转率 %	理论产量 kg/(台·h)	计划单产 kg/(台·h)	计划台日产量 kg/(台·天)	消耗率 %	日产量(kg/天) 计划	设备配置(台) 计算	设备配置(台) 实际
6	CJ18.5	21	320	85	95	161.28	130.23	2 930.26	124.5	7 488.7	2.6	3

机型：FA201　　7. 梳棉机配备

序号	品种	生条定量 g/(5 m)	道夫转速 r/min	道夫直径 mm	生产效率 %	设备运转率 %	理论产量 kg/(台·h)	计划单产 kg/(台·h)	计划台日产量 kg/(台·天)	消耗率 %	日产量(kg/天) 计划	设备配置(台) 计算	实际
7	CJ18.5	22	28	706	85	95	22.9	18.53	417	125	7 518.80	18.0	18

机型：FA141　　8. 清棉机配备

序号	品种	棉卷定量 g/m	转速 r/min	罗拉直径 mm	生产效率 %	设备运转率 %	理论产量 kg/(套·h)	计划单产 kg/(套·h)	计划台日产量 kg/(套·天)	消耗率 %	日产量(kg/天) 计划	设备配置(台) 计算	实际
8	CJ18.5	420	12.312	230	85	90	448	343.00	7 718	136	8 180.45	1.1	2

机型：Auto338　　9. 络筒机台配置

序号	品种	细纱线密度 tex	机台锭数 锭/台	卷绕速度 m/min	生产效率 %	设备运转率 %	理论产量 kg/(台·h)	计划单产 kg/(台·h)	计划台日产量 kg/(台·天)	消耗率 %	日产量(kg/天) 销售	计划	设备配置(台) 计算	实际
9	CJ18.5	18.5	60	1 200	90	98	79.92	67.7	1 522.6	99.75	6 000	6 000.0	3.9	4

注　① 各工序半制品定量为公定回潮率下的设计定量；
　　② 梳棉张力牵伸为 1.40 倍；
　　③ 各工序每天工作时间：细纱 24 h，前纺各工序 22.5 h。

案例 4：T/C 65/35 18.5 tex 5 吨日产量机台配置实例

T/C 65/35 18.5 tex(32^S)5 吨日产量设备配备

机型：FA506　　1. 细纱产量(420 锭/台)

序号	品种	细纱定量 g/(100 m)	细纱锭速 r/min	罗拉转速 r/min	捻度 捻/(10 cm)	一捻缩率 %	生产效率 %	设备运转率 %	理论锭产 kg/(锭·h)	计划锭产 kg/(锭·h)	计划台日产量 kg/(台·天)	消耗率 %	日产量(kg/天) 计划	设备配置(台) 计算	实际
1	T/C18.5	1.85	16 600	268	79	99	97	98	0.023 37	0.022 0	221.67	100	5 012.53	22.6	23

机型：FA492　　2. 粗纱配备(120 锭/台)

序号	品种	粗纱定量 g/(10 m)	粗纱捻度 捻/(10 cm)	粗纱锭速 r/min	罗拉直径 mm	前罗拉速度 r/min	生产效率 %	设备运转率 %	理论锭产 kg/(锭·h)	计划锭产 kg/(锭·h)	计划台日产量 kg/(台·天)	消耗率 %	日产量(kg/天) 计划	设备配置(台) 计算	实际
2	T/C18.5	6.5	2.4	1 000	28	474	82	90	1.626 3	1.200 2	3 240.6	102	5 112.78	1.6	2

纺纱工艺设计与实施

机型：**FA306** 　　　　　3. 并条配备(2眼/台)

序号	品种	并条定量	并条速度	生产效率	设备运转率	理论产量	计划单产	计划台日产量	消耗率	日产量(kg/天)	设备配置(台)		备注
		g/(5 m)	m/min	%	%	kg/(台·h)	kg/(台·h)	kg/(台·天)	%	计划	计算	实际	
3	T/C18.5	22	300	85	95	157.67	127.3	2 864.6	102.5	5 137.8	1.8	2	混三
3	T/C18.5	22	300	85	95	157.67	127.3	2 864.6	102.5	5 137.8	1.8	2	混二
3	T/C18.5	22	300	85	95	157.67	127.3	2 864.6	102.5	5 137.8	1.8	2	混一

机型：**FA201** 　　　　　4. 梳棉机配备

序号	品种	生条定量	道夫转速	道夫直径	生产效率	设备运转率	理论产量	计划单产	计划台日产量	消耗率	日产量(kg/天)	设备配置(台)	
		g/(5 m)	r/min	mm	%	%	kg/(台·h)	kg/(台·h)	kg/(台·天)	%	计划	计算	实际
4	T18.5	22.34	31	706	85	95	25.82	20.85	469.21	65.11	3 263.7	6.96	7
	C18.5	22.00	28	706	85	95	22.9	18.53	417.03	37.89	1 899.3	4.6	5

机型：**FA141** 　　　　　5. 清棉机配备

序号	品种	棉卷定量	转速	罗拉直径	生产效率	设备运转率	理论产量	计划单产	计划台日产量	消耗率	日产量(kg/天)	设备配置(台)	
		g/m	r/min	mm	%	%	kg/(套·h)	kg/(套·h)	kg/(套·天)	%	计划	计算	实际
5	T18.5	440	12.312	230	85	90	469	359.32	8 084.7	66.37	3 326.8	0.4	0.5
	C18.5	420	12.312	230	85	90	448	343.00	7 717.6	40.1	2 010.0	0.3	0.5

机型：**GA015** 　　　　　6. 络筒机台配置

序号	品种	细纱线密度	机台锭数	卷绕速度	生产效率	设备运转率	理论产量	计划单产	计划台日产量	消耗率	日产量(kg/天)		设备配置(台)	
		tex	锭/台	m/min	%	%	kg/(台·h)	kg/(台·h)	kg/(台·天)	%	销售	计划	计算	实际
6	T/C18.5	18.5	120	640	70	96	81.84	55	1 237.4	99.75	5 000	5 000.0	4.0	4

注 ① 工艺流程

T:FA002→A006B→FA106A→FA046→FA141→FA201⎫

C:FA002→A035E→FA106→FA046→FA141→FA201→⎭ → FA306→FA306→FA306→FA492→FA506→GA015

② 涤生条与棉生条的定量配置

棉生条干定量为 22.0 g/(5 m)，并合总根数为6根，按照4涤2棉的根数进行配置，根据涤纶排包时混用1包涤/棉混纺的回花，由此设计涤预并条的含棉为3%，现设计涤预并条干定量如下：

由
$$\frac{65}{4}:\frac{35-3}{2}=G_{涤干}:G_{棉干}$$

得
$$G_{涤干}=\frac{65\times2\times G_{棉干}}{32\times4}=\frac{65\times2\times22}{32\times4}=22.34[g/(5\ m)]$$

③ 各工序半制品定量为公定回潮率下的设计定量；

④ 梳棉张力牵伸为 1.40 倍；

⑤ 各工序每天工作时间：细纱 24 h，前纺各工序 22.5 h。

纺纱工艺设计与实施

纺纱工艺设计与实施

任务 >>> 实施

工作任务　某棉纺厂生产若干纯棉普梳环锭纱品种,请以计划调度员角色,根据给定纱线品种,制定纺部机器配台表。

任务完成后提交纺部机器配台工作报告。

多品种纱线生产任务单及分组表

分组序号	纱 线 品 种	月产量(吨/月)
1	C D 14.5 tex(针织用纱)	90
	C D 18.5 tex(针织用纱)	100
2	C D 13 tex(机织用纱)	110
	C D 19 tex(针织用纱)	120
3	C D 16.5 tex(机织用经纱)	90
	C D 22.5 tex(机织用经纱)	80
4	C D 19.5 tex(机织用经纱)	150
	C D 27.5 tex(机织用经纱)	80
5	C D 19 tex(针织用纱)	100
	C D 14.5 tex(针织用纱)	110
6	C D 18.5 tex(针织用纱)	120
	C D 21 tex(机织用经纱)	80
7	C D 27.5 tex(机织用纱)	120
	C D 36 tex(机织用纱)	80
8	C D 19 tex(针织用纱)	150
	C D 29.5 tex(机织用经纱)	120

工作准备

资料准备:

(1) 查阅《棉纺手册(第三版)》P1188~1215

重点参考

- 棉纺厂产品产量概念和各机台单产计算公式 P1188~1191
- 生产效率与设备利用率 P1191~1193
- 棉纱折合标准品 29 tex(20^S)单位产量计算 P1193~1195
- 消耗率、制成率、用棉量计算 P1204~1215

工作步骤与要求

(1) 制定小组工作计划

(2) 编制纺部机器配台表

▶ 分析纱线产品订单(规格、用途、总生产量、交货期)

▶ 纺纱工艺流程及设备选型

▶ 各工序主要参数选择(输出定量、并合数、牵伸、捻系数、捻度、输出速度、锭速等)

▶ 各工序理论产量计算

▶ 选择生产效率和设备运转率,计算各工序计划单产和每台日产

▶ 日产量计算

(1) 细纱日产量(kg/天)

(2) 前纺各工序日产量(kg/天)

▶ 各工序配备台数计算

▶ 编制完成"纺部机器配台表"即表 5-15

表 5-15 纺部机器配台表

纺纱品种＿＿＿＿＿＿＿＿＿

工序	设备型号	设计线密度	设计定量	并合数	牵伸	捻系数	捻度	锭速	输出罗拉直径	输出罗拉速度	理论单产	生产效率	设备运转率	计划单产	消耗率	每台日产	日产量	计算机台数	配备数量	
		tex		根	倍		捻/(10 cm)	r/min	mm	r/min	kg/(台·h)	%	%	kg/(台·h)	%	kg/(台·天)	kg		规格	机器台数

提交成果

(1) 根据分组设计的纱线产品实例,提交纺部机器配台工作报告

(2) 制作 PPT 电子文档,对你的机台配备进行答辩

357

纺纱工艺设计与实施

答辩内容……

① 什么是制成率？什么是消耗率？
② 什么是生产效率？什么是设备运转率？
③ 普梳棉纱的用棉量是多少？精梳棉纱的用棉量是多少？
④ 前纺各工序产量如何计算？要考虑哪些因素？
⑤ 均衡生产在调度工作中有什么意义？

附：企业产品调整各种通知单

1. 销售部品种调整通知单（销售部→生产部）

（ 南通 ）纺织有限公司
品种调整通知单

接收单位：___王副总、生产部___ 2009 年 4 月 8 日

项目	原来	现改	备注
品种	C D 18.5 tex K	C D 27.8 tex T	
产量		300 吨	
包装		内销编织袋	
交期		6 月 15 日交清	
其他		3°30′纸管，25kg/袋	

注：本单一式三联，销售部留存根一份，生产副总一份，生产部一份，请勿丢失。

填写人：___朱 兵___

2. 生产调度单（生产部→车间、工艺员）

（ 南通 ）纺织有限公司
生产调度通知单

接收单位：二纺分厂；机台车号：条粗 1～2 号；细纱 2～28 号   2008 年 4 月 10 日

项目	原来	现改	备注
品种	C D 18.5 tex	C D 27.8 tex	
粗纱管色、规格	大红	深绿	
细纱管色、规格	蓝管红头	咖啡色白头	4 月 11 日开始投料，6 月 7 日开始了机清底
筒纱管色、规格		3°15′纸管，红头	
包装要求		编织袋包装	
其他			

注：本单一式三联，生产部留存根一份，车间一份，工艺员一份，请勿丢失。

填写人：___李 华___

3. 工艺翻改通知单（工艺员 →车间、纺部实验室）

（南通　　）纺织有限公司 工艺翻改通知单			
接收单位：　二纺、纺试　　；车号：细纱 2～28 号			2008 年 4 月 10 日
项目	原来	现改	备注
品种	C D 18.5 tex	C D 27.8 tex	
工艺项目、要求			
轻重牙（上/下）	45/67	56/64	
后牵伸牙	33	31	
中心成对牙（上/下）	75/45	68/62	
中心牙	33	37	
钳口隔距（mm）	3	3.5	
注：本单一式三联，工艺员留存根一份，车间一份，实验室一份，请勿丢失。			
			填写人：　　王清

课后 >>>
自测

一、名词解释

（1）制成率　（2）消耗率　（3）生产效率　（4）设备运转率

（5）混棉量　（6）回花量　（7）再用棉量

359

二、判断题（正确的打√，错误的打×）

1. 各工序定量设计应该根据调度安排设计。　　　　　　　　　　　　　（　　）

2. 在纺织企业里，应该根据企业生产的品种进行推销，而不是"以销定产"。（　　）

3. 调度的作用就是安排生产，不管产量。　　　　　　　　　　　　　　（　　）

4. 不合格品量指生产的纱线中不符合产品质量标准或用户合同要求的产品。（　　）

5. 回花因为性能与混合棉接近，因此，可以任意回用。　　　　　　　　（　　）

6. 再用棉经过处理后可生产精梳纱。　　　　　　　　　　　　　　　　（　　）

7. 在进行机台设备配置时，从清花开始，根据清花的产量进行配置。　　（　　）

8. 在签订销售合同时，只要销售员签字就可执行。　　　　　　　　　　（　　）

9. 纺织生产中理论产量小于计划产量。　　　　　　　　　　　　　　　（　　）

10. 设备运转率指设备在全部利用的运转时间内扣除各种休止时间后的实际运转效率。　　　　　　　　　　　　　　　　　　　　　　　　　　　　　　（　　）

11. 细纱以前各工序的消耗率均小于 100%，细纱以后各工序的消耗率均大于 100%。

　　　　　　　　　　　　　　　　　　　　　　　　　　　　　　　　　（　　）

12. 纺化纤纱的制成率比纺纯棉纱高。　　　　　　　　　　　　　　　　（　　）

三、简答题

1. 写出折合标准品的计算公式并简述其意义。

2. 何为回花和再用棉？对用棉量有什么影响？

3. 影响设备运转率的因素有哪些？

4. 简要说明编制纺部机器配台表的主要步骤。

参 考 文 献

［1］张曙光. 现代棉纺技术［M］. 3 版. 上海：东华大学出版社，2017.

［2］上海纺织控股集团编委会. 棉纺手册［M］. 3 版. 北京：中国纺织出版社，2004.

［3］倪中秀. 纺织工艺设计与计算［M］. 北京：中国纺织出版社，2007.

［4］钱鸿彬. 棉纺厂设计［M］. 北京：中国纺织出版社，2008.

［5］郁崇文. 纺纱工艺设计与质量控制［M］. 北京：中国纺织出版社，2005.

［6］周金冠. 现代精梳生产工艺与技术［M］. 北京：中国纺织出版社，2006.

［7］周金冠. 现代精梳系统及相关工艺技术［J］. 棉纺织技术，2004，32(1)：59-61.

［8］徐少范. 棉纺质量控制［M］. 北京：中国纺织出版社，2002.

［9］任家智. 纺织工艺与设备(上册)［M］. 北京：中国纺织出版社，2004.

［10］吕恒正. 电脑粗纱机的技术发展［J］. 纺织导报，2003(5)：107-111.

［11］顾菊英. 棉纺工艺学(下). 2 版. 北京：中国纺织出版社，1998.

［12］史志陶. 棉纺工程. 3 版. 北京：中国纺织出版社，2004.

［13］李济群，瞿彩莲. 紧密纺纱技术. 北京：中国纺织出版社，2006.

［14］江苏凯宫机械股份有限公司. KG4001 型粗纱机产品说明书. 2007.

［15］上海二纺机有限公司. EJM128A 细纱机产品说明书. 2000.

［16］经纬纺织机械股份有限公司榆次分公司. F1604 型转杯纺纱机产品说明书. 2005.

［17］谢春萍，徐伯峻. 新型纺纱［M］. 3 版. 北京：中国纺织出版社，2009.

［18］刘天佑. 等线密度段彩纱的成纱机理及纺纱工艺研究［D］. 上海：东华大学，2014.

［19］顾燕，薛元，杨瑞华，等. 三通道数码纺段彩纱的纺纱原理及其性能［J］. 纺织学报，2019(1)：46-51.